深度参与全球海洋治理的重大科技问题战略研究

李家彪　戴民汉　张小曳　蒋兴伟◎主编

海洋出版社

2024年·北京

图书在版编目(CIP)数据

深度参与全球海洋治理的重大科技问题战略研究 / 李家彪等主编. -- 北京 : 海洋出版社, 2024. 9.
ISBN 978-7-5210-1276-7

Ⅰ. P7

中国国家版本馆CIP数据核字第20243Z3J45号

审图号：GS京（2024）1404号

深度参与全球海洋治理的重大科技问题战略研究
SHENDU CANYU QUANQIU HAIYANG ZHILI DE
ZHONGDA KEJI WENTI ZHANLÜE YANJIU

责任编辑：任 玲 程净净
责任印制：安 森

海洋出版社 出版发行
http://www.oceanpress.com.cn
北京市海淀区大慧寺路 8 号 邮编：100081
鸿博昊天科技有限公司印刷 新华书店经销
2024年9月第1版 2024年9月第1次印刷
开本：787mm × 1092mm 1 / 16 印张：24.5
字数：462千字 定价：368.00元
发行部：010-62100090 总编室：010-62100034

编委会

主　编：李家彪　戴民汉　张小曳　蒋兴伟

编委会成员（按姓氏笔画排序）：

王　辉　石绥祥　许学伟　李家彪　张小曳　张海文
柳　欣　殷晓斌　唐　勇　蒋兴伟　黎明碧　戴民汉

参加本书编写工作的有：

第一章：张海文　石绥祥　吴继陆　曲艳敏　郑苗壮　夏颖颖　张　丹
王欣怡　李明杰　刘　明　罗　刚　于　婷　杨　妍　白　瑞
吴雨浓　辛　冰　王　哲

第二章：李家彪　许学伟　王叶剑　黄潘阳　孙　栋　张东声　田思泉
来向华　向芸芸　管清胜

第三章：戴民汉　柳　欣　王桂芝　陈能汪　林　昕　李杨帆　李妍婷
李　艺　吴　慧　王　磊　吴思扬　王宏伟　石哲萱　陈治学
张欣宜　章紫曦　赵蚰竹　王新维　张　倩　向枝远　李炜男

第四章：张小曳　王　辉　苏京志　王德英　姜　华　蒋　宁　高　义
任诗鹤　张守文　吴萌萌　郑静静　连　展　赵　伟　齐庆华
纪永波　王　鑫　麻常雷　彭一豪　刘晓蕾　刘欣莉

第五章：唐　勇　尹　洁

第六章：蒋兴伟　殷晓斌　秦艳萍　潘　嵩　王　丹　王久珂　王兆徽
吕乐恬

第七章：李家彪　戴民汉　张小曳　蒋兴伟　黎明碧　王　嵘　韩正兵
张　庆

前言

全球海洋治理是国际社会共同应对全球性海洋问题的管理体制、规则、方法和行动，涉及海洋资源开发、环境保护、防灾减灾、应对气候变化，以及非传统海洋安全等多个领域。参与全球海洋治理是海洋强国建设的重要组成部分，《中华人民共和国国民经济和社会发展第十四个五年规划和2035年远景目标纲要》明确提出要“积极参与全球治理”。我国作为发展中的海洋大国，深度参与全球海洋治理，是深入贯彻习近平新时代中国特色社会主义思想，推动构建人类命运共同体的必然要求，也是加快建设中国特色海洋强国，实现中华民族伟大复兴的必由之路。

当前全球海洋治理体系正处于调整与变革的关键时期，联合国“海洋科学促进可持续发展十年”计划、《联合国海洋法公约》下《国家管辖范围以外区域海洋生物多样性的养护与可持续利用协定》等均催生海洋科技重构发展，为我国深度参与全球海洋治理提供了重要机遇。中国的“人海和谐”“海洋命运共同体”和“人类命运共同体”等理念为全球海洋治理提供了中国智慧和中国方案。但我国深度参与全球海洋治理仍面临严峻挑战，全球海洋治理科技基础和发展水平仍较薄弱，在支撑全球海洋治理重要议题上与海洋强国存在明显差距，统筹协调各方力量参与全球海洋治理的机制仍需进一步完善。

有鉴于此，中国工程院于2022年启动了“深度参与全球海洋治理的重大科技问题战略研究”项目，由自然资源部第二海洋研究所、厦门大学、中国气象科学研究院、国家卫星海洋应用中心、自然资源部海洋发展战略研究所和国家海洋信息中心等单位组成的研究组共同合作完成，项目开展了全球海洋治理重大科技问题的战略研究，揭示了我国相关领域科技支撑的瓶颈、机遇和挑战，提出了全球海洋治理的科技支撑体系架构和发展对策，为我国深度参与全球海洋治理、推动构建海洋命运共同体提供了科技支撑。

为进一步阐释习近平总书记提出的人类命运共同体、海洋命运共同体的重要理念和倡议，围绕中国深度参与全球海洋治理中的重大科技问题，在项目成果基础上编写本书。本书系统全面地论述了全球海洋治理的重点领域与发展趋势，聚焦问题与挑战，提出发展愿景、路径和建议，体现了中国海洋领域顶级科学家对全球海洋治理的深度思考。对于国际海域资源开发利用与惠益分享、海洋生态治理与生物多样性保护、共同应对气候变化等关键、热点问题，提出了中国智慧和中国方案。其中，第一章阐述了全球海洋治理的国家需求与战略意义，分析了全球海洋治理的法律框架、国际合作机制、科技发展趋势。第二章到第六章，分别对海洋治理主要领域进行了详细的剖析与研究，包括国际海域资源开发利用、海洋生态健康与生物多样性保护、海洋防灾减灾与应对气候变化、大陆架划界与海洋权益国际治理能力和全球海洋治理公共产品等。分析了各领域的全球现状和发展趋势，以及面临的重大科技问题与挑战，提出了我国在各领域的工程科技优先发展方向、发展愿景、路径和建议。第七章进行综合总结，并从宏观角度，提出了提升我国参与全球海洋治理科技能力的重点发展方向、策略与建议。

在项目的研究过程及本书的写作过程中，项目承担单位的各位专家付出了辛勤劳动，同时也得到了国内海洋科技、政策、法律等领域的诸多专家学者的指导和帮助，在本书付梓之际，一并表示衷心感谢！

本书主编

2024 年 6 月

目　录

第一章
全球海洋治理的国家需求与战略意义

全球海洋治理是指在经济全球化大背景下，国际社会共同应对全球性海洋问题的管理体制、规则、方法和行动。当前全球海洋治理体系正处于改革与调整的关键时期，深度参与全球海洋治理，获得更多制度性权力，是深入贯彻习近平新时代中国特色社会主义思想，推动构建人类命运共同体的必然要求，也是加快建设中国特色海洋强国的必由之路。

第一节　海洋治理重点领域与发展趋势

自 2022 年以来，全球海洋治理加速变革，政治、法律、科学等国际进程联动发展，海洋治理形势前景日趋明朗，相关国际进程相互关联，多项谈判达成或进入最后阶段，国际规则进入变轨换道的关键阶段，全球海洋秩序变革序幕正徐徐拉开。

一、全球海洋治理形势

目前，全球海洋治理在治理主体上呈现多元化，包括主权国家和政府间国际组织、非政府组织和社会公民等。美国、俄罗斯和欧盟成员国等发达国家仍是全球海洋治理领导者，非国家行为体的作用日益凸显。治理方式既有要求各方直接遵守的条约规制等“硬法”，也有要求各方积极实施的守则、倡议、议程、宣言和共识等多种形式的“软法”。治理空间从国家管辖外海域向国家主权空间扩展，大型远岛海洋保护区、公海保护区、环境影响评价和海洋空间规划等成为治理的主要工具。总体而言，全球海洋治理呈现如下特征与趋势。

（一）以《联合国海洋法公约》为核心的全球海洋治理法律框架基本建立，全球海洋治理秩序进入深度调整期

当前全球海洋治理法律体系进入《联合国海洋法公约》（以下简称《公约》）生效以来深度调整和变革时期，全球约有 450 项国际公约、条约涉及海洋治理，聚焦于海洋新兴问题和国家管辖外海域，从资源开发利用优先逐步转向海洋生态保护优先。海洋生物资源养护和综合管理成为国际组织共同面对和讨论的问题。此外，在国家管辖范围以外区域海洋生物多样性（Biodiversity of Areas Beyond National Jurisdiction，BBNJ）等新国际协定谈判中，欧盟国家和部分发达国家及 77 国集团大多数国家正在推动建立全球性海洋治理机制，统筹海洋事务。

（二）可持续发展、基于生态系统管理和预防性方法成为全球海洋治理的三大原则，“绿色”管理成为强化海域控制的软性工具

实践中，欧盟成员国、美国和日本等发达国家陆续建立基于生态系统的海洋综合管理制度，在国际上站在道德制高点，将海洋生态环境保护作为维护和争夺海洋利益的重要抓手。近年来，美国、英国、法国等在中南太平洋、印度洋、南大洋等其海外领地建立多个面积达百万平方千米以上，覆盖其整个专属经济区的超大型远岛海洋保护区。通过高举保护生物多样性这面“绿色”大旗，实现其继续维持海洋霸权，强化对远离本土群岛及邻近海域的实际管控。未来我国走向深海大洋可能要面临第二自然岛链和海洋生态保护区（链）的双重制约。

（三）海洋渔业资源从行业管理向综合管理转变，可持续海洋渔业成为全球海洋治理的重要目标

海洋渔业是全球海洋治理中利益最现实、矛盾最突出的领域。国际海洋渔业管理已经进入到新的发展时期，海洋渔业资源养护和可持续利用成为国际治理主题，渔业治理由传统的以获取利用价值为目的向资源管理转变，由行业管理向资源综合管理转变。国际社会对生物资源养护双管齐下，一方面加快国际条约等规则的完善，同时加大了打击非法、不报告和不管制捕鱼（以下简称“IUU 捕鱼”）力度。《变革我们的世界：2030 年可持续发展议程》（以下简称《2030 年可持续发展议程》）明确提出

打击 IUU 捕鱼和可持续管理渔业目标，世界贸易组织（World Trade Organization，WTO）关于禁止 IUU 捕鱼渔业补贴规则谈判加速，IUU 捕鱼入罪问题成为新的焦点。海洋渔业已经由传统产业问题，发展成为全球海洋治理问题和各国维护海洋权益的重要抓手。

（四）极地和深海是全球海洋治理的战略博弈前沿，制度性权力争夺日趋激烈

极地形势正在发生冷战结束后最复杂深刻的变化，美国、俄罗斯、英国等主要国家都强化极地为其全球战略的重要组成部分，有目的、有计划地将国家战略投射延伸到南北极。美国以北极公海渔业资源商业禁捕为由，谋求主导建立北极公海区域的治理机制和秩序。南极区域相关国家从未放缓圈占的步伐，英国、法国、澳大利亚等 7 个南极领土主权声索国在原有主张的基础上，近年来纷纷提出南极外大陆架划界主张，并依托陆地在其所谓“专属经济区”划设海洋保护区，南极争夺的焦点已由大陆转向海洋。2016 年，美国和欧盟部分成员国等 24 个国家在南极罗斯海地区设立全球最大的海洋保护区，面积达到 155×10^4 km^2，其中约 112×10^4 km^2 为禁渔区。

2022 年俄乌冲突之后，美国、俄罗斯、加拿大等北极国家和英国、法国、印度等北极域外大国动作频繁，或加强北极航道管控，或实施北约北扩，或制定极地新战略，以期在极地变局中掌握主动。其他北极国家或北极相关国际组织已出现系统性“排俄”，政治化“选边站队”导致北极国际合作面临停滞。国际航运、油气企业纷纷退出俄罗斯北极油气资源开发项目，给北极发展与合作的利益相关方带来不确定因素。

（五）公海和国际海底区域权力争夺日益激烈，走向全面约束和法制化已成定局

在《公约》框架下，BBNJ 规则的核心是对公海资源、公海活动方式和公海空间管理建章立制。围绕该国际协定的谈判，各方正加紧行动，力图争夺主导权。欧盟已拟定相对完整的谈判预案；美国、俄罗斯等海洋强国持续在国家管辖外海域开展大量调查研究；巴西、阿根廷等发展中大国也在通盘谋划；同时《联合国生物多样性公约》已在国际海域选划近 90 块具有重要生态或生物学意义的区域。公海和国际海底区域（以下简称“区域”）将从有限自由向全面约束和法制化转变。

（六）全球海洋治理机制约束性日趋增强，与国家治理相互影响，将影响主权国家的发展与安全

当前全球治理方式已经逐步从理念引导、国际秩序规范向强化监督和执法检查发展，一方面对主权国家治理、发展与改革产生重要影响，同时也逐渐影响主权国家的核心地位和作用。如区域渔业组织可以在公海海域登临相关主权国家的船舶检查，与国家主权的界限不再分明；全球海洋塑料污染治理，将可能倒逼国内产业与环保政策的改革调整。

二、海洋治理领域热点议题

当前全球海洋治理议题涵盖海洋渔业、绿色港口、蓝色经济、海洋酸化、微塑料污染、跨国犯罪和打击海盗等多个方向，基本可以总结为资源开发、环境保护、灾害应对、公共产品投送国际影响等领域，并呈现环境、资源与生态、发展与安全相互交织为一体的现象。而世界正处于百年未有之大变局，包括海洋领域在内的治理规则加速变革。全球海洋治理规则是继《公约》生效之后，对海洋治理规则、运行机制及其底层逻辑的改变，既可以说是对现有规则的补充完善，又可以理解为是对现有规则的颠覆，另起炉灶。发达国家希望通过构建新规则，延续其海洋秩序统治地位，压制发展中国家；发展中国家则希望通过变革国际规则，获得更大利益，为发达国家扩张套上枷锁，限制或约束其行为。总体来看，当前全球海洋治理不再是一边倒的美西方主导海洋治理规则，发展中国家的力量逐步上升，变革不合理治理规则的意愿提高。国际领域也开始对治理规则、科学研究、技术装备、产业发展转型进行统筹考虑、系统联动。

（一）海洋空间管理领域

我国目前仍处于发展中国家阶段，既是地理不利国，也是海洋利用大国，深海是我国海洋领域唯一可拓展的战略空间。当前，我国可依托“数字化深海典型生境”大科学计划和实际调查的量化数据，结合优化“需要保护区域”的选划技术，弥补美西方主导大尺度系统规划的短板，防止海洋空间上一划就是超大规模公海保护区，及公海保护区快速布局的现象。同时，我国也亟须深入研究自然变化、各类海洋活动对典型物种和栖息地的影响，研究典型物种及其食物链、生活史、连通性等系列问题，开

展常态化动态监测，建立深海环境及生物数据库，为保护区选划、管理提供坚实的科学证据。划区管理作为海洋空间管理领域的焦点议题，涉及法律、政治、管理、技术、科学等多个领域。

1.《BBNJ 协定》谈判在划区管理工具议题取得较大进展

《国家管辖范围以外区域海洋生物多样性的养护和可持续利用协定》（以下简称《BBNJ 协定》）作为《公约》框架下第三个执行协定，将为公海保护区在内的划区管理工具提供法律依据。该协定于 2023 年 3 月在联合国第五次政府间大会续会上结束谈判，各方就协定文本达成共识，并于 6 月正式通过后开放签署。公海保护区作为综合性划区管理工具，将采取管理措施养护海洋生物多样性，在一定程度上更加重视养护，而非可持续利用，并可在国际海事组织（International Maritime Organization，IMO）、国际海底管理局（International Seabed Authority，ISA）、区域渔业管理组织（Regional Fisheries Management Organization，RFMO）等主管国际组织的职权范围内，采取与航行、采矿和捕鱼等相关的措施，对现有全球海洋治理格局产生冲击。

2. "3030 目标"如期获得通过

西方国家为实现在全球布局公海保护区，竭力推动到 2030 年将全球海洋的 30% 面积纳入保护的目标（简称"3030 目标"）。2022 年 12 月，《联合国生物多样性公约》第十五次缔约方大会第二阶段会议通过了"2020 年后全球生物多样性框架"（GBF，也称"昆明－蒙特利尔全球生物多样性框架"），"3030 目标"获得通过，但各方对该目标有不同解读。西方国家为实现其战略意图，强行将"3030 目标"适用至公海，影响《BBNJ 协定》谈判、《2030 年可持续发展议程》更新，加速国际海洋规则变革。在 2022 年 6 月召开的美洲峰会上，美国联合加拿大、智利等太平洋沿岸的美洲 9 国，要求太平洋地区优先落实"3030 目标"；随后在当年 9 月举行的美国—太平洋岛国峰会上，发布了加强海洋环境保护的战略路线图。"3030 目标"通过后，美国白宫第一时间呼吁其他国家跟随其步伐，加快落实保护包括公海在内的所谓"3030 目标"。

3. 现有划区管理工具已在公海划设多个保护区域

1）国际海底管理局实施区域环境管理计划

2012 年，国际海底管理局通过了首个区域环境管理计划（Regional Environmental Management Plan，REMP）——"克拉里昂—克利珀顿区环境管理计划"，设立 9 个特别环境利益区，以保护克拉里昂—克利珀顿区（Clarion-Clipperton Zone，CC 区）的生物多样性、生态系统结构和功能不受国际海底采矿活动的潜在影响，每个特别环境利益区是长宽各为 400 km 的区块，总面积共 144×10^4 km^2。除东太平洋 CC 区环境管理计划外，2018 年 3 月，在国际海底管理局第 24 届会议发布的《关于制定“区域”的区域环境管理计划的初步战略》报告中，优先在北大西洋中脊、印度洋中脊三联点、西北太平洋海山区和南大西洋海山区制定区域环境管理计划。此后，分别召开西北太平洋海山区和北大西洋洋中脊的区域环境管理计划研讨会，对区域环境管理计划的地理范围、环境目标、潜在管理方法和管理措施及实施框架等进行讨论。2021 年，国际海底管理局在 CC 区新增 4 块特别环境利益区，使得该区域的保护比例超过 30%。

2）区域渔业管理组织指定脆弱海洋生态系统

脆弱海洋生态系统（Vulnerable Marine Ecosystem，VME）是指表现为物理性或功能性脆弱、易受干扰、恢复很慢或可能永远不能恢复的生态系统。在全球海洋已建立 20 多个具有管理功能的区域渔业管理组织中，8 个就深海底层渔业做出规定，覆盖了全球大部分开展底层渔业捕捞活动的公海。这些区域渔业管理组织已设立约 40 个深海生态系统脆弱区，面积超过 92×10^4 km^2。

3）国际海事组织划定特殊区域与特别敏感海域

特殊区域的设立依据是《国际防止船舶造成污染公约》，用以执行更高的排放标准，限制船舶特定污染物排放入海。特别敏感海域（Particular Sensitive Sea Areas，PSSA）的设立依据是国际海事组织的大会决议，由下设的海洋环境保护委员会（Marine Environment Protection Committee，MEPC）协调开展，主要通过对船舶活动的限制实现对特定区域内资源环境的保护。截至 2020 年 12 月，全球共有 15 个海域被指定为特别敏感海域，包括波罗的海、瓦登海、加拉帕戈斯、大堡礁、珊瑚礁三角区等，这些特别敏感海域也都位于各国管辖海域。

4. EBSAs 与公海保护区关联趋势明显

EBSAs 是指为海洋物种、种群、群落提供重要生态系统服务的区域，即具有重要生态或生物学意义的海洋区域（Ecologically or Biologically Significant Marine Areas）。2008 年，《联合国生物多样性公约》第 9 次缔约方大会（COP9）审议通过《描述公海和深海生境需要保护具有重要生态或生物学意义海洋区域的科学标准》，提出 7 项标准（独特性或稀缺性、对物种生命各阶段具有特殊重要性、对受威胁或脆弱物种和生境具有重要性、易受伤害或恢复缓慢、生物生产力、生物多样性、自然状态）设计具有代表性的海洋保护区网络。与周边区域或具有类似生态特征的其他区域相比，仅符合其中一个标准就足以确定为 EBSAs，且没有满足标准的门槛。

当前，EBSAs 与《BBNJ 协定》互相关联、挂钩的趋势明显，欧盟企图把 EBSAs 转化为公海保护区。欧盟力推缔约方大会对现有 EBSAs 更新、完善、修改及补充新的 EBSAs，菲律宾及小岛屿国家积极呼应。以落实“3030 目标”为名，智利已多次提议把跨国家管辖以内和以外的萨拉斯、戈麦斯和纳斯卡海脊 EBSAs（约 170×10^4 km^2）划设为公海保护区。

5. 联合国“海洋十年”项目通过涉及海洋空间管理的行动计划

联合国将 2021—2030 年设立为“海洋科学促进可持续发展十年”（以下简称“海洋十年”），其是一项全球性行动计划，具有跨地域、跨部门、跨学科、跨世代的特点，将在《公约》法律框架下由各国及相关机构负责具体实施。该计划旨在开展科学能力建设、加强全球合作伙伴关系，通过提供数据、信息、知识和能力支撑，实现全球法律和政策框架中的目标。

联合国“海洋十年”已获批的 45 项大科学计划中，涉及海洋管理领域的主要为英国深海管理倡议（DOSI）牵头的“挑战者 150：研究深海生物的十年”（以下简称“挑战者 150”）计划，以及美国深海观测战略牵头的“深海观测战略”（Deep Ocean Observing Strategy，DOOS）计划。“挑战者 150”是一个全球合作组织，致力于提供可持续管理深海所需的科学。其核心是形成深海专业知识，特别是在发展中国家，以实现全球共同维护深海生态系统完整性的目标。此外，通过支持新技术的开发和扩大观测范围，“挑战者 150”旨在促进对深海生物多样性、分布、功能和服务的理解，并利用这些新知识教育、激励和促进对深海的管理和可持续利用。DOOS 是一个由深海观测、测绘、勘探和建模计划组成的相互联系的网络，在未来十年内致力于：①在空间和时间尺度上表征深海的物理学、生物地球化学和生物学特征；②建立了解其生境和服务变化所需的基线；③提供实现一个健康、可预测、有韧性和可持续管理的（深）海洋所需的信息。

6. 沿海国海域划界仍在进行中

海域划界是沿海国扩大其海洋管辖区域的结果，包括海岸相邻或相向国家间领海、大陆架和专属经济区（或渔区）的划界。海域划界不仅是按照自然所呈现出的界线来划定有关国家的管辖区域，而且是确定一条政治法律边界，是一个政治法律过程。当前，国际上已划定的海域界线超过 400 条。

（二）公海航行领域

公海是全球 30% 货物贸易的来源地或出发地，全球经济运转对海运依赖程度高。公海航行带来的温室气体排放会对深海生物造成影响，船舶航行产生的水下噪声是海洋哺乳动物面临的重要威胁，船舶压载水等造成的生物入侵也严重影响着生态环境。为保证公海航行有序进行，维护生态系统健康稳定，应避免急速改变现有船舶设计建造规程，避免改变航线、增加额外航行规则等可能造成新的生态损害的情况。该领域的关注焦点主要集中于温室气体减排、水下噪声控制、压载水管理及船体生物除垢等方面。

1. 温室气体减排

2018 年，国际海事组织通过了《国际船舶温室气体减排初步战略》，旨在推动实现 2030 年全球航运业比 2008 年单位货运量碳强度降低 40%，2050 年碳强度降低 70%、二氧化碳排放总量降低 50%，21 世纪内实现“零排放”，并为实现这一目标制定了三个阶段的措施：

一是短期措施（2018—2023 年），改善新船和现有船的技术和运行能效，发起研究开发替代性燃料等新技术的行动；

二是中期措施（2023—2030 年），引入替代性低碳和“零碳”燃料实施计划，加强技术合作与能力建设等；

三是长期措施（2030 年以后），引入“零碳”燃料，鼓励广泛采用可能的新型减排机制。

2. 水下噪声控制

商船的水下辐射噪声可能对海洋生物，特别是海洋哺乳动物产生短期和长期的负面影响，2014 年国际海事组织海洋环境保护委员会（MEPC）第 66 届会议上正式审议通过了《降低商业航运水下噪声以解决对海洋生物不利影响的指南》（MEPC.1/Circ.833）。

2023 年 1 月 23—27 日，国际海事组织船舶设计与建造分委会（Sub-Committee on Ship Design and Construction，SDC）第 9 次会议以线上和线下相结合形式举行。会议讨论完成了该指南修订稿工作。经修订的指南草案适用于所有尺度和类型的船舶。该指南草案为船东/设计人员制定降低水下噪声管理计划提供了示例指导，但未包含特定水域降低水下噪声方法的相关内容。

会议分委会同意继续开展防止和降低水下辐射噪声相关工作，并继续成立通信工作组就“降低水下噪声管理计划”流程图及为确定下一步措施进行讨论，并向 SDC 第 10 次会议提交报告。

3. 压载水管理

远洋船舶在航行中普遍使用压载水调整船的吃水和重心平衡，以保证航行安全。在加装压载水时，海水中的水生物和病原体会进入压载舱，航程结束便随压载水被排放到目的地海域。据统计，全球每年约有 50 亿吨压载水被搬运，每天约有 3000 种动植物随压载水被运到世界各地海域，导致异地海洋生物入侵，破坏海域生态，危害渔业资源。船舶压载水携带的有害水生物和病原体转移，被全球环境基金组织列为海洋的四大威胁之一（朱彧，2019）。

为应对压载水导致的外来物种入侵挑战，国际海事组织先后于 1993 年和 1997 年出台了两个指导性原则。2004 年，国际海事组织通过了《国际船舶压载水和沉积物控制与管理公约》（以下简称《压载水管理公约》），其核心内容是要求国际航行的商业船舶加装压载水管理系统，在排放压载水之前进行处理，以确保排放水体中的微生物不超过规定的浓度，不至于对当地海洋生态系统造成危害。该公约特别规定，2017 年 9 月 8 日及以后建造的新船均需安装压载水管理系统，所有远洋船舶在 2024 年 9 月 8 日之后都要安装压载水管理系统。《压载水管理公约》于 2017 年 9 月 8 日正式生效。2019 年 1 月 22 日，该公约正式对中国生效。

4. 船体生物除垢

船体附着生物是将其他海洋物种引入另一个地理性隔离水域的两大主要途径之一（另一个是船舶压载水）。从 2022 年 6 月 15 日起，澳大利亚海事安全局开始对计划进入澳大利亚领海及码头航行、作业的国际航行船舶的船舶污底实施新的管理要求，通过对国际航行船舶预抵前报告的评估和现场检查，管理船舶外来生物入侵的安全风险。

2021 年 6 月，在国际海事组织海洋环境保护委员会（MEPC）第 76 届会议上，波罗的海国际航运公会（Baltic and International Maritime Council，BIMCO）和国际航运公会（International Chamber of Shipping，ICS）等有关方已就《船舶水下清洗回收行业标准》向国际海事组织提交提案，拟推动国际海事组织对“生物污垢指南”进行修订，以进一步减少船舶水下清洗生物污垢可能带来的环境危害。

（三）海底通信领域

海底光缆作为当代全球通信最重要的信息载体，承担着全球 95% 以上的国际数据传输，在网络空间的底层通信方式中占据绝对主导地位。国际海洋强国争夺和控制国际海底光缆网络资源，实质上是试图掌握全球互联网信息安全的控制权、话语权。

在国际形势发生深刻变革，我国国际影响力日益提高的背景下，美国及其盟友开始对我国快速成长并走向国际的海底光缆产业施以极限压力。我国对外通信面临美岛链封锁，极端情况下面临海底光缆被破坏、对外通信受阻的局面。为应对这一现状，我国亟须对所涉海底地形进行全面勘察，详细规划海底路由铺设线路，监测路由铺设、维修、维护的环境影响。同时，应部署监视设施，丰富反监听手段。

1. 全球国际海底光缆正处于建设高峰期

一方面，全球主要国际海底光缆逐步进入新旧更替阶段。全球海底光缆在 1998—2002 年出现第一次建设高潮，海底光缆的使用寿命一般为 17 ~ 20 年，当前全球约 40% 的海底光缆已进入使用周期的尾声，海底光缆建设进入一个新旧更替的窗口期。另一方面，数字经济在世界经济发展中扮演着越来越重要的角色，国际数据交互量越来越大，进一步推动全球国际海底光缆建设进入高峰期。据国际权威咨询机构 TeleGeography 和 IDC 数据显示，2020 年全球新生产的数据量为 64.2 ZB，全球互联网带宽增长 35%，达到 618 TB/s，近 4 年的年复合增长率为 29%。预计 2022—2025 年，全球将新建 60 余条海底光缆，总长度超过 29×10^4 km，市场规模可达 80 亿美元。

发达国家或地区凭借资源、政策和地理优势，加快海底光缆中心的形成。从目前全球海底光缆布局情况来看，美国、日本、新加坡等国家凭借地理位置通达、数据服务资源丰富等优势，已经成为多条国际海底光缆的起点或者关键节点，争夺和控制了全球国际海底光缆网络空间战略资源。

2. 海底光缆资源成为国际网络空间安全的竞争焦点

1）海洋强国已争夺和控制众多全球国际海底光缆资源

美国依托亚马逊、脸书、谷歌、微软等全球领先地位的互联网巨头，主导全球数据流量和新路由的选择权，成为国际海底光缆通信的绝对霸主，在全球形成了以美国为中心的星形网络。日本依托亚太地区的电信枢纽地位和全球领先的海底光缆产业链优势，掌控着本地区的重要海底光缆资源，并主导着多条其他地区海底光缆。传统的区域海洋强国，如新加坡、埃及、法国、澳大利亚等，控制着本地区国际海底光缆中转连接的咽喉。此外，在全球数字化发展浪潮下，新兴市场国家和地区开始积极引入外资建设国际海底光缆，以期建立自己的区域领先优势，成为海洋强国争夺国际海底光缆资源的新战场。

2）国际海底光缆安全形势不容乐观

一是当前信息互联互通在全球各国经济发展中扮演重要角色，海底光缆资源成为少数海洋强国钳制他国发展的工具，弱势国家存在网络空间被操控、网络服务被中断的风险。二是美国"上游计划"（Upstream）直接在海底光缆登陆站点实施数据抓取，针对国际网络通信进行大规模窃听。三是美国等海洋强国正在推进 SMART Cable[①] 技术的标准化，该技术通过在海底光缆线路加装传感器，使海底光缆成为感知工具，对周边海洋环境和物体进行数据采集，进一步将海底光缆安全问题从网络空间延伸到物理空间。

3. 海底光缆铺设面临多领域问题

海底光缆承担着重要的国际通信任务。其构造有许多种方式，但大多数是由一个中央加强件组成，并被护套纤维束包围。其中，中央加强件可以防止纤维束的扭结，周围的纤维束可以提供凝胶缓冲；还有为中继器和分支单位传输电力所需的铜缆；多级保护层；最后还有防止海水和动植物侵入的外膜。

海底光缆铺设通常横跨多个海域。虽然在深海表层铺设海底光缆，造成的环境损害小，海底光缆本身不造成损害，但在路由穿越生物多样性敏感的公海保护区时，仍然面临环境评价、维修修护海底光缆许可等问题。此外，海底光缆铺设也面临着海底传输信息被盗取、窃听等威胁。

（四）公海遗传资源领域

近几十年来，遗传资源问题一直受到热议。就海洋环境方面而言，《公约》是规范

① 科学监测和可靠电信海底电缆（The Science Monitoring and Reliable Telecommunications Cable）。

一切活动的主要国际文书，其第三个执行协定，即《BBNJ 协定》，也将遗传资源及其惠益分享作为单独的议题。

在遗传资源议题上，发达国家与发展中国家存在难以调和的矛盾，其中主要涉及获取、研究、开发和商业化全过程监管，以及分享各阶段的货币和非货币惠益等方面。发展中国家的制度设计出发点是人类共同继承财产原则，发达国家则主张公海自由原则，双方几乎没有利益共同点。2023 年 3 月，BBNJ 第五次政府间会议续会上通过了《BBNJ 协定》最终案文，就海洋遗传资源部分初步达成一致，但惠益分享内容实质上被掏空，发展中国家难以从中获利。

我国是海洋利用大国，海洋遗传资源获取能力、资源保有量、研究能力远超其他发展中国家，但相关专利、产品与发达国家相比仍有差距。面对海洋遗传资源存在的矛盾，为维护我国自身利益，应做好履约准备。同时，我国应加快建立数据库和样本库的脚步，加强生物鉴定分类，支持全球统一或互操作的标识符，加快现有资源潜力评估，培育深海生物产业。

（五）公海渔业领域

公海渔业领域已建立了《公约》、《联合国鱼类种群协定》[①]、各区域渔业公约、联合国大会决议，以及其他相关环境贸易条约等多层次的法律体系。目前，在公海渔业领域的主要问题包括打击 IUU 捕鱼、强迫劳动；有害或非法渔业补贴；限制或禁止捕捞；兼捕、丢弃渔具渔网等方面。其中，关注的焦点集中于打击 IUU 捕鱼。

IUU 捕鱼最早由南极海洋生物保护委员会提出，1995 年，联合国粮食及农业组织（Food and Agriculture Organization of the United Nations，FAO）通过的《负责任渔业行为守则》中提出要“制定一项全球行动计划，有效处理包括‘方便船旗’渔船等的 IUU 捕鱼问题”。2001 年，FAO 通过《关于预防、制止和消除非法、不报告、不管制捕鱼的国际行动计划》，推动成员国和区域性渔业组织采取措施予以实施。2009 年，FAO 通过《关于预防、制止和消除非法、不报告、不管制捕鱼的港口国措施协定》，该协定已于 2016 年正式生效。

2022 年 6 月 27 日，美国、加拿大和英国宣布，计划成立针对 IUU 捕鱼行动联盟

① 《执行 1982 年 12 月 10 日〈联合国海洋法公约〉有关养护和管理跨界鱼类种群和高度洄游鱼类种群的规定的协定》，简称《联合国鱼类种群协定》。

（IUU Fishing Action Alliance），以便更好地监视海鲜市场捕鱼船队，发展合作关系，并追究恶劣行为者的责任。同时，美国政府发布一项国家安全备忘录（National Security Memorandum），支持美国政府机构与国际伙伴合作，打击 IUU 捕鱼活动和相关的虐待劳工行为，鼓励可持续的渔业。

目前，国际上对于 IUU 捕鱼主要采取的措施有：IUU 捕鱼渔船黑名单制度，合法捕捞渔船白名单制度，对作业渔船实施监测、控制和监督制度（MCS 制度），实施警示系统，建立不合作国家名单等。

我国是渔业大国，公海渔业捕捞产量、船舶数量居世界第一，公海渔业从业人口数量规模庞大。为保障我国公海渔业有序进行，需加强渔业资源调查，评估公海可持续捕捞潜力，建立或整合到深海环境及生物数据库，避免公海渔业被关闭。同时，也需要对兼捕及丢弃渔网渔具造成的影响进行分析。

（六）海底采矿领域

深海采矿作为具有潜在污染风险的人类活动，其环境问题备受国际社会关注。为履行《公约》赋予的国际海底区域管理和环境保护义务，国际海底管理局除推动制定区域环境管理计划外，也在积极推动《“区域”内矿产资源开发规章草案》（以下简称《开发规章》）制定。

《开发规章》制定是国际海底管理局理事会（简称“理事会”）的优先工作，理事会自 2022 年以来首次一年召开三期会议，重点对《开发规章》草案进行全面审议，就《开发规章》制定进展情况进行了评估，就 2023 年《开发规章》制定路线图达成一致，决定继续安排三次理事会会议，以积极争取《开发规章》在 2023 年 7 月完成制订；同时，理事会也同意由比利时牵头组织“闭会期间非正式对话”讨论《开发规章》未能如期完成制订可能带来的问题和影响，并在 2023 年 3 月理事会上报告讨论情况，以供理事会审议。

从 2022 年理事会《开发规章》谈判情况来看，虽然《开发规章》在制定进程中取得了很多进展，但在一些核心问题上，尚存在严重分歧。随着《开发规章》制定进入关键阶段，国际上对“区域”矿产资源开发可能带来的环境影响愈发关注，一些国家和非政府组织呼吁在充分了解有关环境风险和确保有效保护海洋环境之前，应暂停《开发规章》制定及深海采矿，这对国际海底管理局《开发规章》制定工作将带来一定的压力和影响。在国际海底管理局框架下，近期也出现了反对“区域”矿产资源开发、延迟《开发规章》制定的苗头。此外，《BBNJ 协定》会对《开发规章》谈判产生影响，进而拉长《开发规章》出台的周期。

我国在公海拥有 5 块海底矿区，《开发规章》的出台将对我国产生重要影响。为避免这一规章对我国产生重大不利影响，应充分利用《开发规章》谈判的窗口期，加紧提升我国区域矿产资源开发和环境保护能力，为我国参与《开发规章》及配套标准和指南的制定提供充分的科学支撑。

（七）公海环境影响评价领域

《公约》第二〇六条规定："各国如有合理根据认为在其管辖或控制下的计划中的活动可能对海洋环境造成重大污染或重大和有害的变化，应在实际可行范围内就这种活动对海洋环境的可能影响作出评价，并应依照第二〇五条规定的方式提送这些评价结果的报告。"公海环境影响评价涉及全球统一规则、制定全球最低环境影响评价标准、规制或审查各类公海活动的环境影响评价报告、后续环境监测和审查，如航行、捕鱼、采矿、科研、海缆铺设等诸多方面。

《BBNJ 协定》的五个议题中，环境影响评价是认可度最高的议题。2022 年 8 月的第五次政府间会议上，各国在环境影响评价问题上已经取得了突破性进展。然而，环境影响评价涉及"主权让渡"等问题，因此在细节问题上存在争议。关于《BBNJ 协定》中环境影响评价的启动门槛及标准问题，存在两种选择，一种是对海洋环境中任何可能引起轻微或者暂时影响的计划活动进行筛查；另一种是根据《公约》第二〇六条的规定，对可能造成海洋环境重大污染或重大和有害的变化的活动进行评估。关于环境影响评价的监测，绝大部分国家认为应该与《公约》规定保持一致，而欧盟成员国、澳大利亚等国则认为不应该遵循《公约》的语言表述，倾向于按照活动批准书中规定的条件开展环境影响评价，也有国家如新西兰提出将两者合并。

我国在公海活动频繁，公海环境影响评价与我国活动及利益紧密相关。为避免公海环境影响评价对我国公海活动产生过多限制，我国应重视研究环境影响评价阈值，以及重大有害变化、短暂或轻微影响的科学规程，合理规划环境影响评价最低标准。同时，应考虑在重点区域动态监控各类海洋活动的环境影响，建立环境基线数据库。

（八）塑料垃圾领域

长期以来，塑料垃圾都在不停地污染人类赖以生存的环境，包括海洋。2021 年 10 月，联合国环境规划署（United Nations Environment Programme，UNEP）发布了最新评估报告《从污染到解决方案：海洋垃圾和塑料污染全球评估》（*From Pollution to Solution: A Global Assessment of Marine Litter and Plastic Pollution*）。该报告显示，目前海洋中仍有 $0.75 \times 10^8 \sim 1.99 \times 10^8$ t 塑料垃圾，占据海洋垃圾总重量的 85%。如不采取有效干预手段，预计到 2040 年，每年进入水生生态系统的塑料垃圾数量将增加近两倍，达到 $2300 \times 10^4 \sim 3700 \times 10^4$ t/a。

目前，部分国际组织、国家和地区的相关部门已经采取了一系列应对措施，来解决海洋垃圾问题，尤其是海洋中的塑料废弃物问题。全球范围内有许多致力于解决海洋垃圾和污染的国际公约与国际组织，包括《控制危险废物越境转移及其处置的巴塞尔公约》《关于在国际贸易中对某些危险化学品和农药采用事先知情同意程序的鹿特丹公约》《关于持久性有机污染物的斯德哥尔摩公约》《防止倾倒废物和其他物质污染海洋公约》及其缔约方大会，以及 FAO 渔业委员会、国际海事组织。世界贸易组织成员方也在采取行动，支持国际社会减少和淘汰塑料制品，推动部长级对话和调整贸易政策，从而减少塑料污染。

2019 年 6 月，在日本长野县轻井泽町举行的二十国集团（G20）能源与环境部长级会议上，各国虽然达成自主性减少塑料垃圾并新设一个国际框架的协议，但因为没有明确减量目标，如何确保实际成效成为问题。在二十国集团（G20）峰会上通过的《二十国集团领导人大阪峰会宣言》中，各国以 2050 年为目标，就将塑料垃圾向海洋排放量为零的“蓝色海洋愿景”达成一致。2022 年 3 月，联合国环境大会启动了谈判进程，期望在 2024 年之前达成一项具有国际法律约束力的文书，以减少塑料污染，来自 175 个国家的代表支持了这一历史性决议。

第二节　全球海洋治理各国综合能力对比

近年来，我国在全球海洋治理能力上取得了长足进步，海洋经济、海洋科技、海洋装备、海洋工程等海洋实力中的部分指标已居于世界前列，但部分海洋治理能力还存在显著不足。为分析我国在全球海洋治理主要领域中存在的短板，本书建立了一套评价指标体系（表 1-1），通过指标的定量及定性评估，来衡量我国目前在全球海洋治理中的地位和作用，分析我们面临的短板与不足。

表 1-1　指标体系表

序号	一级指标	二级指标
1	全球海洋治理机制维护	缔结和参加的涉及海洋事务的国际条约数
2		加入的涉海国际组织数
3		国际组织任职人数
4		国际非政府组织 / 国际性学术组织活跃程度
5		年度承办的大型国际论坛或会议
6	全球海洋治理基础科技能力建设	海洋科研机构数
7		海洋科研经费投入
8		海洋科研人员
9		海洋观测调查能力
10	海洋公共服务供给	主导和参与制订的涉海国际标准数
11		主导和参与的国际海洋合作计划
12		布放在国际海域的观测站点数
13		全球海洋治理领域高水平论文产出

一、全球海洋治理机制维护

（一）缔结和参加的涉及海洋事务的国际条约数

缔结和参加的涉及海洋事务的国际条约数反映了一个国家在全球海洋治理中承担的责任和义务情况。根据中国外交部条约数据库（http://treaty.mfa.gov.cn），通过对“海 / 洋、航海 / 海运、渔业、南 / 北极”等涉海关键词进行搜索，据不完全统计，截至 2023 年底，在边界海洋、航海、渔业、环境、极地等领域，中国参加的涉海双（多）边国际条约共 220 个。

表 1-2　中国参加的涉海国际条约情况

序号	领域	参加的多边条约数	参加的双边条约数
1	政治	1	1
2	经济	0	7
3	交通运输	32	87
4	边界海洋	10	47
5	环境	13	6
6	农林	4	3
7	科技和知识产权	1	8
总计		61	159

结合美国国会官网条约数据库（https://www.congress.gov/help/treaty-documents）及美国国务院官网现行条约清单（https://www.state.gov/tias），据不完全统计，截至2023年底，在国防安全、海洋边界和主张、海洋环境保护、渔业和野生动物、海洋科学技术等领域，美国参加的涉海双（多）边国际条约共约169个。

表1-3　美国参加的涉海国际条约情况

序号	领域	参加的条约数
1	国防安全	21
2	海洋环境保护	25
3	渔业和野生动物	56
4	海洋边界和主张	17
5	航运交通	32
6	海洋科学技术	9
7	海底资源开发利用	5
8	争端解决仲裁	4
	总计	169

综上所述，在缔结和参加的涉及海洋事务的国际条约数方面，中国高于美国，表明中国在全球海洋治理中积极履行国际义务，承担大国责任。

（二）加入的涉海国际组织数

加入的涉海国际组织数反映一国参与全球海洋治理体系变革、参与处理国际事务、发起全球议题、制定国际规则、分配国际资源等的情况。根据对涉海国际组织网站的搜集和分析，据不完全统计，在137个涉海国际组织中，中国加入的有73个，美国加入的有75个，两国在参与涉海国际组织数量方面不相上下。

（三）国际组织任职人数

国际组织任职人数能够反映一国在国际舞台拥有的话语权、处理国际事务的专业能力，以及能够影响国际组织决策偏好的情况。根据联合国官网数据（CEB，2022），2021年，中国在联合国系统33个组织机构中的任职人数为1471人；美国在联合国系统39个组织机构中的任职人数为5567人。其中，在粮食及农业组织、国际海事组织、国际海底管理局、联合国教科文组织、联合国气候变化框架公约、世界气象组织等6个涉及全球海洋治理的组织机构中，中国和美国的任职人数分别为190人和239人。另外，对比在涉海国际组织中任职人数最多的国家，在国际海事组织、联合国教科文组织、联合国气候变化框架公约等机构中任职人数最多的国家分别是英国（47人）、法国（377人）和德国（96人），而中国任职人数分别为9人、57人、8人，均远低于这些国家。

对比发现，中国在单个涉海国际组织中的任职人数远低于发达国家，在涉海国际组织的任职总人数上低于美国，特别是在联合国系统组织机构中的任职人数更是远低于美国。与此同时，中国对联合国会费的分摊比重已成为仅次于美国的联合国第二大会费国，中国还是联合国教科文组织第一大会费国，但中国任职人数所占的比重大幅度滞后于中国贡献的会费比重，中国在联合国的供职总人数、占据的重要部门和关键岗位与中国当前所处的国际地位远不相称。

（四）国际非政府组织 / 国际性学术组织活跃程度

非政府组织对国际政治多元化的发展起着重要的推动作用，并冲击着传统的国家中心模式，由于非政府组织具有独立性、民间性和灵活性等特点，更容易得到其他国家政府和公众的信任，从而建立起沟通渠道。一国在国际非政府组织 / 国际性学术组织的活跃程度，反映了在推动解决全球性问题、加强国际合作方面发挥的作用。

据不完全统计，对全球98个资料可获取的涉海国际非政府组织和国际性学术组织进行分析，中国联合发起的组织有4个，美国独立发起的有10个，联合发起的有10个；中国加入的组织有41个，美国加入的有42个。对比发现，中国在发起涉海国际组织方面的能力弱于美国，缺乏独立发起的组织，虽然在加入的组织数量上与美国不相上下，但在利用非政府组织 / 国际性学术组织在国际社会发声的能力弱于美国。

（五）年度承办的大型国际论坛或会议

大型国际论坛或会议是各个国家进行交往和联系的一种形式，有助于促进学术互进、处理彼此关心的事务和解决相互之间的利益诉求，承办大型国际论坛或会议既可彰显综合国力，也可促进地方经济和城市发展。通过搜集2020—2022年中国和美国承办的政府间会议、国际组织例会、国际研讨会、科学会议等大型涉海国际论坛或会议，据不完全统计，中国承办大型涉海国际论坛或会议35次，美国承办27次。三年间，中国承办大型涉海国际论坛或会议的次数略高于美国，反映出中国在参与国际海洋活动方面具有很高的积极性。

二、全球海洋治理基础科技能力建设

（一）海洋科研机构数

海洋科研机构和海洋实验室在支持全球海洋治理研究方面发挥着必不可少的作用，对解决具体海洋治理问题至关重要，一定程度上反映出一国在特定全球治理领域的科技发展水平与能力。2017 年我国县级以上海洋科研机构（不包括涉海企业科研机构）数量为 159 个（自然资源部，2019），2018—2020 年我国地级以上独立核算的非企业海洋研究与开发机构数量分别为 176 个、170 个和 202 个（自然资源部，2019，2021，2022a）。参考《2020 全球海洋科学报告》（*Global Ocean Science Report 2020*，IOC-UNESCO，2020），该报告基于 2013—2017 年的统计数据，给出了日本、美国、英国等其他主要国家（除中国外）海洋科学机构数量，如图 1-1 所示。各国海洋科研机构数量处于动态变化之中，由于各国数据统计年份不统一，并且各国对于海洋科研机构及其规模的界定也不一致，本书仅针对各个国家所属阶层给出分析，后文同此。通过上述对比，我国科研机构数量位列世界第一梯队，仅次于日本。

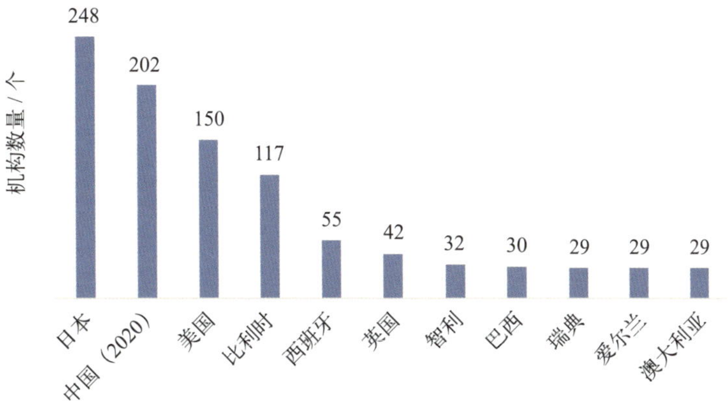

图 1-1 各国海洋科研机构数量对比

中国海洋科研机构数据为 2020 年统计值，其他国家数据出自《2020 全球海洋科学报告》（IOC-UNESCO，2020），其统计年份相对早 1 ~ 3 年

在海洋强国战略背景下，我国各类海洋科研机构建设取得较大突破，科研机构数量快速增长，目前也不乏有影响力的涉海科研机构，但相较于美国伍兹霍尔海洋研究所、美国斯克里普斯海洋研究所、美国国家海洋和大气管理局、英国国家海洋学中心、英

国普利茅斯海洋实验室、日本海洋研究开发机构、法国海洋开发研究院、德国亥姆霍兹极地与海洋研究中心、俄罗斯科学院希尔绍夫海洋研究所等世界级知名海洋科研机构，在海洋领域国际影响力、高影响力成果产出、高水平海洋人才培养与输出、全球海洋治理参与度等方面均有较大差距。

（二）海洋科研经费投入

海洋科学研究领域的经费投入，对于确定未来海洋科学的战略方向，以及提高海洋科学研究能力至关重要。海洋领域经费投入在国家和区域之间有较大差异，发展中国家要显著低于发达国家。根据《2020 全球海洋科学报告》（IOC-UNESCO，2020），2017 年，美国用于海洋和沿海的预算最高，超过 120 亿美元，紧随其后的是日本 6 亿美元和澳大利亚 5.11 亿美元。根据《中国海洋经济统计年鉴 2020》（自然资源部，2022a），2019 年，我国海洋研究与开发机构的研究与试验发展（R&D）课题投入经费总额 111.8 亿元（约合 16 亿美元），由于各国统计口径与年份不一致，本书也仅做定性比较，我国海洋领域科研经费投入也比较可观，位列第二位，但与美国差距较大。

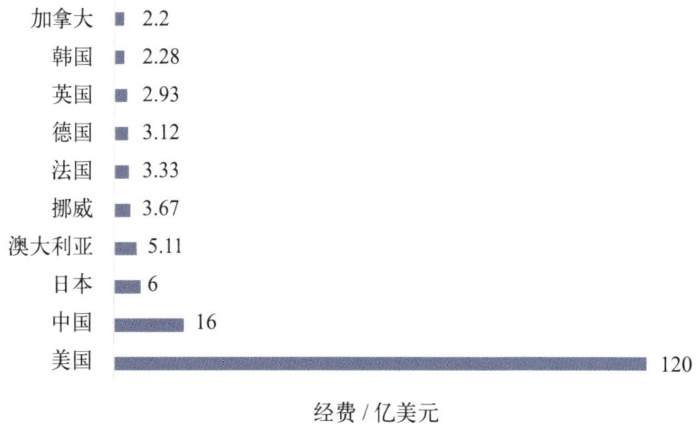

图 1-2　各国海洋经费投入

具体到海洋自然科学基金领域，据统计，2007—2019 年，美国国家科学基金会（National Science Foundation，NSF）在海洋科学领域投入经费为 44.5 亿美元，中国国家自然科学基金委员会（National Natural Science Foundation of China，NSFC）资助金额为 24.56 亿元人民币，NSF 资助额是 NSFC 的 12.17 倍（张灿影等，2021）。从资助的研究区域来看，NSFC 资助的研究集中在南海、东海和黄海等近海海域，NSF 资助的研究集中在墨西哥湾、南大洋和大西洋等海域，美国更多关注全球治理。从资助的具体研究领域来看，NSFC 重点资助领域包括海洋天然产品、物种分类、遥感和生态灾害（富营养化、重金属污染、有害藻华、海洋酸化和微塑料）等，NSF 重点资助领域包括珊瑚礁生态系统、气候变化、深海热液喷口、海洋酸化和生物地球化学循环等，美国更关注全球尺度的治理问题。

另外一个突出的问题是，目前各国在海洋科学领域投入的经费占比普遍较低。根据《2020 全球海洋科学报告》（IOC-UNESCO，2020），2017 年，世界各国海洋科学经费投入占科研经费总投入的 0.03% ~ 11.8%，均值仅为 1.7%，远低于在其他主要科学领域的投入。鉴于海洋在全球气候变化和生物多样性等议题中的关键性角色，这一经费投入不足的状况亟须引起重视。

（三）海洋科研人员

人才是第一资源，是国家海洋科技创新的根本源泉，也是我国参与全球海洋治理的重要动能。根据《2020 全球海洋科学报告》（IOC-UNESCO，2020），主要国家（除中国外）海洋科学人员（包括研究人员和技术人员）总数情况如图 1-3 所示，统计时间为 2013 年或 2017 年，其中，美国 2013 年海洋科学人员数量约 1.3 万人。根据《中国海洋统计年鉴 2018》（自然资源部，2019），2017 年，我国海洋科研机构从业人员总量超过 2.9 万人，在数量上高于多数国家。根据上述数据来源，人员学历构成方面，我国海洋科技活动从业人员中博士和硕士的比重均在 3 成左右，但在加拿大、德国、瑞典等国，博士学位人员比例非常高（图 1-4）。

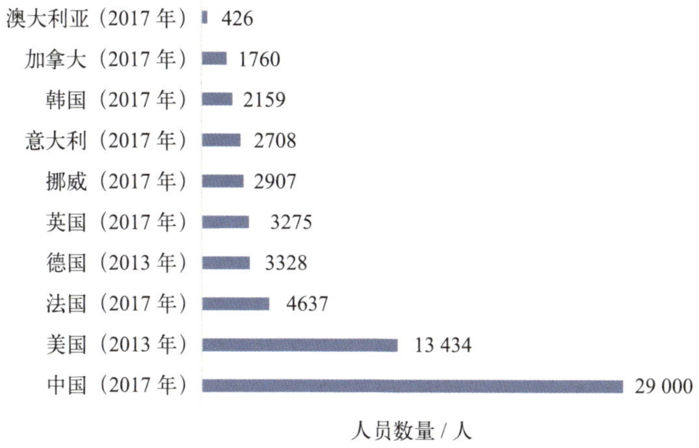

图 1-3　各国海洋科学人员总数情况

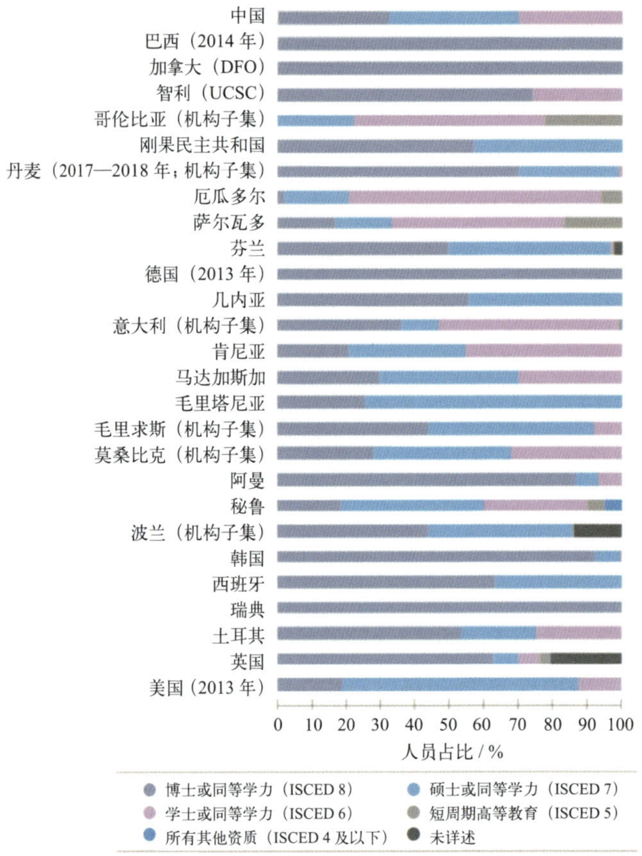

图 1-4　各国具有不同学历资质水平的海洋科学研究人员占比

据《2020 全球海洋科学报告》（IOC-UNESCO，2020）修改；
图中未标注年份的均为 2017 年

我国海洋人才队伍建设仍存在三大突出问题：一是我国海洋科技人才队伍缺口大，顶尖人才、专家型人才和高新技术人才较少，全球海洋治理主要领域科技人才更是严重匮乏。二是我国海洋科研机构从业人员数量虽多于大多数国家，但每百万人口中海洋科研从业人数并不占优。根据《中国海洋经济统计年鉴 2021》（自然资源部，2022b），2020 年我国海洋研究与开发机构中从事科技活动的人员为 41 252 人，结合第七次全国人口普查公报，2020 年 11 月 1 日零时我国总人口为 14.43 亿人，计算可得我国每百万人口中海洋科研从业人数为 29 人，相较于《2020 全球海洋科学报告》（IOC-UNESCO，2020）给出的挪威和葡萄牙（每百万人口中海洋科研从业人数超 300 人）等国，差距较大。三是我国海洋科研机构从业人员的学历结构中博士和硕士占比较高，但相较于巴西、加拿大、德国和瑞典（博士或同等学力占比 100%）等国，占比仍较低。

（四）海洋观测调查能力

海洋科学是基于调查和观测的学科，海洋观测调查能力是一个国家海洋科技能力的重要体现。海洋观测调查的一个重要特点是先到先得，谁的调查越扎实、越早开展，谁的话语权就越大。海洋调查船作为海洋观测调查的基本工具和重要平台，在承载海洋科学研究任务方面发挥着重要作用。

以海洋调查船为例，在船舶数量方面，根据《中国海洋经济统计年鉴 2021》（自然资源部，2022b），2020 年，我国自然资源部及中国科学院系统内的海洋调查船数量为 56 艘。另据文献及相关网站信息的不完全统计，农业农村部、教育部（包含各涉海高校）及主要涉海企业有海洋调查船 28 艘，故而认为我国能够参与全球海洋治理的海洋调查船数量为 84 艘。根据《2020 全球海洋科学报告》（IOC-UNESCO，2020），美国（2017 年）调查船数量高达 441 艘，瑞典（2019 年）为 42 艘，加拿大（2017 年）为 40 艘，韩国（2017 年）为 26 艘，英国（2018 年）为 26 艘，德国（2018 年）为 25 艘。根据日本内阁府公布的数据，截至 2022 年日本共有海洋调查船 53 艘。综合上述数据，我国调查船数量位于世界前列（图 1-5）。

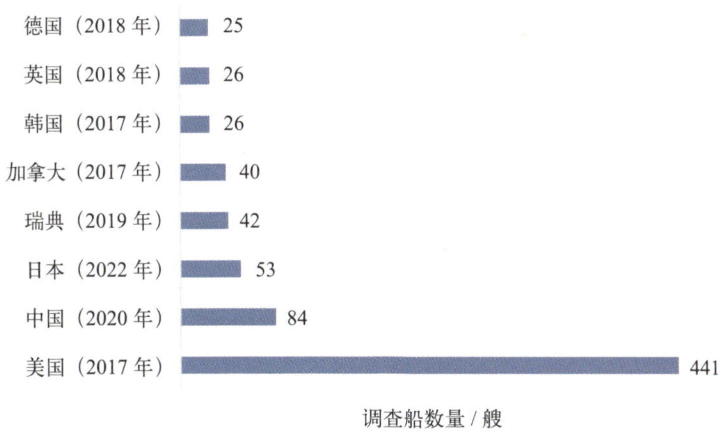

图 1-5　各国海洋调查船数量

但在调查船的发展方面，美国和欧洲走在了技术的前列。有研究表明，美国拥有的海洋学船队，含全球级调查船 16 艘、大洋级调查船 23 艘、地区级调查船 6 艘、当地级调查船6艘，是世界上总体性能最强的调查船队（宋宪仓等，2020）。我国的海洋调查船在总数上及大型调查船数量上均小于欧美调查船的数量，尤其是与美国有较大差距。此外，在调查船类型、技术水平、船龄、船舶可用性及运行管理水平等方面，中国与发达国家均有较大差距；与调查船配套的关键性海洋科学装备，如载人潜水器（HOV）、遥控水下机器人（ROV）、自主水下机器人（AUV）、水下滑翔机等水下移动式观测设备，目前除少部分已经实现产品化和小规模生产外，大多数还处于工程样机阶段，加之多数为国家政策和科研项目支持，商业化动力明显缺失，而世界主要海洋强国的重大海洋科学装备均实现了商业化生产。

在调查船的调查时长方面，根据《2020全球海洋科学报告》（IOC-UNESCO，2020）给出的调查船在不同海域的调查时长统计（图1-6），英国、日本、美国等发达国家在海洋作业时长方面领先，均为第一梯队；在公海调查时长方面，英国、法国、西班牙处于领先位置；在专属经济区调查时长方面，韩国则处于领先位置，其次是挪威和澳大利亚。而中国由于缺乏相关数据统计，难以进行直接对比。

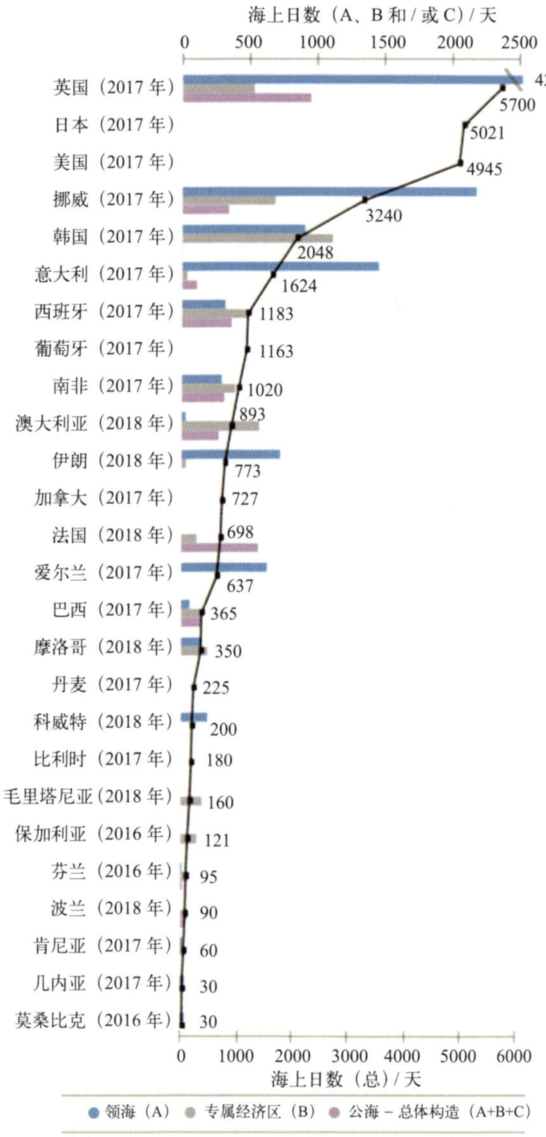

图1-6　各国家和地区海洋调查船调查时长对比
（IOC-UNESCO，2020）

此外，在海洋遥感卫星、海底观测网络等海洋观测领域，我国均起步较晚，虽然目前海洋卫星获得了较为突出的进展，已经实现了组网观测能力，但海底观测网络建设方面还明显滞后于美国、日本、欧洲、加拿大等国家和地区。海洋科学调查装备还面临着自主化、谱系化发展不足的弊端，海洋装备通用技术研究滞后，突破和创新少。由于技术科学研究薄弱，海洋观测传感器发展落后，导致核心传感器仍依赖进口，高端海洋装备的进口比例仍居高不下，制约了海洋综合调查能力的发展。

三、海洋公共服务供给

（一）主导和参与制订的涉海国际标准数

涉海国际标准为全球海洋调查、观测提供统一的规范和操作流程，主导和参与制订涉海国际标准是提升海洋领域国际竞争力的有效途径，反映了一国在某一领域取得的研究和技术优势，从全球治理角度考虑，中国参与国际标准制定也是保障国际标准多样性和公平性的重要举措。根据国际标准组织官网，通过对“海洋、海事、渔业”等涉海关键词进行搜索，不完全统计，涉海国际标准总数约 800 条，剔除开发中标准、已失效标准，已正式发布涉海国际标准约 400 条。涉及 ISO/TC 8/SC 12- 船舶和海洋技术、ISO/TC 147/SC 5- 生物方法、ISO/TC 234- 渔业和水产养殖等技术委员会，其中，中国作为技术委员会成员参与制订国际标准约 360 条，美国作为技术委员会成员参与制订国际标准 376 条，中国和美国在参与制订国际标准方面不相上下。但同时也要看到，主要标准技术委员会秘书处挂靠单位（表 1-4）大多集中在发达国家，这也导致主要涉海国际标准制订的话语权掌控在发达国家手中。

表 1-4　中国和美国参与制订的涉海国际标准数

技术委员会	秘书处挂靠单位	成员	参与制定涉海标准
ISO/TC 8/SC 1- 海上安全	美国国家标准学会（ANSI）	中国、美国等 19 个成员国，17 个观察员国	52
ISO/TC 8/SC 2- 海洋环境保护	美国国家标准学会（ANSI）	中国、美国等 19 个成员国，16 个观察员国	32
ISO/TC 8/SC 3- 管道和机械	美国国家标准学会（ANSI）	中国、美国等 16 个成员国，14 个观察员国	56

续表

技术委员会	秘书处挂靠单位	成员	参与制定涉海标准
ISO/TC 8/SC 4- 舾装和甲板机械	中国国家标准化管理委员会（SAC）	中国、美国等 14 个成员国，17 个观察员国	71
ISO/TC 8/SC 6- 导航和船舶操作	日本工程标准委员会（JESC）	中国、美国等 18 个成员国，15 个观察员国	42
ISO/TC 8/SC 8- 船舶设计	韩国技术和标准局（KATS）	中国、美国等 18 个成员国，11 个观察员国	61
ISO/TC 8/SC 11- 短途海运与多式联运	韩国技术和标准局（KATS）	中国、美国等 17 个成员国，15 个观察员国	7
ISO/TC 8/SC 12- 船舶和海洋技术 - 大型游艇	意大利标准化协会（UNI）	中国、美国等 11 个成员国，14 个观察员国	10
ISO/TC 8/SC 13- 海洋技术	中国国家标准化管理委员会（SAC）	中国、美国等 12 个成员国，17 个观察员国	11
ISO/TC 147/SC 5- 生物方法	德国标准化研究所（DIN）	中国等 27 个成员国，20 个观察员国	7
ISO/TC 234- 渔业和水产养殖	挪威标准局（SN）	中国等 19 个成员国，29 个观察员国	11

（二）主导和参与的国际海洋合作计划

全球海洋治理难以通过某个国家实现，需要借助各国合力，因此涌现出许多针对海洋治理领域的国际或区域合作计划，而一个国家在相关治理领域国际合作的参与情况及话语权，是其科技能力的一大重要体现。

根据中国自然资源部官网、中国“一带一路”官网，通过对“海洋、极地、合作、计划”等涉海关键词进行搜索，不完全统计，近年来中国主导并参与涉海国际合作计划 13 个，涉及深海保护、极地科研、蓝色经济发展等多个领域。根据美国内政部官网、美国国务院官网、美国白宫官网、美国国家科学基金会官网、美国海洋和大气管理局官网等政府网站，通过对“海洋、极地、合作、计划”等涉海关键词进行搜索，不完全统计，近年来美国主导并参与涉海国际合作计划 21 个，涉及污染治理、科学研究、资源可持续开发等多个领域。由此可以看出，在主导并参与的涉海国际合作计划中，美国要多于中国。

从单个合作计划来看，在具有极高全球影响力的“海洋十年”中，截至 2023 年 5 月，联合国教科文组织政府间海洋学委员会（IOC-UNESCO）官方批准了 361 项行动，各国的参与程度有很大差别（图 1-7），美国位列第 1 位，共计 86 项，数量超过位居第 2 位的加拿大（36 项）两倍，其后依次是法国（32 项）、英国（24 项）和比利时（17 项），我国与挪威、俄罗斯及德国并列第 8 位，均有 11 项行动入选。目前，“海洋十年”行动仍由发达国家主导，而我国在其前期运筹和启动初期的阶段并未深度参与，目前在行动数量方面与美国等西方国家差距较大。

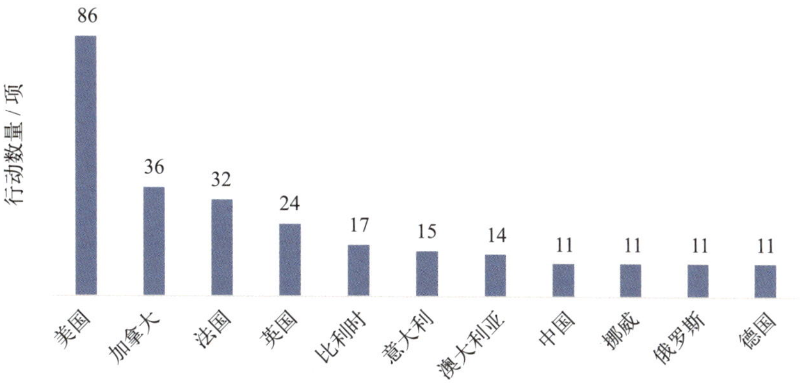

图 1-7　各国参与“海洋十年”行动数量（项）

（三）布放在国际海域的观测站点数

参与国际海洋观测计划，并在国际海域自主布放观测浮标，开展观测资料收集、处理与交换共享，既可以丰富数据资料来源，又可以增加对国际海洋观测的贡献度。全球海洋观测系统（Global Ocean Observing System，GOOS）是联合国教科文组织政府间海洋学委员会领导的国际观测计划，是全球最知名的海洋观测合作项目之一。在 GOOS 三大子观测系统中（图 1-8），美国的观测平台数具有绝对的优势，而我国的贡献相对不突出。

Argo 计划是 GOOS 中的一个针对深海区温盐结构观测的子计划，自 2000 年以来，国际 Argo 计划成员国已经在全球海洋陆续布放了超过 1.7 万个 Argo 浮标。根据中国 Argo 实时数据中心统计，截至 2022 年 12 月 1 日，中国有 59 个活跃浮标。而根据 Argo 官网数据（图 1-9），国际 Argo 计划中各主要发达国家投放的活跃浮标的占比

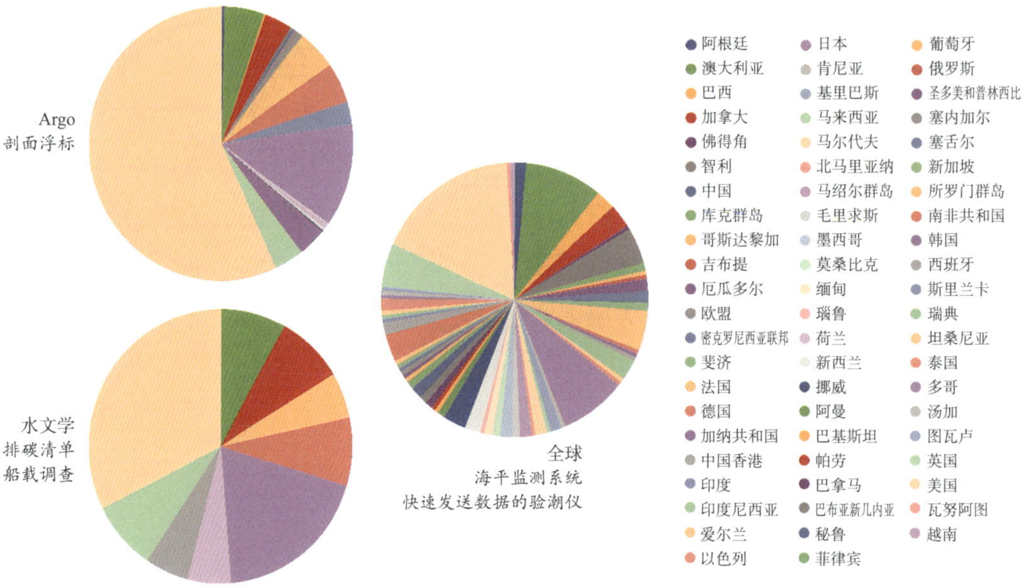

图 1-8　GOOS 三大子观测系统中各国家（地区）观测平台的相对贡献率（IOC-UNESCO，2009）

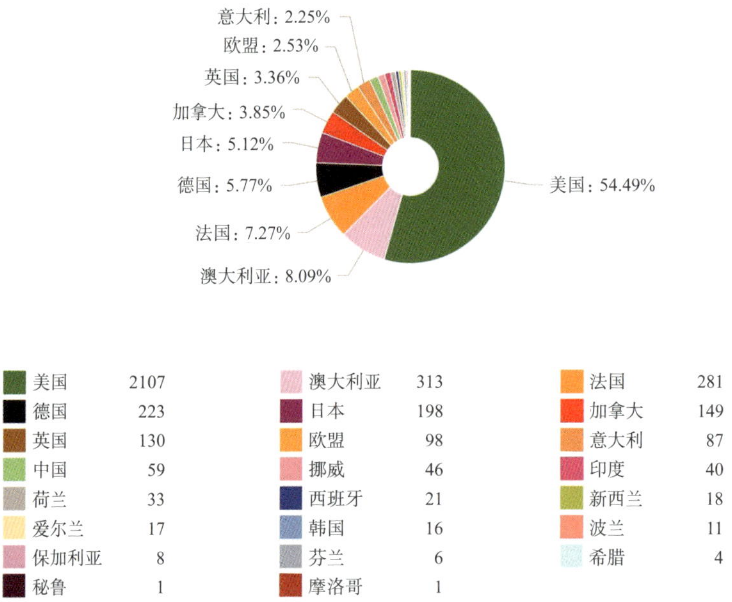

图 1-9　主要国家（组织）活跃 Argo 浮标对比

摘自 Argo 官方网站 https://www.ocean-ops.org/board?t=argo

远超我国，尤其是美国具有绝对的优势，其活跃浮标数量占据全球比例超过一半，达 2107 个。澳大利亚、法国、德国、日本、加拿大和英国的活跃浮标数量也是在三位数。我国位列全球第 10 位，与主要海洋国家有较大的差距。通过分析可以得出，美国在 Argo 规则制订、浮标技术、数据管理和质量控制，以及主导 Argo 国际合作方面均处于绝对优势地位。

（四）全球海洋治理领域高水平论文产出

1. 全球海洋治理领域论文数量

由于全球海洋治理涉及具体领域广泛，本书在全球海洋治理领域选择了海洋生态健康与生物多样性养护领域、海洋防灾减灾与应对气候变化领域、公海和国际海底资源开发利用领域三大重点及热点议题，来研究全球海洋治理领域论文产出情况。基于美国科学信息研究所（ISI）科学网（WOS）科学引文索引扩展版（Science Citation Index Expanded，SCIE）数据库，检索全球海洋治理领域的论文发表情况，主要检索全球、美国、中国、日本、德国、加拿大、俄罗斯、英国、澳大利亚和法国（图 1–10）。

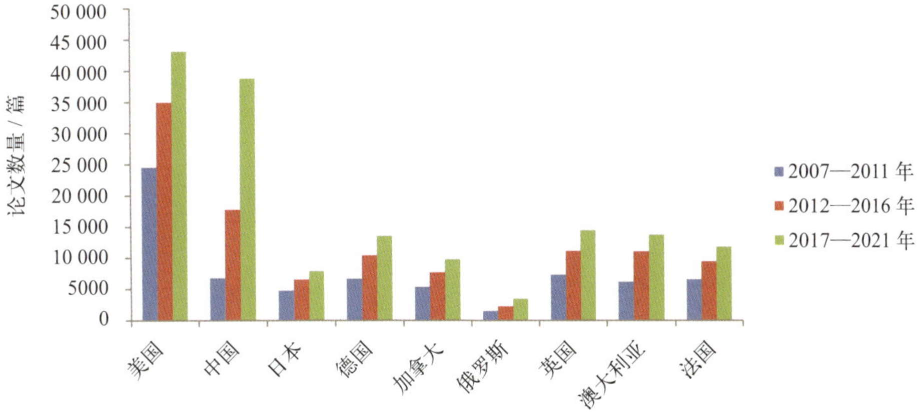

图 1–10　2007—2021 年各国在相关治理领域论文发表数量

2001—2021 年，全球治理领域 SCIE 论文发文量排名依次为美国、中国、英国、德国、澳大利亚、法国、加拿大、日本和俄罗斯（图 1–11）。全球海洋治理领域发文量较大的国家集中在欧美等发达国家，发展中国家在此领域的科研能力依然相对薄弱。其中美国发文量为 123 350 篇，远高于其他国家，表明其在全球海洋科技治理领域的研究水平处于世界领先地位。中国发文量为 66 320 篇，居第 2 位。通过我国在 2001—2021 年 20 年内（图 1-11）和 2017—2021 年 5 年内（图 1-12）发表论文的国际占比可知，我国论文发表数量占比与美国差距大大缩小。

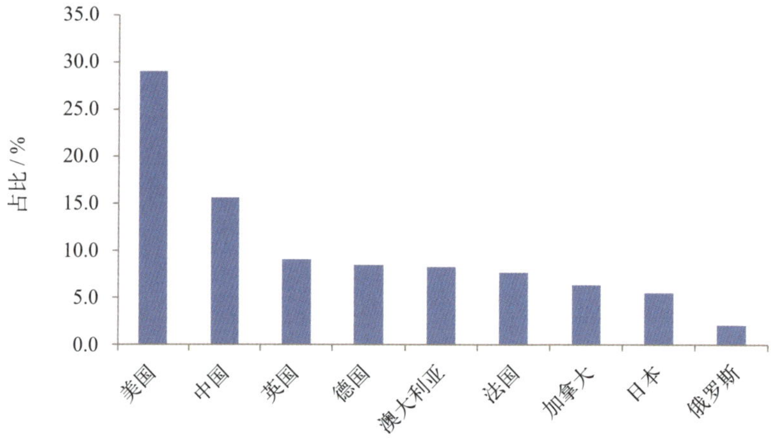

图 1-11　2001—2021 年各国发表论文在全球占比排行

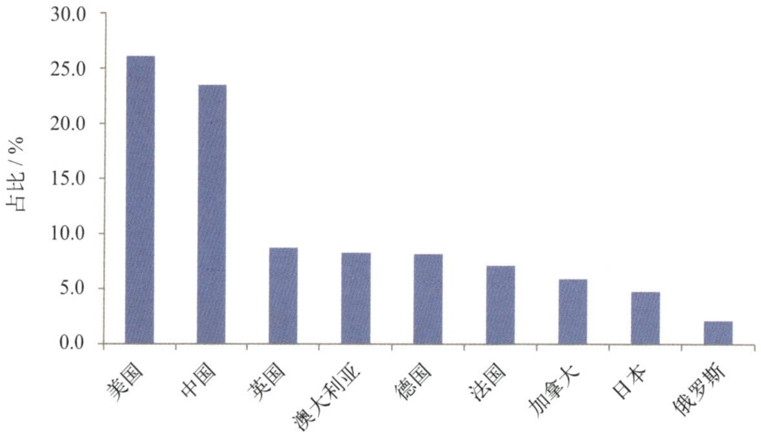

图 1-12　2017—2021 年各国发表论文在全球占比排行

在海洋生态健康与生物多样性养护领域、海洋防灾减灾与应对气候变化领域、公海和国际海底资源开发利用领域三大细分领域，我国论文数量占比与美国差距均在逐年缩小。值得注意的是，在公海和国际海底资源开发利用领域，我国 2017—2021 年发表的论文数（4539 篇）甚至实现了对美国论文数量（4529 篇）的反超（图 1-13），跃居世界首位。说明我国目前在论文发表数量方面与美国的差距较小。

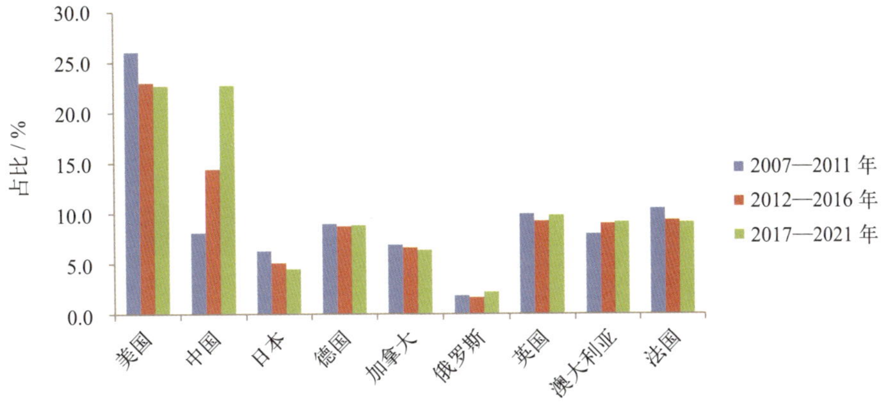

图 1-13　2007—2021 年各国在公海和国际海底资源开发利用领域发表论文在全球占比变化趋势

但在人均发表论文方面，根据联合国教科文组织政府间海洋学委员会发布的《2020 全球海洋科学报告》，中国每百万人口发表论文为 18 篇，低于世界平均水平（26.3 篇），说明我国还存在人均占比低、论文发表不平衡的问题。

2. 论文被引频次

论文被引频次可以反映出论文的影响力，本书以热点议题海洋生态健康与生物多样性养护领域为例，统计了相关国家全球治理领域论文的高被引论文数量、被引频次、篇被引频次，来衡量国家的科研影响力。2001—2021 年，我国在海洋生态健康与生物多样性养护热点议题领域的高被引论文数量、被引频次均排名世界第二位（图 1-14 和图 1-15），仅次于美国，说明我国在海洋生态健康与生物多样性养护领域科研影响力很高，单篇被引频次在所选国家中是最低的（图 1-16），说明单篇论文的影响力最低，我国高影响论文仍没有达到世界影响力较高的水平。

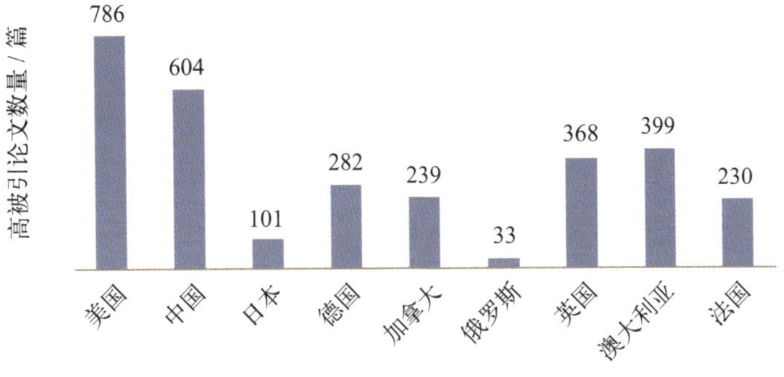

图 1-14　各国 2001—2021 年高被引论文数量情况

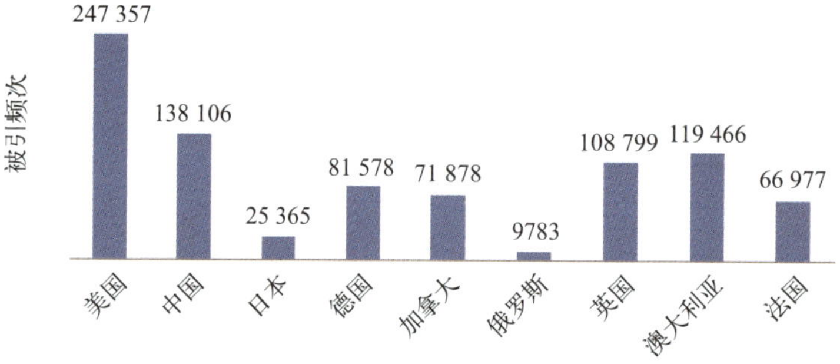

图 1-15　各国 2001—2021 年论文被引频次情况

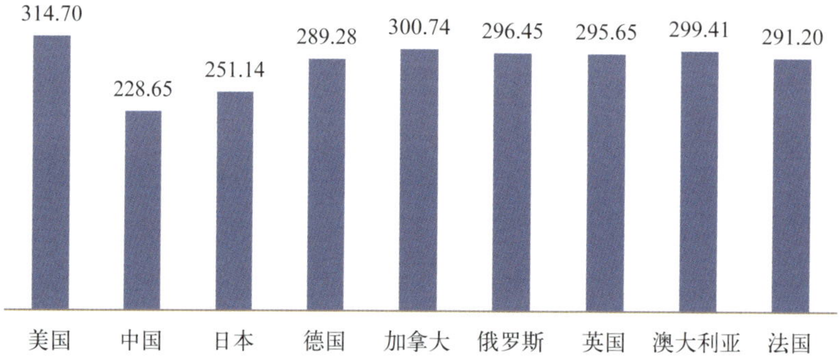

图 1-16　各国 2001—2021 年篇被引频次情况

3. 高被引论文

高被引论文可以在一定程度上反映近年来的研究热点和趋势，以及相关领域的基础理论或权威研究。本书对 WOS 中三个全球海洋治理领域论文的累计被引频次按由高到低进行排序，选取前 10 名，分析其反映出来的热点领域及相关研究的国家与科研机构。

在海洋生态健康与生物多样性养护领域，2001—2021 年的高被引前 10 名论文如表 1-5 所示，论文的主要研究内容涵盖了海洋塑料与微塑料污染、气候变化对海洋生态系统的影响、全球变暖对珊瑚礁的影响、海洋酸化，以及气候变化与富营养化的关系，是目前广受关注的全球海洋治理议题。分析发文机构可知，美国机构 5 家，西班牙高校 2 家，英国、澳大利亚和国际组织各 1 家，表明美国在该领域具有较高的国际学术影响力。

表 1-5 海洋生态健康与生物多样性养护领域高被引论文前 10 名

序号	题名	发表年份	发文期刊	被引频次	第一作者机构
1	Plastic waste inputs from land into the ocean	2015	SCIENCE	4763	美国佐治亚大学
2	Microplastics in the marine environment: a review of the methods used for identification and quantification	2012	ENVIRONMENTAL SCIENCE & TECHNOLOGY	2170	西班牙武康大学
3	Plastic pollution in the world's oceans: more than 5 Trillion plastic pieces weighing over 250 000 Tons afloat at sea	2014	PLOS ONE	2122	美国五大环流研究所
4	The physical impacts of microplastics on marine organisms: A review	2013	ENVIRONMENTAL POLLUTION	1979	英国埃克塞特大学
5	Climate change impacts on marine ecosystems	2012	ANNUAL REVIEW OF MARINE SCIENCE, VOL 4	1601	美国伍兹霍尔海洋研究所
6	Global warming and recurrent mass bleaching of corals	2017	NATURE	1580	澳大利亚詹姆斯 · 库克大学
7	Plastic debris in the open ocean	2014	PROCEEDINGS OF THE NATIONAL ACADEMY OF SCIENCES OF THE UNITED STATES OF AMERICA	1480	西班牙加迪斯大学
8	River plastic emissions to the world's oceans	2017	NATURE COMMUNICATIONS	1383	海洋清理基金会（The Ocean Cleanup Foundation）
9	Impacts of ocean acidification on marine organisms: quantifying sensitivities and interaction with warming	2013	GLOBAL CHANGE BIOLOGY	1355	美国加利福尼亚大学
10	The rise of harmful cyanobacteria blooms: The potential roles of eutrophication and climate change	2012	HARMFUL ALGAE	1293	美国马里兰大学环境科学中心

在海洋防灾减灾与应对气候变化领域，2001—2021 年的高被引前 10 名论文如表 1-6 所示，论文的主要研究内容涵盖了气候变化对海洋生态系统的影响、极地气候与海冰变化、海洋酸化与气候变化的关系、厄尔尼诺与温室效应、海平面变化等全球海洋治理议题，所属机构分别为美国机构 6 家、澳大利亚机构 2 家、欧洲机构 2 家，表明发达国家在该领域具有较高的国际影响力。

表 1-6　海洋防灾减灾与应对气候变化领域高被引论文前 10 名

序号	题名	年份	发文期刊	被引频次	第一作者机构
1	Climate change impacts on marine ecosystems	2012	ANNUAL REVIEW OF MARINE SCIENCE	1601	美国伍兹霍尔海洋研究所
2	The rise of oxygen in Earth's early ocean and atmosphere	2014	NATURE	1363	美国加州大学河滨分校
3	Impacts of ocean acidification on marine organisms: quantifying sensitivities and interaction with warming	2013	GLOBAL CHANGE BIOLOGY	1355	美国加州大学博德加海洋实验室
4	The rise of harmful cyanobacteria blooms: The potential roles of eutrophication and climate change	2012	HARMFUL ALGAE	1293	美国马里兰大学
5	Recent Arctic amplification and extreme mid-latitude weather	2014	NATURE GEOSCIENCE	1264	美国海洋和大气研究实验室
6	Increasing frequency of extreme El Niño events due to greenhouse warming	2014	NATURE CLIMATE CHANGE	1235	澳大利亚联邦科学与工业研究组织海洋与大气研究所
7	Structure and function of the global ocean microbiome	2015	SCIENCE	1232	欧洲分子生物学实验室
8	Bedmap2: improved ice bed, surface and thickness datasets for Antarctica	2013	CRYOSPHERE	1221	英国南极调查局

续表

序号	题名	年份	发文期刊	被引频次	第一作者机构
9	Extended reconstructed sea surface temperature, version 5 (ERSSTv5): upgrades, validations, and intercomparisons	2017	JOURNAL OF CLIMATE	1198	美国国家海洋和大气管理局
10	Sea level and global ice volumes from the Last Glacial Maximum to the Holocene	2014	PROCEEDINGS OF THE NATIONAL ACADEMY OF SCIENCES OF THE UNITED STATES OF AMERICA	1154	澳大利亚国立大学

在公海和国际海底资源开发利用领域，2012—2021 年的高被引前 10 名论文如表 1-7 所示，论文的主要研究内容涵盖了海底采矿、深海观测、气候变化对海底栖息地的影响、海底热液、公海保护区及深海稀有金属矿产等深海全球海洋治理议题，所属机构分别为美国机构 4 家，英国机构 2 家，加拿大、德国、西班牙、斯洛文尼亚机构各 1 家，表明欧美国家在该领域具有较高的国际影响力。

表 1-7　公海和国际海底资源开发利用领域高被引论文前 10 名

序号	题名	发表年份	发文期刊	被引频次	第一作者机构
1	An overview of seabed mining including the current state of development, environmental impacts, and knowledge gaps	2018	Frontiers in Marine Science	205	美国缅因州医学中心
2	Global observing needs in the deep ocean	2019	Frontiers in Marine Science	98	美国斯克里普斯海洋研究所
3	Major impacts of climate change on deep-sea benthic ecosystems	2017	Elementa-Science of the Anthropocene	180	英国赫瑞－瓦特大学
4	Pathways for abiotic organic synthesis at submarine hydrothermal fields	2015	Proceedings of the National Academy of Sciences of the United States of America	200	加拿大多伦多大学

续表

序号	题名	发表年份	发文期刊	被引频次	第一作者机构
5	Hydrothermal vents and methane seeps: rethinking the sphere of influence	2016	Frontiers in Marine Science	190	美国斯克里普斯海洋研究所
6	Designing marine reserves for fisheries management, biodiversity conservation, and climate change adaptation	2014	Coastal Management	158	美国大自然保护协会
7	The mediterranean sea under siege: spatial overlap between marine biodiversity, cumulative threats and marine reserves	2012	Global Ecology and Biogeography	393	西班牙国家研究委员会
8	The essentials of marine biotechnology	2021	Frontiers in Marine Science	30	斯洛文尼亚国家生物学研究所
9	Discriminating between different genetic types of marine ferro-manganese crusts and nodules based on rare earth elements and yttrium	2014	Chemical Geology	263	德国雅各布斯大学
10	Marine reserves can mitigate and promote adaptation to climate change	2017	Proceedings of the National Academy of Sciences of the United States of America	285	英国埃克塞特大学

综合来看，我国在全球海洋治理领域的论文发表数量已经跃居全球第二的水平，但高水平论文较少，说明我国海洋科研论文存在多而不精的问题。尤其是在高被引论文前 10 名中，未涉及我国的研究，说明在特定的全球海洋治理领域，我国缺乏最具影响力的学科基础研究及权威研究，折射出在相关领域顶级科学家及话语权的缺失问题。

四、指标分析

综上所述，通过中国和美国在全球海洋治理领域各项指标的对比，我们可以看出，在 13 个指标中，中国在缔结和参加的涉及海洋事务的国际条约数、近三年承办大型涉海国际论坛或会议的次数、海洋科研机构数量、海洋科研活动人员结构等 4 项指标上的表现好于美国。一是反映出我国政府以勇于担当、积极作为的负责任大国的姿态，积极参与和接受国际规则，严格履约，在全球性涉海问题治理中积极做出贡献。二是中国积极通过主场外交的形式主动塑造全球海洋治理平台，参与全球海洋治理的范围进一步扩大，获得了表达中国理念和提供中国方案的机会，有助于减少国际社会对中国的误解和负面认知。三是在建设海洋强国背景下，涉海科研机构与高校蓬勃发展，涌现出一批具有科技竞争力的海洋科研机构，我国海洋科研实力快速发展，与此同时，加速带动了海洋领域科技人才培养，海洋科研从业人员总量呈现增长态势，学历结构逐步优化，为我国参与全球海洋治理提供了智力保障。

在加入涉海国际组织数量、参与制订涉海国际标准数量等两项指标上，中国与美国不相上下。一是说明我国将涉海国际组织作为重要的多边外交舞台和全球治理的重要主体，从政策、财力、人力等多方面加强对涉海国际组织的参与，通过其治理机构和决策机制的实践行动，实现对国际海洋秩序和国际体系变革的知情与直接参与。二是表明中国参与国际海洋标准化活动的力度大幅度提高，助推国际标准体系不断完善，在涉海国际标准建设中发挥了重要作用，但也要清醒看到美国在大多数重要国际标准制定机构中占主导地位，中国在涉海国际标准会议参与度、承担涉海国际标准组织要职、主办涉海国际标准活动数量等方面，都处于弱势地位。

在国际组织任职人数、国际非政府组织 / 国际性学术组织活跃程度、海洋科研经费投入、海洋观测调查能力、主导和参与的国际海洋合作计划、布放在国际海域的观测站点数、全球海洋治理领域高水平论文产出等 7 项指标上，我国均与美国有较大差距。一是中国涉海国际组织人才储备严重不足、人才推送力度不足、人才队伍建设的基础不够雄厚，这对中国推进全球海洋治理体系变革，提升在全球海洋治理中的影响力、话语权和规则制定权将形成越来越大的制约。二是我国对非政府组织参与全球海洋治理的认识还不充分，观念不够成熟，真正有影响力的国际性非政府组织 / 学术组织不足，“走出去”的能力与经验不足，导致我国在参与全球海洋治理进程中出现“瘸腿”，将严重影响和限制我国参与全球海洋治理的能力和效果。三是我国海洋科技发展长期采取跟踪式发展策略，以较低成本谋求海洋发展，对经济回报低的海洋基础研究投入少，对深远海、全球海洋生态环境问题等前瞻性领域的经费投入尤为不足。四是我国海洋调查观测相较美国起步晚，长期存在力量分散、资源重复建设、科学仪器设备依赖进口等问题，虽然近年来通过加强顶层设计、统筹资源分配和科考调查、强化海洋科学仪器设备自主研发等取得了一些改观，但与发达国家相比仍有较大差距。五是我国在主导和参与国际海洋合作计划方面与发达国家差距大，一方面表明我国在国际领先的海洋科技优势领域上，尚未完全形成国家合力和国家意志；另一方面反映出自上而下的国际合作研究战略仍需要完善。六是虽然我国全球海洋治理相关领域论文发表数量激增，但论文质量和影响力与美国差距较大，究其原因，一方面在职称评定、人才培养、项目基金验收中仍存在着“唯论文论”等不良论文导向，追求论文数量，忽视论文的质量；另一方面，研究人员从事耗时长、难度大的基础性研究减少，转而研究易发表论文、关注度高的海洋“热点领域”，导致原创性理论和颠覆性技术成果少。

总体来看，我国在全球海洋治理机制维护方面取得了较好的成效，为我国塑造负责任的国际形象营造了良好的环境；在全球海洋治理基础科技能力建设上逐步拉近与发达国家的差距，为全面深化参与全球海洋治理打造了良好的基础；但在海洋公共服务供给方面，仍与发达国家有较大差距。当前，世界各国对我国提供公共产品和承担国际责任的要求越来越高，全球海洋治理的方方面面都离不开中国，都需要中国的参与和贡献。但我国参与全球海洋治理的能力与国家综合实力仍不匹配，总体仍属“后来者”和“跟跑者”。尽管面临重重挑战，中国深度参与全球海洋治理是大势所趋，也是众望所归，因此，我们必须增强战略自信、保持战略清醒，全面提升全球海洋治理能力，为塑造公正合理的海洋秩序贡献中国智慧，为构建人海和谐的“海洋命运共同体”提供中国力量。

第三节　全球治理的战略意义、机遇与挑战

海洋是人类生存的基本空间，为人类发展带来巨大的利益。同时，也正是因为利益的争夺，海洋成为国际政治的重要竞技场。21 世纪世界政治经济形势日趋复杂，全球地缘政治格局发生深刻变革。陆地资源的逐渐枯竭，让人类将目光聚焦于蓝色海洋。海洋以其广阔的立体空间、丰富的自然资源、开放的国际通道、重要的生态特性、无限的探索潜力成为人类生存与发展的宝贵财富和战略空间。随着全球化的深入发展，各国经济、环境、资源、人口等问题不断累加，人类对海洋的依赖程度将前所未有地增加，开拓海洋成为人类持续发展的新方向。

一、海洋成为各国博弈的重要战场

海洋作为国家经济贸易来往的重要纽带和国家利益实现的资源宝库，在各国战略规划中被给予极大的关注。从外部环境来看，当前海洋领域的国际竞争日趋激烈，世界主要海洋强国纷纷加强了对海洋的重视程度和开发力度，这要求中国制定更加积极主动的海洋政策，实现近期目标与长远利益的有机统一。

2015 年，美国奥巴马政府发布名为《21 世纪海权合作战略》的国家海洋战略计划，更加强调捍卫美国在海洋领域的国家利益并将一些新兴海洋国家视为潜在的威胁；2018 年 6 月，特朗普政府宣布废除奥巴马政府时期“保护脆弱的海洋环境”的国家海洋管理政策，代之以“有效开发利用海洋资源，促进经济发展”的施政方针。拜登政府 2022 年发布国家安全战略报告，首次把海洋单列为专章，推进海洋治理并加强生物多样性保护、打击 IUU 捕鱼。

2016 年底，欧盟委员会通过欧洲层面首个全球海洋治理联合声明文件——《国际海洋治理：我们海洋的未来议程》，将改善全球海洋治理架构列为欧盟区域内合作的优先领域，以实现安全和可持续地开发利用全球海洋资源。2022 年，欧盟委员会更新该议程，聚焦海洋生物多样性保护等议题，推动达成“3030 目标”、尽快完成《BBNJ 协定》、通过南极海洋保护区，谋求争取海洋治理领导权。

虽然这些国家制定的海洋战略内容各有侧重，但无一不是将海洋置于国家发展全局中极为重要的位置，甚至是核心地位。在进一步开发、利用、管控海洋的过程中，国际社会对海洋生态环境的重视程度也日益提高，海洋生态保护被列为与海洋资源开发、利用同等重要的任务，生态环境质量成为国家海洋竞争力的核心构成要素之一。

二、全球海洋治理格局正在发生剧烈变化

现代国际海洋秩序是在《公约》为主体的国际法体系基础上创建的，国际海底管理局、国际海事组织、区域渔业管理组织等联合国体系是其主要治理机构，在很大程度上为西方国家主导，公共产品也多由其提供。进入 21 世纪以来，多项涉海议题取得进展，全球海洋治理格局不断发生变化。

（一）七国集团向全球推动海洋治理议题

海洋议题纳入七国集团（G7）峰会领导人宣言，从集团层面推动海洋治理，努力实现“3030 目标”在公海落地，以此构建新秩序。2021 年，在英国召开的 G7 峰会，通过自然宪章，集团化推动“3030 目标”、《BBNJ 协定》等海洋议题，并企图通过二十国集团（G20）向全球推广。G7 峰会相关成果，纳入在意大利举办的 G20 领导人峰会宣言。

2022 年 11 月，G20 领导人峰会在印度尼西亚巴厘岛召开，会上通过了《二十国集团领导人巴厘岛峰会宣言》。G20 在宣言中敦促所有各方最终确定并通过“2020 年后全球生物多样性框架”；强调需要设定明确且可衡量的生物多样性目标，并采取具体的行动措施和问责机制；承诺加强行动，到 2030 年制止和扭转生物多样性的丧失。G20 同时表明，将进一步倡导可持续的发展和生活方式，提高资源效率和提倡循环经济，以提高可持续性，并共同致力于科学知识共享、提高认识和能力建设，特别是推进基于海洋的气候行动；将致力于结束 IUU 捕鱼活动。

（二）全球海洋保护格局面临调整重构

2022 年 12 月，《联合国生物多样性公约》第十五次缔约方大会第二阶段会议上，“3030 目标”获得通过。2023 年 3 月，《BBNJ 协定》达成。《BBNJ 协定》及公海保护区制度将重塑世界海洋政治地理格局、重新分配各国公海利益、重新调整国际海洋秩序、冲击现有全球海洋治理格局。

（三）联合国启动塑料污染治理国际协定制定

塑料垃圾具有存在时间长、难以降解等特点，其污染或危害会随着食物链或食物网累积，也会随着海洋活动影响全球，海洋生物也是塑料污染的受害者。在 2022 年 3 月 2 日结束的第五届联合国环境大会上，各国环境部长和高层级政府代表通过了题为“结束塑料污染：制定一项具有法律约束力的国际协定”的第 5/14 号决议，标志着各国将制定一项具有法律约束力的专门性国际协定（以下简称“协定”），处理包括海洋塑料在内的全球塑料污染问题。

“协定”主要内容将包括具体目标，可持续生产和消费，削减海洋环境中塑料污染的国家和国际合作措施，为实现“协定”目标而制定、实施和更新国家行动方案，国家报告制度，“协定”实施情况阶段性审议制度，“协定”实施有效性评估制度，塑料污染的科学和社会经济评估，教育和信息分享，与相关区域和国际条约、协定和组织的协调，利益攸关方参与，利益攸关方行动议程，关于能力建设、技术援助、技术转让和财政援助的具体安排，促进研究和发展可持续、可负担、创新性和费用有效的途径，以及遵约。

（四）世界贸易组织达成《渔业补贴协定》

2022 年 6 月 17 日，在世界贸易组织（WTO）第 12 届部长级会议（MC12）上，历时 21 年的渔业补贴协议谈判取得实质性进展，达成了《渔业补贴协定》（以下简称《协定》）。《协定》规定禁止对 IUU 捕鱼进行补贴，禁止有关过度捕捞鱼类种群的补贴。这是 WTO 过去 9 年达成的首份多边协定，也是 WTO 第一个关注环境的协定、第一个关于海洋可持续性的广泛且有约束力的多边协定、WTO 成立以来达成的第二个协定，为实现联合国《2030 年可持续发展议程》做出了重要贡献。

总体上，《协定》的有效实施将减少 IUU 捕鱼对渔业的破坏，减轻对渔业资源的过度捕捞，促进渔业管理秩序得到更好的维护和渔业资源得到更好的养护，促进渔业补贴转向有益的方向。各国的渔业补贴将更多地用于实施渔业资源的养护和管理，支持资源保护型、环境友好型绿色渔业的发展，以及用于提高渔业生产的安全性，保障渔民生命财产安全。同时，《协定》也将促进保护发展中国家特别是最不发达国家的渔业发展权益，为产业发展留下空间，有利于当地社区经济和社会稳定，促进渔业更多造福社会，增进人民福祉。

三、海洋在我国全局发展中的地位显著提升

我国是全球最大的海洋利用国，货物贸易进出口总量、原油及天然气进口量、国际海底矿区数量、远洋渔业捕捞产量位居世界第一，掌控的海运运力、海洋科考船舶数量、深海遗传资源保藏量位居世界前列。近年来，我国海上力量稳步提升，国家利益逐步由本国管辖海域向管辖外海域拓展延伸。

（一）从海洋强国战略走向构建全球海洋命运共同体

2012 年，党的十八大提出“建设海洋强国”战略目标，明确要“提高海洋资源开

发能力，发展海洋经济，保护海洋生态环境，坚决维护国家海洋权益，建设海洋强国”。十余年来国家出台多项重大举措和相关政策，从提高海洋资源开发能力、加快优化海洋产业结构步伐、深入推进海洋生态文明建设等方面入手，把推动海洋高质量发展作为加快建设海洋强国的主线，全面落实“依海富国、以海强国”，推动中国海洋强国建设取得显著成就。2021 年，十三届全国人大四次会议表决通过的《中华人民共和国国民经济和社会发展第十四个五年规划和 2035 年远景目标纲要》中也指出，要积极拓展海洋经济发展空间，坚持陆海统筹、人海和谐、合作共赢，协同推进海洋生态保护、海洋经济发展和海洋权益维护，加快建设海洋强国。

近年来，随着我国海洋强国建设不断取得成效，海上力量逐步上升，在大力推进海洋强国的基础上，我国提出了构建全球“海洋命运共同体”的倡议。

2019 年 4 月，国家主席、中央军委主席习近平在青岛集体会见应邀出席中国人民解放军海军成立 70 周年多国海军活动的外方代表团团长时，首次提出“构建海洋命运共同体”的重大倡议，表示我们要像对待生命一样关爱海洋。党的二十大报告提出，构建人类命运共同体是世界各国人民前途所在，推动构建人类命运共同体是中国式现代化的本质要求之一。海洋是构建人类命运共同体的重要领域。构建海洋命运共同体，是构建人类命运共同体的重要组成部分，昭示着海洋和平与繁荣的光明前景。海洋环境应由各国共同保护，海洋资源应由各国共同享用，海洋事务应由各国共同管理。

（二）强化国际合作，共同参与全球海洋治理

2019 年，中法联合发表《中华人民共和国和法兰西共和国关于共同维护多边主义、完善全球治理的联合声明》，就国际形势和重大国际地区问题达成共识。两国重申愿共同应对在气候变化、生物多样性丧失和环境保护领域的挑战；积极致力于推动《联合国生物多样性公约》下“全面参与制定 2020 年后全球生物多样性框架”进程；承诺在联合国框架下就《BBNJ 协定》谈判加强沟通与合作；同意就包括设立南极海洋保护区在内的南极海洋生物资源的养护和可持续利用问题保持交流。此外，上述议题也在中德、中法德、中欧等领导人峰会，以及中美高层对话中探讨。

（三）我国在全球海洋治理领域仍旧面临挑战

目前，我国在联合国体系下治理机制参与度相对较高，深海和极地等新兴领域的

国际地位稳步提升，但全球海洋治理基本延续美西方话语体系，海洋治理成为我国海洋强国建设短板。美西方以全球海洋治理为名，强推海上霸权和强权政治，对我国遏制围堵，诸如激化我国与南海周边国家领土和海洋争端，组建海洋保护联盟挤压我国海洋战略空间，武力威胁我国海上战略通道安全畅通，抹黑我国惠及发展中国家的远洋渔业捕捞活动。面对当前国际海洋形势，积极参与全球海洋治理，掌握国际海洋话语权是我国建设海洋强国，壮大海洋实力的必由之路。

四、我国深度参与全球海洋治理面临的机遇和挑战

参与全球海洋治理是和平时期维护权益和利益的重要手段，是实现和平、合作、共赢，打造命运共同体的重要组成部分，是海洋强国建设的重要标志。随着我国融入经济全球化，中国特色社会主义进入新时代，海洋在国家政治经济安全大局中的作用日益凸显。当前全球海洋治理体系正处于改革与调整的关键时期，深度参与全球海洋治理，获得更多制度性权力，提升对全球海洋治理的引导力，将我国不断增长的综合国力，转变为持久深远的国际海洋体系制度性权力，是加快建设海洋强国的现实需要，也是实现中华民族伟大复兴中国梦的必然要求。

（一）我国深度参与全球海洋治理面临的机遇

当前全球海洋治理正处于深刻的变革与调整之中，治理客体的种类和领域在变，各个主体的政策和目标也在变。变化中的世界在带来不确定性的同时，也为中国参与全球海洋治理带来了重大机遇。

1. 现有西方主导的治理体系重构为中国打开全球海洋治理新局面开启了窗口

随着海洋变暖、海平面上升、海洋酸化、海洋塑料污染、海洋灾害频发等全球性海洋危机加剧，国际社会凝聚起合作治理的共识。然而，目前由美国等西方发达国家主导的全球海洋治理体系存在着极大的缺陷，并非“大多数人”的治理体系，其治理规则的制定和体系的建构是在多数发展中国家缺席和话语权缺失的情况下进行的，未充分考虑后发国家的权益和利益，尚未形成被世界普遍接受的治理理念，全球海洋治理体系变革势在必行。而中国秉承着“共商共建共享”的合作与共赢原则，倡导“走出一条和衷共济、合作共赢的新路子”，中国“人类命运共同体”“海洋命运共同体”

等治理理念、原则及方案有望打开全球海洋治理的新局面。

2. 全球高度关注海洋领域应对气候变化为我国践行“双碳”承诺创造契机

气候变化引发的海平面上升、冰川融化、海洋酸化等或将重塑全球海洋地缘政治版图和世界海洋经济格局。国际社会已将海洋确定为应对气候变化的重点领域，国际组织集体发声强调海洋在减缓和适应气候变化方面的重要作用，美国、澳大利亚等通过国内立法、发起伙伴关系倡议等方式，采取积极行动加强海洋领域应对气候变化、极端天气和事件的能力，发展中国家，特别是岛屿国家在遏制海平面上升等应对气候变化方面的能力无法满足迫切诉求，顺应国际趋势，为海洋领域应对气候变化贡献中国方案，为我国深度参与全球海洋治理、践行“双碳”承诺带来新契机。

3. 以新理念、新技术为代表的国际科技进步为我国解决共同问题带来新启发

随着海洋生态系统破坏和环境污染问题日益严重，珊瑚礁、红树林、海草床等海洋生态系统保护修复新技术层出不穷，塑料清除、海洋碳移除等技术成为研究热点，国际社会提出社会资本参与生态修复等新方案，不断建立蓝色自然资本融资基金等融资机制，为我国解决海洋保护的技术、资金、模式等难题带来新的启发。联合国发起“海洋十年”倡议，为推动海洋科学研究、数据协调搭建了国际合作的平台，也为我国加强国际沟通、追赶国际新趋势奠定基础。

（二）我国深度参与全球海洋治理面临的挑战

中国参与全球海洋治理在面临重要机遇的同时，也必须看到，全球海洋治理仍然依靠“实力说话”，当前和未来一个时期，我国深度参与全球海洋治理仍然面临严峻挑战。

1. 现行国际海洋法秩序带来新的平衡与冲突

以《公约》为核心的海洋法框架代表了当今海洋秩序的主流。一方面，《公约》确立了领海、毗连区、专属经济区、大陆架等管辖海域制度，实质上是把原公海的一部分、约占全球海洋面积 1/3 的海域“国家化”，为海洋国家，特别是广大发展中国家享有海洋权益、和平利用海洋提供了制度保证，同时形成了对美国等“超级大国”自由出入全球海域和开发海洋资源的限制，这也是美国至今未签署《公约》的主要原因。另一方面，正是专属经济区和大陆架等划分制度的创立引发新的“海洋圈地运动”，激发了国与国之间的主权和权益矛盾，如 50 多个国家提出 200 n mile 外大陆架划入管辖海域

的要求导致纷争不断；我国也因此与周边 8 个国家存在海域划界争议，2016 年菲律宾南海仲裁案就是矛盾激化的典型案例。

2. 全球海洋治理已进入大国博弈和战略对抗时代

全球海洋秩序重塑的背后实质上体现的是大国角力。随着国际政治经济格局不断演变与世界力量此消彼长，以中国与美国为代表的新兴大国与守成大国之间的矛盾日益凸显。美国对华认知和战略取向出现强硬转圜，强调中国对美国构成了全方位挑战，并外溢至海洋领域。美国秉持单极思维，推行海上强权秩序，认同零和博弈，否认海洋共同利益，认为中国走向海洋将挤压美国的发展空间、损害美国的发展利益。这与我国推行“一带一路”倡议，提倡构建海洋命运共同体，倡导共商、共建、共享的发展理念南辕北辙。在零和博弈立场下，美国将东海、南海作为遏制中国影响力的重要环节，且其立场从一开始的中立态度，到以舆论等手段支持日本和东盟国家，再到近年来直接介入，在短短几年间就发生了明显转变。可以预判未来相当一段时间内，美国对华态度和立场不会改变，并将联合其全球盟国，通过“航行自由”“南海问题法制化”等抓手对我国海上形成压迫攻势。今后全球海洋治理将以大国博弈、战略对抗为代表，新兴大国与守成大国结构性矛盾的地区化将成为主要特征之一。

3. “绿色海洋”成为规制海洋发展的软性“双刃剑”

绿色发展已成为国际社会共识。发达国家凭借其在科技、规则及议题设置上的先发主导优势，以“绿色”为道义制高点包装其战略意图，不断提出海洋生物多样性养护和可持续利用、公海保护区、海洋垃圾、海洋酸化、IUU 捕鱼等热点问题，并围绕新兴议题“设标准、定规矩、抢话语”，强化符合其自身利益的全球海洋治理体系。例如，公海保护区成为全球新一轮海上圈地的排他性管制权工具；公海重要渔业资源的捕捞配额已阶段性分配完毕，管理日趋严格；国际海事组织于 2020 年 1 月 1 日起禁止船舶使用硫含量高于 0.5% 的燃料，提高全球航运绿色准入门槛；此外，发达国家和地区组织不断加大科研和技术投入，如欧盟倡导蓝色生物经济、发展海洋清洁能源，美国发展无人系统探测开发极地深海，澳大利亚倡导蓝碳国际伙伴关系，一旦发展成熟并确立为世界标准，对我国这样依赖传统模式的发展中国家将造成巨大影响。

4. 深远海作为战略新疆域的制度性权力争夺日趋激烈

深海已经成为世界各国获取战略资源、拓展战略空间、谋取战略优势的战略高地，世界海洋强国不断加大认知和经略深海的战略投入，在资源开采、科学探索、军事竞争、规则制定乃至主权争夺等方面展开激烈的权力博弈与利益争夺。而以我国为代表的广大发展中国家在全球深海治理方面存在基础差、起步晚、进展慢等“先天弱势”，仍处于全球深海治理格局的边缘地带、外围区域，难以打破在相关深海问题治理方面结成的“大国共同体”“富国俱乐部”。深海治理持续面临治理机制碎片化、缺乏开发监管工具、发展中国家参与治理能力不足等问题。而在《公约》框架下，国家管辖外海域生物多样性养护和可持续利用问题的规则已于 2023 年 9 月开放签署，核心是对公海资源、公海活动方式和公海空间管理建章立制。围绕该国际协定的谈判，各方正加紧行动，力图争夺主导权，公海和国际海底将从有限自由向全面约束和法制化转变。

参考文献

孟庆龙，李守宏，孙雅哲，等，2017. 国内外海洋调查船现状对比分析 [J]. 海洋开发与管理，34(11): 6.

日本内阁府，2022. 海洋状况及海洋相关政策年度报告 [R/OL]. [2022−12−13]. https://www8.cao.go.jp/ocean/info/annual/r4_annual/r4_annual.html.

宋宪仓，杜君峰，王树青，等，2020. 海洋科学装备研究进展与发展建议 [J]. 中国工程科学，22(6): 76−83.

张灿影，鲁景亮，王琳，等，2021. NSFC/NSF 海洋科学领域资助效果与 SCIE 论文产出比较研究 [J]. 世界科技研究与发展，43(6): 677−690.

朱彧，2019.《国际船舶压载水和沉积物控制与管理公约》正式对中国生效 [N]. 中国海洋报，2019−01−24.

自然资源部，2019. 中国海洋经济统计年鉴 2018[M]. 北京：海洋出版社.

自然资源部，2021. 中国海洋经济统计年鉴 2019[M]. 北京：海洋出版社.

自然资源部，2022a. 中国海洋经济统计年鉴 2020[M]. 北京：海洋出版社.

自然资源部，2022b. 中国海洋经济统计年鉴 2021[M]. 北京：海洋出版社.

CEB (UN System Chief Executives Board for Coordination), 2022. Human Resource Statistics [EB/OL]. [2022−12−30]. https://unsceb.org/human-resources-statistics.

IOC−UNESCO, 2009. The Global Ocean Observing System-a summary for policy makers[EB/OL]. [2022−06−13]. https://goosocean.org/document/4540.

IOC−UNESCO, 2020. Global Ocean Science Report 2020-Charting Capacity for Ocean Sustainability [M/OL]//K Isensee. Paris: UNESCO Publishing. https://gosr.ioc-unesco.org.

第二章 国际海域资源开发利用与惠益分享

海洋是一个巨大的资源宝库，为人类社会可持续发展提供了矿产、生物与基因、渔业和空间等资源。国际海域作为战略新疆域之一，是国家资源和安全保障之所系。国际海域资源已成为全球治理的焦点，而中国在国际海域资源开发与利用中面临着多重挑战。

第一节　国际海域资源开发利用全球海洋治理的现状和发展趋势

海洋约占地球表面积的 71%，是社会可持续发展的资源宝库和经济高质量发展的战略要地，对人类的生存和可持续发展至关重要。进入 21 世纪，由于陆地资源的逐渐枯竭，人类资源开发利用的重点逐渐转向海洋。

一、国际海域资源的战略意义

深海作为战略新疆域之一，是维护国家安全与发展利益的“广袤战场”，也是国际科技与综合国力竞争日趋激烈的“博弈领域”，是国家资源和安全保障之所系。当前，国际深海秩序在总体稳定中酝酿复杂、深刻的变化，《公约》生效以来，西方发达国家在国际深海事务中占据着主导地位，但随着发展中国家的集体崛起，传统海洋强国与新兴海洋大国两大阵营之间的利益分歧逐步加大，对深海国际事务主导权的争夺也日趋激烈。西方国家一方面正积极推动设立一系列公海保护区，提高海洋资源开发的环保门槛，并试图凭借领先的环保技术抢占深海资源开发的先机；另一方面，还通过强化国际治理以限制公海航行自由、公海渔业捕捞自由和矿产资源勘探开发等合法权利。

在过去的几十年里，针对国家安全问题的研究逐渐从传统的政治文化领域向经济领域拓展。经济安全作为国家安全体系的重要组成部分，是国家安全的基础。海洋资源的可持续供应深刻影响着经济安全，而且随着世界人口的增长和人民生活水平的提高，这种依赖性逐渐增加。以深海矿产资源为例，进入信息化、智能化时代以来，人类对金属的需求越来越大，且越来越多元化，特别是“碳达峰碳中和”的战略背景下，新能源汽车、光伏和风电等高新技术领域得到空前发展，对大宗和关键金属的需求急剧上升。2011—2020 年，国际海底管理局核准的矿区申请达 23 项，是前 20 年申请总量的近 3 倍，这凸显了国际海底矿产资源竞争局面日趋激烈。

当前人类活动对海洋资源的干预和影响，导致了海洋资源与经济发展之间的诸多冲突。随着人类对海洋资源的大规模开发和海洋产业的发展，海洋的自净能力和平衡能力正在下降，海洋污染、生物栖息地破坏、资源枯竭等现象日益严重，海洋生态系统正面临巨大的挑战。进入 21 世纪，经济发展、海洋资源开发与环境保护之间的矛盾逐渐突出，人们对海洋资源与经济发展的关注度越来越高。在 2017 年 6 月推出的“我们的海洋，我们的未来”倡议中，联合国呼吁所有利益攸关方应保护和可持续利用海洋和海洋资源，以促进可持续发展。世界各国和国际组织也积极制定“蓝色经济”战略，增加现有海洋生态系统相关消耗品的生产和贸易，以实现海洋资源与经济发展良性互动的目标。

二、国际海域资源全球治理现状和发展趋势

随着科技进步和人类社会经济的不断发展，人类能够开发利用的海洋资源种类和数量不断增多，国际海底区域资源勘探开发竞争日趋激烈，国家管辖范围以外的海洋遗传资源的开发利用和惠益分享日益受到国际各界的高度关注，区域渔业管理和公海治理成为全球海洋治理的焦点，国际海域空间资源管理规则正在加紧重塑。国际海域资源开发是各世界海洋大国应对全球战略格局调整和引领新一轮经济转型发展的重大举措，需高度重视其全球治理体系变革发展趋势。

（一）矿产资源领域全球治理现状和发展趋势

国际海底区域（the Area）是指国家管辖范围外的海床、洋底及其底土，即沿海国专属经济区域与外大陆架以外的整个海底区域，该区域蕴藏着极其丰富的金属矿产资

源，其储量大、品质高，具有巨大的开发利用前景。国际海底区域已探明的海底矿产资源主要有多金属结核、多金属硫化物和富钴结壳。国际海底管理局是联合国的一个分支机构，是管理国际海底区域及其资源的权威组织，是《公约》缔约国组织和控制各国管辖范围以外的国际海底区域内活动，特别是管理“区域”内矿产资源的组织。目前，国际海底管理局已签订了 31 份勘探合同，主要分布在东太平洋 CC 区、西太平洋海山区、中印度洋洋中脊和海盆、中大西洋洋中脊等国际海底区域（图 2-1），其中多金属结核勘探合同 19 份、多金属硫化物勘探合同 7 份、富钴结壳勘探合同 5 份。随着深海矿产资源商业开发前景的逐渐明朗，深海采矿越来越可能成为现实，国际社会行动明显提速快进，《“区域”内矿产资源开发规章》即将出台，深海矿产资源商业开采计划提上日程，勘探向开发转变的趋势愈发明显（Lodge and Verlaan，2018）。

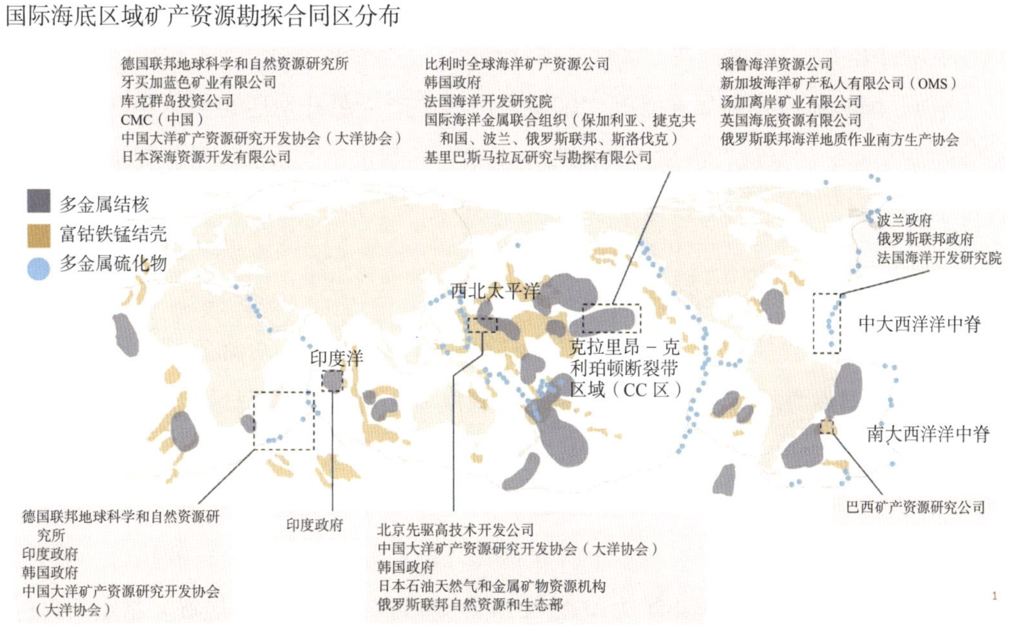

图 2-1　国际海底区域矿产资源勘探合同区分布

据国际海底管理局官方网站 https://www.isa.org.jm/minerals/exploration-areas 修改

《公约》建立了以“人类共同继承财产”原则为法理基础、以国际海底管理局为核心的多边治理机制。《公约》和《关于执行 1982 年 12 月 10 日〈联合国海洋法公约〉第十一部分的协定》（以下简称《执行协定》）以明确的语言规定了“人类共同继承财产”这一原则，确认“‘区域’及其资源是人类的共同继承财产”，并以具体的条款阐释了“人类共同继承财产”原则在海洋法领域所具有的要素和内涵。《公约》缔约国通过国际海底管理局这一机构来行使对“区域”治理的权力。

作为《公约》建立的三大机构之一，国际海底管理局是一个“自治”的国际机构，并非联合国系统的一部分（李家彪等，2022）。然而在实践中，国际海底管理局与联合国系统的相关机构之间具有紧密的合作关系。国际海底管理局的主要职能是管理“区域”的矿产资源，包括制定探矿和勘探、开发规章；审议核准勘探、开发申请；对承包者勘探、开发活动进行监督管理；分配从“区域”内活动取得的财政及其他经济利益。此外，国际海底管理局还承担一些其他特定责任，包括制订国际规则、条例和程序，以防止、减少和控制“区域”内活动对海洋环境的污染，保护和养护“区域”的自然资源，并防止损害海洋环境的植物和动物；促进和鼓励在“区域”内进行海洋科学研究，协调和传播所得到的研究和分析的结果；制定适当的规则、规章和程序，以补充有关条约所体现的现行国际法，以保护在“区域”内活动的人的生命安全。

当前，国际海底管理局在管理“区域”内的矿产资源开发活动上主要有两方面的热点议题，一是《“区域”内矿产资源开发规章》的制定，二是深海采矿管理环境阈值程序的制定。

1.《“区域”内矿产资源开发规章》

《“区域”内矿产资源开发规章》（以下简称《开发规章》）可称为深海资源的“开采法典”，是国际海域资源全球治理的基本制度。国际海底管理局从 2011 年开始启动《开发规章》的制定，统一对“区域”内多金属结核、多金属硫化物和富钴结壳资源的具体开发制度做出规定。截至 2022 年 11 月，国际海底管理局第 27 届理事会就《开发规章》的“财务条款”“保护和保全海洋环境”和“检查、遵守和执行”等条款的案文草案进行审议，并提出了力争在 2023 年 7 月前完成《开发规章》制定的目标，然而，该目标并未按期达成。

《开发规章》的磋商谈判是参与国际海域矿产资源全球治理的重要方式，涉及惠益分享和环境保护等热点问题。例如，围绕“财务条款”及有关缴费制度细节的标准和准则，部分国家对财务模型的选择和特许权使用费率等阐述了原则性意见。有国家代表认为从价的模型更适合；也有代表提出应分别制定每种金属的费率；还有代表表示特许权使用费率的制定需考虑国际海底管理局、陆上采矿国、担保国税额等因素，保证深海采矿与陆上采矿的缴费率基本相似；更有代表要求明确每种财务模型下的具体百分比数额，考虑担保国税率变化对缴费率的影响。非洲集团介绍了其提交的建议修订缴费制度的案文，涉及直接和间接转让权利的税收、额外的特许权使用费代替担保国企业所得税、锰的估值，以及特许权使用费费率等方面。

关于担保国税率问题，国际海底管理局聘请的美国麻省理工学院专家提出可以通过两种方式对财务模型进行修正，以解决非洲集团等对承包者可能避免向担保国支付部分或全部税款的关切。第一种方案是设定一个较高的特许权使用费率，如果承包者向担保国支付税款，可以从支付给国际海底管理局的特许权使用费中扣除。第二种方案是建立含有两个特许权使用费率的制度，基本费率适用于所有承包者，额外费率适用于向担保国缴税低于 25% 的承包者。非洲集团提案支持第一种方案，并建议设定可从支付给管理局的特许权使用费中扣除的数额的上限。

另外一个热点问题主要围绕“环境条款”。深海采矿环境补偿基金、关闭计划、范围界定报告、环境影响报告、利益攸关方协商等条款是重点议题。例如，多数国家代表支持“污染者付费”原则，并建议明确不同主体的出资比例，确保资金来源，具体建议：一是明确具体支付方法，增加如自愿捐款等资金来源方式；二是在《开发规章》中统一出资比例，考虑企业部执行该条款的操作细节；三是明确环境补偿的方式；四是向承包者或污染者提供商业保险等选项，充分考虑承包者资金不足的情况。关于环境影响报告，多国代表强调应将环境影响报告模板标准化并赋予其强制性，为了实际操作可根据技术发展更新模板，但也有代表提出应规定最基础的数据信息要求，在模板中加入有关环境阈值内容等具体要求。

2. 深海采矿管理环境阈值程序

多个国家代表提出，在制订环境阈值程序时应强调科学家的参与，且应以完全公开透明的方式参与阈值制定，承包者不应参与专家的选择，以免对专家意见产生不当影响。也有代表表示应保证国际海底管理局法律和技术委员会（以下简称“法技委”）发挥作用，承包者作为利益攸关方可以提供有价值的信息以便法技委参考，且最终决策主体是理事会，不会受承包者的影响。在技术要求方面，具体建议：一是建立早期预警阈值；二是确定光、声等关键环境阈值，同时阈值应有灵活修改空间，以随科学技术知识更新而相应修改；三是设置预防性缓冲阈值。德国根据讨论意见对“环境阈值决定草案”进行修改，纳入了明确法技委作用、设置早期预警阈值、将承包者作为利益攸关方等意见，该“环境阈值决定草案”获理事会通过。

由此可见，增进深海环境科学认知、制定环境管理方案已成为国际海底区域矿产资源开发活动的必经之路。新形势下，首先，我国必须按照习近平总书记提出的构建人类命运共同体理念，坚持共商共建共享，进一步加强参与《开发规章》的制定工作，推动国际海域矿产资源治理秩序向更加公正合理的方向发展。其次，我国要加强向国际社会，特别是发展中国家提供更多的深海矿产资源领域的公共产品供给，如深海科学知识分享、专业人才技术培训、勘探开发方案输出等，进一步在联合国和多边治理机制框架下提升影响力。最后，我国可以充分发挥以“蛟龙探海”为代表的重大工程引领作用，扩大与美欧在深海领域的国际合作，将深海新疆域打造成各方合作的新平台，而不是相互博弈的竞技场。

（二）生物与基因资源领域全球治理现状与发展趋势

国家管辖范围以外区域（Areas Beyond National Jurisdiction，ABNJ）位于沿海国家专属经济区之外，覆盖了 64% 的海洋表面（Blasiak et al., 2020）。这片广阔的区域蕴含着丰富的海洋生物多样性，代表了近 40 亿年的进化，从病毒和细菌到地球上有史以来最大的动物蓝鲸，应有尽有。海洋遗传资源（Marine Genetic Resources，MGR）是《BBNJ 协定》谈判的四个主要领域之一，其开发利用和惠益分享日益受到国际各界的高度关注。目前，对国际海域生物与基因资源的治理主要依托重要的国际研究计划和联合国框架体系。

1. 国际研究计划

国际海洋生物普查计划（Census of Marine Life，CoML）是一项历时 10 年（2000—2010 年）、空前成功的国际合作计划（Costello et al., 2010）。其成果综合如下：①参与的国家和科学家数量多，全球共 80 多个国家和地区的 2700 多位科学家参与；②起到了抛砖引玉的效果，计划本身经费不多，却号召并募集到 670 多个机构的响应及投入，总经费达 6.5 亿美元，派出了 540 支考察队或科考航次，在全球海洋进行采集调查工作；③研究成果整合形成数据库，10 年间新增 2 万多种海洋生物，包括 6000 多个新物种，搜集整合了迄今 8 万个物种的描述信息数据及 19 万种 3000 万个地理分布原始数据，这些内容整合在一个海洋生物地理信息系统数据库中（Ocean Biogeographic Information System，OBIS），并对外公开；④研究成果丰硕并广为媒体报道，共发表论文 2600 多篇，平均每 1.5 天 1 篇。此外，国际海洋生物普查计划倡导了海洋生物多样性的保护与教育，其成了全球瞩目的国际合作研究计划。

“挑战者 150”计划是当下（2021—2030 年）的全球科学合作研究计划，旨在通过协调全球深海研究，响应联合国“海洋十年”的需求，实现系列深海目标。作为 21 世纪前 20 年各项深海研究项目和计划的延续，“挑战者 150”得到了联合国教科文组织政府间海洋学委员会的支持，其目标是取得深海生物群的多样性、分布、功能和服务的理解，并利用这些新知识来教育、激励和促进对深海的更好管理和可持续利用。目前，全球范围内已经有 71 家科研单位加入了“挑战者 150”计划，该计划整体由指导委员会进行协调。从时间跨度和规模上来说，“挑战者 150”计划与国际海洋生物普查计划相当，但是前者与联合国的“海洋十年”行动相对应，得到了联合国教科文组织政府间海洋学委员会的支持，未来产出的成果可能具有更大的影响力。

2. 联合国相关制度和治理规则

目前，ABNJ 海洋生物多样性治理还缺乏确保海洋保护和可持续利用的法律框架。现有的相关国际规则主要包括《公约》和《联合国生物多样性公约》（CBD）两个方面。

《公约》中对脱离主权管辖的大洋区域只规定了两种管理制度——公海自由制度与国际海底管理局下的“矿产资源”区域制度。根据《公约》规定，海洋科学研究应该以用科学的方法和工具、专为和平目的而进行，以及按照相关规定不受干扰行使海洋科学研究权利为原则。同时海洋领域内科学研究的进行不能成为各个国家或者开发利用主体对该区域及区域内所拥有的资源进行所有权主张的法律根据。CBD 与《公约》一样并没有对“遗传资源”做出具体或特别的规定。CBD 认为遗传资源是构成生物具有特有结构和功能的基础，该类独特性通过生命性状在各类生物中显现出来，有了今日复杂多样的生物圈。

现有的涉及海洋生物多样性的协议，如 CBD，缺乏监管国际水域的授权。反之，受权监管 ABNJ 活动的政府间组织缺乏涵盖海洋生物多样性（从生态系统和物种到基因）的有效管理手段。为了填补这一空白，自 2018 年以来，各国积极开展了一项关于《BBNJ 协定》的国际多边谈判，以填补《公约》中与 BBNJ 相关的法律空白，这其中包含了海洋遗传资源。2022 年 CBD 组织的“2020 年后全球生物多样性框架”不限成员名额工作组的两次会议（WG2020-3 和 WG2020-4）分别对遗传资源惠益分享的运作方式提出了相关建议，但各方对海洋遗传资源的开发利用和惠益分享仍存在诸多未能解决的问题。

（三）渔业资源领域全球治理现状与发展趋势

在国际海域渔业资源的全球治理方面发挥重要作用的国际组织和机构主要来自三方面：联合国、联合国粮食及农业组织和区域渔业机构。

1. 联合国框架下的相关制度和治理规则

联合国层面主要包括《公约》《联合国鱼类种群协定》，以及《BBNJ 协定》，这三个文书都具有法律约束力。

1）《公约》

《公约》第七部分第一一六条至第一二〇条是关于公海生物资源的养护和管理，确定了各国公海捕鱼自由的权利，并且规定其有义务采取养护公海生物资源的措施，各国在养护和管理生物资源方面应当采取合作。第六十三条至第六十七条规定了沿海国的权利、义务和利益。《公约》作为海洋“宪法”，为公海生物资源的养护和管理提供了依据。

2）《联合国鱼类种群协定》

1995 年 8 月联合国通过了《联合国鱼类种群协定》，其目标是通过有效执行《公约》有关规定以确保跨界鱼类种群和高度洄游鱼类种群的长期养护和可持续利用。该协定提出了预防性方法（precautionary approach），并且规定沿海国和公海捕鱼国应直接或通过适当的分区域 / 区域渔业管理组织或安排，就跨界鱼类种群和高度洄游鱼类种群进行合作，同时考虑到分区域 / 区域的具体特性，以确保这些种群的有效养护和管理。该协定还明确了船旗国的义务、遵守和执法问题，以及有约束力的争端解决办法。

3）《BBNJ 协定》

《BBNJ 协定》的总体目标是通过有效执行《公约》，确保 BBNJ 的养护和可持续利用。该协定的主要内容是国家管辖范围以外的海洋遗传资源及其惠益分享问题、海洋保护区问题、环境影响评价、能力建设及海洋技术转让等内容。该协定将会对公海捕鱼自由、海洋生物资源利用等方面产生影响。

2. 联合国粮食及农业组织（FAO）框架下的相关制度和治理规则

FAO 在国际渔业政策方面发挥主导作用，其目的是可持续和负责任地发展内陆和海洋渔业及水产养殖业的政策和战略，其下设的渔业委员会（COFI），是全球研究重大渔业和水产养殖问题的唯一政府间论坛。FAO 于 1995 年通过了《负责任渔业行为守则》（*Code of Conduct for Responsible Fisheries*），其本身不具有法律约束力，是一份建立在自愿基础上的指导性文件，但是其中的某些部分是以国际法为基础的，《负责任渔业行为守则》也包括了其他具有约束力的法律文件，如《促进公海渔船遵守国际养护和管理措施的协定》。

1）《负责任渔业行为守则》

《负责任渔业行为守则》于 1995 年 10 月 31 日由 FAO 大会以 4/95 号决议形式通过。作为开拓性的、独特的和自愿的文书，《负责任渔业行为守则》可能是 1982 年《公约》之后世界上引用最多、知名度高和广泛普及的全球渔业文书。作为综合性和包括所有方面的文书，其目的是就负责任行为确立国际标准，确保水生生物资源的有效养护、管理和开发，并给予生态系统和生物多样性应有的尊重。这些标准可酌情在国家、次区域 / 区域层面实施，在渔业领域推进更负责任的行为。

2）国际行动计划

为执行《负责任渔业行为守则》，FAO 制定了一系列的国际行动计划，包括减少延绳钓渔业中误捕海鸟国际行动计划（IPOA-Seabirds）、鲨鱼养护及管理的国际行动计划（IPOA-Sharks）、捕捞能力管理国际行动计划（IPOA-CAP），以及关于预防、制止和消除非法、不报告、不管制捕鱼的国际行动计划（IPOA-IUU）等。

海鸟误捕主要发生在大西洋、印度洋和太平洋等中高纬度的金枪鱼延绳钓渔业中。为了减少误捕海鸟，1999 年 FAO 批准了 IPOA-Seabirds，该计划根据《负责任渔业行为守则》第 2 条制定，鼓励有关国家或捕鱼实体实施该计划。各国应评估其他鱼种是否也有误捕海鸟的问题，并制定《海鸟国家行动计划》，实施延绳钓渔业对海鸟误捕的延缓措施，比如使用惊鸟绳、吊钩屏蔽装置等单个措施或组合措施，并收集和上报误捕数据等。

鉴于鲨鱼渔获量增加及人类活动对于鲨鱼种群的潜在不利影响，FAO 于 1999 年批准了 IPOA-Sharks，其目标是确保鲨鱼的养护和管理及长期可持续利用。IPOA-Sharks 是根据《负责任渔业行为守则》第 2 条制定的，是自愿性的计划，加入该计划的国家应通过和实施一项《鲨鱼种群养护和管理国家行动计划》，对主捕和兼捕鲨鱼的渔业实施精细化管理，包括鲨鱼数据的收集、资源评估和科学管理。

《负责任渔业行为守则》规定各国应采取措施防止或消除过剩的捕捞能力，并确保捕捞努力量水平符合渔业资源的可持续利用，根据其第 2 条，FAO 制定了 IPOA-CAP。IPOA-CAP 采取的行动包括对全球、区域的捕捞能力进行评估和监测，以及鼓励各国实施国家捕捞能力管理行动计划，并且支持对需要采取紧急措施的渔业立即采取行动。

IPOA-IUU 也是在《负责任渔业行为守则》的框架内制定的。IPOA-IUU 被构想为作为综合性的工具箱，其中的全范围工具可用于打击 IUU 捕鱼的许多不同的情形。该国际行动计划包含船旗国、港口国、沿海国和市场国的责任，设想了国家间及产业、捕鱼社区和非政府组织代表的广泛参与和协调，以及采用广泛和综合的办法，以便处理 IUU 捕鱼的所有影响。该国际行动计划呼吁各国制定和通过自己的国家行动计划，涉及船旗国责任、沿海、港口和市场国措施，以及 RFMO（区域渔业管理组织）的作用和 IPOA 的实施。

3)《促进公海渔船遵守国际养护和管理措施的协定》

《促进公海渔船遵守国际养护和管理措施的协定》旨在提高船旗国的作用，确保国家强化对其船舶的控制，保证遵守国际养护和管理措施。FAO 于 1993 年 11 月在其第 27 届大会上通过了该协定，协定于 2003 年 4 月 24 日生效。该协定注意到船旗国在确保没有授权船舶不得在公海捕鱼方面的特殊责任，以及船旗国可有效行使职责，确保其船舶遵守国际措施。该协定还寻求防止公海上捕鱼的船舶“改挂船旗”到没有能力或不愿意遵守国际养护和管理措施的国家。保留渔船记录、国际合作和执法被广泛地包含在该协定的条款中。

4)《关于预防、制止和消除非法、不报告和不管制捕鱼的措施协定》(PSMA)

PSMA 是专门针对 IUU 捕鱼的首个有约束力的国际协定。PSMA 于 2016 年 6 月 5 日起生效，在其生效后的一年半时间里，世界上 1/3 的国家成为其缔约方。PSMA 适用于寻求进入本国以外港口的渔船。每年捕捞的五种鱼中有一种被认为来自 IUU 的捕鱼活动，每年价值 10 亿 ~ 230 亿美元。实施 PSMA 的主要目标是通过禁止从事 IUU 捕鱼的船舶利用港口和卸货来预防、制止和消除 IUU 捕鱼，其已成为处理 IUU 捕鱼的最具成本效益的手段之一。该协定减少了这类船舶继续作业的动机，同时阻止来自 IUU 捕鱼的渔业产品进入本国和国际市场，最终有利于海洋生物资源和海洋生态系统的长期养护和可持续利用。

3. 区域渔业机构

区域渔业机构（RFB）是国际渔业协定或安排的缔约方或组织共同致力于渔业养护、管理和发展的机制。根据 FAO 统计，全球有 53 个 RFB。根据与 FAO 的关系，RFB 可分为三大类，第一类根据《联合国粮食及农业组织章程》第 6 条和第 14 条设立，如印度洋金枪鱼委员会（IOTC）；第二类在 FAO 框架外建立，但由 FAO 履行信托管理职能，如养护大西洋金枪鱼国际委员会（ICCAT）和南印度洋渔业协定（SIOFA）；第三类是 FAO 框架外的 RFB，如南极海洋生物资源养护委员会（CCAMLR）、美洲间热带金枪鱼委员会（IATTC）、中西部太平洋渔业委员会（WCPFC）、北太平洋渔业委员会（NPFC）和南太平洋区域渔业管理组织（SPRFMO）。

其中，有的 RFB 采取的渔业养护和管理措施对其成员具有约束力，这些机构被称为 RFMO。根据其管理的范围、物种和主要职能进行分类筛选后发现，RFMO 共 17 个。RFMO 的主要法律制度文件包括公约 / 协定和养护管理措施，公约 / 协定的一般原则是养护渔业资源及其所属的海洋生态系统，维持渔业资源的长期可持续利用，RFMO 的一般结构和机制如图 2-2 所示。

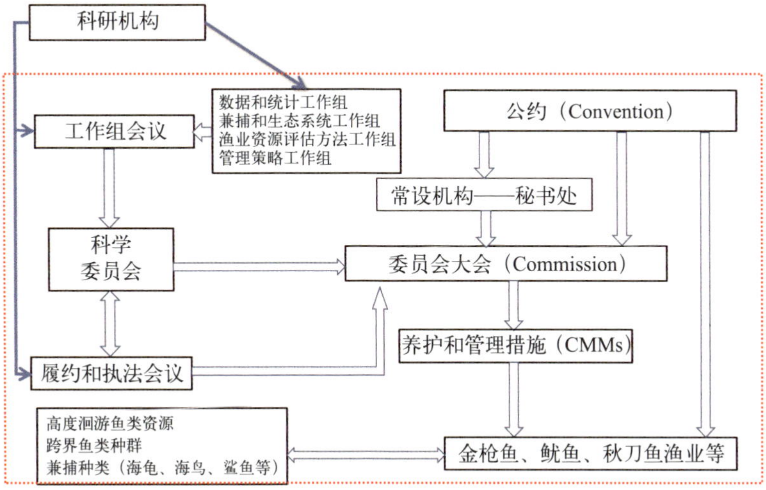

图 2-2　RFMO 的一般结构和机制

（四）空间资源领域全球治理现状与发展趋势

深海空间的巨大资源潜力和环境服务价值日益受到关注，但是深海空间多位于国际海域，其“全球公域”（global commons）属性使得其开发合理秩序难以形成（刘曙光，2017）。随着人类在公海的开发活动不断增加，矛盾也日益积累。目前，国际渔业组织（IFO）、国际海事组织（IMO）、国际海底管理局（ISA）、国际海缆保护委员会（ICPC）等国际组织分别管理渔业、海事、矿产、国际光缆等事务，但这些组织之间相互协作有限，尚未形成一个行之有效的综合治理框架（图2-3）。目前，对国际海域空间资源的治理主要依托国际合作计划和国际组织管理职责推进。

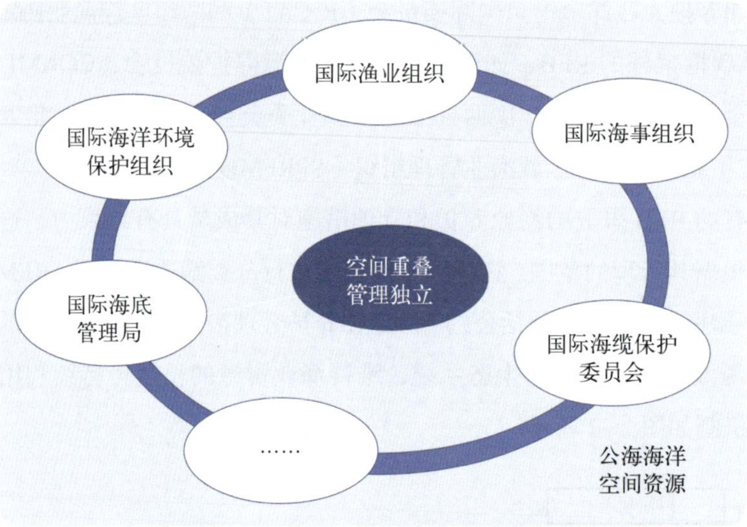

图2-3　公海海洋空间资源组织管理现状

1. 国际合作计划

海域由水面、水体、海床和底土组成，空间资源是一切开发、保护活动的载体，海域空间资源管理的主要手段是海洋空间规划（Marine Spatial Planning，MSP），作为一种综合性的海域管理工具，其目的是有效统筹规划海域内的生态环境保护、资源配置和政策协调等问题。目前，全球主要海洋国家先后开展了不同尺度和不同类型的海洋空间规划，以指导空间资源的利用。

2017年3月17日，在第二届海洋空间规划大会上，IOC-UNESCO和欧洲委员会海事与渔业局通过了《加快国际海洋空间规划进程的联合路线图》，旨在为实现海洋生态系统可持续管理提供重要的政策工具，更好地应对各国面临的以下挑战：不同用海之间的冲突、现有和未来用海模式所产生的累积影响、利益攸关者和公众的多重态度、跨国与跨边界的竞争和冲突问题等。

海洋空间规划作为海洋资源管理的重要工具，目前已从近海向专属经济区延伸。2019 年 IOC-UNESCO 和欧盟委员会启动了“全球海洋空间规划 2030”项目，以更好地规划海上人类活动，使其安全、可持续地进行，实现良好海洋治理。中国海洋发展基金会正在实施的“推行海洋空间规划，助力蓝色经济发展”项目被批准纳入联合国“海洋十年”行动，着力为“21 世纪海上丝绸之路”共建国家及岛屿国家提供海洋空间规划援助，同国外有关机构开展合作交流，构建国际海洋智库，为全球海洋治理提供中国方案，向世界贡献中国智慧和中国力量。

然而，目前的海洋空间规划主要针对近海，聚焦海岸带等人类活动较为密集的海域。《BBNJ 协定》谈判为国际海域空间规划发展提供了一个有利契机，划区管理工具是《BBNJ 协定》谈判的一个重要议题，一般认为，海洋空间规划是其重要组成部分，对于海洋法制发展、海洋秩序构建、海洋利益分配，以及各国战略空间拓展具有重大意义（肖桐，2019）。不同于海洋保护区的选划，海洋空间规划约束和保护对象更加全面，内涵更加丰富，涉及的利益相关者也更多，可以为更多海洋开发和保护活动在时空维度提供指引。因此，《BBNJ 协定》及其划区管理工具的谈判将为国际海域空间资源的有序开发利用带来机遇，在国际法律层面构建起海洋空间管理的坚实基础，为今后有序开发公海的空间资源指明方向，填补目前的制度空白。

2. 联合国组织

作为规范海洋问题最重要的国际法，《公约》尚未定义空间资源、海洋保护区的概念，但界定了海洋环境保护和保全的基本义务。而其他国际组织的现有管理框架支离破碎，不均衡、不协调，导致空间资源的管理体制不足，且目前已有制度在空间管理上的主要落脚点就是划定保护区。各国际组织基于自身的管理职责，划定了各类空间功能单元。

1）区域环境管理计划（REMP）

国际海底管理局管理国际海底区域及其资源，授权申请人对特定区域进行勘探。2011 年，其发布了首个区域环境管理计划“克拉里昂—克利珀顿区环境管理计划”，该计划包括设立 9 个环境特别利益区，以保护 CC 区的生物多样性、生态系统结构和功能不受海底采矿的潜在影响。每个环境特别利益区应具有一个至少长与宽各 200 km 的核心区，每个核心区周围划出 100 km 宽的缓冲带，以确保核心区不受环境特殊关注区毗邻进行的活动所产生的采矿羽流影响。因此，整个环境特别利益区的总面积是

400 km × 400 km。

2）FAO 的脆弱海洋生态系统（VME）

自 FAO 提出以生态系统理念指导渔业的要求以来，保护深海脆弱生态系统成为公海管理的一个新热点，核心问题是应对深海底层渔业尤其是底拖网渔业对脆弱海洋生态系统的损害。以可持续的方式管理鱼类种群和保护包括海底山脉、热液喷口和冷水珊瑚在内的脆弱海洋生态系统，使它们不受毁灭性捕捞的损害。2006 年，联合国大会第 61/105 号决议明确提出了监管深海底层渔业的要求，以及制定深海渔业管理标准，以便协助各国和区域渔业组织持续地管理深海渔业。

3）国际海事组织特别敏感海域（PSSA）

PSSA 指因具有公认的生态、社会经济或科学重要性，且易受到国际海运活动损害，需要由国际海事组织采取行动进行特别保护的海域。根据 2005 年通过的“经修订的特别敏感海区鉴定和指定导则”及相关补充性指南的要求，PSSA 制度不仅可以限制船舶含油污水、垃圾、生活污水等污染物的排放，还可以采取绕航、避航、强制引航等更有利于海域环境保护的措施，有利于减少和限制国际航运活动给海洋环境和海洋生物多样性造成的破坏和冲击，成为海洋生物多样性和生态保护的有效制度工具。目前，被国际海事组织指定的 PSSA 已有 17 个。

从海洋空间规划角度，以上海底矿产勘探区和各种类型保护区的划定，广义上均属于海域空间资源范畴。总体上，目前已有的国际和区域行业组织管理较为单一，没有有效的沟通协调机制，也没能形成对国际海域空间资源管理的合力，在目前的国际法框架下，尚未成立以海洋空间规划为指导的国际空间资源管理机构和机制，但随着 BBNJ 谈判及其划区管理工具的提出，很可能会带来全新的国际海域空间资源管理模式。

第二节　国际海域资源开发利用面临的重大科技问题与挑战

海洋和国家安全与权益维护、人类生存与可持续发展、全球气候变化、油气与金属矿产等战略性资源保障等全局性、重大性和持久性问题休戚相关。国际海域资源的开发利用和惠益分享即将成为世界各国经济与科技竞争的焦点之一，相关领域的科技水平和创新能力在未来的竞争中将占据主导地位。本节梳理了国际海域资源开发利用与惠益分享重点领域的关键科学问题和主要技术瓶颈，阐释了我国亟待解决的重大科技问题与挑战。

一、矿产资源领域面临的重大科技问题与挑战

（一）深海矿产资源勘探开发

国际海域富含巨量的金属矿产资源，其被认为是未来支撑世界经济发展的重要战略储备。深海矿产资源开发是一项庞大复杂的工程，涵盖勘探、开采、选冶和运输等产业链流程，融合了海底作业、水下输送、动力输配、中央控制和水面支持的全方位平台和系统装备体系（图 2-4），可能成为人类迄今为止能够操纵的规模最大、流程最复杂、科技含量最高的深海作业系统，被视为世界各国科技竞争的前沿领域（李家彪和安恩·梅沃尔德，2021）。目前，全球尚无适合商业化开发的深海采矿系统，多数装备仍处于研制和试验阶段。

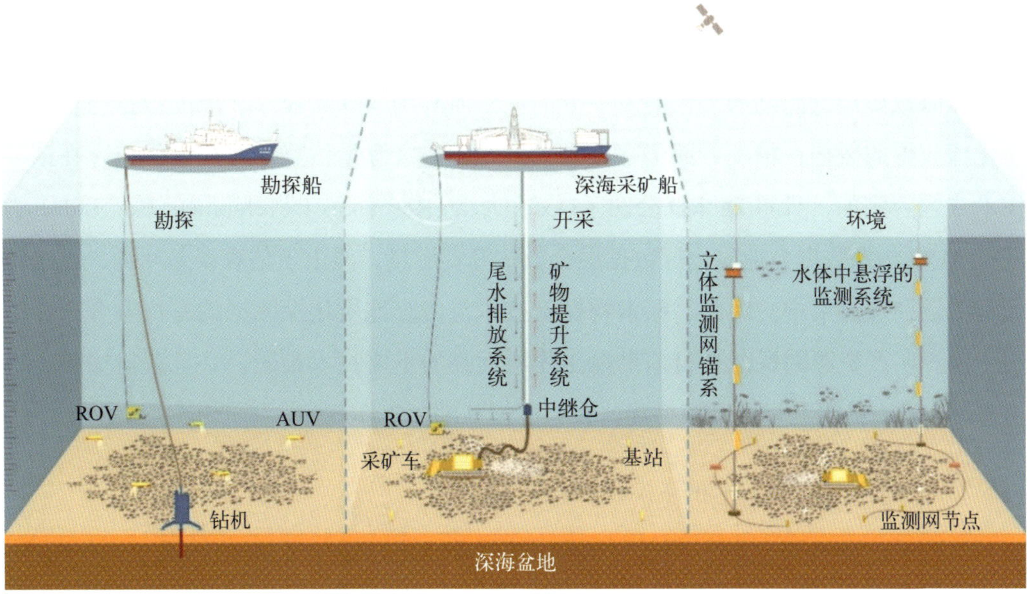

图 2-4　深海采矿系统概念图（李家彪和王叶剑，2021）

由于深海矿产资源的自然禀赋特性，对其开发仍存在着以下科学和技术方面的重大挑战。

1. 深海矿产资源勘探在理论和技术上都面临重大挑战

与陆地矿产资源不同，国际海域面积广阔，深海海底的矿产资源是正在发生的、全球性的现代成矿过程，也是地球化学循环过程的重要一环。全球性的海洋和构造事件是影响矿产资源类型和禀赋的重要因素。例如，多金属结核和富钴结壳中金属元素含量变化趋势与国际重要水道的开放和关闭、深海洋流的转变、全球气候变化等具有较好的对应关系（Hein and Koschinsky，2014；Lusty and Murton，2018）。因此，从全球深海矿产资源成矿系统的角度研究诸如多金属结核、富钴结壳、富稀土沉积物和多金属硫化物等资源的矿床类型，建立起全球同类型矿产资源成矿过程在时间和空间的关联性，掌握国际海域矿产资源在区域和局部的成矿特点和金属富集特征，是促进全球深海矿产资源开发的前提和关键科学问题，将为开展全球深海矿产资源普查提供重要支撑。

不同类型资源量和储量的勘探是深海矿产资源勘探开发活动的核心内容之一，资源量和储量也是勘探活动的主要成果。伴随着深海调查技术的快速发展，一些新技术已逐渐应用于深海矿产资源调查。例如，基于多波束回波强度探测，基于拖体或 AUV 平台的声学、光学、电法、磁法探测新技术。新技术可大幅提高调查工作效率，是未来国际海域矿产资源勘探工作的发展方向。然而利用物探新技术获取的数据与传统地质化探获得的数据在精度方面仍存在较大差距，在资源量估算的应用方面仍存在诸多技术难题。例如，日本 DORD 公司（Deep Ocean Resources Development Co., Ltd.）尝试把 AUV 物探数据与地质化探数据融合，估算资源量，但由于估算误差问题，无法计入资源量勘探成果中。因此，探索物探新技术与传统地质化探数据的有机融合，并应用于深海矿产资源勘探，是目前勘探工作所面临的重要技术难题，一旦获得突破，将迅速改变已有的深海资源勘探格局，大幅度提高勘探工作效率。

2. 深海矿产资源开发面临系统性技术挑战

深海矿产资源开发是一项庞大且极其复杂的系统工程，其理论体系、作业模式、可靠性及运维技术等环节均亟待提高。深海矿产开发活动最终是商业行为，高效稳定的开发技术，是促进深海矿产开发从技术试验走向商业开采的核心技术保障。满足深海多金属结核矿产开发经济性的系统年产量需达 300×10^4 t，如何通过技术创新，系统解决高产量、应用新能源、实现远程输运等开发技术，将成为未来深海矿产资源开采的重大挑战。

深海矿石长距离向海面母船输送过程中，单台提升泵难以满足水深要求，多级提升泵串联则需要实现功率扬程匹配，提升泵的耐腐蚀、耐磨损和耐冲击性。此外，矿石提升系统中大颗粒固液两相流存在堵塞风险，在复杂海洋环境中超长管系的动力响应机理还不明确，对于管道系统的可靠性设计研究不够深入。

海底采矿车定位导航困难，需以惯性导航为主，多普勒测速仪、深度计、高度计、声呐、水下摄像装置等传感器为辅的综合导航系统，基于多传感器信息融合技术，实现水下采矿车的精准定位、协同控制和精确跟踪。目前，国产组合导航定位装备和算法深水定位精度不够；国产大功率深水电缆和光纤技术的稳定性与可靠性有待提高；深海传感器、水密接插件、中央控制系统等关键元器件较多依赖进口，自有产品的稳定性和可靠性仍需进一步提高。

深海资源远离陆地、开发难度大，陆基选冶工艺与设备能否适应于海上现场选冶，还处于未知阶段。同时，海上选冶需要高效率，设备应占地面积小，空间高度等都需与采矿平台相匹配。因此，开发具有矿物针对特性的高效专用的船载选冶设备将极大地提高我国海洋矿产选冶装备的现有技术水平。

（二）深海矿区环境监测评估及修复

深海采矿活动将影响海洋表层、中层和底层生态系统（图 2-5）。深海采矿活动产生的环境影响主要包括生境移除和理化环境改变两方面，进而导致生境消失、生物多样性下降和生态功能丧失。生境移除只发生在采矿区域，而理化环境改变会造成更大范围的负面影响，后者与毒性、沉积速率、海水浊度、水下噪声和光污染等五方面的压力指标密切相关（国际海底资源管理局第 27 届会议 30 号文件，ISBA/27/C/30）。深海矿产资源开发的环境效应是一种具有不同时空尺度、多要素链形关联的动态变化过程，对其评估需要海洋生态学、海洋地质学、海洋生物学、海洋化学、物理海洋、大气科学等多学科知识，需要将现场观测、室内外试验、数值模拟、计算分析等多种研究手段联用。由于深海环境的特殊性和复杂性，迄今为止，我们对深海采矿环境影响的认识仍比较粗浅。

图 2-5　深海采矿的潜在环境影响

1. 矿区环境基线特征和生态系统认知有限

相比陆地生态系统，人类对深海生态系统的调查研究少，对复杂的深海矿区生态系统的科学认识有限，尤其是对深海生态系统的功能、恢复能力、生物连通性和生物群落重建过程及机理等一系列科学问题仍待深入研究。由于观测时间有限，目前环境基线调查中收集的环境数据难以反映环境自然波动情况，尚无法区分人类活动的影响和自然变化的影响。

2. 环境影响的程度和强度尚无法预测和评估

目前，具有商业开发规模的采矿系统尚未定型，多种海底采矿范式正处于试验阶段，对采矿尾水排放的高度及噪声、光污染对海洋生物的影响认识非常有限，这些导致了深海采矿活动对环境扰动的强度无从评判，对不同时空范围内生态系统的累积影响尚不明确。与此同时，深海采矿形成的羽流严重程度和空间尺度尚存争议，现场观测数据与预测模型仍不充分，现有环境监测技术难以满足开发阶段的环境监测要求，亟须开发无人值守、大范围、长时间、低成本监测技术。

3. 环境修复技术显著缺乏

深海采矿活动直接破坏底栖动物的栖息地，硬质基底难以自然恢复；由于缺乏环境修复有效手段，深海生态系统在很长的时间内也难以达到新的平衡状态。当前深海环境修复仍处于探索阶段，实践经验不足，尚未有系统的理论基础、技术手段和工程实践。同时深海工程的成本和技术要求高，这些给深海环境修复带来极大的挑战。

4. 环境影响评估技术标准尚未制定

深海采矿环境影响评估的关键和核心是确立环境阈值。定量化的环境阈值对于确定深海采矿活动的可接受最大损害程度的规范标准具有重要意义。然而，目前国际上现有的深海采矿环境影响评估标准是以过程为导向的，缺乏用于保护海洋环境的阈值，给承包者未来的商业化采矿行为带来重大不确定性，尤为重要的是，面对脆弱深海生态系统，环境阈值的设立能够发挥预防性作用。目前亟须制定环境阈值的相关指标包括毒性、沉积速率、海水浊度、水下噪声和光污染等，需要基于现有环境基线研究，开展模拟和原位试验，从个体响应、群落和功能特征结构、生物多样性指数、群落构建和演替过程等层面研究生物对这些压力指标的响应特征，建立影响的定量化阈值。

5. 原位快速的生物检测手段不足

深海生物是矿区环境研究的核心。深海生物检测技术是矿区环境监测、评估和修复的热点、重点、难点，代表着新兴前沿方向，也是未来发展的战略要点。相比地球物理、物理海洋、海洋遥感等领域，深海生物研究自动化程度低、原位技术少、快速检测技术欠缺，导致对深海生物多样性检测，往往只能通过化学和物理海洋等间接指标代替，多参数影响下的结果可靠性不强，加之岸基平台分析周期长，导致时效性差，现场响应慢，无法及时调整深海采矿活动策略。

（三）深海矿产资源惠益分享

广阔的国际海底蕴藏着丰富的矿产资源，铜、钴、镍等金属储量达到陆地资源储量的几倍甚至几十倍。根据世界经济论坛预测，位于国际海底的东太平洋多金属结核矿区的 12 家承包者到 2035 年的钴、锰、镍等产量分别可达 6.1×10^4 t、920×10^4 t、44×10^4 t，达到 2020 年全球产量的 43.7%、49.7%、17.8%（World Economic Forum, 2022）。开发海底矿产资源，对于经略海洋、保障矿产供应链安全、构建人类命运共同体具有重要意义。当前，关于深海矿产开发的必要性和可行性的讨论仍然十分激烈，环保主义者和沿海国家代表等纷纷敦促暂停深海资源开发。当前深海矿产资源开发管理面临诸多挑战，在深海矿产资源开发管理时应该谨慎考虑。

1.《公约》下的深海采矿惠益分享机制

深海在空间、环境、资源、生态等方面具有独特性，既为人类的深海活动提供了广阔舞台，也为国际社会推进深海治理带来了巨大挑战。深海治理主要涉及国家管辖范围以外海域的治理，目前深海采矿面临治理机制碎片化、缺乏开发监管工具、发展中国家参与治理能力不足等问题。

当前，“区域”内活动正面临着由勘探向开发过渡的关键时期，国际海底管理局在“区域”监管工具方面面临的挑战是，制定健全、均衡的《开发规章》，并保持透明度和各方参与程度。《开发规章》必须反映最佳国际标准和做法，以及可持续发展原则，制定《开发规章》必须认真分析商业性深海海底采矿的前景及深海技术的发展。然而，《开发规章》经过多年的讨论，其制定取得了诸多进展，但还有不少重大事项和问题需继续研究和讨论。

1）各方权利义务的平衡

“区域”内资源开发活动涉及国际海底管理局、缔约国、担保国和承包者等主体，如何明确、清晰地界定有关各方的权利、义务和责任是制定《开发规章》所面临的一项重大挑战。《开发规章》也需公平对待国际海底管理局和承包者，确保双方权利和义务的平衡，以及承包者自身权利和义务的平衡。一些国家强调《开发规章》需要“合理顾及”海洋环境中的其他活动，包括渔业活动和铺设海底电缆，要考虑对发展中陆上开采国经济的不利影响，对其予以经济援助。

2）缴费机制

缴费机制涉及深海采矿在商业上的可持续性及各方利益分配，是《开发规章》的核心问题。国际海底管理局委托美国麻省理工学院（MIT）专家开展了缴费机制研究，提出了从价缴费、分阶段缴费和从价与从利相结合缴费三种模式。个别国家认为,从利（以利润为基础）缴费机制非常复杂，且会产生行政费用，国际海底管理局不应再研究从价与从利相结合的缴费机制。但也有国家提出，根据《执行协定》，国际海底管理局应考虑采用结合特许权使用费与盈利分享的制度，现阶段不应放弃混合缴费机制。2022 年 3 月和 7 月的两次国际海底管理局理事会期间，非正式工作组提出了四个财务模型备选方案：方案一，固定费率从价特许权使用费；方案二，两阶段固定费率从价特许权使用费；方案三，从价特许权使用费和从利相结合的缴费制度；方案四，两阶段累进从价特许权使用费。参会代表建议非正式工作组在不放弃任何备选方案的前提下，同意就备选方案二和方案四优先开展工作。尽管经历多轮讨论和研究，目前确定就备选方案四优先开展工作，但仍未就缴费模式达成一致，各利益攸关方仍存在诸多分歧。

2. 深海矿产开发绿色技术标准规范的构建与我国国际影响力的提升

科学确定环境指标阈值，指导深海绿色采矿技术装备的研发，建立深海矿产开发绿色技术标准规范是当前深海采矿活动监管面临的又一重要挑战。《开发规章》配套的标准和指南将对采矿作业、环境保护等方面有更详细的要求。国际海底管理局预计将制定至少 50 项这样的标准和指南，但也面临着诸多挑战，包括国际海底管理局的能力和获得相关专业知识的可能、科学数据的空白，以及需要在各成员之间达成政治上的共识，以便通过案文。

我国深海矿产开发绿色技术标准规范方面的工作尚未实质性开展。前期主要探索性工作包括自然资源部第二海洋研究所与自然资源部第三海洋研究所合作开展了深海采矿导致的再沉积对底栖生物的覆盖影响、采矿尾水对浮游生物的毒性影响等评估工作，中国五矿集团长沙矿冶研究院开展了模拟结核采矿的重金属溶出影响评估工作，中国船级社发布了技术性指导文件《深海采矿设施指南》（2022 年）等。因此，加强研究工作并加快绿色开发技术标准制定，是我国参与深海矿产资源开发国际治理的必然选择。

二、生物和基因资源领域面临的重大科技问题与挑战

深海高压、黑暗、高温 / 低温、寡营养等极端环境孕育了热液、冷泉、海山、海沟、平原、鲸落等深海生态系统，蕴藏着丰富的宏生物、微生物及其基因资源。研究和开发这些特殊生物资源，为认知极端生命的起源、演化，解密地球深部多圈层的交互作用带来了宝贵机遇。适应深海极端环境的生物资源能够产生与陆地、近海生命不一样的新颖结构化合物，在药品、食品、新能源材料、微生物肥料、石油污水降解等方面具有独特功能，开发利用这些深海生物和基因资源，对于推动现代农业、医药、材料、环保行业的发展具有重要意义。国家管辖以外海域的生物和基因资源的开发利用和惠益分享当前主要面临以下关键科学和技术问题。

（一）深海生物和基因资源获取

深海通常具有低温、高压等极端环境，要从这些极端环境获取特殊的生物和基因资源，需要开发与深海环境相适应的专有设备，这也是深海生物和基因资源开发利用所面临的主要挑战之一。

深海的极端环境特性对设备的耐高压、耐腐蚀、工作深度、稳定性、效率等方面都提出了更高的要求。经过长期的发展，国内外已经形成了多样化、多维度、多功能的适用于深海生物和基因资源获取采样的设备体系，主要包括以下 4 类（图 2–6）：①观测设备，实现局部区域和短 / 长期观测；②采样器，包括各种底拖网、抓斗和多管取样器等设备；③开放式和原位生物模拟系统；④潜水器，如 HOV、ROV 和 AUV。

“十三五”以来，我国深海生物开发技术装备发展迅速，一些高新技术纳入国家生物资源开发战略规划，涵盖生物保真取样、存储、培养等方面。当前，我国已掌握的深海生物开发技术装备包括宏生物主动抓取和固定诱捕、微生物原位取样和富集等，此外，保压转移和保真存储装备也取得了重要进展。

在深海宏生物取样和观测装备方面，优先发展保温、保压、快速精准的取样装备，以及敏捷、灵活、针对性强、诱捕率高的诱捕装备。特别是随着载人潜水器和 ROV 等一系列大型深海探测平台投入使用，为深海宏生物取样提供了更加便利的条件，同时也衍生了一大批基于水下机器人平台的原位高精度采样和观测的仪器装备。

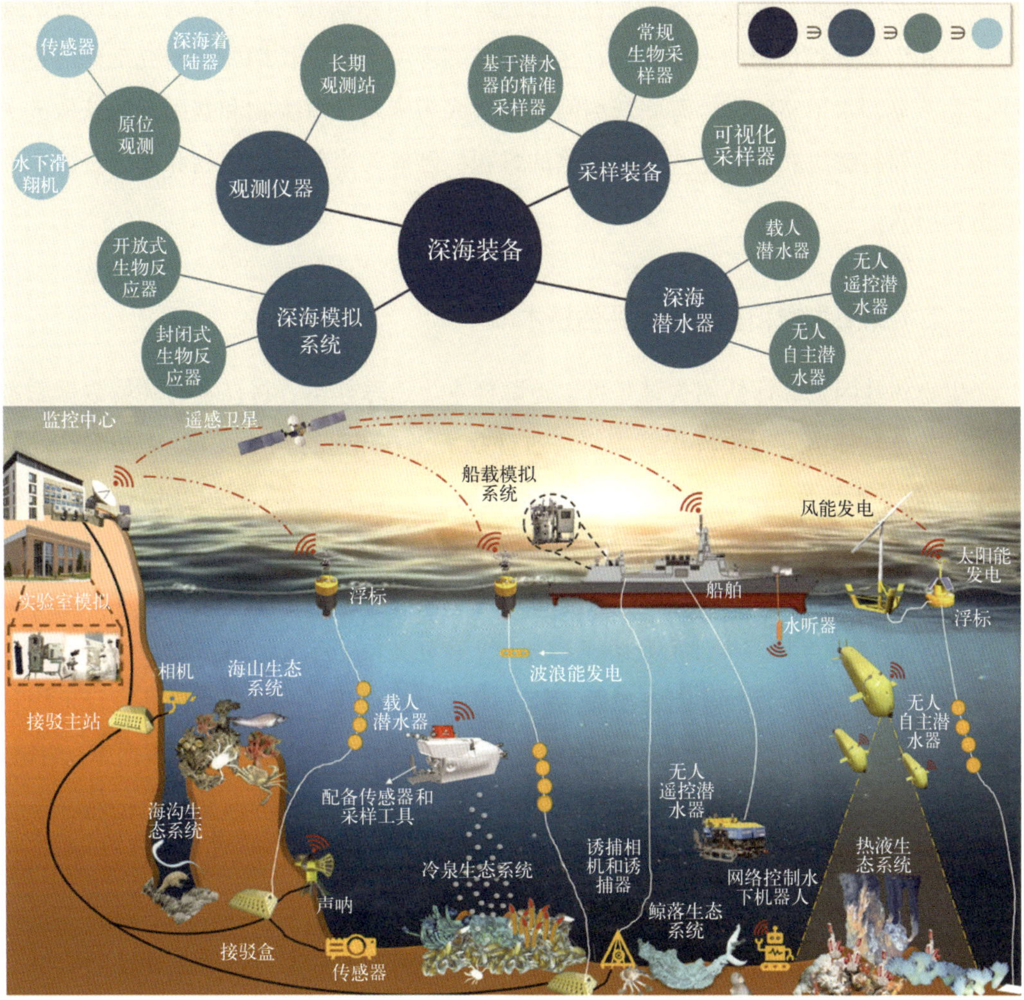

图 2-6　深海生物和基因资源获取技术总结（Liang et al., 2021）

在深海生物培养技术和装备方面，鉴于深海生物的生存条件特殊性，已将岸基实验室中常用的海洋微生物培养基和培养方法“移植”到深海海底，利用深海原位的极端环境进行培养和实验，为深海生物和基因资源提供更加有效的材料。目前，国内已经研制了多种针对微生物和宏生物的原位培养装置，并在深海研究中取得了良好的应用效果。此外，尝试将基因测序技术移植到深海海底，以期实现从采样到数据分析的全链条原位实验工作。

总体而言，我国在深海生物和基因资源获取技术方面已经形成了较为全面的装备体系，在某些方面（如载人深潜平台）已经具备了国际领先的水平。另外，随着对深海生物和生命过程认识的不断加深，在深海极端环境下开展长期原位研究工作的重要性日益凸显，水下实验室、海底观测网等必然成为未来深海生物和基因资源获取的关键技术，如何解决和突破这些技术面临的难题，已成为当前深海生物和基因资源获取的重要挑战。

（二）深海生物和基因资源评估技术

生物和基因资源评估的关键是可以追踪样本。追踪样本、将样本与环境数据联系起来，甚至对标本进行全流程管理都将通过数字化方式进行彻底变革（Hedrick et al., 2020）。为了实现样品的可追踪，研究人员会将收集的生物标本存放在博物馆或其他具有足够基础设施和资金的科学、研究和教育机构的收藏库中，以便长期保藏和管理（Rabone et al., 2019）。为了提高馆藏样品的可查性和可追溯性，合适的数据库系统必不可少。当前,全球生物多样性信息系统（GBIF）和分类数据库工作组（TDWG）的建立，很大程度上促进了生物和基因资源样品的透明度，更有利于利用这些样品进行生物和基因资源的开发利用（Schindel et al., 2016）。此外，目前已有很多公开的数据库，例如，OBIS、NCBI、MIxS、Darwin Core 等。然而，各个数据库之间的数据交流仍然存在严重的隔阂。数据的标准化是数据库之间可以进行共享的关键，同时也是深海生物和基因资源能够更加快速、高效评估所面临的重要挑战。

国内在深海生物和基因资源的样品馆藏保存、追踪及数据分析等方面已经取得了长足的进步，建立了中国大洋样品馆、中国科学院海洋生物标本馆、中国普通微生物菌种保藏管理中心、海洋微生物菌种保藏管理中心等。但是，国内已有的样品馆在样品共享方面仍存在诸多问题，各个样品馆相对独立，缺少可融合的、标准化的数据管理系统。目前，专门针对深海生物和基因资源的数据稀少，馆藏数据不完善，无法实现样品的可查性和可追溯性。

随着测序技术的快速发展，环境 DNA（eDNA）应用迅速兴起，已广泛应用于生物多样性监测、保护生物学、入侵生态学、群落生态学和古环境研究等领域（Wang et al., 2019）。环境 DNA 也常作为宏组学的数据来源（包括单一宏基因组学、比较宏基因组学和多组学关联），在微生物学（de Vargas et al., 2015）和后生动物学（Cowart et al., 2018）等领域都有成功应用。此外，多组学数据整合分析也已成为科学家探索生物和基因资源的新方向，包括转录组学、蛋白质组学及代谢组学（Pinu et al., 2019）。通过基因组测序和分析，可以挖掘新物种、新基因、新代谢产物的信息和功能，这些遗传数据将会提高数据库的完整性，为科学研究提供数据信息。结合基因组学、转录组学、蛋白质组学和代谢组学等多组学方法来获取海洋遗传资源是未来海洋生物学研究的必然趋势。基于下一代新的测序技术及其基因分析与评估技术是深海生物和基因资源评估亟需解决的关键技术。

（三）深海生物和基因资源开发技术

海洋生物和基因资源开发是现今世界医药工业发展的重要方向，美国和日本等正不断加大投入，如美国国家研究委员会、美国国立癌症研究所（NCI）、日本海洋生物技术研究院、日本海洋科学技术中心和欧共体海洋科学和技术中心等研究机构，每年投入用于海洋药物开发的经费均达上亿美元。美国国立癌症研究所的发展治疗计划是规模最大、运行时间最长的海洋生物和基因资源开发利用计划，研究人员制定了化合物大规模合成的方案，到 2010 年 NCI 天然产物库已经积累了 1.5 万种海洋生物提取物（McCloud，2010）。

对于 ABNJ 来源的深海生物和基因资源，其获取的成本比近海更高、样本获取难度大、资源量少，难以满足传统资源开发的技术要求。从环境样本中挖掘基因数据等海洋遗传资源，已成为新的发展趋势。最近 Tara Ocean 和 Malaspina 调查展示了通过全球规模的海洋科学研究计划，可以产生来自 ABNJ 海水、沉积物样本病毒和其他微生物基因组的大型新数据集（Karsenti et al., 2011；Pesant et al., 2015）。这些新产生的数据集为发现新基因和天然化合物提供了巨大的潜力。目前，生物信息学技术仍然是制约深海海洋生物和基因资源开发的关键技术，尚无法满足深海生物和基因资源开发的需求。

此外，深海生物分类学研究的不足也是深海生物和基因资源开发所面临的重要挑战。了解分类单元的识别及样品来源地有助于选择分离化合物及其识别的方法，以及了解它们的潜在特性。充足的信息可以帮助识别天然产物，以便能够与从相关分类群中分离的天然产物进行比较。无论是为大规模商业开发还是实验室规模筛选，都必须保留模式标本以进行所涉及物种的分类鉴定，专利申请也需要提供分类信息和模式标本的保藏信息，以确保其可追溯性，这是确保实现商业化后利益共享的关键。

目前，我国海洋药物研发水平与西方发达国家之间存在较大差距。近年来，我国海洋药物研究的步伐加快，但整体研究质量不高，大多停留在初级代谢产物的研究开发阶段。截至 2017 年，国内资助研发批准上市的海洋药物仅 9 种，基本集中在海洋多糖类化合物，例如，各种海藻多糖、甲壳素和软骨素等（张善文等，2018）。这些物质化学结构和理化性质均不明确，作用靶点和药理机制不明，导致以这些物质研制的药物品质控制不稳定，难以形成有效的知识产权保护（张海涛，2020）。尤其是，我国目前在 ABNJ 海洋药物研发方面还处于空白，尚无以深海生物（动物或微生物）为来源的海洋药物。

海洋生物和基因资源开发需要一定的国家层面政策的鼓励与引导，目前仍存在多方面因素制约着其发展。一方面，海洋生物和基因资源种类虽然丰富，但较分散，难以富集，物质结构复杂，原料收集与纯化成本高昂。另一方面，产业上下游脱节严重。通常资源开发应以企业为主体，但海洋生物和基因资源开发的主体却是高校和科研院所，这造成了资源开发和产业化脱节严重，与市场需求结合度不紧密，研发内容重叠严重，难以形成竞争力。

（四）深海生物和基因资源惠益分享

《公约》尚未对公海生物和基因资源制定详细的规范，目前公海生物和基因资源面临着过度勘探和无序开发的威胁。通过各方友好协商一致，谈判达成一项新的协定即《BBNJ 协定》，以规范国家管辖范围以外的海洋生物和基因资源治理，是深海生物和基因资源惠益分享所面临的重大挑战。

目前，对于海洋生物和基因资源的法律地位问题仍然缺乏广泛共识，并非所有学者都认为其是人类共同继承财产。部分学者对惠益分享持排斥态度，部分学者提出可以跳出海洋生物和基因资源性质之争的泥淖来谈论惠益分享的问题，避免具体制度的讨论停滞不前。如 Leary（2019）指出《BBNJ 协定》谈判中各国达成的重要共识领域，认为不应将海洋生物和基因资源的法律地位作为惠益分享的先决问题；至于惠益分享的方式、与知识产权的关系及 ABNJ 中海洋生物和基因资源的监控问题，其结果取决于“一揽子”协议中其他议题的谈判结果。毫无疑问，如果能够完成“一揽子”协议谈判，这将是海洋法历史上的一个里程碑式的发展，但其前景仍然不甚明朗。

在生物和基因资源惠益分享方面，《公约》下新的执行协定也对人类保护海洋生物和基因资源提出了新的挑战和机遇（Harden-Davies, 2017）。深海科学研究是在获取国家管辖范围以外海洋生物资源之后进行诸如数据、样本和专利知识等的分享。无论是从技术法律角度还是政治可行性的角度，在公海建立生物勘探监管绝非易事。因此，加强各国的海洋能力建设及国家之间的相互沟通协作，消除部分国家目前在使用海洋生物和基因资源方面的障碍（Collins et al., 2019），是推动各国之间海洋生物和基因资源惠益分享的重要手段。此外，通过建立信息交换机制实现相关资料的互通有无，借鉴国际海底管理局对“区域”内矿产开采利益分享机制等，都有可能促进海洋生物和基因资源的惠益分享。

我国学者从海洋科学研究的定义和类别辨析、海洋科学研究制度适用的范围、已有惠益分享规定和海洋科学研究制度与货币惠益分享问题四个角度对海洋生物和基因资源的法律制度进行了分析，最终提出了我国的立场：应该从务实的角度，兼顾各方利益，在未来的政府谈判中提出海洋科学研究制度的观点（张小勇和郑苗壮，2018）。

尽管现有国际法体系下已经有相对成熟的生物和基因资源惠益分享机制，但其并不能直接移植到国家管辖范围以外海域的海洋生物遗传资源治理问题中来，目前海洋生物和基因资源的惠益分享谈判还面临着困难，具体规则和秩序仍需进一步谈判和确认。根据现有国际法制度规范下关涉海洋生物和基因资源惠益分享机制的相关规定和条款，以及《BBNJ 协定》谈判的不同主张和意见，确立高效公平的海洋生物和基因资源惠益分享机制，对国家管辖范围以外海域海洋生物和基因资源治理工作的重要意义不言而喻。

三、渔业资源领域面临的重大科技问题与挑战

渔业资源是人类从海洋获得的最直接、最重要的资源之一，公海渔业资源的获取，体现了一个国家在公海的权益存在和实力。我国远洋渔业由于发展较晚，正式介入时公海渔业管理秩序已经建立完善，只能在他人制定的规则下发展远洋渔业，而日本、欧盟等由于发展早，已获得了充足的配额。远洋渔业是国家战略性产业，是在我国国土以外空间获取自然资源的重要途径，也是维护我国公海权益的重要手段。当前大部分渔业资源都出现了波动或下降，国际渔业管理日趋严格，导致我国远洋渔业面临着很大的国际压力。因此，增强和提升我国参与全球海洋渔业治理能力的重要性日益凸显。

为保障我国远洋渔业的可持续发展，我国当前主要在以下几个方面面临重大挑战。

（一）大洋中层生物资源高效探测与评估技术

大洋中层生物长期以来一直被认为是潜在的渔业资源（图 2-7），最新的研究认为中层带鱼类生物量占全球鱼类生物量的 90%（Kourantidou and Jin，2022）。西方国家已经针对中层渔业资源展开行动，2019 年通过的欧盟地平线 2020 计划启动了两个关于中层带海洋生物资源开发利用项目（SUMMER：Sustainable Management of Mesopelagic Resources；MEESO：Ecologically and Economically Sustainable Mesopelagic Fisheries），经费近 1300 万欧元，旨在探查中层带生物资源量、时空分布特征及其在生态系统中的作用，从而认识中层带海洋生物资源能否以生态和经济可持续的方式加以利用，促进食品和营养安全及其他生物价值链、生物多样性保护和气候适应性等方面的创新。

图 2-7　海洋中层带生物资源拖网样本（St. John et al., 2016）

中层带海洋生物资源具有典型的昼夜垂直迁移的特征，目前尚无精准的探测评估方法来调查中层生物资源的组成和生物量丰度。最新研究开始结合声学探测技术，如宽频声学技术（Xue et al., 2021；Agersted et al., 2021）、环境 DNA 技术（Shelton et al., 2022），以及科学拖网生物采样来提高中层生物资源估算的精度。如何将这些技术有效融合以减少资源估算误差是该领域面临的主要挑战。应尽快开发以多信息平台的声学遥感为主，结合环境 DNA 和采样调查的大尺度中层海洋生物资源观测技术，构建中层带海洋生物资源调查方法和评估模型，以快速准确评估中层鱼类的资源量。

此外，大洋中层带在应对气候变化和食物网中具有重要作用，在对中层带进行资源开发之前，还有一系列科学问题亟待解决。例如，应尽快对比评估生物主动迁移所产生的碳固存与自然沉降（如海洋雪）的固碳效率，建立模型评估不同渔业捕捞场景下对碳循环产生的影响。此外，还必须开展其生物学、食性和生态位的研究，揭示不同中层生物在垂直整合食物网中的作用，为未来基于生态系统管理的中层带渔业资源可持续开发利用提供科学依据。

（二）典型大洋性物种时空分布格局的高效评估技术

了解物种的时空分布格局特征及其内在形成机制，是养护公海鱼类种群以应对人类和自然多重迫协的关键（Elith and Leathwick，2009）。合理的空间规划和养护管理措施是维持海洋生物种群健康、生物多样性和生态系统服务功能的重要手段（Robinson et al., 2011）。

物种分布模型（Species Distribution Models，SDM）利用物种的分布数据与环境数据，依据特定的算法估计物种的生态位，并投影到景观中，以概率的形式反映物种对生境的偏好程度，从而量化评估物种的出现概率和生境适宜度，被认为是有效的评价工具，可以为海洋生态学家和渔业资源管理者提供当前和预测信息。然而，SDM 首先产生和发展应用于陆地生态学研究领域，在将 SDM 从陆地转移到海洋的应用过程中，海洋生境独特的物理性质和海洋生物迥异的生物学特性可能会极大地影响模型假设的有效性，并最终影响模型的预测性能。影响 SDM 在海洋生物应用的因素主要包括如下几项。

1. 扩散能力

海洋生物间的扩散能力存在相当大的差异，许多海洋鱼类和大多数无脊椎动物的扩散距离比大型藻类高 1 ~ 5 个数量级。在扩散是物种分布的重要决定因素时，对其进行解释将获得更稳健的模型。

2. 种间作用

种间竞争会对物种的分布产生强烈的结构影响，特别是当空间和资源有限时。对于受到竞争作用影响的物种而言，预测其未来的分布（如在气候变化下）比预测当前的分布更加困难，因为相互作用可能会随着环境条件的变化而改变。

3. 个体发育变化

海洋生物通常具有复杂生命史并在不同生命阶段栖息于不同环境。比如许多中上层鱼类每年也会在产卵场繁殖，这些区域大幅小于其整体的分布范围，可见栖息地偏好程度可以随着个体发育变化而增加或减少。在 SDM 研究中，有必要在一个生命史阶段进行拟合，并在另一个阶段进行测试，以评估不同阶段是否需要不同的模型。

4. 栖息空间三维性

与陆生动物的 SDM 相比，大洋性生物会通过垂直移动行为利用不同水层的栖息空间，这意味着在海洋 SDM 中需要考虑栖息地的三维特征，将更多水层的环境变量纳入建模考虑。

SDM 已是海洋生物研究工具箱中最为重要的一种工具。这方面国内外差距显著，目前已有的数十种 SDM 几乎都由国外学者开发（Robinson et al., 2017; Melo-Merino et el., 2020），国内研究人员更多使用已有模型进行分析和预测。鉴于公海海域典型大洋性生物和生境的特点，未来需要：①进一步根据具体研究对象有针对性地改进模型，将理论上重要的生态因子纳入考虑；②将机理模型的动态预测功能同静态的统计模型相结合，考虑物种响应和环境变化之间存在滞后效应，从不同时间和空间尺度上同时预测物种分布及其潜在适宜生境；③将小尺度区域研究融入大尺度研究中，通过小尺度研究的结果调试大尺度模型的参数，使得预测结果更加精准，使 SDM 成为更加有效可靠的管理工具。

（三）渔业资源种群的评估与管理策略评价技术

通过对世界渔业资源的长期监测评估，FAO 认为海洋渔业资源正在持续减少（图 2–8）。已有实践表明，接受科学评估和严格管理区域的渔业种群丰度有所提高，而渔业管理欠发达区域的捕捞率则高得多，渔业种群丰度也低。因此，迫切需要在未实行可持续管理的渔业捕捞活动中因事制宜地推广科学的养护和管理措施，促进全球渔业资源的可持续利用和保护。

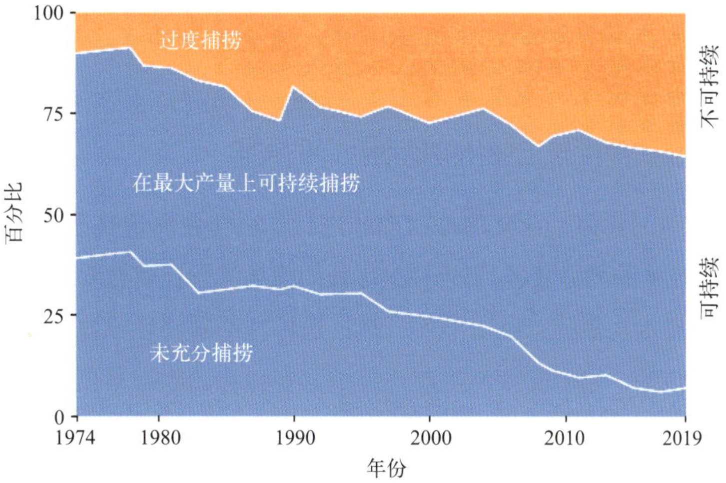

图 2-8　1974—2019 年世界海洋渔业资源状况全球趋势

修改自 FAO《2022 年世界渔业和水产养殖状况》报告，https://www.fao.org/3/cc0461zh/online/sofia/2022/status-of-fishery-resources.html

渔业资源评估是渔业资源科学管理的基础。就大型中上层鱼类而言，七大主要金枪鱼物种中的 33.3% 种群处于生物不可持续水平上的捕捞。虽然区域管理组织针对大多数种群采取了养护和管理措施，但仍有部分种群处于过度捕捞状态，如大西洋的大眼金枪鱼、太平洋蓝鳍金枪鱼和印度洋黄鳍金枪鱼等。小型中上层种类（短生命周期种类），如沙丁鱼、鲱鱼、鳀鱼和头足类等，在海洋生态系统中常处于关键位置，其资源变动会对生态系统的变化做出快速响应，从而影响整个海洋生态系统结构。如何准确量化评估当前种群状态，以制定合理的养护和管理措施，降低种群被过度捕捞的风险，并通过管理渔业生产来快速适应气候和海洋环境变化对资源变动的影响，以实现资源的可持续利用等，一直是国际渔业管理的难点和科学研究的关键。

当前国际渔业管理通常是设定一个管理目标，如多少年后资源量维持在一定的水平，然后根据渔业资源评估的结果制定管理策略。实现一个管理目标可以有很多管理策略，但由于渔业是一个复杂的系统，包含着自然和人文的各种因素，鱼类种群也随着自然环境的变化而在不同年份之间发生较大波动，因此不同管理策略的效果不尽相同，也都存在着很多不确定性，从而导致渔业资源面临不当管理的风险，需要人们对渔业管理采取预防性办法来尽可能避免这些风险，因此在制定渔业管理策略时需要非常谨慎。此外，渔业管理也不像科学实验，实际的渔业管理导致渔业资源变化是不可逆的过程，现实中不可能对同一类渔业同时实施几种管理策略来比较优劣。因此，如何选择最优的管理策略来实现设定的管理目标是当前国际渔业管理的关键，也是渔业科学工作者和管理者所面临的共同挑战。

（四）大洋兼捕种类与工业化捕捞活动评估技术

公海渔业活动主要由工业化的捕捞船队进行，往往使用价格昂贵的大吨位渔船，配备高效的捕捞技术和助渔装备，可以在全球任何渔场进行长期连续的作业 / 加工活动，是高水平投资和技术发展的产物。然而，渔具选择性的限制导致捕捞过程中不可避免地兼捕到非目标鱼种，它们在大洋生态系统中具有独特的生态角色和调控作用，不加约束的作业活动势必会对生态系统的健康产生负面影响（Swimmer et al., 2020）。

在全球范围内，兼捕问题突出的渔业主要为金枪鱼延绳钓捕捞鲨鱼、蝠鲼、海龟、海鸟和多种中上层硬骨鱼类（图 2–9），虾拖网兼捕海龟，金枪鱼围网围捕鲸豚类、鲨鱼和多种中上层硬骨鱼类，中水层拖网拖曳鲸豚类，流刺网缠绕鲸豚类等（Hall et al., 2000）。金枪鱼兼捕问题最为突出，每年产生的丢弃渔获物达到约 27×10^4 t，约占全球金枪鱼总渔获量的 5%，其中大型远洋延绳钓和热带金枪鱼围网渔业分别占到约 64% 和 36%（Poisson et al., 2021）。

图 2–9　金枪鱼延绳钓渔业作业方式及兼捕物种组成示意图

图片源自 http://www.bluepeacemaldives.org/blog/wp-content/uploads/2010/03/longline-fishing1.jpg

为了实践 RFMO 的管理目标和责任，科学界和各种团队已经开展了大量研究和试验来降低金枪鱼渔业的兼捕渔获物，并在减少兼捕渔获量和降低动物死亡率方面取得了重要进展，但在减少鲨鱼和幼鱼的兼捕方面则成效有限。因此，近 20 年来降低兼捕的技术措施逐渐聚焦到对鲨鱼等类群的关注上，一些重要的问题仍然需要科学解答，主要包括①缺乏兼捕和丢弃过程对于海洋生态系统潜在影响的理解；②缺乏对渔具与捕捞对象之间相互作用完整过程的系统理解；③缺乏对于减缓措施效果评估和普适性的充分了解；④缺乏兼捕物种对栖息地利用知识的理解。

目前，国际社会对海洋生物资源的养护、管理和可持续利用，以及对海洋生态环境的保护给予了高度重视。国家对于整个渔业活动的责任被不断强化，渔业活动已不再被视为某一公司或某一渔船的单一活动，而被视为国家授权的活动或行为（胡学东和王冠钰，2013）。捕捞国，尤其是船旗国被要求对渔业资源的养护、管理和合理利用实施严格规范和有效管理，承担起更大的责任。在过去数十年工业化船队的发展历程中，欧美和日本等传统捕捞强国已经开展了基础鱼类行为学和降低海豚、海鸟和海龟兼捕死亡率的研究，并影响了国际规则的制定（Hall et al., 2000；Swimmer et al., 2020；Poisson et al., 2021）。而我国之前与捕捞技术相关的科研活动更加注重捕捞效率的提升和经济指标的控制，对于以渔业资源保护为应用目的的鱼类行为学和环境友好型捕捞技术的重视程度和投入都不够。毫无疑问，不适应形势的作业方式终将被其他环境友好的可持续作业方式所取代，抓紧补足这一研究领域的短板将是我国向负责任渔业大国转变的需求。

四、空间资源领域面临的重大科技问题与挑战

（一）国际法框架下的空间资源治理体系构建

当前，国际海域的空间资源管理顶层治理框架体系还不完善。在 ABNJ 开展海洋空间规划的主要挑战是：缺乏清晰的治理框架，目前尚无具有法律约束力的、综合性的法规及相关国际组织或权威机构来指导、实施和监督这一行为；不同领域内的组织对各自范围之内的管理相互独立，管理框架破碎化、不平衡，未形成有效协调，且对空间的管控主要通过生态系统来支持生物多样性的保护和可持续利用。

目前，区域性和部门性机构的管理职权对于有效执行 ABNJ 的空间管制尚不完善，地理范围也尚未覆盖整个 ABNJ，管理措施仅针对某些特定的活动，且具有一定的时

间和空间限制。对于空间的管理，即使是相对成熟的公海保护区，在实践中，其管理也存在很大不足。如东北大西洋海洋保护区是以《保护东北大西洋海洋环境公约》为基础而建立的海洋生态连贯网络，在实践中，保护区还需其他域外组织进行管理，如区域内的渔业措施需要东北大西洋渔业委员会进行管理，航运措施则需要由国际海事组织进行监管，特殊敏感区域需要遵照《国际防止船舶造成污染公约》而设立，海底采矿活动需要向国际海底管理局申请颁发海底采矿许可证等。由于东北大西洋海洋保护区并不能实现独立的自我管理，往往在保护工作上出现协调的困难，在采取应对措施上需征求其他组织的意见，缺乏效率，造成保护效率低，甚至保护不当。无论是海洋保护区的规模、规划、管理还是实际的效用，都存在着种种不足，单靠海洋保护区无法解决这些问题，需要在《公约》框架下，建立新的综合性的顶层空间治理模式。

在《公约》框架下，BBNJ 养护与可持续利用协定的国际多边谈判已于 2023 年 3 月达成，规定建立一个全面的基于区域的管理工具系统，其将有助于澄清 ABNJ 的治理安排，并可为各部门从事跨部门区域规划提供依据。未来一段时间内，明确新的国际文书对于国际海域的海洋空间规划具有重要意义（图 2-10）：不仅能够为 ABNJ 的利益攸关方提供激励措施和法律授权，参与跨部门的区域规划；还能够促成参与的利益攸关方合作制定管理计划，并提供实施和执行计划的手段；还能鼓励或要求各部门之间加强互动、加强合作与协调，从而有助于支持有效的跨部门的区域规划，更好地实现目标。

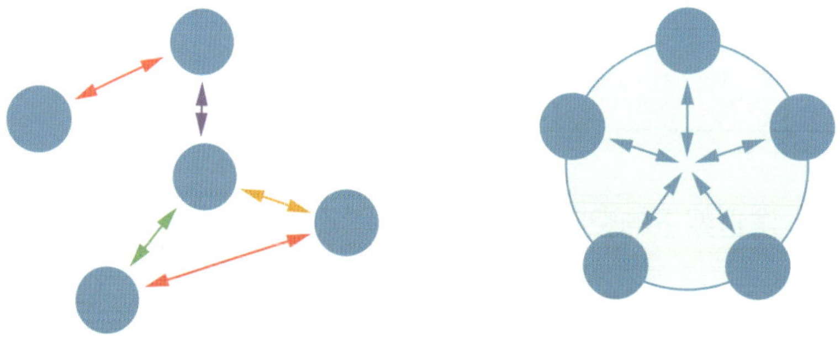

图 2-10　有无新的国际文书供各部门参与海洋空间管理的结构（左：无，右：有）

（二）基于生态系统的国际海域海洋空间规划理论

海洋空间规划是空间资源领域的重要研究对象，尽管近年来在国际海域实施海洋空间规划的讨论有所增加（Wright et al., 2021；Levin et al., 2020），但总体上，该研究仍处于起步阶段，还需逐步建立国际海域海洋空间规划的理念、技术、标准和相关的政策体系，并推动海洋空间规划技术不断完善，最终建立全新的基于生态系统的国际海域海洋空间资源规划理论和开发保护格局。

1. 海洋生态系统的连通性不利于规划界址的确定

海洋并非静止的生态系统，而是一个相互连接、循环往复的生态运动网络。生态连通性是一种复杂的自然现象，它将海洋生态系统的各个部分联系在一起。引起海洋生态连通性的原因主要有两种：物种迁徙和洋流运动，它们分别使得海洋生态连通性表现出主动或被动的形式（刘惠荣和马玉婷，2021）。在国际海域的海洋空间规划中，海洋生态系统是关键因素，但由于海洋生态系统的连通性，包括部分物种大范围的迁徙、季节性的变化导致时空的不确定性，加上目前国际海域相关数据稀少，评价方法不全面，而现场调查工作量巨大且经济代价高，这些因素给国际海域海洋空间规划的界址确定带来困难。

2. 国际海域海洋空间规划技术体系有别于近海

在近海，各国已逐步形成基于各自国情、适应海洋行政管理体制的海洋空间规划体系。这些规划体系虽然可以为国际海域的海洋空间规划体系研究实践提供参考，但两者之间具有很大区别。国际海域海洋空间规划的管理架构要复杂得多，法律法规、管理机制、利益相关者甚至规划内容都不同，如目前所有的近海海洋空间规划都是二维的，而国际海域由于水深较大，垂向空间潜力巨大，三维甚至多维海洋空间规划很可能成为未来国际海域海洋空间规划探索的前沿领域。因此，国际海域由于自身特殊的法律地位及本底环境等因素，需要建立适合自身特点的空间规划理论及技术方法。

3. 评价指标体系及方法需要重新构建

国际海域有着与近海截然不同的海洋本底环境、开发方案等。总体而言，稳定的、长时间序列的环境数据偏少，评价指标也偏少。在国际海域的海洋空间规划中，尚没有提出一套指标体系以供参考。因此，在前期生态环境评价、承载力计算、规划评估和环境监测等方面需要建立自身的指标体系及方法。

4. 国际海域缺乏本底调查数据

有效的海洋空间规划需要大量的数据支撑，包括长时间序列的环境和地形地貌数据、脆弱和重要海洋生态系统的地理位置、海洋生物多样性等。但现阶段仍缺乏足够的数据支撑，这对 ABNJ 管理是巨大的挑战。首先，开放海洋的动态性，加之受气候变化的影响，增加了数据全面系统获取的难度。其次，深远海调查数据依然破碎化、不完整、不匹配。再次，不同国家和组织在 ABNJ 的调查数据缺乏综合设计和统一标准，阻碍了数据共享。

在 2017 年美国地理学会年会上，以美国多个涉海研究机构为代表的深海生态系统研究集群，展示了其全球大洋深海立体空间规划的成果，该成果基于 5200 万个地图集数据点，将全球海洋水体划分为 37 个生态海洋单元，这是迄今为止在三维层面对全球海域最为翔实的精准分类，研究结果能够对未来更加深入地理解海洋生物地理学、研究海洋变化、保护海洋等奠定数据基础。尽管取得了一些重要进展，但总体而言，目前国际海域的本底调查数据依然缺乏，数据作为海洋空间规划的基础依据，其缺失将给规划的编制实施带来诸多困难和不确定性。

（三）大陆架划界技术的应用

大陆架划界是一个综合性的科学体系，涉及海洋科学的多个方面，主要包括划界地质模型、海底探测技术和装备、综合决策分析系统等方面（图 2-11）。我国经过多年努力，已经在大陆架划界领域形成了较为系统的技术体系并得到了良好的应用（孙湫词等，2018）。

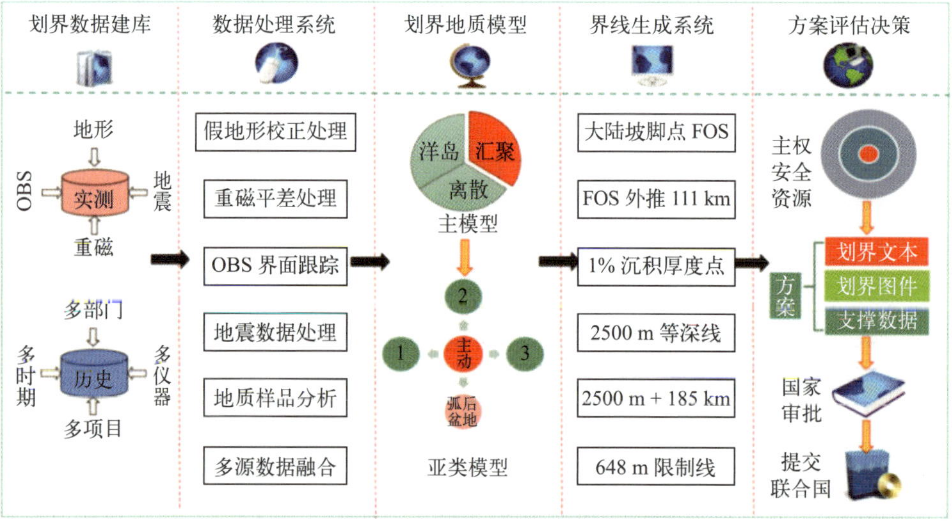

图 2-11　大陆架划界决策分析系统框架

（四）极地海洋空间规划所面临的挑战

北极理事会建立区域极地数据集的尝试，以及“冰上丝绸之路”的建设等，均充分体现了国际社会对泛北极理念的实践。鉴于北极海洋生态系统的敏感性、脆弱性及其影响范围的广泛性，实施基于生态系统的海洋空间规划是实现北极治理良性发展的必要手段。但基于生态系统的海洋空间规划对整体性、适宜性与参与性的内在要求决定了该理念在实践上的困难性。

首先，在规划主体方面，基于生态系统的海洋空间规划将人视为生态系统的一部分，因此，北极海洋空间规划主体在规划的制定与管理中需进一步克服对传统规划理念及路径的依赖，逐步实现由外部影响者到内在参与者的身份转变。其次，在规划机构方面，强调部门间的整合及规划机制的统筹协调，对北极海洋空间规划跨国别、跨部门的机制协调提出了新的挑战。再次，在规划边界的确定方面，需进一步克服行政因素的限制，维护生态系统完整性。但从目前北极海洋空间规划划界情况来看，边界的确定更多是受到行政区划与管理权限的影响，对生态系统因素考虑较少（韩琪和杨振姣，2020）。

目前，实施北极海洋空间规划所面临的技术困境主要包括脆弱性生态系统的高标准要求、数据支撑体系不健全和技术壁垒的限制三个方面。首先，北极地区拥有丰富的生物及矿产资源，但其依托的生态系统极为脆弱且自我修复能力差。在北极海冰持续消融的背景下，北极海洋空间规划的首要目标是实现北极海域的可持续发展，但北极生态系统的脆弱性对海洋空间规划提出了更高的技术要求。其次，海洋空间规划的制定及管理需要大量的基础数据和完整的技术体系作为支撑。但基于北极地区独特的气候条件，北极在数据获取和权重确定方面较为困难。同时目前国际海洋空间规划已确立的指标体系又难以适应于北极地区，北极海洋空间规划技术体系的构建面临较大空白。最后，由于北极地区特殊的战略价值，各国一直致力于北极话语权的构建，为保持本国在北极争夺中的科技优势，各国间关于极地数据的共享及科技交流非常有限，国家间的这种技术壁垒极大地限制了北极海洋空间规划的总体技术水平。

第三节　国际海域资源开发利用领域我国工程科技优先发展方向

一、矿产资源领域我国工程科技优先发展方向

在前文分析的基础上，通过深入调研，提出了深海矿产资源开发领域优先发展的15项关键技术（图2–12）。在此基础上，凝练出深海矿产资源开发、深海矿区环境影响监测、深海矿产资源开发决策管理等三个重点领域的优先发展内容。

序号	关键技术项
1	复杂地质条件下的智能化测控技术
2	深海矿产资源三维综合评价技术
3	深海矿产资源精准高效勘查技术
4	深海模块化深孔钻机与实时测井技术
5	海底矿物采掘、收集、转运及存储技术
6	深海矿产资源采–输–储一体化采矿平台开发技术
7	数字化、智能化深海采矿工程全流程运行技术
8	水下采矿系统导航与定位技术
9	大功率远距离水下动力安全输配技术
10	深海矿物高效率、低能耗绿色开采工艺技术
11	深海采矿可潜式核动力电站技术
12	深海矿区环境立体原位观测技术
13	深海矿区环境模拟试验技术
14	深海矿区环境修复技术
15	绿色采矿的环保技术标准及环境策略

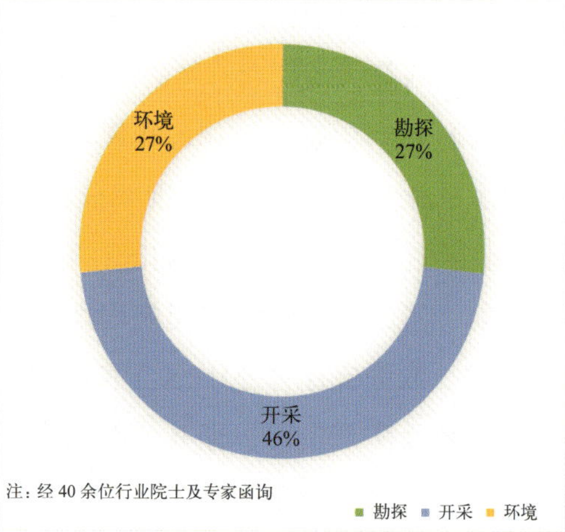

图2–12　国际海域矿产资源开发重点领域和关键技术项

（一）深海矿产资源开发

1. 高效广域和精准三维的深海矿产资源勘探技术

国际海域多金属结核将是未来一段时间国际上竞争最激烈的深海资源，其竞争焦点不仅局限于资源本身，而且已经拓展到法律政策、开采技术、环境标准和监测技术、产业布局等开发全领域。深海多金属结核资源具有分布面积广、地形环境平坦的特点；传统的地质取样技术手段调查效率低，耗费时间长，不利于开展大面积和精细调查工作。深海多金属硫化物则埋藏在海床之下百米左右的深度，具有隐伏三维、不连续的矿体形态，勘探评价难度大。

根据不同类型海底矿产资源特征和勘查技术评价难题，建议优先发展以下三个方面的技术方向：

（1）基于无人近底探测平台的多金属结核高效广域勘探技术，突破近海底光学数据应用的技术难题，提高勘探工作效率和质量。

（2）海底复杂地层模块化超深孔钻机技术，突破海底钻机的孔内原位多点多参量实时探测、数据分析与处理技术，发展核动力供能等新概念海底钻机技术。

（3）深海矿产三维综合评价技术，突破深海隐伏型矿床地震、电、磁等地球物理勘探方法和关键技术，构建经济综合评价技术方法、标准和规范。

2. 绿色环保的深海矿产资源开发技术

深海矿产资源开发必须满足日益苛刻的环境保护要求，在技术层面主要涉及无工作介质排放或泄漏、无废弃物排放、无装备遗弃、无噪声污染、绿色选冶、海洋大规模清洁能源供能、生态环境保护修护、无二次污染的全过程清洁生产等。迄今为止，国际海底管理局已经同中国、日本、俄罗斯、法国、英国、韩国和比利时等国家签订了位于东太平洋 CC 区的多金属结核勘探合同，持有勘探许可的承包者都有义务开展环境研究和绿色开发技术研究。

3. 安全可靠的深海矿产资源开发技术

深海矿产资源开发必须满足人和装备系统的安全性要求，其技术层面主要表现为，在极端海况、正常运营和偶发事件等条件下，人和装备系统的常规和生存安全技术、应急处置措施、应急管理、紧急救援措施与方案等。满足深海采矿系统及其附属生产系统在复杂海洋环境条件下持续生产作业的可靠性，主要包括数据精准获取和及时传输及处理，水下装备、控制系统和监测网络等长期稳定工作。

4. 智能高效的深海矿产资源开发技术

深海矿产资源开发技术需紧跟大数据、互联互通和智能融合等前沿领域，向着智能化方向发展，开展海面－海底、开采－监测－转运、海上－陆地等跨域多装备共融实施和信息化决策支撑等技术创新。在技术层面具体表现为生产全链条智能调度、全系统自主协同作业、健康监测、自动危险状态预警、主动避险智能控制等。此外，还包括监测数据智能融合与分析、智能评估与决策、智能控制等方面。

（二）深海矿区环境影响监测

1. 长期立体的矿区环境观测与修复技术体系

海底矿产资源的勘探、开发和利用，采矿过程的环境监测、保护和矿区环境修复等各个方面都离不开先进的海洋技术。建立深海环境技术体系，对矿区环境开展长时间、大范围的原位观测监测、模拟研究，掌握矿区生态环境的变化过程，是环境研究最基础也是非常重要的一项工作。国际海底区域环境技术体系包括环境观测技术、环境影响评估（模拟试验）技术和环境修复技术等（图 2-13）。

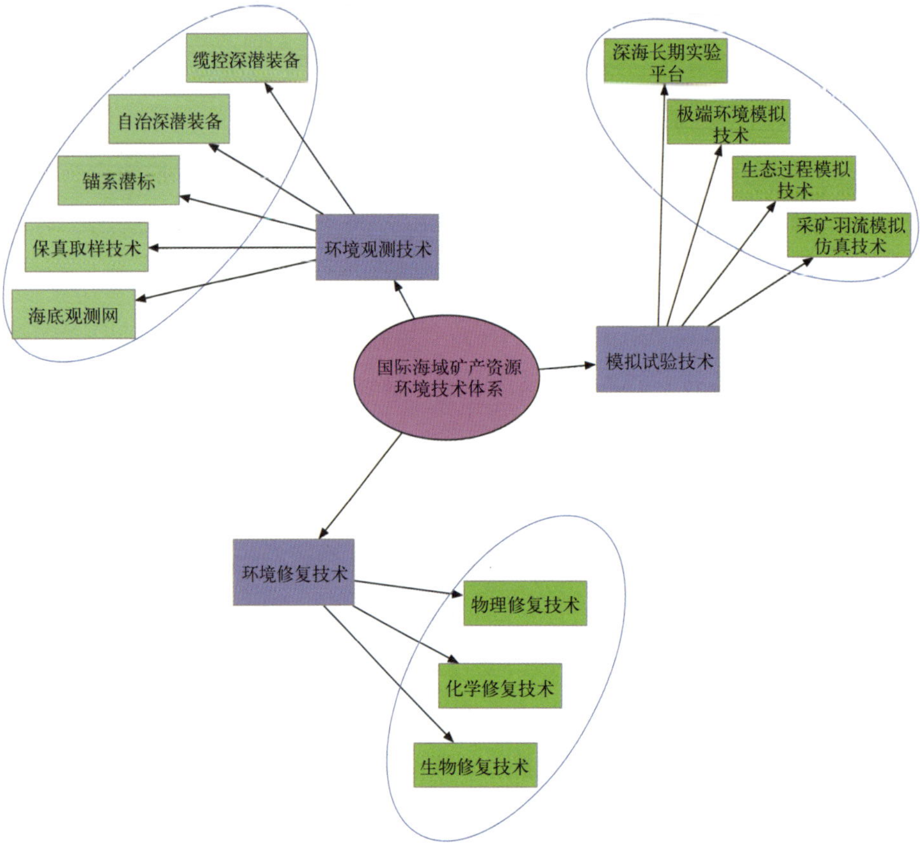

图 2-13　国际海域矿产资源环境技术体系示意图

一是基于新原理、新方法、新材料研发新型海洋环境参数传感器。伴随着电池技术、材料技术和防腐蚀防生物附着技术的发展，新型海洋环境观测设备未来可以长期原位高频观测，以获取海洋环境空间上的精细结构及时间上的高频变异。

二是基于 AUV 和水下滑翔机等设备，研发新型水下自主移动观测平台。设备可根据需求在 AUV 及滑翔机两种工作模态下自主转换，并可望连续多年免维护运行，工作海域为全球海洋，工作水深为全海深，来满足环境调查对高时空分辨率现场观测数据或敏感区域自主观测的需求。

三是突破水下信息数据链技术。我国在水声网络传输技术的研究与应用方面与国外还存在较大差距，国内正在开展海洋监测传感器网络技术、深海长距离水声信息传输技术等方面的研究工作，为未来海洋环境监测探索一种全新的技术手段，实现环境观测数据从海底观测网的数据实时稳定传输。

2. 模拟试验技术

深海采矿活动一旦进入工业化开采阶段，其环境影响范围大，过程复杂，程度和持续时间不明，而仅靠现场调查取样研究，难以实现可靠评估，需要开展原位和实验室模拟试验研究。深海长期实验平台是推动深海采矿环境影响评估突破的重要推动力，开展海底长期实验也是未来深海科学发展的一大趋势。因此，当前应加快推进深海移动工作站、深海空间站、深海实验室等新一代海洋实验平台建设。此外，由于受海洋极端特殊环境条件的限制，无法将所有环境测试都进行实际原位实验，因此，需要开发模拟试验技术，模拟深海实际环境、深海生态演化过程、采矿羽流扩散和再沉降过程，这些模拟试验对于深海采矿环境影响评估和环境保护具有重要意义。

3. 环境修复技术

环境修复是最近几十年发展起来的环境工程技术，根据环境修复所采用的方法，环境修复技术可分为物理、化学和生物修复技术等。其中生物修复技术已成为环境保护技术的重要组成部分。深海采矿活动可能造成巨大的环境破坏，亟须开展深海环境修复的研究和减缓影响措施研究。当前，深海生态修复应以生物群落恢复为主要目标，从传统的物理手段着手，结合生物手段，从布设人工附着基以增强生境重建后动物区系的定殖和生存开始，逐步开展综合性的生态系统恢复与重建。

（三）深海矿产资源开发决策管理

1. 绿色技术标准规范体系

在深海矿产资源开发的绿色技术标准规范方面，除了要跟踪和深入研判国际上“预防性方法”的科学理念和“环境影响评价指标阈值”的科学方法等国际热点问题之外，还应注意另外三个方面的前瞻性研究。

一是深海矿产开发全产业链的绿色评估指数。当前对深海矿产开发环境问题的关注和评估更多局限于开采过程对深海环境和生物多样性的不利影响，但对全产业链、全生命周期的环境影响缺乏系统评估，也缺乏与同规模、同资源类型的陆地矿产资源开发环境问题的系统比较，阻碍了深海采矿环境影响的客观评估和全面衡量。

二是深海采矿系统试验及环境影响评估。西方国家已完成了1/4商业开采规模的深海采矿系统试验及其环境影响评估，目前国际上正研发新型/颠覆性深海采矿系统，并配套开展深海采矿环境影响评估工作，以期能率先积累对新采矿模式环境影响方面的科学认知，主动应对深海采矿的环境影响难题，率先形成绿色开发的技术优势，主动设立商业开发的技术壁垒。

三是用于深海采矿环境研究的试验场。由于深海采矿的环境影响评估需要采矿前的完整环境基线数据和采矿后的长期环境监测数据，尤其是采矿后的长期效应监测已经远超合同承包者的能力和勘探合同环境义务的涵盖范围，因此我国应当规划并设计建立面向深海采矿装备试验和试验后长期环境效应监测的试验场，开展采矿试验的长期观测计划，以获得长时间序列的关键数据，支撑我国履行深海采矿环境影响评估领域的国际责任。

2. 惠益分享模式

统筹考虑深海矿产资源开发缴费机制和收益分享问题，构建深海矿产资源开发惠益分享的新模式。既要落实“人类共同继承财产”原则、也要遵循“健全商业”原则，系统研究缴费机制所涉及的公平性问题、与陆上采矿的可比性问题、缴费模式的多样性问题，以及其他矿产资源的缴费机制和缴费率问题，如多金属硫化物和富钴结壳，构建公平合理的、符合未来深海矿产资源开发实际的缴费机制。以“人类共同继承财产”原则、“公平”原则、“发展中国家优惠待遇”等原则为指导，系统研究开发收益分享涉及的资金用途问题、对受深海采矿影响的发展中陆上生产国经济援助问题、直接分配和间接分配模式问题、货币化和非货币化分配方式问题，以及利益分配模型等问题，构建公开透明、切实可行的深海矿产资源开发收益分享机制。

3. “深海法”配套的规章制度建设

综合考虑中国深海矿产资源利用实践、深海法律基础及深海矿产资源开发国际规则的发展，统筹构建我国深海法律法规体系。以“深海法”为基础，以《开发规章》及配套标准和准则为参考，逐步建立层次分明、结构合理、与我国法律体系相协调的深海矿产资源勘探、开发和环境保护法律体系。抓紧制定和出台“深海法”相关实施条例，补充和细化面向深海矿产资源开发阶段的配套规章制度，完善开发阶段的担保国责任、许可管理、财政鼓励政策、税收监督和检查、环境影响评估、公众参与、环境基金和责任保险等配套制度。

二、生物和基因资源领域我国工程科技优先发展方向

国际海域的生物和基因资源已成为国际海洋事务的重要内容。《BBNJ 协定》谈判的最终目的是在《公约》框架下就 BBNJ 问题拟定一份具有法律约束力的国际协定，已成为《公约》通过后的第三个执行协定。BBNJ 谈判主要在四个议题上展开讨论，包括海洋保护区的划设、海洋遗传资源及其惠益分享、环境影响评价、能力建设与海洋技术转让。发达国家经过几十年的发展，已经在深海生物和基因资源开发利用领域占得先机，技术处于领先地位；而我国近年来深海技术发展迅速，缩小了与发达国家的差距，但总体上仍处于“跟跑”阶段。根据 BBNJ 谈判历程，发达国家主推海洋保护区划设问题，发展中国家关注的焦点则在海洋遗传资源及其惠益分享方面，在可预见的未来可能会出台一系列相关协议，进一步规范国际海域治理。为了应对这一形势，通过文献计量分析和专家调研，在综合分析的基础上，凝练出我国未来在生物和基因资源领域应重点关注的治理内容和科技优先发展内容。

（一）深海生物和基因资源获取

应继续大力发展深海生物资源获取技术。迄今为止，深海进入并获取样品仍是深海生物和基因资源开发利用的最主要的技术瓶颈。除了成本高昂之外，现有技术仍不能完全满足生物和基因资源开发的需求。应优先发展以下几个方面的技术。

1. 加强深海传感器技术精密化、抗干扰化、系列化、模块化、标准化、通用化程度

获取深海生物和基因资源，应同步获得系统的原位环境参数，用于后续的资源评估和开发利用。深海观测和监测系统正向三维、多功能、多平台协同发展。观测范围从近海延伸到深海和公海。预计海洋观测站将成为海洋信息学发展的“催化剂”，提供处理海量海洋 – 地球数据所需的工具，并揭示生物、化学、物理和地质过程之间的关系。

2. 优先发展原位保真采样、连续远距离采样、无污染采样、高丰度富集等深海生物和基因资源的获取技术

活体标本，尤其是无脊椎动物的采集和维护需要精准的采样技术和可靠的存储能力。空间分布采样和多点采样对于生物采样过程至关重要。考虑到生活在深海极端环境中的部分生物是稀有物种，密度低、类型多，应开发准确且具有成本效益的设备以丰富采集样品的数量。

3. 优先发展生物反应器等实验室模拟系统

由于许多关键技术和成本问题的限制，目前还缺乏能够模拟极端生态系统演化的大型模拟器。为了应对未来的技术和生物学挑战，可以在生物反应器技术的现场应用中找到解决方案。生物反应器不仅限于放置在实验室中，深海环境也可用作天然生物反应器和加压装置。

4. 加强潜水设备的综合作业能力

一是提升 HOV 综合作业能力，包括水下续航能力、作业范围和作业工具模块；二是突破 ROV 多学科整体优化、深海生物智能感知识别、工作运动智能决策控制、精细工作智能控制等关键技术；三是加强高效、安全的能源供应，提高 AUV 自主决策和目标识别能力，实现滑翔、自航等多模式自主切换功能；四是通过载人平台与小平台集群的互联互通，实现固定设备、移动设备和多艘潜水器的网络协同，高效采集样品并获取环境资料。

（二）深海生物和基因资源评估

生物遗传物质难以长期保存，而在水面或水下平台直接开展深海生物和基因资源的获取、筛选和评估，可大大降低因为长期保存、样品转运等因素造成的遗传物质的损失，显著提高生物和基因资源开发利用的效率。目前，深海生物和基因资源样品的保藏和评估平台正逐渐由陆地向海洋转移，逐步完善的船载实验室、小型化的仪器设备、深海原位试验和测序装置已成为发展的重要方向。

1. 岸基生物和基因资源保藏中心和管理系统

应以执行《BBNJ 协定》、支撑国家参与全球海洋治理为目标，建立国家海洋生物

遗传资源中心支撑平台，包括深海微生物菌种库、基因库、化合物库、综合数据库和生物标本库，构建国家海洋生物资源大数据分析系统，形成支撑深海生物和基因资源评估的资源平台。

2. 船基生物和基因资源评估系统

过去十年我国海洋科考发展迅速，然而船载实验室重视程度低、支撑能力明显不足，已经成为制约深海生物和基因资源获取和评估的关键瓶颈。未来应大力加强船载实验室的现代化建设，优先发展船基生物和基因资源实验室，提升现场生物和基因资源评估能力。

3. 基于多组学的深海生物和基因资源评估技术能力

基因组革命从根本上改变了我们调查海洋生物的方式。根据陆地生物和基因资源研发的经验，挖掘未知基因、新型生物物种及其代谢产物，提高数据库和技术方法的系统性，将极大地提升生物和遗传资源的开发能力。未来应通过基因组学、转录组学、蛋白质组学和代谢组学的多组学方法，结合海洋学的特点，系统评估深海生物和基因资源，完善资源评估技术体系。

（三）深海生物和基因资源开发利用

深海生物和基因资源获取的成本高、难度大、数量相对少，导致资源开发利用方面进展缓慢，也无法简单套用浅海生物和基因资源的技术方法。未来应重点关注以下方面。

1. 基于大数据的生物信息学和云计算技术

深海特殊环境孕育着大量人类远未认知的生物和基因资源，新产生的数据集为发现新型基因及其代谢产物提供了巨大的潜力。然而，由于基因和代谢产物的结构和功能未知，需要通过生物信息学等技术手段进行预测，并实验验证其开发潜力。随着资源获取技术的进步，未来复杂深海环境的各种生物的基因信息会快速增加。亟须高效的基因挖掘技术和低成本的开发技术，而基于大数据的生物信息学和云计算技术是其中的关键之一。

2. 深海微生物发酵等资源开发技术

自然状况下深海生物和基因资源的密度低，采用富集的手段无法满足工业化生产中规模化的需求。微生物发酵是快速获得资源的主要途径，免除了资源富集的复杂处理流程，且大大降低了产物获取成本，其已经成为海洋药物开发的重要解决方式之一。然而，深海微生物发酵技术还存在不足，包括发酵原材料的廉价替代品少、基因快速编辑组装与表达调控技术不成熟、微生物细胞系统改造与精准调控技术欠缺等。未来应加强研发深海微生物细胞工厂构建和改良技术、重视发酵过程优化和动态控制，实现深海资源的高效和可持续利用。

（四）深海生物和基因资源惠益分享

尽管现有国际法体系下已经有遗传资源惠益分享机制，但其并不能直接移植到ABNJ海洋生物遗传资源治理中来。目前，海洋遗传资源惠益分享谈判面临着挑战，具体规则和秩序仍需进一步谈判并确认。及时确立高效、公平的国际海域的生物和遗传资源惠益分享机制，对于全球治理工作的重要意义不言而喻。

1. 构建分层的惠益分享规范

首先，在海洋遗传资源获取阶段，建立ABNJ海洋活动的通知和监测系统，确保信息和样本的可追溯性，并对相关样本和数据妥善保管。其次，优化以现有国际规范为蓝本的货币化与非货币化二分惠益模式，实现《BBNJ协定》与《公约》的协调。最后，海洋遗传资源知识产权制度有其存在的正当性和合理性，纳入现行的知识产权制度中加以完善更为妥当；不应在BBNJ框架下进行规范，避免将知识产权与惠益分享混为一谈。

2. 强化“海洋命运共同体”理念

加强国家在国际海域生物和基因资源新秩序构建中的话语权，同时在实践中推动自身的海洋科学研发能力建设，加强国家间的科学技术转让与合作。未来谈判应该以促进国际海域遗传资源公平高效利用为原则，布局符合人类共同利益和海洋遗传资源可持续利用的国际格局。

三、渔业资源领域我国工程科技优先发展方向

自《公约》和《联合国鱼类种群协定》生效以来，公海渔业管理稳步推进，也面临着新的养护挑战。根据《联合国鱼类种群协定》所述，RFMO由成员管理，主要

负责管理生活或经过指定海洋区域的跨界和洄游鱼类。负责管理跨界种群的机构现在覆盖了约 65% 的公海，负责管理高度洄游物种的机构，如管理金枪鱼、剑鱼的机构等，已在世界 91% 面积的海洋中实施相关管理措施，涵盖沿海国 200 n mile 范围内的海域（图 2–14）。

图 2–14　全球涉及渔业的区域管理机构（组织）

图片源自 FAO，https://www.fao.org/fishery/fr/rfb。ACAP：信天翁和海燕保护协定，APFIC：亚太渔业委员会；CACFish：中亚和高加索渔业和水产养殖委员会；CCAMLR：南极海洋生物资源养护委员会；CCBSP：中白令海狭鳕资源养护与管理公约；CCSBT：南方蓝鳍金枪鱼养护委员会；CECAF：东中大西洋渔业委员会；CIFAA：非洲内陆渔业和水产养殖委员会；COPPESAALC：拉丁美洲和加勒比内陆渔业和水产养殖委员会；COREP：几内亚湾区域渔业委员会；CPPS：南太平洋常设委员会；CRFM：加勒比区域渔业机制；CTMFM：海事联合技术委员会；EIFAAC：欧洲内陆渔业和水产养殖咨询委员会；FCWC：几内亚中西部渔业委员会；FFA：太平洋岛屿论坛渔业局；GFCM：地中海渔业总理事会；IATTC：美洲热带金枪鱼委员会；ICCAT：国际大西洋金枪鱼养护委员会；ICES：国际海洋考察理事会；IOTC：印度洋金枪鱼委员会；IPHC：国际太平洋比目鱼委员会；IWC：国际捕鲸委员会；JointFish：挪俄渔业联合委员会；LTA：坦噶尼喀湖管理局；LVFO：维多利亚湖渔业组织；MRC：湄公河委员会；NACA：亚太水产养殖中心网；NAFO：西北大西洋渔业组织；NAMMCO：北大西洋海洋哺乳动物委员会；NASCO：北大西洋鲑鱼养护组织；NEAFC：东北大西洋渔业委员会；NPAFC：北太平洋溯河鱼类委员会；NPFC：北太平洋渔业委员会；OSPESCA：中美洲渔业与水产养殖组织；PERSGA：红海与亚丁湾环境保护区域组织；PICES：北太平洋海洋科学组织；PSC：太平洋鲑鱼委员会；RECOFI：渔业区域委员会；SEAFDEC：东南亚渔业发展中心；SEAFO：东南大西洋渔业组织；SIOFA：南印度洋渔业协定；SPC：太平洋共同体；SPRFMO：南太平洋区域渔业管理组织；SRFC：分区域渔业委员会；SWIOFC：西南印度洋渔业委员会；WCPFC：中西太平洋渔业委员会；WECAFC：中西大西洋渔业委员会

管理公海渔业对于 RFMO 成员来说是一种微妙的平衡，每个国家都有不同的政治和经济动机，以及对特定渔业的历史准入。沿海国家海域与邻近的公海地区相邻，且很多经济鱼类是高度洄游鱼类种群，这造成沿海水域鱼类拥有权利的国家与远洋捕捞

国（那些在其他国家的专属经济区或公海上捕捞的国家）争夺准入权。此外，一些国家以前没有在特定的区域内捕捞，但这些国家仍希望为粮食安全和贸易目的而获得在公海捕捞的权利。后者中的许多国家可能还没有合格的部门来遵守现代管理原则，例如，预防性方法和生态系统方法。

全球评估显示，尽管在科学研究、管理和外交方面进行了大量投入，但公海渔业资源量仍在下降。除了年度会议、种群更新和设定配额外，公海渔业还参与外部小组的绩效审查，各国每五年参加一次关于《联合国鱼类种群协定》实施的“审查会议”。这些程序的建立是为了让政府负起责任，但很少有公海渔业被成功重建，捕捞活动仍持续地对其他物种和海洋生境造成附带损害。对海洋的过度利用，以及气候变化进一步影响渔业管理措施的效果，不断增长的全球人口给粮食生产带来了艰巨挑战。

决策者在科学和宣传方面投入了大量资金，以增加对不断减少的渔业生物种群的可持续利用，但是仍面临着重大挑战。首先，许多配额限制措施是在渔业危机或种群下降之后制定的，而不是在过度捕捞和管理不善之前制定的，所以目标往往是为了将种群恢复到不至于枯竭的水平，而不是丰富状态。其次，决策者无法在适当的时候颁布禁渔令或减少捕捞量，通常只能屈服于行业压力，逐步减少配额，而不是在出现衰退迹象时立即停止过度捕捞。再次，在发现种群有恢复迹象时，配额往往增加得过高、过快，使多年的种群重建出现逆转。最后，尽管追踪捕捞活动的技术越来越多，但非法和无管制的捕捞活动仍在不断发生。

面对不确定的种群评估和单一物种渔业措施的问题，通过开发复杂的科学模型和采取相关措施来解决，包括纳入生态系统方法、考虑附带物种的副渔获物和分析捕食者 – 猎物的相互作用等。自 2006 年以来，各国通过联合国大会第 61/105 号决议做出承诺，评估底层捕捞对深海生境的影响，随后在已知或可能出现这些脆弱生态系统的区域禁止捕捞活动。尽管现阶段已经取得了重要进展，但尚未达到承诺的程度。

针对上述问题，结合我国参与国际海域渔业资源开发、利用和管理的现状和需求，我国当前应重点关注以下领域和优先发展方向。

（一）深海渔业和脆弱生态系统保护与管理

深海是地球上最大的生物栖息地，具有丰富的生物多样性，同时深海海底蕴藏着丰富的矿物和生物遗传资源。深海渔业（deep sea fisheries）与海底采矿、海上风电等海洋新兴产业一样广泛受到人们的关注。深海渔业一般定义为在大陆坡、大洋海山、海脊系统沿岸，作业深度在 200 ~ 2000 m 的渔业活动，主要以底栖生物为目标，其在专属经济区和 ABNJ 都有发生。公海深海渔业捕捞产量占比极低，FAO 估计 2014 年全球深海渔业的捕获量约为 15×10^4 t（不包括地中海），涉及约 50 个物种。深海渔业所处的生态系统是独特的，海底山脉及其附近海域是许多底栖生物和海洋哺乳动物的栖息地。一些深海生物群体可以在热液喷口极端的环境下生存和繁衍造就了深海底栖生物资源的稀有性，从而让人们认为其所携带的基因具有研究和开发利用价值。

大多数公海深海渔业活动由 RFMO 管理（图 2-15），其制定的深海底层渔业养护管理措施包括制定预报规程、设置兼捕渔获物的阈值、设置临时禁渔区和禁渔区等。虽然一些 RFMO 正在积极制定与深海渔业开发有关的规则，但这些措施的实施现状是不平衡的。RFMO 在渔业管理中被赋予了核心地位，但它们在范围、权力、捕捞方的参与，以及所提供的科学建议健全性方面可能有很大差异。而在没有 RFMO 负责管理深海渔业的地区，如北极、大西洋中部和西南部，治理问题更加令人担忧，这些地区的捕捞管理由各个船旗国自行决定。

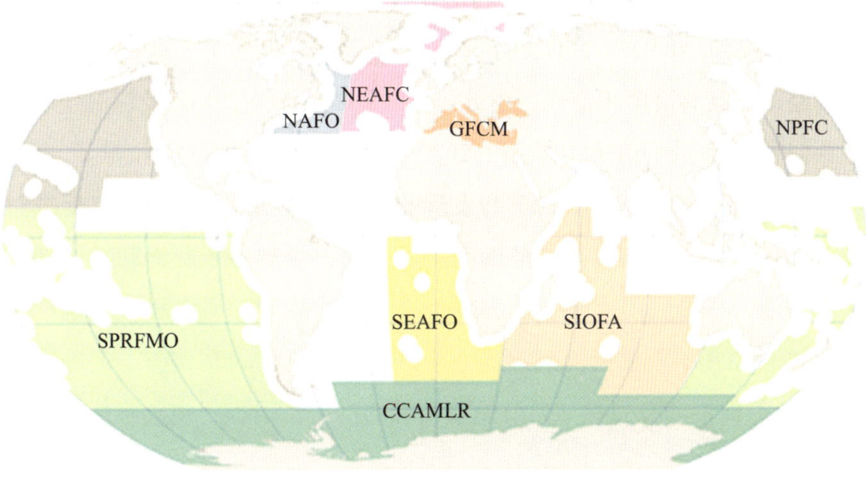

图 2-15　涉及深海渔业的区域渔业管理组织

图片源自 https://www.fao.org/fishery/en/topic/166304；NAFO：西北大西洋渔业组织，NEAFC：东北大西洋渔业委员会，GFCM：地中海渔业总理事会，NPFC：北太平洋渔业委员会，SPRFMO：南太平洋区域渔业管理组织，SEAFO：东南大西洋渔业组织，CCAMLR：南极海洋生物资源养护委员会，SIOFA：南印度洋渔业协定

深海渔业对支持全球生物多样性的关键生境的潜在负面影响已成为全球海洋治理的热点问题。FAO 制定了《公海深海渔业管理国际准则》，用于识别和保护脆弱海洋生

态系统（VME）。当前，深海渔业问题已经不仅仅局限在对深海生物资源的利用层面，还扩展到生物多样性的保护、遗传资源的惠益分享、海洋保护区的划定等多个层面。深海战略已成为国际海洋政治格局的关键问题之一，在国际竞争日益激烈和国际环境日益复杂的局势下，以深海渔业为突破点，有助于深入参与全球海洋治理，维护国家利益。

深海底层渔业问题将渔业与环境问题联系起来。从 2002 年开始，环境非政府组织（ENGOS）利用非正式协商进程，提出关注底层捕捞对 VME 和鱼类种群的可持续性影响，2006 年联合国大会关于可持续渔业的决议（第 61/105 号决议）以协商一致的方式获得通过，决议中的承诺侧重于保护脆弱地区和解决来自底层捕捞的威胁，并为 FAO 制定《公海深海渔业管理国际准则》提供了依据。其他领域也将深海生态系统保护纳入各自治理范围中，例如，国际海底管理局要求对承包商的活动进行管理，以防止 ABNJ 勘探海底矿物对 VME 造成重大不利影响。在 BBNJ 谈判进程的推动下，FAO 和联合国环境规划署共同实施了 ABNJ 深海项目，旨在通过生态系统方法，协调 ABNJ 深海资源的养护和可持续利用。CBD 提出了确定具有重要生态或生物学意义的海洋区域（EBSAs）的标准，其重点在于国家管辖范围之内区域的 EBSAs 认定和海洋保护区网络的建立。EBSAs 与 VME 都设定了标准来确定具有特殊生态属性的海洋区域，在标准和发展路径上具有高度相似性。由此可见，不同领域对 VME 及深海生态系统的保护和治理看似平行，实则存在相互联系。2020 年第 75 届联合国大会批准了“海洋十年”的实施计划，路线图将深海视为科学和发现的前沿，并呼吁开展研究以促进对深海生态系统及其功能、脆弱性和社会服务的理解。目前，全球各个层面和领域都对深海生态系统高度关注，深海底层渔业及其影响也进入了管理者、科学界和利益攸关方的视野。虽然我国目前还未开展公海底层渔业生产和系统性的科学调查，但确有探索深海 VME 的必要，否则将会丧失参与公海渔业治理的部分话语权，也会降低渔业领域在全球治理进程中的参与度。

基于上述认识，提出未来重点领域和优先发展方向：①积极参与 RFMO 关于底层渔业和脆弱海洋生态系统的管理进程，研判其未来发展趋势和管理效果；②开展底层渔业和深海海洋生物资源的科学调查，发起并实施深海脆弱海洋生态系统和环境影响评估领域的国际科学研究计划，以应对空间方法管理公海渔业可持续性和生物多样性；③研究全球和重点国家深海渔业政策，以便在 BBNJ、CBD 等国际多边谈判中辨别立场，增加话语权，维护国家利益。

（二）区域渔业管理制度

公海约占全球海洋表面积的 65% 和全球海洋体积的 90%，因其“公域”属性而成为未来全球海洋治理焦点。尽管公海渔业仅占全球海洋渔业产量的 5% ~ 10%，但是公海渔业活动被认为是影响 BBNJ 最大威胁之一，当下备受美西方政府及其非政府组织的关注。当前世界上公海渔业的管理主体为 RFMO，其在促进政府间渔业管理合作方面起着关键作用。RFMO 主要任务是收集渔业统计数据、评估资源、做出管理决定和监测活动，并有权根据渔业的生态系统方法进行管理。我国是全球公海渔业利用后来者，且有超越传统发达国家之势，为此日益受到传统发达国家的攻击。《中华人民共和国国民经济和社会发展第十四个五年规划和 2035 年远景目标纲要》要求我国“深度参与国际海洋治理机制和相关规则制定与实施，推动建设公正合理的国际海洋秩序”，深度参与公海渔业治理改革是题中应有之义，而我国是不可或缺的关键参与者和推动者。

开展区域渔业管理制度及其演变研究，未来重点领域和优先发展方向包括①系统分析 RFMO 管辖的渔业资源状况及渔业利用状况，全面梳理各成员方的渔业利益；②分析 RFMO 的法律文件及通过的养护管理措施，适时提出我国主张；③梳理 RFMO 的管理机制和养护管理措施的演变进程，以 RFMO 为契机深度参与公海渔业治理，建立属于我国的话语体系。

（三）打击 IUU 渔业捕捞

IUU 捕鱼对渔业资源具有极大的破坏作用，对可持续渔业构成重大威胁，打击 IUU 捕鱼是公海渔业治理的焦点之一。近年来，国际社会对 IUU 捕鱼的关注度持续升高，个别国家对我国的远洋渔业船队虎视眈眈，在美国国家海洋和大气管理局（NOAA）及美国国会研究服务局（CRS）提交给美国国会的报告中，均有对我国渔业船队的不实指控。开展打击 IUU 捕鱼的研究更显紧迫性和必要性。

发生在专属经济区的 IUU 捕鱼主要由沿海国管辖，发生在公海的主要依靠船旗国管辖，在已经建立 RFMO 的海域，这些组织依据成员管辖共享机制来行使管辖权，由此公海 IUU 捕鱼是国际渔业管理的重点。针对 IUU 捕鱼，无论是在全球层面还是区域层面，都有相应的法律和应对措施。1982 年《公约》、1993 年《促进公海渔船遵守国际养护和管理措施的协定》、1995 年《联合国鱼类种群协定》中规定了船旗国的责任，明确了港口国的相关权利和义务，同时指出各方应当共同合作。2001 年 FAO 通过了

IPOA-IUU，其对 IUU 捕鱼进行了全面的定义，2009 年《关于预防、制止和消除非法、不报告、不管制捕鱼的措施协定》沿用了 IPOA-IUU 中的定义，确定了 IUU 捕鱼的法律概念，旨在拒绝从事 IUU 捕鱼的渔船进入缔约国的港口。在区域层面，各 RFMO 为打击 IUU 捕鱼活动制定和采取的措施有渔船登记制度、船舶检测系统、观察员计划、公海登临检查及 IUU 船舶名单制度等。此外，在贸易和市场方面，还有限制 IUU 捕鱼渔获物进口、消除有害渔业补贴和设置生态标签等措施。

尽管打击 IUU 捕鱼的国际法律框架和体系已具备一定规模和成效，但仍然存在着问题，如对渔民和船队的监管力度不足和执法缺失、在无管制的水域缺乏管理、对无国籍渔船缺乏管理效力等。中国对于 IUU 捕鱼持“零容忍”的态度，一旦有个别渔船涉嫌 IUU 捕鱼，可能就会对我国造成重大的损失，这种损失不仅体现在经济层面，还会在国际社会上产生不良的影响，制约我国在相关国际组织中的谈判，或者成为一些国家诟病我们的武器，从而在国际社会上产生不良的影响。开展打击 IUU 捕鱼的研究，不仅可以加强自身的监督和管理能力，还可以更好地参与公海渔业治理。

开展打击 IUU 渔业捕捞和应对策略研究，未来重点领域和优先发展方向包括①研究打击 IUU 捕鱼的管理政策，剖析 IUU 捕鱼案例，建立应对体系和预案，有力反击美西方的恶意抹黑；②建立全球 IUU 渔船数据库，摸清本国和他国 IUU 渔船信息，增强突发事件应对能力；③开展打击 IUU 捕鱼相关的科学研究，如生态环保型渔具研究、水产品可追溯研究、外国渔船行为活动监测研究、渔船视频监控研究等；④积极参与多边治理，增强渔船监管能力和海上执法能力，开展公海登临检查；⑤在双边合作方面，加强与入渔国的合作，共同打击 IUU 捕鱼活动，针对过洋性渔船管理开展专门的研究，制定措施打击无国籍渔船和非法渔获物。

四、空间资源领域我国工程科技优先发展方向

随着人类开发海洋的深度和广度不断扩展，科学利用空间资源的秩序亟待建立，本部分从建章立制到具体领域提出我国空间资源领域优先发展的内容。

（一）积极参与国际海域空间资源管理的规则制定

我国应当积极推动“海洋命运共同体”理念在国际海域空间资源管理的相关事务

中得到贯彻，其主要包括两层内涵：一是人类与海洋和谐相处，人类既要利用海洋，又要保护海洋，国际海域的海洋空间规划应当以“保护为核心—协调开发”；二是国际海域的空间资源是全人类共同财产，并不是海洋大国或者经济强国所特有的，海洋空间管理应当体现全人类的共同利益。

我国应积极参加国际谈判会议，并对划区管理工具的目标和一般原则、文书内容、措施和程序内容提出建议。一是划区管理工具中应当明确海洋空间规划在国际海域空间管理中的指导地位及其具体内涵。二是以《公约》为依据，严格遵循还不能破坏现有以《公约》为基础建立的制度框架，不能与现行国际法，现有的全球、区域和部门的海洋机制相抵触。三是国际海域空间资源管理的制度设计应以合理平衡为导向，在各方和各种利益之间建立合理平衡；讨论的国家不仅包括沿海国，还需要包括非沿海国，应兼顾人类探索和利用海洋空间资源的客观现实和未来发展的实际需要，确立与人类活动和认知水平相适应的国际法规则，确保有关制度安排切实可行。

国际海域空间资源管理应当包括所有的区域管理措施和方法，而不仅仅限于海洋保护区，应当在海洋生态环境保护和合理开发利用资源两者之间保持合理平衡。为了实现海洋保护和海洋利用两大目标，国际海域空间资源管理应确定具体的保护目标和管理措施，就其一般原则，可以考虑在人类共同继承财产原则和公海自由原则之间采取一种补充路径。

BBNJ 划区管理工具关于模式的争议，主要存在于“全球模式”“混合模式”和“区域模式”三种模式的选择。应坚持划区管理工具“全球模式”的构建，这是倾向采取宏观的理念建立新的总体框架，有助于加速我国海洋资源保护和开发的步伐，实现“走向深蓝”和“海洋强国”的国策。虽然我国没有公海保护区相关的经验，但我国深度参与了海底矿产资源勘探开发，具有一定的优势，并且在公海渔业、海事、国际光缆铺设等方面有巨大利益，在近海实施空间规划有丰富经验，中国积极参与研发并投入使用高科技手段，帮助全球平衡海洋环境保护与资源开发利用，并建立新的空间管理体制，有利于建立全球新秩序。

（二）加强国际海域海洋空间规划的技术体系研究

在科学技术方面，我国应未雨绸缪，加强基础科学研究，前瞻性地加强国际海域海洋空间规划相关理论和技术体系的研究。目前，国际海域海洋空间规划的理论体系尚未建立，可以借鉴我国在近岸海洋空间规划领域的理论方法、技术体系和成功经验，根据深海的综合环境、海洋生态系统特点、生物多样性保护要求及深海海洋资源开发利用特征，引领构建海洋空间规划的理论体系，为今后我国在相关国际领域的政策制定提供技术支撑，为我国开展深海资源开发奠定基础。

同时，要持续推动对各类海洋本底数据，包括水文动力、生态环境、海底地形地貌等的探测获取能力，加强仪器设备的研发能力，扩展全球海域的探测范围和分辨率，积极参加国际合作项目，建立系统完善的数据库，以基础科学技术能力带动海洋治理能力提升。

总之，在国际海域的空间资源领域，一方面，我国应该积极参与到《BBNJ 协定》划区管理工具框架下的海洋空间规划领域谈判中，主动设置相关议题；另一方面，打铁也要自身硬，要系统提升能力，加强人才队伍建设，健全基础科技能力，为蓄势待发的深海开发做好管理、科技、人才、资源储备。

（三）以大陆架划界为抓手推动“21 世纪海上丝绸之路”建设

“21 世纪海上丝绸之路”是我国新时代对外交流的新举措，也是加深我国与东南亚、非洲等印度洋周边国家友谊的桥梁。大陆架划界技术作为我国近年来蓬勃发展的技术体系，服务于“21 世纪海上丝绸之路”建设可谓正当其时，也为印度洋周边国家维护国家主权权益提供了帮助。

“21 世纪海上丝绸之路”共建国家中，除了东南亚国家之外，大部分是印度洋周边的发展中国家，对资源和权益的需求十分旺盛，但对海洋科技投入有限且科技力量薄弱。目前，“21 世纪海上丝绸之路”沿线已有多国提交了划界案，大部分划界案正在审议或等待审议，也有部分国家的划界案因数据或争议问题推迟审议。我国在已经实践的多次大陆架国际合作中，不仅在划界重要地质支撑数据采集方面提供支持，更在数据分析、地质模型和划界系统上给予全方位的帮助，继而带动双方在海洋科技领域的全方位合作。

为进一步适应国际大陆架划界技术支撑资料的高精度要求和国际大陆边缘科学研究的发展趋势，我国应大力研发近底和海底高精度地球物理探测手段，同时，在三大类地质模型中，今后应加强对洋岛型地质类型的调查，在技术手段和科学理论两方面协同发展，更好地服务“21 世纪海上丝绸之路”的科技合作。

（四）积极主动参与北极航道的开通建设

随着全球气候变暖，北极地区的通航潜力不断增加，我国作为北极事务的重要利益攸关方，在当前外部环境面临诸多安全隐患的背景下，参与北冰洋开发将对中国的地缘政治环境产生积极且深远的影响。中国应积极主动参与北极航道建设，在北极地区的政治经济转型中发挥更大作用。通过与俄罗斯等国家、北极小国和部分观点相近的非北极国家间的合作，推动北极区域治理，维护全球公共利益。我国是目前世界第一大贸易国，90% 的外贸货物运输依赖海运完成。北极航道无论是东北航道还是西北航道的开通，对于中国海运贸易都将产生重要影响（卢纳熙和卢山冰，2018）。

一是降低运输成本。走传统海运线路，中国港口城市通往欧洲的航运线，必须经过马六甲海峡、印度洋和苏伊士运河才能到达欧洲各港口。从上海到德国汉堡海上航运线，经由北极航路（东北航线）的航程为 13 200 km，而经由苏伊士运河和马六甲海峡的航程则达 19 600 km，前者比后者缩短了 1/3。利用北极航道（西北航道），我国从沿海诸港口到北美东岸约比巴拿马运河传统航线缩短 2000 ～ 3500 n mile。

二是降低各种传统风险。东亚、欧洲与北美洲的传统海运线路面临航道拥堵、航线较长、海盗和地区冲突隐患多等多种不确定性因素的影响，而北极航道具有航程短、途经地区国家少、海盗和地区冲突隐患少等特点，具有对传统航线极大替代性的区位优势。

三是重塑中国海运通航体系。北极航道将从根本上改变目前全球的通航体系，影响国际贸易、世界经济和矿产开发。北极航道的开发和利用，将会成为全球新的商业航线，将导致传统航道上的各种政治和商业利益版图重构。

根据俄罗斯北方航道管理局的远期预测，到 2030 年，北冰洋将全年通航。北极航道开发和使用对于中国上海以北的港口经济和国际贸易将产生重要影响。中国北方的青岛港、天津港、大连港等港口将充分发挥北极航道通航所带来的航行时间和成本优势，加强与北美国家、俄罗斯和欧洲国家的国际贸易，进而带动相关地区产业结构调整、产业布局优化，并加强与有关国家和地区的合作。由此可见，积极推动北极航道常态化通航，积极建设“冰上丝绸之路”大通道，对于提振我国北方经济发展，特别是振兴东北等老工业基地将产生积极意义（白佳玉和张传龙，2020）。

深入认识气候变化背景下的北极航道通航能力变化规律，全面掌握北极地区的航行保障与生态环境信息，是维护我国北极权益的关键前提与战略需求。必须尽快在北极地区开展与国家利益需求紧密贴合的系统性、应用性科考研究，支撑我国科学制定北极航道开发策略；通过国际交流与合作，参与相关基础设施建设、关键技术研发和规范制度体系构建，着力提升我国对北极航行船舶的服务保障能力；研究非北极国家参与北极事务的路径选择，解析北极航道管理规制现状，分析国际利益集团的分化与博弈态势，为“冰上丝绸之路”战略提供坚实的国际法理依据。

第四节 国际海域资源开发利用发展愿景、路径和建议

国际海域资源开发利用与惠益分享不是纯粹的科学问题，更包含了全球治理进程中的诸多政治和法律议题。针对矿产资源、生物和基因资源、渔业资源及空间资源的开发利用与惠益分享，既存在共性的难题，也存在各领域内特殊的挑战。为有效推动国际海域资源开发利用与惠益分享的进程，本节梳理了相关发展愿景、路径，并针对性地提出了对策建议。

一、各领域的发展愿景、路径

（一）矿产资源领域

深海采矿是一项庞大且极其复杂的系统工程，涉及矿区资源勘探、采矿作业、矿物选冶加工，以及全过程的环境保护与恢复，技术体系极为复杂。我国是首批多金属结核勘探合同的承包者，目前，已与国际海底管理局签订了包括多金属结核、富钴结壳和多金属硫化物三种资源共 5 份勘探合同。但是在深海采矿装备方面，我国目前的采矿车还处在小规模实验阶段，在环境对深海采矿的影响、泵管设备可靠性、深海多元信息融合及水面水下多机协同作业等方面还存在诸多问题尚待解决。另外，在深海采矿环境影响与修复方面还面临挑战，从采矿前的环境基线调查，到采矿过程中的环境监测和评估，以及采矿后的环境修复等环节都有大量的科学、技术和管理问题尚待解决。

（1）科学与技术。在基础科学理论与技术方法方面，我国目前主要存在深海成矿机理规律和深海环境认知不足、高效绿色开发工程技术基础理论欠缺、全球产业链下的海底资源开发评估系统性不足等重大挑战。

（2）政治议题。“构建海洋命运共同体”是中国参与国际海域空间资源领域治理的关键切入点，“21 世纪海上丝绸之路”是我国新时代对外交流的新举措，也是加深我国与东南亚、非洲等印度洋周边国家友谊的桥梁。大陆架划界技术作为我国近年来蓬勃发展的技术体系，服务于“21 世纪海上丝绸之路”建设可谓正当其时。

（3）法律谈判议题。划区管理工具用来划定地理界线，是 BBNJ 谈判的重要议题之一，包括海洋保护区，借以对一个或多个部门或活动进行管理。一般认为，海洋空间规划也是其重要组成部分，对于海洋法制发展、海洋秩序构建、海洋利益分配，以及各国战略空间拓展具有重大意义。划区管理工具不仅能够简化海洋空间规划的应用框架，还能够通过海洋空间规划实现更多目标。

习近平总书记提出的“海洋命运共同体”理念和系列重要讲话，以及党的十八大、十九大和二十大提出的建设海洋强国的战略目标，为我国开展全球深海治理体系建设提供了理论支撑和宏观指导。我国是世界深海矿产资源勘探大国，已出台《中华人民共和国深海海底区域资源勘探开发法》及相关配套的法规和规范，为国际海域矿产资源全球治理提供了法律保障。全球标准化委员会下属的海洋标准委员会总部设立在我国，该委员会计划与国际海底管理局共同推进深海矿产资源勘探与开发的标准工作发展，为引领我国深海关键技术走出国门、参与全球治理提供了重要保障。我国自然资源部与国际海底管理局保持长期合作关系，共建“中国－国际海底管理局联合培训和研究中心”，将为国际海底管理局提供一个新的平台，以促进发展中国家的能力建设和海洋技术转让，分享人类对深海及其环境的知识。上述事实和能力建设巩固了我国在深海矿产领域的已有优势，进而为我国参与和主导深海矿产资源全球治理奠定坚实基础。

（二）生物和基因资源领域

国际海域的生物和基因资源已成为国际海洋事务的重要内容。发达国家经过几十年的发展，已经在深海生物和基因资源开发利用领域占得先机，技术处于领先地位；我国近年来深海技术发展迅速，缩小了与发达国家的差距，但总体上仍处于“跟跑”阶段，产品产业化推进机制欠缺。同时，目前《BBNJ 协定》国际谈判进程不断加快，而国内尚未有法律法规对国家管辖外海域生物遗传资源的获取、保藏、研发及安全性评估等内容予以明确规范，国内法与即将到来的国际新秩序之间缺乏对接。

（1）科学与技术。深海生物和基因资源开发利用及其惠益分享领域的一个前沿科学问题是深海生物多样性的环境响应机制和深海生命的产生与多样性的维持机制。当前极端环境下的深海生物被认为是具有高价值和特殊功能的重要潜在生物资源，在全球气候变化和人类活动的双重背景下，认识深海生物的过去和现在、预测未来将从根本上加强我们的开发利用能力。对上述科学问题认知方面的不足和缺失，极大地制约了我们在该领域的技术能力。另外，样品的长期保藏和追踪是实现惠益分享的基础，数据标准化是实现样本追踪和数据库共享的关键，在这两个方面的进展仍旧远远不能满足需求。

（2）政治议题。从可行性角度考虑，在公海建立生物资源勘探制度绝非易事，有必要将科学研究与商业开发加以区分。当务之急是通过各方友好协商达成协定，以规范 ABNJ 的海洋生物遗传资源治理。BBNJ 是为达成这一目标在全球范围内开展的法律谈判，谈判中各国已在一些重要领域达成共识，如适用的地理范围、对象范围等；但仍存在诸多分歧，包括生物和基因资源的法律地位、惠益分享的方式、与知识产权的关系等，其前景仍不明朗。

（3）法律谈判。法律谈判方面的挑战与科学标准的缺失密切相关，如在深海生物的采样技术和基因资源的评估技术等方面，由于缺少科学统一的标准和规范，严重制约了法律谈判的进行。这就要求进一步加强相关技术研发，突破技术瓶颈，实现深海采样和资源评估等技术的标准化，建立包括深海采样、原位测试、高通量评估和可持续利用等在内的一系列技术体系。

（4）配套政策与措施。我国深海生物产业的一个突出问题是产业上下游脱节严重，开发主题与市场需求结合度不紧密，研发内容重叠，严重影响我国在生物和基因资源开发等方面的国际竞争力。

与其他资源类型相比，深海生物和基因资源是一种新兴的资源类型，即使从全球角度来看，深海生物和基因资源从获取到评估、开发，乃至惠益分享，整个产业链条都处在发展的初级阶段。尽管在多数环节我国仍处于“跟跑”阶段，但也形成了自身独特的优势。首先，在深海生物和基因资源获取技术方面，我国已经建立了相对完备的技术体系，以“蛟龙”号和“奋斗者”号为代表的载人深潜器已经处于世界领先的位置，这些平台提供了独一无二的能够进入全海域采集生物基因样品的机会，使得我们成为第一批有能力开展超深渊生物与基因资源研究和开发的国家。其次，随着我国近年来对深海考察的投入逐步加大，启动了一批针对深海大洋的调查项目，包括自然资源部的大洋矿产资源研究开发专项、全球变化与海气相互作用专项，以及中国科学院战略性先导科技专项。这些项目的开展使我国快速积累深海生物和基因资源的样品，为后续的资源评估和开发提供了充足的研究材料。而这一趋势在未来仍将继续。再次，我国拥有非常庞大的市场，无论是药品、食品还是在工业其他领域的应用，其市场潜力巨大，如此广阔的市场前景将为深海生物和基因资源的开发利用提供强大的驱动力。

（三）渔业资源领域

我国远洋渔业发展较晚，正式介入时国际公海渔业管理秩序已经趋于完善，只能在已制定的规则体系下发展远洋渔业。当前国际渔业资源管理日趋严格，我国远洋渔业面临的国际压力日益凸显。但另一方面，我国公海渔业发展速度快，已成为全球拥有公海作业渔船数量最多、公海渔获量最大的国家。我国作为公海地理不利国，毗邻我国专属经济区的公海面积小，在这些海域的作业渔船数量少。受美西方等主导的既定规则的多重限制，目前国际海域渔业资源开发与惠益分享面临较大挑战。

（1）科学与技术。针对渔业生物种群的可持续利用，尽管已经投入了大量资金和人力，但当前在科学认知与技术发展方面仍然存在不足。许多配额限制措施是在渔业危机出现之后制定的，目标往往是为了将种群恢复到不至于枯竭的水平，而非自然和丰富状态；在发现种群有恢复迹象时，配额往往增加得过高、过快，导致多年的种群重建出现逆转；面对不确定的种群评估，还缺乏先进的资源评估模型；对底层脆弱生态系统的识别、评估和保护措施缺乏科学认知和数据支撑。同时，最新研究认为全球海洋中层的鱼类生物量占全球鱼类生物量的 90%，是巨大且尚未开发的蛋白质资源库，目前还缺乏成熟的中层海洋生物资源调查方法、翔实的调查数据和准确的评估模型，极大制约了对中层海洋生物资源的可持续开发利用。

（2）政治议题。IUU 捕鱼对渔业资源具有极大的破坏作用，对可持续渔业构成重大威胁，打击 IUU 捕鱼是公海渔业治理的焦点之一。尽管我国对于打击 IUU 渔业高度重视，也以切实有效的行动为全球打击 IUU 渔业做出了贡献，但美西方仍然基于价值观政治，并紧紧抓住我国公海作业区域毗邻国家的民粹心理，屡屡提出对我国远洋渔业船队在 IUU 方面的责难和指控。

（3）标准体系。尽管当前在 FAO 框架下已经建立了众多 RFMO，且大部分公海渔业的捕捞对象都实现了跨国管理，但这些 RFMO 大多是在美西方直接主导或者在其订立的准则框架下成立的，其评估依据大多也是来自美西方提供的第一手数据，因此，美西方国家在当前的国际渔业管理框架体系中具有主导性的话语权，目前适合我国的科学标准与管理体系尚未建立。

我国远洋渔业自 20 世纪 80 年代中期起步以来，发展迅猛，目前已经成为全球公海渔业产量和生产能力最大的国家，带动了我国国民经济的发展，并提供了大量优质蛋白。在国际渔业管理不断加强的形势下，我国积极参与了公海渔业治理。例如，我国积极参加谈判并加入了《中西部太平洋高度洄游鱼类种群养护和管理公约》《安提瓜公约》《南太平洋公海渔业资源养护和管理公约》《北太平洋公海渔业资源养护与管理公约》等，并与阿根廷、加拿大、印度尼西亚等国签署了双边渔业合作协定或备忘录，在现有的国际渔业资源管理框架下，尽最大可能维护了我国公海渔业产业的合法权益，有效利用了国际渔业资源配额。

为了有效保护公海渔业资源，在公海渔业资源获取和公海生物资源养护之间取得良好的平衡，我国自 2020 年起，在西南大西洋、东太平洋等我国远洋渔船集中作业的重点渔场，实行自主休渔措施。在上述海域作业的所有中国籍远洋渔船统一实行自主休渔，休渔期间停止捕捞作业，以保护鱿鱼资源及其产卵群体。养护和可持续利用公海鱿鱼资源，是践行习近平总书记提出的“海洋命运共同体”理念、积极参与全球海洋治理的重要举措和体现，也体现了我国在全球海洋治理领域的大国担当。该项举措，在国际上为我国赢得良好声誉，也为未来的公海渔业资源开发利用与惠益分享探索了重要的实践道路。

（四）空间资源领域

国际海域空间资源的巨大潜力和环境服务价值日益受到关注，而空间规划是其有效的统筹手段。尽管在国际海域实施空间规划的议题已引起关注，但研究及实践尚处于初级阶段。国际海域的空间资源管理顶层治理框架体系缺失，本底数据缺乏，研究基础也十分薄弱，各领域的管理框架各自为政，尚未形成有效协调。我国在深海采矿、公海渔业、海事、国际光缆铺设等方面有巨大利益，在近海实施空间规划有丰富经验，积极参与国际海域空间资源管理顶层制度设计，对于海洋法制发展、海洋秩序构建、海洋利益分配，以及战略空间拓展具有重大意义。

（1）科学与技术。在国际海域实施空间资源管控，关键在于建立并实施基于生态系统的海洋空间规划。然而，国际海域海洋空间规划理论与近海海洋空间规划的技术体系差异较大，目前的研究基础也十分薄弱。如海洋生态系统的连通性和规划界址的确定性问题，评价指标体系及方法，深远海调查数据破碎化、不完整、不匹配等，这些问题亟须解决，并构建起"保护为核心－协调开发"的原则性规划控制体系。

（2）政治议题。"构建海洋命运共同体"是中国参与国际海域空间资源领域治理的关键切入点，"21 世纪海上丝绸之路"是我国新时代对外交流的新举措，也是加深我国与东南亚、非洲等印度洋周边国家友谊的桥梁。大陆架划界技术作为我国近年来蓬勃发展的技术体系，服务于"21 世纪海上丝绸之路"建设可谓正当其时。

（3）法律谈判议题。划区管理工具是 BBNJ 谈判的重要议题之一，虽然目前划区管理工具的定义尚未明确，但一般认为，海洋空间规划也是其重要组成部分，对于海洋法制发展、海洋秩序构建、海洋利益分配，以及各国战略空间拓展具有重大意义。如果存在新的国际文书，不仅能够简化海洋空间规划的应用框架，还能够通过海洋空间规划实现更多目标。

（4）科学标准。国际海域的海洋空间规划标准体系尚未建立，在生态环境评价、承载力计算、规划评估、环境监测等方面均需建立指标体系及方法。在大陆架划界方面，我国已构建了 5 个亚类组成的洋岛型划界地质模型，总结了全球汇聚和离散两类大陆边缘地质理论，结合大陆架划界准则，提出了离散型、汇聚型和洋岛型三大类 22 亚类全球划界地质模型，解决了国际划界理论缺乏系统性、划界原则模糊的难题。

（5）配套政策与措施。在国家管辖范围外海域开展海洋空间规划的主要挑战是缺乏清晰的治理框架，目前还缺乏具有法律约束力的、综合性的法规及相关机构来指导、实施、监督这一行为。目前在不同领域，各个组织的管理相互独立，尚未形成有效的协调关系。一个突出的例子是即将面临的深海采矿活动。随着深海采矿时代的来临，针对深海采矿这种对自然环境影响强烈的人类活动，在特定矿区海域建立科学、有序、良性互动的空间管理体制机制十分必要。此外，我国参与建设国际光缆受到美国极力阻挠，已签署协议的项目不得不暂时搁置，中国企业在海外承包国际光缆项目也受到美国等国家的阻挠，未来应考虑从国际海域空间资源管理的角度进行有效应对或主动反制。随着全球气候变暖，北极地区的通航潜力不断增加，我国作为北极事务的重要利益攸关方，在当前外部环境面临诸多安全隐患的背景下，应当积极参与北极开发。

海洋空间规划是实施海洋空间资源管理的重要手段。我国较早在领海内实施了海洋空间规划，并且通过两部法律明确将其作为海域使用管理的基本制度之一，在海洋管理中取得了良好成效。正待实施的基于海陆统筹的海岸带综合保护与利用规划，其理念先进，将使我国的海洋空间资源管理能力更上一层楼。对外方面，联合国“海洋十年”行动推行海洋空间规划，助力蓝色经济发展，着力为“21世纪海上丝绸之路”共建国家及岛屿国家提供海洋空间规划援助，向世界贡献中国智慧和中国力量。因此，我国海洋空间资源管理的理念、技术和实践总体上走在世界前列，这为我们参与公海空间资源管理提供了重要的基础。

二、对策建议

当前，世界百年变局不断演进，单边主义、保护主义甚嚣尘上，治理赤字、信任赤字、和平赤字、发展赤字加重，世界经济脆弱性更加突出，地缘政治局势紧张，粮食和能源等多重危机叠加，人类发展面临重大挑战。迫切需要各国，特别是包括新兴国家在内的广大发展中国家共同投入治理力量，努力稳定全球治理局势。

国际海域资源蕴藏量巨大，更是国家资源和安全保障之所系。如何科学协调资源保护与开发间的矛盾，平衡“公海保护”与公海自由的冲突，维护发展中国家的正当权益，已成为全球海洋治理的焦点。然而，受限于基础研究认知水平和关键核心技术突破能力，中国在国际海域资源开发与利用中仍面临着多重国际竞争力的挑战。随着海洋强国战略的深入实施，“构建海洋命运共同体”和“共建‘21世纪海上丝绸之路’”等重大倡议的提出，中国也将迎来主导国际海域资源开发利用与惠益分享的重要机遇期。

党的二十大报告提出，要立足我国能源资源禀赋，有计划分步骤实施碳达峰行动，加快规划建设新型能源体系，积极参与应对气候变化全球治理，推动科技创新在畅通循环中发挥关键作用。国际海域蕴藏着丰富的矿产资源、生物和基因资源，以及渔业资源，为人类社会发展提供了潜在的、价值巨大的战略接替资源，深海的进入、探测和开发更是研究人类生命起源等重大科学问题的制高点，将为生物制药、绿色化工、水污染处理、石油采收等工程技术的发展提供新思路，也是减少碳排放、实现“双碳”目标的重要途径。

针对几类典型海域资源的开发利用与惠益分享，具体的对策建议如下。

（1）深海采矿：一是加强经济高效的深海资源调查方法研究，深海采矿系统工程理论研究，深海采矿过程中的环境监测研究和采矿后期的环境修复研究；二是加大工程装置研发投入，突破商业化海底矿产资源开发的工程科技瓶颈，打通深海采矿开发的技术全链条；三是全面参与国际海底管理局事务，继续采取措施加强国际海底管理局作为“区域”资源和环境管理机构的地位。上述工作将为获取来自深海的“新能源”原材料提供重要支撑，为“双碳目标”战略提供深海解决方案。

（2）生物基因：一是加强深海生物和基因资源获取技术和装备的研发，包括各类深海传感器研制、原位保真采样技术的研发、深海原位模拟试验装置的研发，为深海样品获取和研究提供有力的工具；二是加强深海生物和基因资源评估的能力建设，包括深海生物和基因资源的保藏与管理能力、生物和基因资源评估技术能力建设，为向社会开放共享提供良好的平台，提高对深海生物和基因资源开发利用的效率；三是加强深海生物和基因资源开发利用的产学研协同，加强高校、科研院所与企业的合作；四是建立健全相关法律制度，促进深海生物和基因资源的惠益分享，维护我国合法权益。

（3）公海渔业：一是加强在全球公海，特别是大洋中层和深层的渔业资源调查与监测，掌握第一手资料，为高质量的科学研究和高水平地参与全球海洋治理提供数据支撑；二是重视对公海渔业资源及其所处生态系统的针对性评估，全面掌握公海渔业资源状况和变动规律，提出科学合理的管理措施，深度参与全球海洋渔业治理和谈判实践；三是改善参与国际渔业管理组织的决策支撑机制，突破单个 RFMO 体系，突破行业主管部门单一管理体系，国内相关部门全面联动，将公海渔业与我国外交政策、国际贸易和对外援助等相关重大事务相关联。

（4）公海空间：一是加强基于生态系统的公海空间规划理论研究，引领构建“保护为核心－协调开发”的原则性控制体系理论；二是尝试在深海采矿中引入空间规划，促进绿色可持续的开发；三是积极参与国际海域空间资源管理的规则制定；四是提高设置相关议题的能力，积极推动“海洋命运共同体”理念在国际海域海洋空间规划中得到贯彻，促进人类与海洋和谐相处。

（5）人才培养：一是人才培养方面，国内涉海高校和研究所，积极培养具有自然科学、社会科学复合型学历背景的人才，向各类国际组织和机构输送更多复合型人才；二是人才提升方面，国内涉海科研机构和单位，出台政策鼓励自然科学专业的人才通过攻读学位、短期培训等多种方式学习国际法、国际关系等社会科学领域的知识，培育和引进具有全球视野和战略眼光的高端人才，打造国际化复合型海洋人才团队；三是人才输送方面，相关机构设立专门岗位或针对特殊事项设立短期岗位，吸引具有国际组织和机构任职经历的复合型人才直接参与或以贡献智慧的方式参与我国的国际涉海谈判和履约事务。

参考文献

白佳玉 , 张传龙 , 2020. “海上丝绸之路”法治合作及其对共建“冰上丝绸之路”的启示 [J]. 武汉科技大学学报（社会科学版）, 22(1): 14−20.

韩琪 , 杨振姣 , 2020. 北极海洋空间规划：现状 , 挑战与中国参与 [J]. 边界与海洋研究 , 5(3): 58−70.

胡学东 , 王冠钰 , 2013. 哈丁定律与渔业资源养护与管理探讨 [J]. 中国渔业经济 , (3): 84−89.

李家彪 , 安恩 · 梅沃尔德 , 2021. 海底资源开发 [M]. 北京 : 海洋出版社 .

李家彪 , 王叶剑 , 2021. 开发矿产资源新“大陆”清洁环保是关键 [J]. 前沿科学 , 15(4): 42−45.

李家彪 , 王叶剑 , 刘磊 , 等 , 2022. 深海矿产资源开发技术发展现状与展望 [J]. 前瞻科技 , 2(1): 92−102.

刘惠荣 , 马玉婷 , 2021. 实现 BBNJ 划区管理工具制度中的海洋生态连通性——以“适当顾及”沿海国权益为路径 [J]. 中国海洋大学学报 (社会科学版), 1: 12−20.

刘曙光 , 2017. 当前深海开发问题国际研究动态及启示 [J]. 人民论坛学术前沿 , (18): 29−36.

卢纳熙 , 卢山冰 , 2018. 共建北极航道开发“冰上丝绸之路”[J]. 西部大开发 , (6)3: 71−73.

孙湫词 , 方银霞 , 李家彪 , 2018. 大陆架划界科学技术及其在海上丝路合作中的应用前景分析 [J]. 地球科学进展 , 33(12): 1215−1222.

肖桐 , 2019. 国家管辖外区域划区管理工具研究 [D]. 海口 : 海南大学 .

张海涛 , 2020. 海洋药物的研究现状 [J]. 广东医科大学学报 , 38(3): 251−254.

张善文 , 黄洪波 , 桂春 , 等 , 2018. 海洋药物及其研发进展 [J]. 中国海洋药物 , 37(3): 77−92.

张小勇 , 郑苗壮 , 2018. 论国家管辖范围以外区域海洋遗传资源适用的法律制度——以海洋科学研究制度的可适用性为中心 [J]. 国际法研究 , (5): 15−34.

AGERSTED M D, KHODABANDELOO B, LIU Y, et al., 2021. Application of an unsupervised clustering algorithm on in situ broadband acoustic data to identify different mesopelagic target types[J]. ICES Journal of Marine Science, 78(8): 2907−2921.

BLASIAK R, WYNBERG R, GRORUD-COLVERT K, et al., 2020. The ocean genome and future prospects for conservation and equity[J]. Nature Sustainability, 3: 588−596.

COLLINS J E, HARDEN-DAVIES H, JASPARS M, et al., 2019. Inclusive innovation: Enhancing global participation in and benefit sharing linked to the utilization of marine genetic resources from areas beyond national jurisdiction[J]. Marine Policy, 109: 103696.

COSTELLO M J, COLL M, DANOVARO R, et al., 2010. A census of marine biodiversity knowledge, resources and future challenges[J]. PLoS ONE, 5(8): e12110.

COWART D A, MURPHY K R, CHENG C C, 2018. Metagenomic sequencing of environmental DNA reveals marine faunal assemblages from the West Antarctic Peninsula[J]. Mar Genomics, 37: 148–160.

DE VARGAS C, AUDIC S, HENRY N, et al., 2015. Eukaryotic plankton diversity in the sunlit ocean[J]. Science, 348(6237): 1261605.

ELITH J, LEATHWICK J R, 2009. Species distribution models: ecological explanation and prediction across space and time[J]. Annual Review of Ecology, Evolution and Systematics, 40(1): 677–697.

HALL M A, ALVERSON D L, METUZALS K I, 2000. By-catch: problems and solutions[J]. Marine Pollution Bulletin, 41(1–6): 204–219.

HARDEN-DAVIES H, 2017. Deep-sea genetic resources: new frontiers for science and stewardship in areas beyond national jurisdiction[J]. Deep Sea Research Part Ⅱ : Topical Studies in Oceanography, 137: 504–513.

HEDRICK B P, HEBERLING J M, MEINEKE E K, et al., 2020. Digitization and the future of natural history collections[J]. BioScience, 70: 243–251.

HEIN J, KOSCHINSKY A, 2014. Deep-ocean ferromanganese crusts and nodules[J]. Geochemistry of Mineral Deposits: Treatise on Geochemistry, 2nd Edition, 13: 273–291.

KARSENTI E, ACINAS S G, BORK P, et al., 2011. A holistic approach to marine eco-systems biology[J]. PLoS Biol, 9: e1001177.

KOURANTIDOU M, JIN D, 2022. Mesopelagic–epipelagic fish nexus in viability and feasibility of commercial - scale mesopelagic fisheries[J]. Natural Resource Modeling, 35(4): e12350.

LEARY D, 2019. Agreeing to disagree on what we have or have not agreed on: The current state of play of the BBNJ negotiations on the status of marine genetic resources in areas beyond national jurisdiction[J]. Marine Policy, 99: 21–29.

LEVIN L A, AMON D J, LILY H, 2020. Challenges to the sustainability of deep-seabed mining[J]. Nature Sustainability, 3(10): 784–794.

LIANG J, FENG J, ZHANG S, et al., 2021. Role of deep-sea equipment in promoting the forefront of studies on life in extreme environments[J]. iScience, 24: 103299.

LODGE M W, VERLAAN P A, 2018. Deep-sea mining: international regulatory challenges and responses[J]. Elements: An International Magazine of Mineralogy, Geochemistry, and Petrology, 14(5): 331–336.

LUSTY P A J, MURTON B J, 2018. Deep-Ocean Mineral Deposits: Metal Resources and Windows into Earth Processes[J]. Elements, 14(5): 301–306.

MCCLOUD, T G, 2010. High throughput extraction of plant, marine and fungal specimens for preservation of biologically active molecules[J]. Molecules, 15: 4526–4563.

MELO-MERINO S M, REYES-BONILLA H, LIRA-NORIEGA A, 2020. Ecological niche models and species distribution models in marine environments: A literature review and spatial analysis of evidence[J]. Ecological Modelling, 415: 108837.

PESANT S, NOT F, PICHERAL M, KANDELS-LEWIS, et al., 2015. Open science resources for the discovery and analysis of Tara Oceans data[J]. Sci. Data., 2: 150023.

PINU F R, BEALE D J, PATEN A M, et al., 2019. Systems Biology and Multi-Omics Integration: Viewpoints from the Metabolomics Research Community[J]. Metabolites, 9(4): 76.

POISSON F, BUDAN P, COUDRAY S, et al., 2021. New technologies to improve bycatch mitigation in industrial tuna fisheries[J]. Fish and Fisheries, 23(3): 545–563.

RABONE M, HARDEN-DAVIES H, COLLINS J E, et al., 2019. Access to marine genetic resources (MGR): raising awareness of best-practice through a new agreement for biodiversity beyond national jurisdiction (BBNJ) [J]. Frontiers in Marine Science, 6: 520.

ROBINSON L M, ELITH J, HOBDAY A J, et al., 2011. Pushing the limits in marine species distribution modelling: lessons from the land present challenges and opportunities[J]. Global Ecology and Biogeography, 20(6): 789–802.

ROBINSON N M, NELSON W A, COSTELLO M J, et al., 2017. A systematic review of marine-based species distribution models (SDMs) with recommendations for best practice[J]. Frontiers in Marine Science, 4: 421.

SCHINDEL D, MILLER S, TRIZNA M, et al., 2016. The global registry of biodiversity repositories: a call for community curation[J]. Biodivers. Data J., 4: e10293.

SHELTON A O, RAMÓN-LACA A, WELLS A, et al., 2022. Environmental DNA provides quantitative estimates of Pacific hake abundance and distribution in the open ocean[J]. Proceedings of the Royal Society B, 289(1971): 20212613.

ST. JOHN M A, BORJA A, CHUST G, et al., 2016. A dark hole in our understanding of marine ecosystems and their services: perspectives from the mesopelagic community[J]. Frontiers in Marine Science, 3: 31.

SWIMMER Y, ZOLLETT E A, GUTIERREZ A, 2020. Bycatch mitigation of protected and threatened species in tuna purse seine and longline fisheries[J]. Endangered Species Research, 43: 517–542.

WANG P, YAN Z, YANG S, et al., 2019. Environmental DNA: An Emerging Tool in Ecological Assessment[J]. Bull Environ Contam Toxicol, 103(5): 651–656.

WRIGHT G, GJERDE K M, JOHNSON D E, et al., 2021. Marine spatial planning in areas beyond national jurisdiction[J]. Marine Policy, 132: 103384.

WORLD ECONOMIC FORUM, 2022. Decision-Making on Deep-Sea Mineral Stewardship: A Supply Chain Perspective [EB/OL]. https://www3.weforum.org/docs/WEF Decision Making on Deep Sea Mineral Stewardship 2022.pdf.

XUE M, TONG J, TIAN S, et al., 2021. Broadband Characteristics of Zooplankton Sound Scattering Layer in the Kuroshio–Oyashio Confluence Region of the Northwest Pacific Ocean in Summer of 2019[J]. Journal of Marine Science and Engineering, 9(9): 938.

第三章 海洋生态健康与生物多样性保护

海洋是地球上最大的自然生态系统，人类的健康和福祉有赖于海洋生态系统的健康和稳定性。我国拥有绵长的海岸带，海岸带地区面积占全国陆地国土面积的13%，集中了超过50%的大中型城市，居住了40%以上的人口，创造了60%以上的GDP。人类活动的高度集中，特别是过去40余年社会经济的快速发展，对海岸带生态系统产生了巨大压力，人海冲突日益加剧。

党的十八大作出了“大力推进生态文明建设”和“建设海洋强国”的重大部署。扭转海洋生态系统和生物多样性健康状况下降的趋势，保护和恢复海洋复原力和生态完整性，构建海洋生态治理与生物多样性保护的法律框架和政策体系，对可持续发展具有重要意义。

第一节 全球海洋生态健康与生物多样性现状及其保护和治理的发展趋势

一、海洋环境健康

（一）海洋生态环境健康的现状分析

在高强度的人类活动干扰叠加全球气候变化影响下，海洋环境健康正在遭受前所未有的威胁，包括①气候变化引起的海平面上升、海水暖化和层化；②水质污染、富营养化、有害藻华、缺氧和酸化等；③风暴潮、海啸、寒害、热浪等自然灾害；④海上溢油、危化品泄漏、核事故等环境事故或环境风险；⑤海岸带人口大量集聚，城镇化和工业化开发对红树林、盐沼等滨海湿地进行大范围的围填，损害生态系统结构与功能。

各类渐进性、突发性的海洋环境与生态问题相互叠加，影响强度和空间范围不断扩大，已经对人类生命财产和经济发展产生负面影响，海洋生态系统正在逼近不可逆的临界点（tipping point）（图 3−1 和表 3−1）。

图 3−1　主要海洋生态环境问题及其来源（毕文婷，2021）

表 3−1　主要的海洋环境问题类型、代表性表现和特点（李昕蕾，2022）

	类型	代表性表现	主要特点
突发性	技术性事故	船舶海难、海上空难、海上油井爆炸等技术事故引起的原油泄漏、核泄漏、化学品泄漏等	危机消失得很快，但其影响和后果将在很长一段时间内存在并难以消除
	自然灾害	海啸、风暴潮（台风或飓风）、厄尔尼诺现象与拉尼娜现象等	对危机预警技术要求高
渐进性	人为性海洋污染	海洋污染、富营养化、有害藻华、缺氧、栖息地受损、生物多样性减损等	不断积累，达到气候危机临界点后容易出现系统性失控
	气候变化	海平面上升、海水暖化、海洋酸化	

1. 气候变化与海洋环境

全球变暖导致了海水暖化、酸化和海平面上升等问题。全球平均海表温度较 20 世纪初增加了 0.88 ℃左右（IPCC，2022）。表层海水的 pH 值从工业革命时的 8.2 下降到现在的 8.1。海平面处于加速上升状态，1993—2020 年，全球平均海平面上升速率为（3.3 ± 0.3）mm/a（IPCC，2021，2022；Fox-Kemper，2021)，同期中国沿海平均海平面上升速率为 3.9 mm/a。

气候变化加剧，极端天气常态化趋势显著。全球气温每上升 1℃，大气水汽增加约 7%，从而导致极端降水增加（IPCC，2021）。以风暴潮、海啸为代表的海洋自然灾害发生频率高、致灾范围较广。此外，近 30 年来全球海洋热浪发生的次数比 20 世纪初增加超 50%（Fox-Kemper，2021）。

极端天气事件可能导致重大影响，包括生命损失、建筑物、农业生产和自然资本受损，以及长期经济影响。以美国为例，自 1900 年以来，美国海岸和领地已观测到的海啸事件在 200 次以上，死亡 500 余人，每年造成的经济损失近 170 亿美元（Weinkle et al., 2018）。2005 年的“卡特里娜”飓风（Hurricane Katrina）导致 1800 余人死亡。据美国矿产管理局统计，在飓风期间墨西哥湾油气平台全部停产，每天损失约 150 万桶原油。3 周之后的“丽塔”飓风又横扫路易斯安那州的西南部。据 NOAA 国家飓风中心估算，以上两个飓风造成的直接经济损失达 2000 亿美元（石莉等，2011）。

自 1989 年起，中国每场较大风暴潮都能带来数十亿元的直接经济损失（中国海洋可持续发展的生态环境问题与政策研究课题组，2013）。2016 年 9 月 15 日，超级台风“莫兰蒂”（Super Typhoon Meranti）在福建省厦门市登陆，造成直接生态损失 102 亿元人民币，造成 28 人死亡，49 人受伤。2012—2017 年，中国风暴潮造成的直接经济损失年均超过 98 亿元人民币，占全部海洋灾害直接经济损失总额的 91% 以上。近年来，预报和预警系统的改进显著降低了风暴潮造成的死亡人数，但仍存在着大量死亡的可能。

2. 富营养化及其相关影响

“富营养化→有害藻华→缺氧→生态系统退化”的链式反应是海岸带最为突出的环境健康问题之一，迄今为止仍然存在机理不清、趋势不明和治理不力的情况。现今，欧洲的波罗的海、北海、亚得里亚海和黑海，美国的墨西哥湾，日本的濑户内海，以及中国的黄海和东海等都是富营养化问题突出的海域。来自陆源和海洋源的污染物持续增加，农业、工业和水产养殖排放的营养物质（主要是氮和磷）会驱动近海生态环境发生变化，加快水体富营养化的进程。在过去的一个世纪里，全球向内陆水域及入海河流输送的氮和磷显著增加，自 20 世纪 50 年代以来速度加快（UNESCO，2022；Beusen et al., 2022）。随着人口和经济的增长，预计未来几十年全球向沿海水域排放的氮和磷将继续增加（Reed et al., 2016）。叠加全球气候变暖和温室气体排放引起的海水变暖、酸化，近海富营养化及其相关的影响将不断扩大。

富营养化海域会出现初级生产力上升、浮游植物群落组成变化、有害藻华暴发、缺氧区扩张、浅水生境退化和水母暴发等问题（Diaz and Rosenberg，2008；Doney，2010；Wei et al., 2019；Xin et al., 2019；Purcell，2012；Burkholder et al., 2007；Glibert，2017）。全球海洋水体富营养化导致的五大低氧区（即 $O_2 < 62$ μmol/kg 的区域）包括波罗的海、黑海、墨西哥湾、东海、切萨皮克湾（Breitburg et al., 2018）。自 20 世纪 60 年代以来，与富营养化有关的缺氧的水体数量呈指数增长，低氧事件的发生频次和面积显著增加，只有一小部分近海系统得到改善（Breitburg et al., 2018）。全世界 900 多个沿海海洋和半封闭海洋地区已经出现过或正在经历富营养化的影响。其中，超过 700 个伴随着缺氧问题。海水缺氧频率上升反过来会刺激耐缺氧物种的暴发式繁殖，如夜光藻（Noctiluca scintillans）（do Rosário Gomes et al., 2014；Goes et al., 2018）。

例如，在 20 世纪 70 年代，由于人口的急剧增加导致流入海湾的氮磷泥沙等污染物超负荷，美国切萨皮克湾成为死亡地带，大量鱼类死亡，沉水水生植物消失，蓝蟹产量显著下降。2010 年，美国联邦环保署颁布切萨皮克湾最大日负荷总量（TMDL），规定了流域内各州所需完成的具体氮磷泥沙减排指标，由此蟹类产量才有所回升。近 30 年，菲律宾博利瑙多次发生了因有害藻华暴发、氧气浓度低而导致的鱼类死亡事件，水产养殖围栏和网箱中数千千克的鱼死亡，造成 5 亿菲律宾比索的经济损失，许多吃了低氧致死鱼的人发生了组胺鱼中毒（San Diego-McGlone et al., 2008）。2014 年，美国伊利湖（Lake Erie）有毒藻类大量繁殖，迫使托莱多市关闭饮用水系统，导致超过 40 万人无法用水。2016 年，智利的鲑鱼养殖业因藻华损失了 8 亿美元。2021 年，赤潮沿着圣赫勒拿湾（St Helena Bay）的北部海岸一直漫延到兰伯特湾（Lambert’s Bay）的北部，然后向南移动。造成至少 1 t 龙虾因此死亡。2022 年 2 月，西海岸再次暴发藻华，出现缺氧，约 500 t 龙虾离岸。

我国近岸海域富营养化仍然比较严重，致使近海藻华生态灾害频繁发生（图 3-2、图 3-3）。2000—2019 年，我国近海平均每年发生单细胞有害藻华事件达 50 ～ 80 次。

从 20 世纪 90 年代末开始，藻华灾害影响范围广，持续时间长。1999 年，渤海海域发生影响面积达 600 km^2 的大规模赤潮；自 2000 年至今，东海连年发生面积在 10 000 km^2 的大规模赤潮；2008 年，特大规模浒苔绿潮在黄海海域出现，影响海域面积近 30 000 km^2，总生物量可达数百万吨。现在，渤海、黄海、东海和南海几乎每年都有有害藻华发生的记录；以往较少发生藻华的黄海海域，近来也多次出现裸甲藻和浒苔引起的有害藻华（中国海洋可持续发展的生态环境问题与政策研究课题组，2013）。水母旺发、海星暴发等对海洋生态环境安全威胁逐步加重。我国长江口低氧区在 8 月最为严重，且存在严重化和扩大化趋势，低氧区覆盖面积最高可达 14 800 km^2，与墨西哥湾和黑海的水平相当。我国渤海西侧、珠江口等也发现了大面积低氧区。

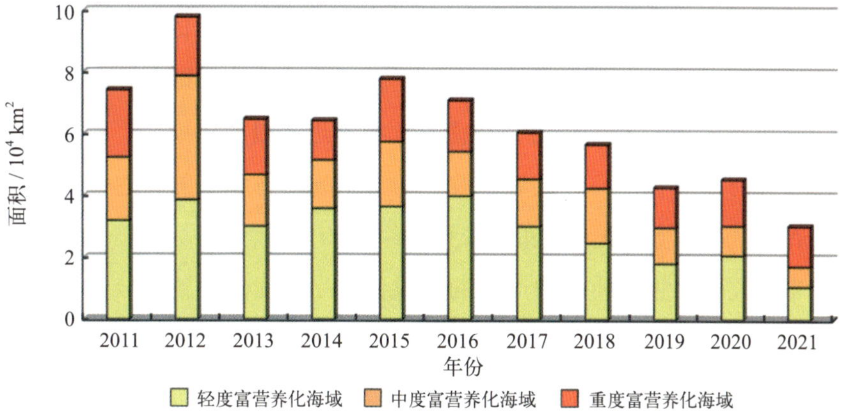

图 3-2　2011—2021 年我国管辖海域呈富营养化状态的海域面积（生态环境部，2022）

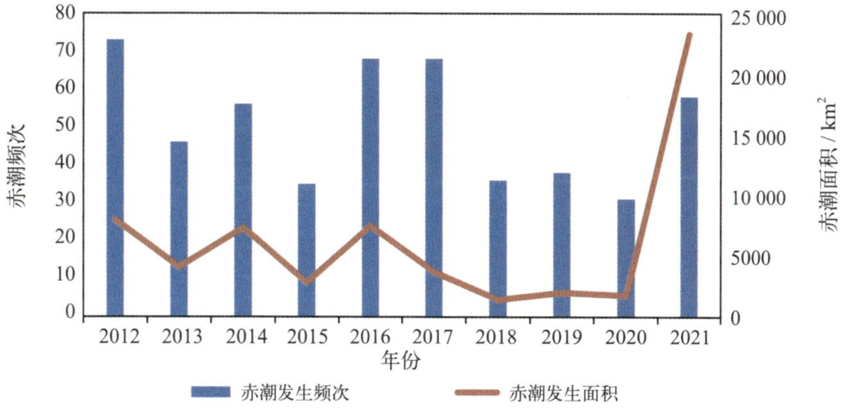

图 3-3　2012—2021 年我国海域赤潮发现次数和累计面积（自然资源部，2022a）

数次大规模有害藻华暴发事件已造成了巨大的经济损失。1997 年发生在台州海域的一次赤潮，造成的直接经济损失达 4000 多万元；1998 年，在我国广东和香港地区发生的大规模赤潮造成了约 5 亿元的直接经济损失；2005 年发生在长江口邻近海域的米氏凯伦藻赤潮，给南麂岛附近网箱养殖的鱼类造成了毁灭性的打击，造成了 4000 万元的经济损失；2008 年，黄海海域的浒苔绿潮造成了高达 13 亿元的直接经济损失，其中山东省和江苏省受灾最严重，仅青岛地区养殖业损失即达 3.2 亿元。汞污染在捕捞的鱼类体内已经积攒到了较高水平，有害藻华产生的毒素有导致痴呆、失忆、神经损伤和迅速死亡的风险。沿海居民食用染毒海产品导致的中毒事件时有发生。2008 年，江苏连云港发生食用藻毒素污染的蛤蜊引起的中毒事件，导致 7 人中毒，1 人死亡。

3. 累积性和突发性的其他海洋污染

海洋污染问题已经成为一个全球性问题。早在 2008 年，美国、英国和加拿大等国科学家联合小组公布的研究报告中就指出未受人类活动影响或影响较小的海洋面积仅占全球海洋面积的 3.7%，且主要分布在南、北极附近。目前污染最严重的海域有大西洋东部海岸、北海、加勒比海、红海、波罗的海、波斯湾和中国周边海域等（中国海洋可持续发展的生态环境问题与政策研究课题组，2013）。

长期以来，人们将生产生活中产生的大量化学品和固体废物排放进大海（据统计约 80% 的海洋垃圾来自陆地）。其中特别是持久性有机污染物（简称“POPs”，典型的有短链氯化石蜡、新型阻燃剂等）和抗生素等新污染物，具有长期残留性、生物蓄积性、半挥发性和高毒性等特点，直接威胁海洋可持续发展，危害人类健康和安全（李乃胜，2020）。同时因为其污染源多、持续性强、扩散范围广、难以控制等特点，已经在海洋环境中被普遍检出。

微塑料已在海洋环境中广泛存在。目前，海洋中仍有 $0.75 \times 10^8 \sim 1.99 \times 10^8$ t 塑料垃圾，占据海洋垃圾总重量的 85%。如不采取有效干预手段，预计到 2040 年，每年进入水生生态系统的塑料垃圾数量将增加近两倍，达到每年 $2300 \times 10^4 \sim 3700 \times 10^4$ t。到 2050 年，海洋中的塑料重量可能超过鱼类。微塑料还在快速扩张，据 FAO 2016 年的统计数据，在对全球海洋捕捞贡献最大的 25 个物种中，有 11 个被发现含有微塑料，而且更近的研究发现越来越多的物种体内已存在微塑料（FAO，2016）。

全球沿海区域聚集了大量的炼油等工业基地，全球 90% 的商品都通过海洋进行运输交易，海上钻井装备逐年增加，这些布局性、累积性的环境风险短时间内难以消除，船舶海难、原油泄漏等海洋突发性环境事故频发。同时，海洋突发环境事故应急处置难，灾害性损失短期内很难恢复或修复。当前海洋环境事故风险监管水平和应急响应能力薄弱，与高发频发风险态势不匹配。近年来，相继发生天津滨海港危险品仓库火灾爆炸、墨西哥湾原油再次泄漏事件、“桑吉”轮碰撞爆燃、福建东港碳九泄漏等环境事故，涉及船舶运输、危险化学品仓储、溢油污染等领域，对事故海域造成不可估量的长期经济、社会、生态损失（于文博等，2020）。例如，2010 年，BP 公司在墨西哥湾的海上钻井平台发生爆炸导致石油泄漏，是世界历史上最大的环境灾难之一，美国联邦政府估计的总排放量为 780 000 m^3。据估计，到 2013 年，旅游业损失高达 227 亿美元；墨西哥湾商业捕鱼业损失了 2.47 亿美元。2010 年 5—6 月，溢漏水的多环芳烃（PAHs）含量是溢漏前的 40 倍。泄漏后海豚的第一个分娩季，死去的小海豚是正常数量的 10 倍。又如，2018 年在我国东海海域，巴拿马籍油船“桑吉”轮与中国香港籍散货船“长峰水晶”轮在长江口以东约 160 n mile 处发生碰撞，造成了 11.3×10^4 t 凝析油和约 1956 t 船用燃油的爆燃及泄漏。现今，我国海洋石油产量已占全国总产量的 1/4；海上油气平台已达千余个、油气管线超过 3000 km；以石油和化工为主导产业的工业园区共有 601 家，一半以上分布在沿海，生产的化学品达 3.7 万余种，进口化学品已超过 1 万种，事故性风险增大。此外，核电开发可能形成重大的陆源性海洋损害。例如，2011 年海啸摧毁了日本福岛核电站，由此引发了严重的放射性物质泄漏。

4. 海洋生态系统健康退化

污染、海洋工程的建设和对海洋资源的开发（如围垦、建堤修坝、砍伐红树林、采挖珊瑚礁）、互花米草等外来物种的入侵，改变了滨海生态系统的过程和结构，造成滨海自然湿地面积减小、人工湿地面积增大、植被退化、生物多样性减少、生态系统连通性降低、蓝碳功能下降等一系列功能退化问题。数据表明，全球 20% ~ 50% 的蓝碳生态系统已经丧失或退化，盐沼面积每年损失高达 1% ~ 2%，海草床面积每年损失 2% ~ 7%，红树林面积损失的趋势有所减缓，但目前每年仍减少 0.11% ~ 0.13%（UNESCO，2022）。

外来物种入侵通常导致局部地区的生态系统失衡、经济衰退和社会问题。据估算，1989—2000 年，美国五大湖地区外来入侵斑马贻贝堵塞电站入口，或附着在船体上，污损船只，减缓航速，造成自然资源和基础设施损害的直接损失达 5.7 亿 ~ 10 亿美元。

我国滨海湿地和自然岸线破坏受损严重。据调查，我国现有处于基本原始状态的红树林面积 6797 hm^2，仅占现有红树林总面积的 23.85%；红树林遭受人为干扰程度较高，红树林生态系统功能退化明显，不但损害了海洋生物资源，而且带来了海岸侵蚀等人为灾害。从 1980 年开始的 30 年间，黄海海域（包括中国和韩国）围填海总面积达 9700 km^2（Ren et al., 2019），导致 40% 的自然滩涂湿地永久性丧失（Yim et al., 2018）。海水养殖飞速扩张等多重人为活动压力下，陆海生态联系被割裂、破坏，生物多样性退化（Ren et al., 2019），同时导致作为鱼类育幼场所的海草床严重退化（Xu et al., 2021）。外来入侵物种影响范围和程度不断扩大，20 余物种形成入侵态势。主要入侵物种互花米草广泛分布于渤海、黄海、东海沿岸（Mao et al., 2019；Li et al., 2022）。在浙江、福建，互花米草堵塞航道、诱发赤潮；在华南地区，它入侵红树林；在上海和江苏，它排挤土著植物，侵占鸟类栖息地。密集的米草群落及其发达的根系，会严重抑制螺类、贝类、蟹类等大型底栖生物的生长栖息。2021 年，中国学者通过分析遥感数据发现，中国沿海盐沼的 48.3% 已经被互花米草占领，面积 600 km^2 余（Hu et al., 2021）。虽然近年来的保护恢复行动让滨海湿地面积有所反弹，但与红树林相比，国家保护和恢复盐沼的计划较少（Wang et al., 2021）。

海洋环境恶化导致了海洋初级生产力下降、物种迁移、大型气候灾害频发、渔业潜在渔获量下降、海洋食品供应量减少，以及由此带来的人类社会生计、粮食安全和航运安全的风险。

（二）全球环境治理已有工作和未来计划

全球范围已发起多项海洋环境保护行动，包括①欧美国家主导大型国际科学计划，联合多个国家或地区合作推进海洋环境保护。在联合国框架下，当前全球海洋环境治理的国际合作途径多样，形式灵活。②初步建成海洋观测网络。多个国家、地区或组织在海洋数据的收集和共享上表现突出，建设了区域海洋观测网络，共同推进海洋数据的收集与共享。③积累了一定的海洋保护修复的理论与实践经验，形成了基于生态系统的海洋管理（MEBM）、海洋空间规划（MSP）和海岸带综合管理（ICM）等理论方法，并且已经积累了大量的实践案例。④以国际法律法规保障海洋保护和可持续管理。已有海洋“宪法”——《公约》和其他国际性的海洋相关法律法规，但我国处于被动地位。

1. 联合国倡导下的国际合作

联合国在全球海洋环境保护与治理中起到了重要作用。各个国家及组织积极参与全球海洋治理，在海洋经济、科技、环境等领域贡献自己的智慧和力量，不断提供海洋公共物品、保护海洋生态环境等（表 3-2 和表 3-3）。

表 3-2　国际海洋保护相关机构

类型	机构
应对全球海洋环境危机的核心机构：联合国及其专门机构	国际海事组织（IMO）
	联合国环境规划署（UNEP）
	《公约》下设立的国际海洋法法庭（ITLOS）和国际海底管理局（ISBA）
与海洋环境危机治理相关的机构	联合国教科文组织（UNESCO）下属的政府间海洋学委员会（IOC）
	联合国粮食及农业组织（FAO）及其附属机构渔业委员会（COFI）
	世界气象组织（WMO）及政府间气候变化专门委员会（IPCC）
	国际移动卫星组织（INMARSAT）
	东亚海环境管理区域项目组织（PEMSEA），简称东亚海项目，是中国参与的一个重要多边海洋合作项目。由全球环境基金（GEF）、联合国开发计划署（UNDP）和国际海事组织（IMO）共同发起，主要目的是通过实施海洋的可持续发展，建立相关部门间的合作伙伴关系，解决跨行政管理边界的热点海域的环境管理问题。参与该计划的成员目前已扩大到朝鲜、韩国、日本、中国、菲律宾、印度尼西亚、文莱、马来西亚、泰国、越南、柬埔寨、新加坡、老挝、东帝汶 14 个国家
国际非政府组织	国际海事委员会（CMI）
	国际油轮船东防污染联合会（ITOPF）
	世界自然基金会（WWF）
	绿色和平组织（Green-peace）
	大洋洲组织（Oceana）
	国际自然保护联盟（IUCN）
由政府、私营企业、研究机构联合建立的伙伴关系联盟	2019 年英国为支持《联合国生物多样性公约》而建立的全球海洋联盟

表 3-3　海洋保护相关国际性会议

时间	事件	内容
1972 年	斯德哥尔摩世界环境与发展大会	阐明了环境与发展之间的关系，环境问题首次登上了世界政治的最高舞台
1992 年	里约热内卢环境与发展大会	发表了《环境与发展宣言》和《21 世纪议程》，提出了可持续发展的观点，环境、社会、经济作为可持续发展的基石
2002 年	约翰内斯堡世界可持续发展大会	提出“到 2012 年建立有代表性的海洋保护区网络”
2010 年	COP10	要求到 2020 年使 10% 的沿海和海洋区域得到有效养护
2015 年	联合国 2030 年可持续发展目标 SDG14.5	到 2020 年保护至少 10% 的沿海和海洋区域
2014 年	世界公园大会	提出到 2030 年保护全球 30% 的海洋和海洋区域
2016 年	世界自然保护大会	
2017 年	我们的海洋大会和国际海洋保护区大会	
2017 年	第 72 届联合国大会	宣布 2021—2030 年为“联合国海洋科学促进可持续发展十年”（“海洋十年”）
2021 年	中国昆明 COP15	到 2030 年淡水、海洋和陆地生态系统的面积和完整性没有净损失，到 2050 年至少增加 20%，确保生态系统的复原力

我国也在积极参与、引领国际合作。2013 年，国家主席习近平先后提出共建“丝绸之路经济带”和“21 世纪海上丝绸之路”的重大倡议。2015 年，发布《推动共建丝绸之路经济带和 21 世纪海上丝绸之路的愿景与行动》，提出以政策沟通、设施联通、贸易畅通、资金融通、民心相通为主要内容，坚持共商、共建、共享原则，积极推动“一带一路”建设，得到国际社会的广泛关注和积极回应。2017 年，国家发展和改革委员会、国家海洋局制定并发布《“一带一路”建设海上合作设想》，推动建立全方位、多层次、宽领域的蓝色伙伴关系，保护和可持续利用海洋及海洋资源。

2017 年 7 月，《BBNJ 协定》谈判预委会第四次会议上，中国政府倡议发起“21 世纪海上丝绸之路蓝碳计划”；2019 年 8 月，在纽约联合国总部举行的 BBNJ 政府间谈判第三次会议上，中国代表团首次提出了人类命运共同体理念，就海洋保护区提案及争端解决机制等议题提交了案文。在“全球模式”“区域模式”和“混合模式”的《BBNJ 协定》争论中，中国从“共商、共建、共享”理念出发，支持“全球模式”下通过 BBNJ 缔约方大会设立保护区的决定。在《BBNJ 协定》所涉及的海洋遗传资源、划区管理工具、环境影响评估，以及能力建设与海洋技术转让这四大议题中，海洋命运共同体理念提倡“一体化的海洋治理模式，保护海洋环境”。

2017 年 12 月，联合国大会第 72 届会议通过决议，宣布将 2021—2030 年设立为“海洋十年”，并授权联合国教科文组织政府间海洋学委员会牵头制订实施计划。2020 年第 75 届联合国大会审议通过了“海洋十年”《实施方案》，提出“科学至实，海洋可期”十年愿景，旨在“推动形成变革性的海洋科学解决方案，促进可持续发展，将人类和海洋联结起来”。2021 年 1 月“海洋十年”正式启动。针对“海洋十年”方案，华东师范大学牵头承担的“大河三角洲计划”和香港城市大学牵头承担的“全球河口监测计划”入选“海洋十年”行动计划，厦门大学近海海洋环境科学国家重点实验室发起的“海岸带计划（COASTAL-SOS）”入选“海洋十年”行动项目。中国提出了海洋命运共同体的理念，从新的视角阐释了人与海洋和谐共生的关系，体现了海洋治理领域的中国担当，与“海洋十年”计划的内涵高度契合。

2019 年 4 月，习近平主席提出了“构建海洋命运共同体”的理念，强调海洋的天然流动性和跨海域传播性使各国密切联系成为一个整体，全球海洋善治从来都不是某个国家或某些国家的事情，世界各国均有义务和责任积极参与到应对各类海洋安全威胁的队伍中。以共商、共建、共享为核心原则的“海洋命运共同体”理念，其目标就是搭建合作平台，创新交流模式，增进各国之间的危机治理协同与治理资源投放。同时，防止海洋强国对国际公域的掠夺式开发，特别在气候危机不断升级的态势下，在兼顾发展中国家惠享利益的同时，提升其抵御灾害、生态与资源性环境风险的能力，最终建构公平合理、绿色共享、协同共治的全球海洋环境危机治理体系。

2020 年 9 月 22 日，中国政府在第 75 届联合国大会上提出：“中国将提高国家自主贡献力度，采取更加有力的政策和措施，力争 2030 年前二氧化碳排放达到峰值，努力争取 2060 年前实现碳中和”。中国科学家牵头发起的海洋负排放国际大科学计划（Global Ocean Negative Carbon Emissions，Global-ONCE），将推出针对全球碳中和的海洋方案，建立海洋负排放生态工程新范式，对外有利于弘扬应对气候变化全球共识，对内有利于打造国家战略科技力量。

2020 年底，自然资源部和外交部对东南亚海洋环境预报与灾害预警系统建设、中国—东盟濒危海洋物种合作研究、东亚海洋合作平台、中国—东盟海洋公园生态服务网络平台建设、中国—印度尼西亚海洋与气候中心及联合观测站建设等五个项目进行了验收，外交部亚洲专项资金蓝色伙伴关系项目将继续推动与别国建立蓝色合作网络，是积极践行“海洋十年”计划的体现，促进了全球海洋治理。

2021 年 10 月，在昆明召开的第 15 届生物多样性缔约方大会（COP15）上，中国利用主场优势进行新议题设置与议程管理，如在绿色“一带一路”建构中，提出与沿线国家共同开展海洋和海岸带蓝碳生态系统监测、标准规范与碳汇研究，推动建立国际蓝碳合作机制与海洋环境危机应对机制。

2. 海洋环境保护法律体系与管理体制

自 20 世纪 60 年代起，全球范围内已逐步建立起一套全面的海洋保护法律框架，旨在应对海洋污染、保护生物多样性和促进可持续渔业管理（表 3-4）。近 20 年来，全球一直在围绕《BBNJ 协定》进行谈判，终于在 2023 年 3 月结束英文文本的谈判，并于 2023 年 6 月正式通过后开放签署。《BBNJ 协定》建立在《公约》基础上，该公约通常被称为海洋“宪法”，是一项具有法律约束力的协议，有助于保护生物多样性，促进海洋可持续发展。

表 3-4　海洋保护相关法律、协议、公约、标准

时间	名称
1969 年	《应对北海油污合作协议》，1983 年修订《处理北海油污和其他有害物质合作协议》，即《波恩协议》
1973 年	《国际防止船舶造成污染公约》
1974 年	《保护波罗的海区域海洋环境公约》，即《赫尔辛基公约》
1976 年	《保护地中海免受污染公约》，即《巴塞罗那公约》
1982 年	《联合国海洋法公约》
1989 年	《控制危险废物越境转移及其处置的巴塞尔公约》
1992 年	《联合国气候变化框架公约》
1992 年	《联合国生物多样性公约》
1995 年	《联合国鱼类种群协定》
1996 年	《关于国际海上运输有毒有害物质损害责任和赔偿公约》
1998 年	《保护东北大西洋海洋环境公约》生效，即 OSPAR 公约
2001 年	关于预防、制止和消除非法、不报告、不管制捕鱼的国际行动计划
2001 年	《国际控制船舶有害防污底系统控制公约》
2002 年	《保护海洋环境免受陆源污染全球行动纲领》
2009 年	《关于预防、制止和消除非法、不报告、不管制捕鱼的措施协定》
2023 年	《BBNJ 协定》

中国也在不断完善海洋环境保护法律体系和管理体制。1983 年 3 月 1 日，《中华人民共和国海洋环境保护法》（以下简称《海洋环境保护法》）正式施行，中国的海洋环境保护工作进入了法治化、业务化的轨道。《海洋环境保护法》主要对防止海洋污染损害从法律上做了规定：①防止海岸工程对海洋环境的损害；②防止海洋石油勘探开发对海洋环境的污染；③防止陆源污染物对海洋环境的污染；④防止船舶对海洋环境的污染；⑤防止倾倒废弃物对海洋环境的污染损害。2000 年 4 月 1 日，修订后的《中华人民共和国海洋环境保护法》正式实施，海洋生态环境协同治理理念初步形成。同年，以局长令的形式颁布了《近岸海域环境功能区管理办法》，为我国沿海海域环境实现目标责任制管理提供了科学的管理依据。2002 年《近岸海域环境功能区划分技术规范》（HJ/T 82—2001）开始实施。2001 年颁布《中华人民共和国海域使用管理法》，涵盖海洋功能区划、海域使用权、有偿使用等核心制度，标志着中国海域使用制度的建立。2006 年 8 月 20 日，国务院第 148 次常务会议审议通过《防治海洋工程建设项目污染损害海洋环境管理条例》，这是《海洋环境保护法》新修订后出台的首个配套条例。该条例确立了海洋工程建设前的环境影响评价制度，自 2006 年 11 月 1 日起施行。2007 年对《防治海岸工程建设项目污染损害海洋环境管理条例》进行了修改。2009 年出台了《中华人民共和国海岛保护法》，颁布了《防治船舶污染海洋环境管理条例》。海洋生态环境管理进入深化调整阶段。2016 年 11 月 7 日，全国人民代表大会常务委员会通过了修订《中华人民共和国海洋环境保护法》的决定。这次修订主要有三个方面的亮点：①将生态保护红线和海洋生态补偿制度确定为海洋环境保护的基本制度；②首次以法律形式明确海洋主体功能区规划的地位和作用；③加大了对污染海洋生态环境违法行为的处罚力度。

1963 年，国家科学技术委员会提出成立“国家海洋局”。1964 年 7 月正式成立国家海洋局，自此我国海洋生态环境保护被纳入了专业化管理。1998 年，国务院将国家海洋局划归国土资源部管理，同时进一步明确了其基本职责涵盖了海洋保护、国际合作、海洋科研、海域使用、海洋发展及权益维护在内的六大范畴，推动海洋环境管理体制向海洋生态环境综合管理体制的转变。2018 年 2 月，中国共产党第十九届中央委员会第三次全体会议通过《深化党和国家机构改革方案》，海洋生态环境保护职责整合到新成立的生态环境部，这是以习近平同志为核心的党中央立足于新时代增强陆海污染防治协同性和生态环境保护整体性的重大战略部署和关键体制改革。

2006 年，我国《国家中长期科学和技术发展规划纲要》将“海洋生态与环境保护”

列为优先主题，将人类活动对海洋生态系统结构、功能、过程的影响及调控作为重要的研究内容。

2010年，《中国至2050年海洋科技发展路线图》将中国近海生态系统健康诊断、评价和安保技术体系建设列为我国海洋科技的三大任务之一。

2012年，党的十八大召开，作出了“加快推进生态文明建设”和“建设海洋强国”的重大部署：提高海洋资源开发能力，发展海洋经济，保护海洋生态环境，坚决维护国家海洋权益，建设海洋强国。

2013年，习近平总书记在主持中共中央政治局第八次集体学习时指出，“要保护海洋生态环境，着力推动海洋开发方式向循环利用型转变，全力遏制海洋生态环境不断恶化趋势，坚持污染防治和生态修复并举”。

2015年，中共中央、国务院发布的《生态文明体制改革总体方案》提出“逐步建立全国碳排放总量控制制度和分解落实机制，建立增加森林、草原、湿地、海洋碳汇的有效机制”。

2017年，党的十九大建设性地提出“实施重要生态系统保护和修复重大工程，优化生态安全屏障体系”重大决策部署。

2020年2月，中央全面深化改革委员会第十二次会议强调要“把生物安全纳入国家安全体系”，海洋潜在生物安全风险对近海生态系统稳定和人类健康影响等方面的研究工作亟待开展。

2022年，“十四五”海洋生态环境保护规划印发，生态环境部、发展改革委、自然资源部、交通运输部、农业农村部、中国海警局联合发文，明确海洋生态环境保护的时间表与任务：2025年，海洋环境质量持续稳定改善，生态保护修复取得实效；2035年，海洋生态环境根本好转，美丽海洋建设目标基本实现。

2022年，党的二十大报告第十条“推动绿色发展，促进人与自然和谐共生”提出：提升生态系统多样性、稳定性、持续性，加快实施重要生态系统保护和修复重大工程。

3. 建设海洋观测网络，推进海洋数据的收集与共享

2019年6月，UNESCO发布的《全球海洋观测系统2030战略》提出，在当前全球变暖和海洋灾害频发的背景下，需要建立一体化的全球海洋观测系统，加强对大气和海洋变化全过程的监测，开发创新技术，推动信息数据共享。

在海洋观测技术方面，近年来国际上呈现出两大热点。一是对传统的海洋仪器装

备进行智能化改造，二是 AUV 技术的研发与应用（王金平等，2021）。海洋遥感技术普遍应用于海洋环境监测，使各界能够掌握海洋环境变化的动态数据。美国将海洋遥感技术、综合海洋观测系统、海洋观测站、海洋调查船和新型传感器研制等技术列为优先发展领域。中国的海洋卫星发展规划推动了海洋空间监测网的发展；深海探测技术的不断发展，在海洋资源开发与环境监测方面发挥了重要作用。此外，围绕水下滑翔机、沿海海洋雷达，甚至安装在海洋动物身上的传感器的新型网络被纳入全球海洋观测系统，并定期向全球和区域用户提供数据。

环境观测范围逐渐扩展到海洋上空、水面、水下、海底和沿岸；观测技术由调查船、潜浮标为主的海基观测和以卫星遥感、航空观测为基础的天基观测，发展到无人自主观测、海底观测网络等。数据传输发展为应用卫星通信、以太网络与光纤数据通信等手段。多平台、立体化、区域性、常态化、自动化的观测网络体系得以构建，并提供实时观测信息和层次化信息产品（于宇等，2017）。

当前部分国家、地区或组织在海洋数据的收集和共享上表现突出。美国的海洋监测观测已基本覆盖其管辖海域和全球热点海域，具有信息全、覆盖范围广、时间序列长、信息量大、业务化产品多等特点。缅因湾海洋观测系统是其具有代表性的海洋观测系统。此外，美国国家海洋和大气管理局构建了综合海洋观测系统（IOOS），是目前规模最大、业务运行状态最好的国家级海洋立体自动监测网（中国科学院创新发展研究中心，2020）。欧洲海洋观测和数据网络（European Marine Observation and Data Network，EMODNet）也是一个较为完善的区域平台。它是欧盟“海洋知识 2020”（marine knowledge 2020）战略的重要组成部分，成员包括来自欧洲各地的约 120 家组织，整理、组织和共享了包括地质、海底栖息地和人类活动等 7 个海洋主题的数据。每个主题都有一个在线门户，可访问由本地、国家、地区和国际组织管理的一系列数据档案。日本的海洋气象和对海洋地形数据的收集工作在亚洲处于领先地位。

近年来，我国在沿岸、近海、大洋的观测能力不断提升，“两洋一海”（西太平洋 - 南海 - 印度洋）观测系统完成建构，“透明海洋”取得重大突破（表 3-5）。气象水文、生物化学等数据不断丰富，船载走航、定点台站、连续浮标、卫星遥感、水下机器人，以及无人机和无人艇等多设备多手段的集成，都可以通过合理方法运用到海洋生态预报中，为掌握目标海域的环境特征和生态灾害暴发状况提供数据支持，配合预报检验和评估，利用数据融合与同化方法提高预报模型的准确性，结合未来发展的大数据挖掘、基于神经网络的智能反演算法，最终实现定时、定点、定量的海洋生态预报数据集成系统。

表 3-5　中国的海洋观测网基本情况

构成要素	基本情况
海洋站	国家基本海洋站 161 个
GNSS 站*	56 个
自动气象站	海岛（海上平台）自动气象站 304 个，强风观测站 200 个，船舶自动气象站 39 个，锚系自动气象站 33 个
浮标、潜标	浮标站位 57 个，其中海浪浮标 20 个、海啸浮标 2 个；Argo 浮标 333 个，其中 191 个存活
雷达	X 波段雷达 34 个，高频雷达 22 个
海洋卫星	海洋一号卫星（HY-1C、HY-1D）、海洋二号卫星（HY-2B、HY-2C、HY-2D）、中法海洋卫星（CFOSAT）
断面调查	15 个标准断面

注：GNSS 站即全球导航卫星系统站。
资料来源：任湘湘和夏冬冬，2022；国家发展和改革委员会，2016。

海洋观测也已初步具备全球海洋立体观测雏形，海洋立体观测网主要包括空天基观测、陆基观测和海基观测。在技术上实现了高频地波雷达、合成孔径声呐、声学相关海流剖面仪等传感器的突破，具备了对海洋动力过程实施立体监测的基本能力，基本建成透明海洋监测系统。

国家海洋环境预报中心在国内首次构建的全球—大洋—近海 3 级嵌套的全球业务化海洋学预报系统体系，实现了全球海域范围内从百千米级到千米级空间分辨率的一体化预报业务全覆盖（表 3-6）。

表 3-6　中国海洋预报系统的基本情况

构成要素	基本情况
全球海洋环流数值预报系统	水平分辨率 1/12°× 1/12°
区域海洋环流数值预报系统	西太平洋水平分辨率 1/20°×1/20°，北印度洋水平分辨率 1/24°×1/24°。中国近海水平分辨率 1/30°×1/30°。近岸精细化预报示范区分辨率达百米级

续表

构成要素	基本情况
海浪数值预报系统	全球海浪数值预报系统水平分辨率 1/3°× 1/3°，西北太平洋水平分辨率 1/10°× 1/10°，北印度洋水平分辨率 1/12°×1/12°，中国近海的区域海浪业务化预报系统水平分辨率 1/30°× 1/30°。部分海水浴场海浪数值预报系统水平分辨率达 20 ～ 50 m
生态预报系统	西北太平洋水平分辨率 1/12°×1/12°，黄渤海水平分辨率 1/24°×1/24°，东海水平分辨率 1/24°×1/24°，南海水平分辨率 1/20°×1/20°

资料来源：任湘湘和夏冬冬，2022。

4. 国际上的海洋环境保护与管理案例及特点

生态保护与经济开发和谐发展，注重生态系统关联性，陆海统筹。以法律法规为保障，根据本国实际设立保护管理对象，经调查后分级管理，重要区域、物种等优先保护。

1）基于海洋生态系统的管理（MEBM）——美国大沼泽湿地项目

美国大沼泽湿地是《湿地公约》① 指定的全球最重要三大湿地之一。自 2000 年以来，依据《大沼泽湿地恢复综合规划》和《水资源开发法》，以保护生态系统为主旨，对地下水、地表水、湿地、空气和生态系统进行综合规划和综合保护，其间联邦政府、州政府和社会组织通力合作。

综合恢复规划和保护不仅修复了大沼泽湿地的自然生态系统，而且保障了当地居民对基本用水和防洪设施的需求，实现了生态保护和经济开发和谐发展，是美国基于生态系统的海洋综合管理的标志性项目。

该项目全面贯彻 MEBM 理念，采用联合管理模式，重视水资源环境治理，体现出注重生态系统的关联性，保护生物多样性，完善监测指标和利益相关方参与等特点。

2）海洋空间规划（MSP）——英国的海洋空间规划

英国拥有丰富的海洋资源，较早地开始了海洋空间规划。与其行政层级类似，英国的海洋空间规划分为联合王国、国家、区域和地方四个层级，由联合王国统一制定海洋海岸带空间规划纲要；英格兰等国家制定各自范围内的海洋规划框架和国家海洋空间规划政策指南；区域层面根据实际需要划分并编制海洋空间规划；地方层面仅根据实际需要和存在的问题编制海洋行为规划。

① 《关于特别是作为水禽栖息地的国际重要湿地公约》，又称《拉姆萨尔公约》，以下简称《湿地公约》。

3）海岸带综合管理（ICM）——中国厦门的海岸带综合管理模式、厄瓜多尔海岸带综合管理

厦门位于中国东南沿海、台湾海峡西岸，是中国重要的港口城市。同大多数沿海城市一样，早期的社会经济发展带来了资源使用矛盾、环境污染等问题。综合管理机制的建立、科学体系的构建、海洋监测系统信息的共享体系和公众意识的培育机制都是厦门海岸带综合管理的重要特征和取得成功的关键因素。作为管理海洋和沿海资源的重要工具，海洋空间规划（海洋功能区划）也是厦门海岸带综合管理的重要组成部分。

厄瓜多尔属于发展中国家，与中国经济发展水平较为接近，海岸带面临经济社会发展与资源环境保护的尖锐矛盾。同时两国的海岸带类型皆为温带海岸带和热带海岸带，厄瓜多尔的经验对我国海岸带综合管理有较大的借鉴参考价值。厄瓜多尔的海岸带综合管理政策以解决人口不断增长与土地资源供给不足的突出矛盾为目标，制定合理的土地利用规划，整治近海海洋生态环境，协调工业、农业发展与海岸带生态环境保护的关系。配合一系列海岸带综合管理项目，如 2018 年正式启动由全球环境基金资助的海洋和沿海保护区网络项目（杨杨和吴娟，2021）。

二、海洋生物多样性保护

（一）全球海洋生物多样性保护与治理现状

1. 全球海洋生物多样性保护现行机制与发展趋势

人类活动和全球气候变化对海洋生态系统影响加剧，引发了一系列的海洋生物多样性与海洋生态健康问题。面对气候变化与人类活动带来的海洋生物多样性挑战，自联合国成立以来，国际社会首先通过利用法律工具进行必要的应对，包括《联合国生物多样性公约》《联合国海洋法公约》和《联合国鱼类种群协定》等。除了具有国际法律约束力的公约，还有一系列由多个缔约国共同制定的生物与环境保护相关的国际公约，如倡导湿地保护与可持续利用的《湿地公约》、《国际捕鲸管制公约》（国际捕鲸委员会，IWC）、《保护野生动物迁徙物种公约》和《世界遗产公约》等。除此以外，参与海洋生物多样性保护与治理的还有大量区域性公约及面向特定生物资源利用的国际组织，最具代表性的如①成立于 1948 年的国际自然保护联盟（IUCN），由政府和非政府组织而成，在濒危物种评估和自然保护区设定上具有重要的国际影响力；② 2012

年，由 94 个国家共同发起成立独立的政府间机构“生物多样性和生态系统服务政府间科学政策平台”（Intergovernmental Science–Policy Platform on Biodiversity and Ecosystem Services，IPBES），其工作职能设定为连接科学界与决策者，回应各国政府和国际公约的请求，开展全球和区域等尺度的生物多样性和生态系统服务评估，为决策者提供关于生物多样性和生态系统的科学评估，以及保护和可持续利用重要自然资产的工具和方法。

2015 年，联合国 193 个会员国共同签署通过《2030 年可持续发展议程》宣布 17 个可持续发展目标（SDG），SDG14：保护和可持续利用海洋和海洋资源以促进可持续发展。《2030 年可持续发展议程》强调“我们决心保护和可持续利用海洋、淡水资源以及森林、山地和旱地，保护生物多样性、生态系统和野生动植物”。2021—2030 年，联合国发起“海洋科学促进可持续发展十年”和“生态系统恢复十年”两大计划，持续倡导恢复生物多样性的努力，支持海洋生物多样性的保护与可持续开发利用，鼓励各国发起国际科学计划为实现 SDG14 目标共同努力。

《联合国生物多样性公约》于 1993 年 12 月 29 日正式生效，设立的长期愿景是到 2050 年实现人类和自然和谐共存，为达到此目标，必须在 2030 年前扭转生物多样性的丧失趋势，2011—2020 年的“生物多样性十年”计划中，设定了 20 个爱知生物多样性目标。2021 年，中国作为主席国在昆明召开《联合国生物多样性公约》COP15 的第一阶段会议，会议主题为“生态文明：共建地球生命共同体”，通过了标志性成果“昆明宣言”。会议回顾了联合国《2030 年可持续发展议程》及与“人与自然和谐共生”的 2050 年生物多样性愿景的关联，承认上一个十年设定的 20 个爱知生物多样性目标没有一个完全实现，呼吁在联合国可持续发展行动十年、联合国“生态系统恢复十年”和联合国“海洋科学促进可持续发展十年”的背景下，需要强大的政治动力来制定、通过和实施一项兼具雄心和变革性的、能够平衡推进《联合国生物多样性公约》三大目标的“2020 年后全球生物多样性框架”。

2022 年 12 月，COP15 第二阶段会议通过了“2020 年后全球生物多样性框架”（GBF），GBF 设定了全球生物多样性保护的 4 项长期目标，以及计划最迟在 2030 年完成的 23 个以行动为导向的全球目标。长期目标的主要内容：2050 年之前维持、增强或恢复，大幅度增加生态系统的完整性、连通性和复原力；生物多样性得到利用和管理；遗传资源的惠益共享；缔约方的财政资源、能力建设和科技合作。23 个全球目标中尤其值得关注的是雄心勃勃的“3030 目标”，即到 2030 年保护至少 30% 的全球陆地和海洋，其他目标还包括恢复退化生态系统区域的 30%。会议成果历史性地将遗传资源数字序列信息（Digital Sequencing Information，DSI）纳入 GBF 的推进进程，并描绘了落地途径。中国作为 COP15 主席国，继续指导并推动引导 GBF 目标落地。

2. 全球海洋保护区（MPA）的现状与发展趋势

在 IUCN 于 1994 年发起倡议后，划定海洋保护区被认为是保护海洋生物多样性的有效治理手段，自 2010 年以来，全球已新增 81.3%（1470×10^4 km^2）的海洋保护区，远洋区域的覆盖率仍处于较低水平，只有 10.8% 覆盖率。截至 2022 年统计数据，全球已设立 17 783 个海洋保护区，其覆盖面积比例约为 8.09%（https://www.protectedplanet.net/en）。中国有海洋保护区 270 多个，覆盖率达到 5.48%，低于全球水平（Zhao et al., 2022）。

从海洋保护区分布格局来看，现有保护区以近岸分布为主，且专属经济区范围内浅海地区海洋保护区比例为 5.98%（Venegas-Li et al., 2019）。前 10% 优先保护区域（即生物多样性高、固碳能力强、食物供应多区域）中有 90% 包含在专属经济区内，这些区域存在无可替代的生物多样性，但近岸区域受人类活动的影响也较远洋海域更为严重（Sala et al., 2021）。从海洋保护区对 IUCN 提出的关键生物多样性区域（KBA）覆盖程度看，约有 43.3% 的 KBA 在海洋保护区范围内（Maxwell et al., 2020）。海洋保护区内物种对人类活动导致的气候变化尤其敏感，现有海洋保护区在气候变化方面的考虑尚未成熟，导致保护区在生物多样性保护方面的有效性受到质疑（Bruno et al., 2018）。例如，海洋保护区周边捕鱼活动已进入海洋保护区，保护自然种群方面的效果实际上仅达到其潜在峰值水平的 45% ~ 65%（Ohayon et al., 2021）。有效遏制全球海洋开发和气候变化对物种保护的负面影响成为当前海洋生物多样性保护领域的难点。

物种覆盖度——就目前海洋保护区对物种保护程度而言，已有海洋保护区状态尚未能达到覆盖大部分的海洋生物多样性的要求（Jantke et al., 2018），即保护区对物种分布区或生态区的覆盖程度较低，尤其是针对濒危物种的保护区。保护区内鱼类的生物量比非保护区高出一倍，充分体现了海洋保护区在生物多样性保护中的价值。截至 2019 年，全球海洋保护区只充分覆盖了约 21.7% 的物种分布区域及 45.7% 的海洋生态区。其中，东南亚、地中海、北美近岸生境内物种受保护的比例超过远洋物种，深海（> 1000 m）物种保护程度低于中浅海（< 1000 m，陆架、陆坡区）。据统计，目

前保护区范围内只有约 2.4% 的海洋保护程度较高（https://mpatlas.org/）。有研究指出，2050 年后大西洋东北部海域的大多数物种在海洋保护区中的分布面积将减少，预计到 2099 年部分物种甚至会灭绝（Weinert et al., 2021）。已有的海洋保护区主要从表层物种和生境保护角度考虑，尚未探讨不同深度物种对海洋保护区的需求，未来海洋保护区规划重点是针对目前海洋保护区在海洋生物多样性覆盖的缺口，以及不同深度物种保护的不均衡问题提出有效的解决对策。

保护区有效性与能力建设——另外，关于海洋保护区对生物多样性保护的有效性管理评估表明，尽管在保护区内人类活动引起的压力呈减缓趋势，但尚未能实现完全消除其影响。针对全球 433 个海洋保护区综合管理层面研究发现，65% 的保护区预算无法满足基本的管理需要，91% 驻站人员的管理能力不足（Maxwell et al., 2020），较大程度限制了海洋保护区综合管理水平。在中国的海洋保护区体系中，较高级别的保护区通常可以产生更稳定的管理效率，往往会得到政府的优惠政策和财政支持（Zhao et al., 2022）。但由于地方政府有限的人力资源和在监管、执法方面的不足，导致了海洋保护区在修复生境退化和资源过度开发上有所欠缺（King et al., 2019）。

3. 中国海洋生物多样性保护与生态系统修复的实践方案

自 1940 年以来，超过 68% 的海岸线呈向海扩张趋势，围海、围垦和工程建设等挤占海岸线生态空间，进而影响生物的栖息地。我国海岸线沿线分布有约 1.46×10^4 km^2 的沿海滩涂、220 km^2 的红树林地、230 km^2 的海草床等海岸带独有的生态系统，1590 种适应海岸带沼生和水生的物种、63 个湿地鸟区（包括河段、河口、海岸带等）及 246 种水鸟栖息地，基于陆海统筹的顶层设计，维持全国自然岸线保有率 35% 的目标不变（张文国等，2022）。

构建了以国家公园为主体的自然保护地体系，率先在国际上提出并实施生态保护红线制度，涵盖湿地、红树林、珊瑚礁及海草床等重要生态系统，入选联合国“基于自然的解决方案”全球 15 个精品案例；2016—2020 年，累计整治修复岸线 1200 km，滨海湿地 230 km^2，建立自然资源调查评价监测制度；更新《中国生物多样性保护战略与行动计划（2011—2030 年）》，制定和实施《生物多样性保护重大工程十年规划（2021—2030 年）》。

（二）联合国与国际机构主导开展海洋生物多样性全球调查

自 1993 年《联合国生物多样性公约》正式生效以来，保护生物多样性是全人类社会的共同利益和发展基础已成为国际共识。进入 21 世纪，由联合国主导，多个国际机构、非政府组织、政府部门与各国科学家协同，对全球生物多样性（包括海洋生物多样性）进行了数次代表性的综合评估与调查，一系列的科学调查与评估成果为近年联合国可持续发展目标、“生物多样性十年”、“海洋十年”等全球治理计划的制定与实施提供了科学依据（图 3-4）。

图 3-4　全球海洋生物多样性保护议题发展历程及关键事件

1. 2001—2005 年，联合国千年生态系统评估

2001 年，在联合国环境规划署的组织协调下，正式启动千年生态系统评估（以下简称“评估”），评估理事会成员包括《联合国生物多样性公约》《联合国防治荒漠化公约》《湿地公约》和联合国《保护野生动物迁徙物种公约》，各国政府、联合国机构、民间社团（包括原住民）及私营部门的代表，来自 95 个国家的 1360 名科学家参加了评估工作。

评估旨在推动生态系统的保护和可持续利用、促进生态系统对满足人类需求所做的贡献而采取后续行动奠定科学基础。生物多样性是支持生态系统服务功能的重要基础，是千年生态系统评估的重要组成部分，评估认为生物多样性与人类福祉息息相关，人口、技术和生活方式的改变可以经由捕捞和农业施肥等途径直接驱动生物多样性发生改变，而后者与生态系统服务功能的变化又将影响人类福祉，于 2005 年发布《生态系统与人类福祉——生物多样性综合报告》（以下简称《综合报告》）。

《综合报告》指出“在过去 50 年间，由于人类活动所带来的生物多样性的变化比人类历史上任何时期都要快，造成了生物多样性丧失和引起生态系统服务功能变化的驱动力要么保持稳定、要么长期以来未显示下降迹象、要么强度正在增加。预测生物多样性发生变化的速度将会持续下去或加快。”

海洋生物多样性的评估结果主要如下：① 20 年间，一些国家（约占红树林总面积的一半）的红树林消失了约 35%；② 20 世纪最后几十年，约 20% 的珊瑚礁遭到破坏，另有 20% 出现退化；③加勒比海和印度太平洋的珊瑚和常见的捕捞鱼类中，多数物种的种群数量呈下降趋势；④ 1970—2000 年的生命星球指数中，海洋物种指数下降了 30%；⑤过度捕捞导致海洋的平均营养水平下降。

《综合报告》指出海洋生物多样性认知中的主要问题：①对于水生（包括海洋和淡水）生物体跟踪研究的程度远低于陆地系统的生物体，这可能掩盖了水生生物体同样严重的灭绝危险（低确定性）；②有确凿但不完全的证据表明，生物多样性减少会降低生态系统的弹性或者生态系统经受干扰后进行恢复的能力；③阈值效应—— 一个或多个驱动力的渐变性或线性变化造成系统剧变或非线性变化，在水生生态系统中常见，与生物多样性变化相关；④生物多样性丧失的最重要直接驱动力包括栖息地变化、气候变化、入侵物种、物种过度利用和富营养化污染；⑤生物多样性的空间格局记录难点：生物多样性在分类、功能、营养、基因及其他方面很少被量化。

自此开始，联合国及国际组织加大了对生态系统和生物多样性的观测，定期发布科学报告，包括海洋典型生态系统的生物多样性监测。以海洋生物多样性最丰富的珊瑚礁生态系统为例，由国际珊瑚礁倡议（International Coral Reef Initiative，ICRI）成立的全球珊瑚礁监测网（Global Coral Reef Monitoring Network，GCRMN）在 1998—2020 年共发布了 6 份《世界珊瑚礁现状报告》。

2. 2001—2010 年，国际海洋生物普查计划

国际海洋生物普查计划是由美国斯隆基金会发起的全球性的海洋生物调查计划，

共有 80 多个国家和地区参与了该项调查计划。调查涵盖 6 大海洋区域（人类活动边缘、隐藏边界、中央水域、活跃地质带、冰冷海洋、微生物），现场调查项目包括 14 个子计划（覆盖近岸水域、珊瑚礁生态系统、浮游动物、海山、北冰洋和南极等区域）（The Census of Marine Life International Secretariat，2005；孙松和孙晓霞，2007）。

项目历时 10 年，覆盖了从浮游生物到鲸等多种海洋生物，从种群、物种和基因三个层次建立了海洋生物多样性的研究体系。调查结果显示海洋生物的分布模式具有相似性，①根据地理分布模式可分为沿海生物和“开放水域”生物；②温度与生物多样性密切相关；③人类活动地区与海洋生物多样性的“热点地区”高度重叠；④温度和栖息地的变化是影响海洋生物分布的关键因素。项目构建了全球最大的在线海洋生物地理数据库（Ocean Biogeographic Information System，OBIS）。

3. 2011 年至今，“生物多样性十年”计划（2011—2020 年）与联合国可持续发展目标

在联合国千年生态系统评估的调查基础上，为扭转全球生物多样性丧失的趋势，联合国环境署发起“生物多样性十年”计划，执行周期为 2011—2020 年，倡导加快行动，保护和恢复生物多样性。

2012 年，生物多样性和生态系统服务政府间科学政策平台（IPBES）成立，作为独立的政府间机构，回应各国政府和国际公约的请求，开展全球和区域等尺度的生物多样性和生态系统服务评估，为决策者提供关于地球生物多样性、生态系统及其给人类带来利益的知识状况的客观科学评估，以及保护和可持续利用这些重要自然资产的工具和方法。应《联合国生物多样性公约》缔约方大会的邀请，IPBES 于 2019 年发布《生物多样性和生态系统服务全球评估报告》，是 IPBES 第一个工作计划（2014—2018 年）的标志性产出。

2015 年联合国全体成员国通过了《2030 年可持续发展议程》，设定了 17 个可持续发展目标（SDG），其中 SDG14 目标（水下生命，life below water）即保护和可持续利用海洋和海洋资源以促进可持续发展。为了推动 SDG14 目标的实现，扭转海洋生态环境恶化趋势。2016 年联合国首次就世界海洋环境发表“第一次全球海洋综合评估”，对于多个海域，以及多个典型生态系统的海洋生物多样性进行了综合评判（www.un.org/Depts/los/woa）。2017 年 6 月，举办了首届联合国海洋大会，成为海洋可持续发展领域

最重要的国际会议，会议指出海洋生物多样性和海洋生态系统持续退化，面临多重威胁；大会发布首份《全球海洋科学报告》，对世界各国海洋科学研究的能力状况进行了综合评估。2021 年，联合国发布第二次全球海洋评估报告，持续关注海洋生物圈关键种的多样性变化趋势（https://www.un.org/regularprocess/woa2）。2022 年 6 月，第二次联合国海洋大会召开，发布宣言深为关切人类对海洋的影响，尤其是《2022 年海洋状况报告》（*State of the Ocean Report 2022*）和 IPBES 2019 年《生物多样性和生态系统服务全球评估报告》等报告所强调的累积影响，包括生态系统退化和物种灭绝，呼吁进行变革制止和扭转海洋生态系统和生物多样性健康状况下降的趋势，保护和恢复海洋复原力和生态完整性，制定一个雄心勃勃、平衡、务实、有效、稳健和具有变革性的“2020 年后全球生物多样性框架”。

（三）全球海洋生物多样性的现状

海洋覆盖地球表面近 3/4 的面积，包含地球全部水资源的 97%，若以体积衡量，海洋占据了地球上 99% 的生存空间。综合 IPBES 2019 年《生物多样性和生态系统服务全球评估报告》《第五版全球生物多样性展望》和 *State of the Ocean Report 2022* 的数据，全球海洋生物多样性的现状研判如下。

1. 海洋生物的物种多样性与变化趋势

目前已知的海洋生物有近 24 万种，每年在海洋盆地中发现的新物种约为 2000 种，实际的海洋生物数量可能达数百万种。海洋物种种群生命力指数 2000—2020 年下降 8%，未来面临较高的不确定性；综合了脊椎动物种群数量趋势的地球生命指数显示，自 1970 年以来，海洋物种减少了 35%；濒危物种数量的增加，如造礁石珊瑚中的 33% 受濒危威胁；缺氧、开阔海域中明显的酸化、食物网的复杂变化，以及物种向较冷水域迁移的趋势，均成为“既定”事实；全球海运带来的海洋生物入侵物种影响深远。

科学家选取代表性的海洋生物地理分布绘制的全球海洋生物多样性热点区域为①太平洋中东部海域、②大西洋西南海域、③西印度洋海域、④太平洋中西部、⑤太平洋西南部、⑥大洋洲和太平洋中部（图 3-5）。依据 IUCN 发布的生物多样性关键区（Key Biodiversity Area）的最新数据，海洋区域的 KBA 共有 4848 处，遍布全球的海岸线及各大洋中心区域（图 3-6）。

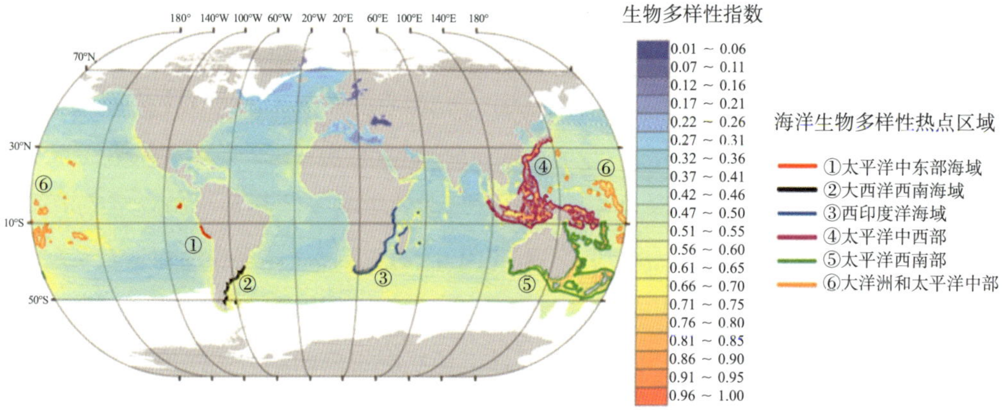

图 3-5　依据 2183 种海洋生物地理分布绘制的海洋生物多样性热点区示意图（Ramírez et al., 2017）

图 3-6　全球海洋已识别的生物多样性关键区

图片源自 https://www.keybiodiversityareas.org/

2. 生境栖息地与海洋保护区

滨海湿地连接陆地与海洋，是众多海洋生物的繁殖地、育幼场和栖息地，珊瑚礁、红树林、盐沼、海藻床与海草场均被认为是海洋生物多样性极为丰富的生态系统，提供的生态系统服务功能与人类福祉息息相关。全球红树林总面积估计为 13.59×10^4 hm^2，盐沼覆盖面积估计为 5.49×10^4 hm^2，海草在 16.03×10^4 ~ 26.65×10^4 hm^2 范围内，这些生态系统的总面积约为 40.42×10^4 hm^2，分布在每个大陆的海岸线上（生态环境部，2022）。

海洋保护区在 IUCN 倡议下设立，定义为“任何通过法律程序或其他有效方式建立的，对其中部分或全部环境进行封闭保护的潮间带或潮下带陆架区域，包括其上覆水体及相关的动植物群落、历史及文化属性”（IUCN，1994）。海洋保护区作为生物多样性保护的有效手段之一，在生物多样性保护中的作用尤为重要（Alvarez-Romero et al.，2018）。2000—2020 年，海洋保护区面积从约 3% 增加到 7%；世界保护区数据库显示，到 2020 年 8 月，全球约 7.5% 的海域被保护区覆盖，其中国家管辖范围内的海域占 17.2%，国家管辖范围以外的海域占 1.2%。在 232 个海洋生态区中，46.1% 的生态区至少有 10% 的区域被保护区覆盖，另外 9.1% 的生态区至少有 5% 的区域被覆盖。只有 9.4% 的国家对其一半或超过一半的保护区进行了管理成效评估。全球保护区管理成效数据库（GD-PAME）汇编了 21 000 多个保护区的评估情况。它们覆盖了大约全世界 1% 的沿海和海洋区域（占受保护海洋区域总面积的 1/7）（生物多样性公约秘书处，2020）。

3. 海洋生物多样性变化的驱动因子

对海洋相对影响的首要直接驱动因素是渔业，其次是海洋和沿海土地使用变化，2008 年，超过 40% 的海洋区域受到多种驱动因素的强烈影响，2014 年，66% 的海洋区域遭受的累积影响不断增加，只有 3% 的海洋被描述为不受人类压力的影响（IPBES，2019）。全球多达 40% 的海洋受到了人类活动的“严重影响”，包括污染、渔业耗竭、沿海栖息地的丧失（UNESCO，2022）。

（1）过度捕捞——33% 的鱼类资源被列为过度捕捞（2015 年），60% 鱼类可最大可持续捕捞，只有 7% 捕捞不足；超过 55% 的海洋区域属于工业捕捞，主要集中在东北大西洋、西北太平洋及南美洲和西非附近的上升流地区；小规模渔业占商业渔民的 90% 以上（超过 3000 万人），占全球渔获量的近一半（已确定但不完整）。2011 年，IUU 捕鱼量占世界报告捕鱼量的 1/3（已确定但不完整）（IPBES，2019）。捕捞补贴导致许多鱼类物种迅速枯竭，并阻碍拯救和恢复全球渔业及相关工作，导致海洋渔业收益每年减少 500 亿美元（UNESCO，2022）。

（2）栖息地丧失—— IPBES 的生物多样性和生态系统服务全球评估报告（IPBES，

2019）指出，人类活动干扰和全球气候变化引发的生境栖息地退化与破碎化是造成全球海洋生物多样性锐减的主要因素（Bova et al., 2021；Capdevila et al., 2022）。沿海湿地的丧失与破坏，尤其是红树林面积的减少与退化；1970—2015 年，全球湿地范围趋势指数平均下降 35%；同一时期，人工湿地覆盖面积增加了一倍多。由于城市和工业沿海开发、污染，以及农业和水产养殖的压力，全球 20% ~ 50% 的蓝碳生态系统已经消失或退化。目前，全球每年损失 0.11% ~ 0.13% 的红树林，1% ~ 2% 的盐沼，2% ~ 7% 的海草床。珊瑚白化带来的全球范围珊瑚礁生态系统退化；世界上超过 60% 的珊瑚礁面临紧迫直接的威胁，过度捕捞和毁灭性捕捞是最常见的直接驱动因素（生物多样性公约秘书处，2020）。

（3）气候变化——全球变暖，海洋升温，海洋酸化，气候变化导致鱼类资源地理分布的改变；预计到 21 世纪末，仅气候变化就将使海洋净初级生产量减少 3% ~ 10%，鱼类生物量减少 3% ~ 25%（分别在低变暖和高变暖情景下）。预计珊瑚礁将经历更频繁的极端变暖事件和更短的恢复时间，当全球变暖 1.5℃珊瑚礁将减少 70% ~ 90%，变暖 2℃时这一数字将超过 99%，并出现大规模白化事件和高死亡率（IPBES，2019）。

（4）环境污染——海岸带生态系统面临多重压力，富营养化问题依然严峻，营养盐水平仍维持在高位，引发的赤潮暴发频次和面积仍在增加（Hallegraeff et al., 2021）；水体缺氧面积持续扩大，缺氧持续时间长；水产养殖产量持续增长，空间上侵占沿海湿地面积，养殖残留也引发富营养污染等环境问题；全球海洋塑料污染状况堪忧，海洋塑料垃圾不仅广泛分布于河口及近岸海域、大洋环流带等表层水体，在人迹罕至的两极海冰及深海深渊带也有较高含量，在全球范围内广泛分布于海洋水体、沉积物及各类海洋生物体中（李道季，2020）。

三、海洋生态治理与生物多样性保护的法律框架和政策体系

（一）全球海洋生态治理与生物多样性保护的法律框架

全球海洋生态治理与生物多样性保护的法律框架，主要由涉及海洋治理、环境治理、气候治理、生物多样性保护的各类条约和软法性文件组成。其中，在联合国框架下缔结的涉及上述领域的公约，居于核心地位。这些公约包括但不限于《国际防止船舶造成污染公约》及其《1978 年议定书》和《1997 年议定书》《控制危险废物越境转移及其处置的巴塞尔公约》《关于在国际贸易中对某些危险化学品和农药采用事先知情同意

程序的鹿特丹公约》《关于持久性有机污染物的斯德哥尔摩公约》《联合国海洋法公约》《防止倾倒废物和其他物质污染海洋公约》及其《1996 年议定书》《联合国生物多样性公约》《联合国气候变化框架公约》及其《巴黎协定》。尽管这些公约构架起海洋生态治理与生物多样性保护的骨架，但它们彼此之间的协同与联系不足，碎片化严重，有效实施性欠佳，未从地球系统的角度对海洋生态问题的治理做整体设计，对海洋治理与气候、生物多样性、污染之间的非线性因果关系缺乏足够重视，对全球气候变化背景下新出现的海洋生态问题缺乏关注。

近年来，在上述业已存在的诸公约之外，涉及全球海洋生态治理与生物多样性保护的国际造法活动频繁，发展迅速。以根据《公约》规定的《BBNJ 协定》和具有法律约束力的塑料污染（包括海洋环境中的塑料污染）国际文书最具代表性。另一条正在起步的重要线索，是在气候治理中纳入海洋议题。《联合国气候变化框架公约》第 27 次缔约方大会（COP27）/《巴黎协定》第 4 次缔约方大会（CMA4）的封面案文（即《沙姆沙伊赫实施方案》, *Sharm el-Sheikh Implementation Plan*）均“鼓励缔约方在其国家气候目标中和执行这些目标时酌情考虑基于海洋的行动（ocean-based action），包括但不限于国家自主贡献、长期战略和适应性通报”。此外，COP27 封面案文明确“从 2023 年起，将举行年度海洋与气候变化对话，选择和确定重点专题领域，包括《气候公约》工作方案和所设机构的进展，以整合和加强基于海洋的行动”（*Sharm el-Sheikh Implementation Plan*, Draft decision -/CP.27, Revised Advance Version, FCCC/CP/2022/L.19.; *Sharm el-Sheikh Implementation Plan*, Draft decision -/CMA.4, Revised Advance Version, FCCC/PA/CMA/2022/L.21.）。这标志着《联合国气候变化框架公约》开始将海洋议题逐步纳入气候治理的行动中，可能影响未来海洋生态治理的法律和政策走向。

（二）全球海洋生态治理与生物多样性保护的政策体系

联合国“海洋十年”强调了全球海洋治理及建立相应政策体系的必要性。维持海洋生态系统健康和生物多样性是海洋治理的关键目标之一。可持续海洋经济高级别小组编写的《海洋综合管理》蓝皮书提出，基于生态系统和科学知识的海洋综合管理是可持续海洋经济的政策保障。以海洋综合管理政策框架为基石，统筹生态系统方法和海洋空间规划，包括海洋保护区建设和其他有效区域保护措施的管理方案（Other Effective Conservation Measures，OECM），是保护海洋生态系统的最佳方案。海洋生态治理与生物多样性保护亟须纳入全球海洋综合治理和海洋科技变革框架，并综合考虑气候变化影响和蓝色经济发展需求，以构建全球海洋生态治理与生物多样性的政策体系，从而解决以下潜在挑战：认识和减轻海洋污染对海洋生物多样性的影响，保护和恢复生态系统和生物多样性；通过健康海洋滋养全球人口，发展可持续和公平的海洋经济；解决基于海洋的气候变化问题，提高社区抵御海洋灾害的能力；扩大全球海洋观测系统，创建海洋数字展示平台；通过提供海洋管理教育提升技能、知识和技术，改变人海关系。

第二节　海洋生态健康与生物多样性保护面临的重大科技问题与挑战

一、海洋环境健康

海洋环境健康在科学、技术、工程、管理等领域面临诸多重大科技问题与挑战，包括①对海洋环境系统的科学认知不足，特别是海洋环境健康与全球气候变化的相互作用机制不明，对富营养化－有害藻华－缺氧－酸化等链式生态过程的形成和演变机制不清。②缺少高精度稳定可靠的海洋观测仪器和设备，“卡脖子”技术多，自主研发的少，且与国外仪器的性能有较大差距，缺乏观测数据标准和方法标准；海洋大数据的存储、分析和共享存在技术壁垒。③尚未建立海洋环境危机预警协同机制，海洋预报模式受制于国外，自主研发能力不足。④海洋环境风险管控与生态保护修复技术薄弱，缺乏科学有效的治理方法和技术规范。⑤管理决策方面，科学家、企业家、管理者和政策制定者之间缺乏对话渠道，缺乏海洋科技创新生态，产学研转化效率低下。

（一）海洋生态环境长期观测、数据标准与利用

海洋是一个连续动态的时空信息载体，准确可靠的海洋观测数据是海洋科学研究的重要基础和前提。然而，目前在海洋观测监测的技术方法和数据收集、存储、分析与共享等方面还存在诸多挑战。

在测量技术方面，从 20 世纪 80 年代开始，海洋环境保障技术得到极大发展。从最初的海洋调查船到浮标、潜水器、卫星遥感，再到海洋观测网 Argo 等，海洋观测技

术逐渐多元化。但现今部分的环境观测活动仍受到仪器续航能力、分辨率、传感器探测能力等多项测量技术发展不足的限制，使海洋监测活动主要集中在海洋表面和沿海地区，持续生物观测的覆盖范围仅占整个海洋表面的 7%。存在监测覆盖度不足、原位观测较为匮乏、缺少对基本指标和过程的长期监测等问题。对洋流、表面热通量、溶解氧、无机碳、浮游植物生物量和多样性等海洋关键变量的观测尚未覆盖全球或精确度不足。部分观测数据集的时间跨度很短，许多指标没有覆盖从工业化前至今的全部变化幅度。同时，由于国家和地区间的经济和技术发展程度不一，一些生物多样性高、人口密集的地区反而海洋观测数据匮乏，部分国家或地区甚至尚未开展监测活动（任湘湘和夏冬冬，2022）。

海洋环境数据缺乏标准化的采集和测量方法，部分指标仅依靠“前人经验”进行收集。例如，现今国际社会的关注热点微塑料，在沉积物采样中，微塑料含量数值受底质类型、采样位置、深度、采样工具及其他环境因素影响很大，如今尚无标准化采样方法，导致研究调查间的数据难以比较。此外，目前反映生态系统变化的监测往往是针对特定地点或物种，对海洋生态系统长期变化的评估仍然需要更多研究投入。

大数据的存储、分析和共享存在技术壁垒。随着“空天地海”立体观测技术的快速发展，高精度、高频度、广覆盖的具有时空属性的海洋数据快速积累并形成了海量海洋观测数据集（覃梦娇，2021）。这些数据类型繁多、数据量大、价值密度低、高速、时效性快，难以实现在线存储资源的动态扩展和灵活配置。同时区别于其他数据，海洋大数据具有时空耦合和地理关联等典型特征，数据分析难度更大（钱程程和陈戈，2018）。一些国家和国际组织也逐渐意识到海洋生态环境长期观测数据的重要性，在不断发展本国海洋大数据的同时，积极推进国际合作研究，推进海陆统筹的海岸带综合管理。但是目前全球战略范围内的统筹协调机制缺失，缺少权威机构负责监测、收集与分析有关跨区域的海洋治理数据。1992 年，世界气象组织就已联合联合国环境规划署、国际科学理事会（ISC），协助政府间海洋学委员会执委会正式提出建立全球海洋观测计划（UNESCO，2022）。2020 年联合国国际环境问题科学委员会、太平洋科学协会和联合国环境规划署等国际组织，牵头发起了“全球海岸带开发的生态环境效应”（GECD）国际大科学研究计划。UNESCO 下设的政府间海洋学委员会虽然负责落实全球海洋观测系统，但具体执行的项目很少，自身存在资金严重不足的问题。各国处理和管理数据的能力和方法不同，海量数据存在质量参差、公开性不足等问题，且具有地域性和独占性。

（二）系统水平的诊断 – 归因 – 预测能力不足

众多国家或机构开发了一系列的全球和区域海洋环境预报系统（张永垂等，2022；表 3 7）。但是各国的科创研发能力参差不齐，在海洋环境危机预警上的协同不力，预测预警的准确度不足。1986 年，美国错误的海啸警报造成了夏威夷州人口转移费用高达 4000 万美元。2016 年，在苏门答腊岛附近海域的一场强震中，东盟在印度尼西亚附近海域设置的浮标也未能启动预警系统。印度洋区域海啸预警中心也未能对 2018 年的海啸灾难发布预警。

表 3-7　部分国家或组织的海洋环境预报系统案例（张永垂等，2022）

序号	国家 / 组织	机构	大气预报系统	海浪预报系统	海岸环流预报系统	其他
1	美国	国家环境预报中心 舰队数值气象海洋中心 美国国家海洋和大气管理局	NAVGEM GFS	FNMOC GEFS-Waves	GOFS RTOFS	赤潮（HAB-OFS），珊瑚白化（全球珊瑚礁监控系统）
2	澳大利亚	澳大利亚气象局 联邦科学与工业研究组织	ACCESS	AUSWAVE	OceanMAPS	水母暴发（制定浴场管理策略，发布预警信息，减少被水母蜇伤事件）
3	加拿大	加拿大气象中心	GDPS	GDWPS	GIOPS	
4	欧盟	欧洲中期天气预报中心	IFS	HRES-WAM ENS-WAM SEAS-WAM		赤潮（业务化赤潮预报系统）
5	法国	法国国家气象局 麦卡托海洋国际中心	ARPEGE	MF-WAM-GLOB	PSY4V3R1	
6	英国	英国国家气象局	UM	UKMO	FOAM	
7	德国	德国气象局	ICON	GWAM		
8	日本	日本气象厅 渔业信息中心	GSM	GWM		水母短期预报
9	韩国	韩国气象厅	GDAPS	GoWW3		
10	中国	中国气象局 国家海洋环境预报中心 自然资源部北海预报中心	GRAPES	GRAPES-WW3	CGOFS	绿潮（黄海浒苔绿潮生态灾害预警预报），水母（青岛近海大型水母的集合漂移预测模型）

海洋发展过程具有显著的不确定性和复杂非线性。不同类型海洋生态灾害的发生实际上是海洋生态系统结构与功能的演变乃至结构转换的表现形式之一（高姗等，2020）。当前系统水平的诊断归因能力不足，根本原因是对海洋生态系统科学认知的不足。对污染物在海域、沉积物和生物区系中的分布、相互作用机制及其对生态系统短期和长期协同影响等方面缺乏科学认知，未能对海洋环境问题的来源和生态效应完成量化评估，进而不足以有效地进行多尺度、精细化的区域和局地尺度预测。另一方面，数据缺失带来的海洋时空建模不准确、分析预测不及时等问题给海洋环境预报、灾害预警等研究带来了巨大挑战。数值预报模式受制于国外，精度提高困难（余璇，2021）。

（三）环境风险管控与生态保护修复能力不足

海洋环境风险种类繁多，根据灾害发生的频率和持续时间的长短大致可分为突发性环境风险和渐进性环境风险，按照成因又可以分为人为风险和自然风险。近年来，随着海洋经济的快速发展，人类在海洋和近海的活动日益增加，有害藻华暴发、水母暴发、溢油、海水入侵等海洋生态灾害、海洋地质灾害、海洋环境事故频繁发生。

国内外针对赤潮、绿潮、水母、溢油等环境风险的形成和发展机制、监测和预警、应急处置和资源化利用等方面进行了研究，但是仍存在诸多的关键技术难题亟待攻克。如典型的有害有毒藻华快速检测技术、模型构建与预测预报技术等。针对一些新型海洋环境污染物（如微塑料等），研究工作和监管措施仍处于起步阶段，缺乏强有力的证据说明其毒理和健康效应，尚不明晰其管控重点，就地治理管控难度巨大（徐向荣等，2018）。精细化的风险评估、监测预警预报和环境风险管控能力仍有不足，不能满足防灾减灾的需求。同时缺乏有效的应急处置系统、生态修复技术方法。特别是针对水母灾害防控应急这类尚处于起步阶段的工作，进一步揭示其暴发和演变机制、构建风险管控体系、完善灾后修复手段是今后保障海洋生态环境的必然需求。

（四）科学家、企业管理者和政策制定者之间缺乏对话渠道

海洋科学的研究成果对可持续发展政策具有直接影响。然而，当前对话渠道的缺乏，导致众多的科学研究成果未能转化为可操作的战略和方案。①科技政策宣传体系不健全，政府机构相关职能部门没有将科技成果转化政策及时宣贯，大部分科研机

构、中介服务机构、企业等科技成果转化参与主体对政策信息了解不全面（曹长芳，2019）。②海洋科学经费供应普遍不足。各国国内研究与开发总支出中，海洋科学支出占比明显低于其他主要研究和创新领域。各国研究预算中海洋科学拨款所占比重为 0.03% ~ 11.8%，平均仅有 1.7%（IOC-UNESCO，2017）。③科研机构与企业脱节，科研与市场的联系不够紧密。对于企业和需求方来说，高等院校、科研院所的科技成果成熟度不够高（詹媛，2020）。

二、海洋生态健康与生物多样性保护

（一）海洋环境变化的不确定性与 2050 年生物多样性愿景

国际社会对于导致海洋生物多样性丧失的主要驱动因子已取得共识：海洋利用的变化（生境栖息地的流失）、过度捕捞、气候变化和污染。IPCC（2019）预测，全球升温超过 1.5℃，珊瑚礁会进一步减少 70% ~ 90%，而到达 2℃的时候，损失更大（99%）；极端天气事件的增加，包括热浪事件发生的频次，海平面上升对滨海生态栖息地的破坏等（Arkema et al., 2013）。全球气候变化（海水升温与酸化）与人类活动已成为全球的焦点议题，海洋生物多样性丧失深刻地影响着人类福祉和持续发展目标的实现。

虽然已明确酸化、暖化等全球气候变化对海洋生物多样性的分布与生态系统的连通性有着深刻的影响，但是其作用机制与路径尚未完全明晰，气候变化又如何影响滨海蓝碳生态系统的碳埋藏速率，这些都是尚待解决的科学问题。要实现 1.5℃温控目标，“基于自然的解决办法”是适应气候变化的重要工具，如何构架海洋生态系统的保护与修复都需要基于更多的科学数据支撑和理论工具。

2005 年联合国发布千年生态系统评估，提出需要警惕水生生态系统中与生物多样性变化相关的阈值效应——一个或多个驱动力的渐变性或线性变化造成系统剧变或非线性变化。现有观点认为，气候变化和人类活动施加于生态系统的复合作用存在两种路径模式：气候变化通过单一极端灾难事件引发系统跨越临界点；全球升温、海洋暖化、酸化和缺氧区的逐步扩大化，可通过渐进累积的边界效应推动海洋生态系统逼近临界点，并可能最终跨越阈值引发系统质变，最终导致系统结构和功能发生重组转化（Lenton et al., 2008；Elmqvist et al., 2019；Heinze et al., 2021）。以此作为代表系统开展研究已成为国际研究的前沿领域。2013 年美国启动了由 13 家机构参加的海洋临界点计划（ocean tipping points)，致力于将临界点科学嵌入到海洋管理中；2020 年欧盟国家联合 32 个研究单位启动了 COMFORT 计划，聚焦地球复杂系统中海洋升温、缺氧和酸化等临界点元素（tipping elements）在人类活动耦合气候变化作用下的潜在驱动效应。联合国"海洋十年"行动计划也将海洋系统临界点和阈值列为重要目标之一，是全球性的一个重大科学挑战。从科学理论上，海洋生物应对全球气候变化的响应机制及对生物多样性潜在影响的科学认知不足。

近年来，海岸带系统灾害如有害藻华、酸化和缺氧等频发，生态服务功能退化，影响海洋食品的健康安全并对人类健康产生危害，渔业资源大幅度衰退，暗示海岸带生态系统可能正向着不可逆的状态发展，逐步滑向并逼近临界点。目前，对于海岸带人海复合系统的临界点和韧性的研究非常匮乏。海岸带人海复合系统的临界点及韧性既与人类社会承载力有关，也与生态系统承载力存在对应关系，最终是由生态系统承载力决定的。首先，面对该复杂系统，如何实现临界点的表征、定量及预测是我们面临的重大科学挑战；再者，实现其阈值的量化、表征，还需弥补单一因素与复合因素的叠加效应对系统转化的驱动机理等认识上的不足。海岸带生态系统复杂多样，并且与人类活动高度关联，因此其生态系统组成结构和功能在不同区域受到人为活动影响的程度不同，如何通过碳、氮、磷足迹和海岸线变迁对人类活动进行示踪，进而对生态系统的韧性与恢复力进行科学评估和量化已成为重大前沿科学技术问题，涉及的多界面跨圈层耦合机制是研究的难点，也是解决人海复合系统可持续发展的关键突破点。

（二）COP15 后时代、"3030 目标"与《BBNJ 协定》

1. "3030 目标"中的公海保护区与《BBNJ 协定》

"2020 年后全球生物多样性框架"提出 2030 年保护至少 30% 的全球陆地和海洋，恢复退化生态系统区域 30%。目前，全球（8.09%）和中国海洋保护区（5.48%）覆盖率均仍未达到 2011—2020 年"生物多样性十年"计划设定的爱知生物多样性目标要求（10%），与"3030 目标"的预期存在较大差距，总体而言，全球和中国海洋保护区覆盖率要实现设定的保护目标具有较高的挑战性。

海洋保护区综合管理是维持海洋生态系统可持续发展的重要基础，尤其是针对濒危或已受到威胁的物种及生境。合理增设海洋保护区以更有效地保护全球海洋生态系统成为当今海洋可持续发展的重点任务。作为世界上海洋面积排名第三的国家，自2015年以来，我国目前已设立的海洋保护区覆盖比例为5.48%，逐步建立以国家公园为主体、自然保护区为基础、各类自然公园为补充的海洋自然保护地体系，为海洋珍稀濒危物种的种群和栖息地恢复提供重要保障。根据“框架”目标要求，未来至少需要增设约 $850 \times 10^4\ km^2$ 保护区，重点增加区域主要分布于沿海国家，集中在太平洋和大西洋的西北部（Jones et al., 2020）。

公海占据了全球海洋表面的64%，目前仅有1.18%（IUCN 1.44%）的公海受到保护，在公海，已被描述的物种大约有27万种，更多尚未被发现，而一些物种已濒临灭绝，浮游生物提供了地球59%的氧气，很大一部分活动发生在公海，公海通过吸收碳和热量缓解气候变化的影响，其提供的生态系统服务价值至关重要（https://digital.iucn.org/marine/high-time-for-high-seas/）。在公海设立保护区是必然趋势，未来需要在公海增加约46%优先保护区（Jones et al., 2020）。公海保护区的设定必然会影响各个海洋国家的权益主张，涉及科学、技术、法律政策等交叉问题，是对全球海洋治理现行秩序的一大挑战。

BBNJ是依据《公约》拟定的具有法律约束力的国际文书，希望其可在未来作为全球海洋秩序调整和各国利益整合的实践路径。各个国家对海洋生物多样性养护和利用的利益诉求因国情差异而具有明显分歧，在《BBNJ协定》实质性谈判的关键议题中展开激烈辩论，四个核心议题为海洋遗传资源及其惠益分享、划区管理措施（海洋保护区）、环境影响评价、能力建设和海洋技术转让（姜秀敏和陈坚，2021；施余兵，2022）。

遗传资源的惠益分享——遗传多样性是生物多样性中的一个重要内涵，其对生命起源、生物及生态系统如何应对气候变化、医药、养殖、材料等领域均有着极为重要的科学意义，是实践可持续发展的重要物质基础。发展中国家往往具有丰富的生物多样性，包括遗传多样性，但是在科学研究和技术发展上与发达国家存在差距，因而在谈判中具有较大分歧。

划区管理措施——现有公海资源管辖与利用已由多个国际行业组织进行了区域划分（图3-7），这些组织在各自领域出台了划区管理工具，涵盖了大部分的公海区域，并且在许多区域都有重叠，存在多个组织管理同一区域的情况，但彼此之间缺乏有效机制以促进沟通或协调的活动。最亟待解决的就是设定有效且取得国际社会认可的国际法规和条约，为公海保护区的设立提供适宜的标准和规范，以及将来的执行政策。

图 3-7　公海国际组织治理区划

图片源自 https://www.un.org/depts/los/biodiversity/prepcom_files/PEW_MappingGovernanceGapsontheHighSeas_final.pdf

环境影响评价——现代海洋的观测技术、船舶制造工业及海上资源开采工业在近20年飞速发展，这些人类活动对于沿海及开放水域的海洋生物多样性和生态系统会产生不同程度的影响，包括可能对国家水域和 ABNJ 间的生态系统连通性产生影响；以深海采矿为例，水体浑浊度、重金属、颗粒物、噪声等均会对生物的栖息地与生物多样性造成不可避免的影响（李家彪等，2022）。议题的焦点在于环境影响评估是否应该国际化，如何设定标准，以及将哪些因素纳入环境影响评价。如何准确监测评估、如何缓解影响和有效修复生态系统是科学开展环境影响评价的理论基础。

能力建设和海洋技术转让——各个国家科技实力与经济发展程度差异显著，在此能力不对称的背景下，技术转让的权益和义务该如何界定。

2. 海洋保护区的实施路径

综上所述，目前对于海洋生物多样性养护与可持续利用的议题，究其本质，是各个国家及全球的生态安全与生物资源安全问题。海洋保护区的服务目标是扭转海洋生物多样性的持续丧失趋势，维持海洋生态系统的稳定性，使其具备适应气候变化的系统韧性，可持续地提供生态系统服务，最终实现《联合国生物多样性公约》倡导的 2050

年人与自然和谐共生的愿景。

进入人类世后，人类活动引起的高强度外界干扰及全球气候变化导致海洋保护区在维持生物多样性方面的功能明显降低（Brito-Morales et al., 2022；Terraube and Fernandez-Llamazares，2020）。海洋保护区是相对静态的管理措施，尚未能达到适应可变环境的要求，人类活动与气候变化等外部压力增加会影响现有效果，在最极端的情况下，现存的保护区将无法实现原有的功能（Lotze et al., 2019）。未来海洋保护区的设计需重点解决当下和未来的主要威胁因素，可考虑通过降低近海区域典型人类活动干扰，重点控制保护区周边港口、航运、渔业捕捞、陆源污染影响等（Jones et al., 2020）。另外，设计全球海洋保护区网络时应综合考虑未来气候变化影响（Bruno et al., 2018；Tittensor et al., 2019）。气候变化会导致海洋生物地球化学条件的改变，预计到 2100 年 76% ~ 97% 海洋保护区的原有生态环境条件将出现不同程度改变（Johnson and Watson，2021），需要有针对性地设计未来能充分适应生态环境变化的海洋保护区。

构建和维持高连通性的海洋生态网络有助于鱼类数量的补充和维持（Cannizzo et al., 2020）。但目前尚缺乏全球尺度的海洋保护区的生态网络评估，区域尺度的研究表明目前的海洋保护区间的连通性较差，尤其是对于有漂浮幼虫期物种分布的生境（Maxwell et al., 2020），这是未来生态网络保护的重点之一。另外，可针对长距离洄游及深海物种设计优先保护区，长距离高连通性的海洋保护区可以解决单个或多个小型海洋保护区保护效果差的问题（Manel et al., 2019），增加保护区内生物量以补偿保护区的捕捞损失（Halpern et al., 2010）。同时，需进一步针对不同深度物种洄游廊道差异性构建海洋生态网络，提高物种在不同深度的迁移率，有效降低种群可能面临的局部灭绝的风险（Endo et al., 2019）。高质量的海洋保护区生态网络将为海洋物种的洄游提供有力保护，缓解全球变暖导致的不同深度海洋生境退化问题。

三、全球海洋生态治理与生物多样性保护法律和政策的突出问题与挑战

由于 BBNJ 英文文本谈判已经结束，我国在其中所能深度参与和发挥引领作用的机会可能不及在制定一项具有法律约束力的塑料污染（包括海洋环境中的塑料污染）国际文书进程中所能发挥的作用，故本部分将重点放在对后者的分析研判上。

（一）海洋塑料污染的全球治理

1. 海洋塑料污染危机

海洋中废物总量的约 85% 为塑料（UNEP/PP/INC.1/7）。2016 年，泄漏到海洋中的塑料约 1100×10^4 t，如果一切照旧，到 2040 年，估计每年有 2300×10^4 ～ 3700×10^4 t 塑料废物流入海洋（The Pew Charitable Trusts and SYSTEMIQ，2020；UNEP/PP/INC.1/7），使从海岸带到海洋最深处沉积物的整个海洋环境受到污染（UNEP，2021；UNEP/PP/INC.1/7）。

海洋中的塑料来源，一是人类在陆地的生产、生活中产生的塑料废物，二是海洋渔业。前者主要通过河流输送进入海洋，据估计，2016 年全球产生的塑料废物中有 1900×10^4 ～ 2300×10^4 t（占比约 11%）进入了水生生态系统（Stephanie et al., 2020；UNEP/PP/INC.1/7）。UNEP 预计，在一切照旧的情况下，进入水生生态系统的塑料垃圾量可能会增加到 2040 年的每年 2300×10^4 ～ 3700×10^4 t（UNEP，2022d）。后者以渔具塑料废物问题为典型。据估计，捕鱼活动和其他海洋活动造成了约 30×10^4 t 的全球大塑料泄漏（OECD，2022；UNEP/PP/INC.1/7）。全球每年损失的渔具可能占所有渔网的 5.7%、所有诱捕装置的 8.6% 和所有鱼线的 29%（Kelsey R et al., 2019；UNEP/PP/INC.1/7）。这些损失的渔具一旦成为失去管理的塑料废物遗留在海洋中，往往具有很高的健康和环境风险，对敏感生态系统具有强大破坏力（UNEP/PP/INC.1/7）。一项对野生鱼类体内微塑料的研究显示，在 496 种被检测鱼类中，65% 的鱼类肠道中存在微塑料（Markic A et al., 2020；UNEP/PP/INC.1/7）。

2. 塑料污染对海洋环境和海洋生态系统的影响

塑料对海洋环境和海洋生态系统的影响主要体现在以下几个方面：

（1）塑料在海洋环境中分解时，将微塑料、合成和纤维素微纤维、危险化学品、金属和微量污染物转移到水和沉积物中，并最终进入海洋食物链（UNEP/PP/INC.1/7）。

（2）塑料垃圾对海洋中的许多物种造成致命和亚致命影响，例如，缠绕、饥饿、溺水、内部组织撕裂、窒息、缺氧和光照、生理应激和毒理学伤害（UNEP/PP/INC.1/7）。

（3）微塑料可作为病原微生物的载体，当微塑料被摄入时，会导致基因和蛋白质表达发生变化、炎症，进而导致生物进食行为破坏、生长速度下降、大脑发育发生变化，以及过滤和呼吸速率降低。这可改变海洋生物的繁殖成功率和生存状况，并损害关键物种（如珊瑚礁）或生物扰动沉积物的能力（UNEP/PP/INC.1/7）。

（4）塑料污染可以通过影响海洋、淡水和陆地系统中的浮游生物和初级生产来改变全球碳循环。例如，海洋微塑料可影响浮游植物的光合作用和生长，对浮游动物的发育和繁殖产生毒害作用并影响其发育和繁殖，影响海洋生物泵和海洋碳储量（Shen et al., 2020；UNEP/PP/INC.1/7）。

（5）塑料在其整个生命周期中都会导致气候变化。2015 年，塑料产生了 17×10^8 t 温室气体排放，相当于全球排放量的 3.4%。其中约 90% 的排放来自塑料生产和化石燃料转化。到 2050 年，塑料生命周期的排放量可能会翻两番，达到全球碳预算的 15%，这实际上会使实现全球温控 1.5℃的目标变得遥不可及（Zheng and Sangwon，2019；UNEP/PP/INC.1/7）。

（6）海洋塑料垃圾和微塑料污染可能会极大地改变海洋生态系统。环境的改变和生物多样性的变化有可能产生广泛和不可预测的次生社会后果，并可能损害生态系统复原力。塑料可以与其他环境应激源（如海温变化、海洋酸化和海洋资源过度开发）协同作用，造成累积性更大、破坏性更强的影响（Nicola et al., 2019；UNEP/PP/INC.1/7）。每年海洋生态系统服务减少 1%，就相当于每年损失 5000 亿美元的全球生态系统惠益（Nicola et al., 2019；UNEP/PP/INC.1/7）。

（二）全球海洋塑料污染治理的国际造法动向

1. 塑料污染治理的全球共识

2022 年 3 月 2 日，第五届联合国环境大会第二阶段会议（UNEA-5.2）通过了一项决议，将塑料污染认定为在全球尺度上对环境、社会和经济层面的可持续发展具有负面影响的严重环境问题，决定在 2024 年底前制定一项具有法律约束力的塑料污染（包括海洋环境中的塑料污染）国际文书，以治理全球塑料污染（UNEP/EA.5/Res.14）。该决议自通过以来受到了广泛关注，并受到国际社会不同部门的欢迎。

该国际法律文书将极大可能以多边环境协定（Multilateral Environmental Agreement，MEA）的形式出现（UNEP/PP/INC.1/4）。该协定将建立在针对塑料整个生命周期的综合办法基础上，主要内容将涉及（a）具体说明文书的目标；（b）通过产品设计和无害环境的废物管理等，包括资源效率和循环经济办法，促进塑料的可持续生产和消费；

（c）促进采取国家和国际合作措施，以减少海洋环境中的塑料污染，包括现有的塑料污染；（d）制定、执行和增订国家行动计划，其中体现促进实现文书目标的国家主导办法；（e）推动国家行动计划力争实现预防、减少和消除塑料污染，并支持区域和国际合作；（f）酌情具体说明国家报告；（g）定期评估文书的执行进展情况；（h）定期评估文书在实现其目标方面的成效；（i）提供与塑料污染有关的科学和社会经济评估；（j）通过提高认识、教育和信息交流来增加知识；（k）促进与相关区域和国际公约、文书和组织的合作和协调，同时认识到其各自的任务，避免重复，并促进行动的互补性；（l）鼓励包括私营部门在内的所有利益攸关方采取行动，并促进地方、国家、区域和全球各级的合作；（m）启动一个多利益攸关方行动议程；（n）具体规定能力建设和技术援助，按相互商定的条件进行技术转让及资金援助的安排，同时认识到能否有效履行文书规定的一些法律义务将取决于能否获得能力建设及充分的资金和技术援助；（o）促进研究和制定可持续、负担得起、创新和有成本效益的办法；（p）对遵约问题做出规定（UNEP/EA.5/Res.14）。

UNEP/EA.5/Res.14 决议具有里程碑式的意义，其标志着全球在治理塑料污染的问题上迈出了关键一步。其不仅注意到塑料污染的跨界性质，对生态系统和人类社会的严重影响，进而提出采取全生命周期方法应对塑料污染问题；而且强调了未来诞生的塑料污染治理的国际法律文书与现有的国际公约之间，以及与区域协定、政府间合作等法律文书和机制之间的合作、协调、互补。前者主要包括《国际防止船舶造成污染公约》及其《1978 年议定书》和《1997 年议定书》、《控制危险废物越境转移及其处置的巴塞尔公约》、《关于在国际贸易中对某些危险化学品和农药采用事先知情同意程序的鹿特丹公约》、《关于持久性有机污染物的斯德哥尔摩公约》、《联合国海洋法公约》、《防止倾倒废物和其他物质污染海洋公约》及其《1996 年议定书》、国际化学品管理战略方针、《联合国气候变化框架公约》、《联合国生物多样性公约》，后者包括二十国集团海洋垃圾行动执行框架、《大阪蓝海愿景》、《海洋塑料宪章》、东南亚国家联盟（东盟）海洋废弃物行动框架、《关于在东盟区域打击海洋垃圾的曼谷宣言》、亚太经济合作组织海洋废弃物路线图、《2021 年小岛屿国家联盟领导人宣言》、《加勒比共同体圣约翰宣言》等。

2. 塑料污染国际法律文书的最新进展：INC 第一届工作会议

根据 UNEP/EA.5/Res.14 决议，该具有法律约束力的塑料污染（包括海洋环境中的塑料污染）国际文书将在一个政府间谈判委员会（Intergovernmental Negotiating

Committee，INC）的领导下开展，文书审议的过程中应考虑“现有的最佳科学知识、传统知识、土著人民和地方知识体系的知识”，并考虑“是否有可能建立一个机制，以提供与塑料污染有关并具有政策相关性的科学和社会经济信息和评估”（UNEP/EA.5/Res.14）。为筹备该 INC，并讨论委员会的工作时间表和工作安排，决议授权联合国环境规划署（UNEP）执行主任召集一个不限成员名额特设工作组，在 2022 年上半年举行一次会议（UNEP/EA.5/Res.14）。2022 年 5 月 30 日至 6 月 1 日，该不限成员名额特设工作组在达喀尔举行了第一次会议，商定了一批将由秘书处提交政府间谈判委员会第一届工作会议的文件（UNEP/PP/INC.1/6）。

2022 年 11 月 28 日至 12 月 2 日，INC 第一届工作会议在乌拉圭埃斯特角召开，审议了一项具有法律约束力的塑料污染（包括海洋环境中的塑料污染）文书的潜在范围、目标、架构、核心义务、控制措施、自愿办法的大致备选方案，以及包括能力建设、技术援助和资金在内的执行手段的大致备选方案，听取了各区域、国家组、个别国家和非政府组织代表的发言。支持监测和评价执行进展、成效与国家报告，科学和技术合作与协调、研究和提高认识，利益攸关方参与和行动等方面尚未涉及。

塑料污染，广义上指塑料材料和产品在其整个生命周期中的生产和消费所产生的负面影响和排放。INC 第一届工作会议将塑料污染进一步阐释为“包括管理不善的塑料废物（例如，在不受控制的垃圾场露天焚烧和倾倒的塑料废物），以及可能对人类及其生活和非生活环境产生不利影响的塑料物品和颗粒的泄漏和累积”（UNEP/PP/INC.1/7）。

3. 塑料污染治理的根本方法：全生命周期方法

1）全生命周期方法的地位

UNEP/EA.5/Res.14 决议已明确将全生命周期方法（Full Life Cycle Approach，FLCA）作为贯穿治理塑料污染的国际法律文书的基本方法。采用生命周期方法并以综合方式应用政策，可以使世界走上塑料循环经济的道路（UNEP/EA.4/Res.1；UNEP/PP/INC.1/6；UNEP/PP/INC.1/7）。

为引导全球塑料污染治理迈入向塑料循环经济转型的轨道，INC 秘书处拟定了四个战略目标供 INC 审议，分别是①通过淘汰和取代有问题和不必要的塑料制品，包括有害添加剂，缩小问题的规模；②确保将塑料产品设计成可循环使用的（可重复使用是第一优先事项，并在使用寿命结束时多次使用后可回收或可堆肥）；③通过确保塑料产品在实践中循环使用（重复利用、回收或堆肥），使塑料在经济中形成闭环；④以对环境负责的方式管理不能重复使用或回收的塑料（包括现有污染）。这四个目标相互关联，需以综合的方式努力实现（UNEP/PP/INC.1/7）。

未来，在制定塑料污染治理的国际法律文书的过程中，INC 将考虑如何在从“诞生”到“终结”的塑料的全生命周期中以资源效率和循环经济的方式促进可持续的生产和消费（UNEP，2022c）。这反映了全球范围内大多数国家将全生命周期方法视为塑料污染治理的根本方法的总体趋势。而向循环经济转型，实现塑料循环经济的系统变革，则是全球塑料污染治理的出路所在。

2）全生命周期方法的概念

INC 将全生命周期方法定义为“考虑与塑料生产和消费相关的所有活动和结果的所有潜在影响，包括原材料开采和加工（对于塑料而言是精炼、裂解、聚合）、设计和制造、包装、分销、使用和重复使用、维护和报废管理，包括分离、收集、分类、回收和处置”（UNEP/PP/INC.1/7）。UNEP 指出，FLCA 是一种考虑产品或服务生命周期所有阶段影响的思维方式（UNEP，2022b）。解决海洋塑料污染问题正需要这种新的思维方式，即审视塑料的整个生命周期。

FLCA 通过考虑塑料产品 / 商品 / 服务（及其替代品）在其生命周期的每个阶段（从原材料的提取、二次材料的加工，到产品的制造、分销、维护和使用，以及寿命结束后的管理）所造成的所有潜在影响（包括对气候、生态系统、毒副作用、就业、经济等的影响），来确保鉴别出生产和消费全过程中的关键热点（key hotspots）。通过这种方式，FLCA 还有助于解决环境影响和可持续性之间潜在的利益权衡（trade-offs）问题，并可指导选择具有最佳社会经济效应的解决方案（UNEP，2021b）。

3）全生命周期方法的关键要素

治理塑料污染的全生命周期方法的关键要素包括以下方面。

（1）科学基础、定量分析。①定义、标准方法、设计标准；②替代解决方案的全生命周期方法；③整体影响，包括但不限于对温室气体的影响，也包括对社会 – 经济方面的影响。

（2）行动计划。①了解热点分析；②国家和区域层面上的行动计划；③多方利益攸关者的参与。

（3）基于科学的目标。①在热点基础上的国家目标，需符合全球减排目标和愿景；

②对全球统一的监测方法的进展报告。

（4）用科学引导融资。①在全生命周期方法指引下贯彻污染者付费原则（principle of EPR）；②融资可持续方案。

（5）从现有的计划中构建。①加强、协调和衔接现有的机制，确保覆盖到全生命周期；②扩大现有的整体计划（UNEP，2021b）。

塑料污染的治理是否能够取得显著成效，很大程度上取决于对全生命周期方法的科学认知和运用水平。科学认知是具有普适性的，运用水平则是与本土实际相结合、同时融通科学与管理的系统工程，具有因地制宜的特殊性。海洋塑料污染的治理，既需要在全球层面提升对塑料全生命周期的科学认知水平，也需要各国、各区域从当地实际出发，提升跨行业、跨部门、跨区域合作治理的水平。即海洋塑料污染的治理，需要一场系统变革，需从整体或系统的角度寻找治本之方。系统变革，必然涉及各种不同的行为体，可在地方、国家或全球层面进行；必然要求调整或转变政策、做法、权力动态、社会规范或思维；也需要修改许多系统结构，例如，创建系统、系统目标、系统规则的思维或范式（UNEP/PP/INC.1/7）。

（三）海洋生态健康与生物多样性的综合管理

1. 概述

1）海洋综合管理

统筹协调各类海洋开发活动、维系海洋生态系统的健康和韧性，对于实现海洋可持续发展至关重要。为更好地管控世界范围内的人类海洋活动，海洋综合管理正在全球广泛开展实践，并产生了一系列模型、实践案例和指导原则。《海洋综合管理》蓝皮书已总结出海洋综合管理方法的成功经验，包括基于科学协调竞争性资源开发、统筹多尺度的海洋资源管理、实现生态保护与开发利用的平衡发展、社区居民积极参与海洋管理、前瞻性考虑气候变化带来的综合影响等。目前，海洋综合管理还面临一些挑战：如何掌握并充分运用最佳科学知识、建立良好的公私伙伴关系、全面调动各利益相关方的参与、加强能力建设、有效执行并落实相关规章制度、制定灵活有效的适应性管理方案。在科技支撑层面，亟须构建综合、科学、基于生态系统的海洋综合管理体系，充分考虑当地的经济活动、社区需求、社会目标和环境压力，将海洋综合管理与地方特点及需求相融合；亟须通过数据信息系统和知识共享机制大力推动经验交流，开发安全、共享的区域海洋科学数据门户网站，建立支持科学研究与管理决策、符合数据质量标准等条件的数据库，并加强科学研究和监测、知识共享、技术转让和数字基础设施建设；亟须通过成熟的区域合作机制切实加强能力建设，同时依托现有的集约化数据门户，共创跨部门管理协作平台，建立长效的综合管理机制，依托新兴科技的发展和管理的透明化进一步加强对海上不当行为的监管，协调各海域使用者的利益与冲突。

2）全球海洋空间规划 2030（MSPglobal 2030）

联合国教科文组织政府间海洋学委员会（IOC-UNESCO）和欧洲委员会（European Commission）于 2018 年启动了“全球海洋空间规划 2030”（MSPglobal 2030），支持各国在海洋管理上从单一部门管理向综合规划框架转型，同时确保各国采用基于生态系统的管理方法保障海洋健康。2021 年，IOC-UNESCO 与世界银行等多家单位共同发起“2030 海洋行动”（Ocean Action 2030），面向更广泛的可持续海洋计划，帮助各国提升海洋治理水平，助力蓝色经济发展。同年 IOC-UNESCO 发布新的全球海洋空间规划倡议（MSPglobal Initiative），指出未来海洋空间规划需进一步关注基于生态系统的管理中出现的新问题，如蓝色经济协调发展和气候变化如何与空间规划相结合，并将海洋空间规划定位为未来海洋可持续发展规划的重要工具。MSPglobal 项目开展了一系列海洋空间规划试点项目，对围绕可持续海洋规划的 MSP 技术导则和方法学进行了完善，技术导则中强调了海洋管理中跨区域合作、数据交流合作及提升海洋管理能力建设的重要性，同时对欧盟海洋空间规划数据平台中的数据进行了及时更新。“全球海洋空间规划 2030”项目为海洋管理 - 科学融通做出了良好示范，便于海洋规划及执法人员依照技术指南开展更科学的海洋管理，保障海洋生态系统健康，面向更可持续的海洋生态系统健康管理需求。

3）海洋健康指数

为全面了解当地海洋生态系统健康状况、明确改善海洋健康的优先事项，超过 65 位科学家、经济学家和管理者合作开发了海洋健康指数（Ocean Health Index，OHI）。该指数面向海洋生态系统，提供了全面系统的海洋管理工具，能够广泛契合科学家、管理人员、决策者和公众等各方的需求，自 2012 年以来，OHI 已被用于全球 221 个沿海国家和地区的海洋健康状况评估。OHI 开发人员最初较为关注科学方法，例如，数据获取和分析、模型开发、计算和可视化。但随后，OHI 重点转向数据科学，特别是数据科学工具（open data science tools）的建设，以保证科学重复性、合作和沟通，实现在科学、管理和政策层面的灵活转化和应用。生物多样性、气候变化、蓝色经济、蓝色食物和韧性等是海洋评估的新领域。目前已有气候风险指数、海洋生物多样性风险指数等研究正在尝试解决这类新问题，这也是海洋健康指数框架的未来建设方向。海洋管理不仅需要指标体系衍生的数据产品，更需要通过指标体系的构建，形成一个科学－管理的互动网络，以便海洋管理从业人员及时反馈和调整。

2. 中国海洋生态健康与生物多样性综合管理现状

1）我国海岸带综合管理技术

我国海岸带综合管理研究起步较晚，1994 年以来，我国在福建省厦门市率先开展海岸带综合管理专项试点工作，先后制定了《厦门市海域使用管理规定》《厦门市海洋环境保护若干规定》和《厦门珍稀海洋物种国家级自然保护区总体规划》，之后又在海南、广西和辽宁等地开展海岸带综合管理试点工作。现阶段海岸带管理工作技术支撑力量薄弱，且海岸带综合管理法律法规及管理体系与陆域管理体系仍存在一定程度的不协调，在实际执行层面协同难度依然较大。我国海洋环境保护的相关法规标准体系仍有完善空间，海洋污染管控综合执法力度亟须加强；地方海洋执法力量薄弱，难以形成结构完整、执行有力的组织体系；海洋环境保护组织在海洋生态系统管理中的支撑作用十分有限。

2）我国海洋空间规划技术

2002 年国务院正式批复《全国海洋功能区划》（国函〔2002〕77 号），为我国沿海省份经济规划及发展空间制定提供科学依据。《全国海洋主体功能区规划》则进一步明确了规划分区的科学性及合理性，为建设合理有序的海洋空间使用准则、建设海洋强国提供了基本支撑。随着国土空间规划的推进，沿海省份开展海洋“两空间内部一红线”的划定工作，自然资源部发布《省级海岸带综合保护与利用规划编制指南（试行）》并部署海岸带规划编制，为我国海洋生态系统健康及生物多样性维持提供了更全面、多样化的海洋及海岸带空间规划方案。但由于复杂的海洋环境和气候变化等风险，海洋生态系统的演化存在不确定性，且其演化驱动因素尚不明晰，海洋空间规划编制指标及技术标准体系面临巨大科技挑战，海洋空间承载力及风险适应能力评估工作也需要得到进一步加强。考虑到多部门协调共创蓝色经济的现实需求，海洋空间规划科技支撑应重点关注因海制宜、海洋生态系统价值核算、海洋监测和评估的科学技术创新，以提升我国海洋空间规划的实用性及规范性，提供海洋空间规划的中国支撑样板，助力全球蓝色经济和海洋可持续发展。

3）我国海洋“双评价”技术

资源环境承载能力评价和国土空间开发适宜性评价（简称“双评价”）是我国开展空间规划管理的基础，海洋“双评价”是海洋空间规划管理的重点内容。2020 年 1 月，自然资源部印发《资源环境承载能力和国土空间开发适宜性评价指南（试行）》（自然资办函〔2020〕127 号），将海洋评价纳入生态、农业、城镇相关评价中，但未针对海域形成明确统一的“双评价”技术体系。我国海洋“双评价”技术滞后的重要原因之一是海洋信息系统建设方面投入不足，缺乏实时化、信息化和动态化的海洋监测体系，海洋资源环境基础数据匮乏。“双评价”技术体系构建包括监测、评估和数据信息服务。后续海洋“双评价”技术需重点提升海洋资源环境监测能力、评估指标及方法科学性、数据信息合作管理与共享能力，用以实现我国海洋“双评价”技术规范性、普适性与科学性，为其他沿海国家海洋“双评价”提供样板。

4）海洋生态健康与生物多样性综合管理在我国的应用场景

案例一：全球陆海统筹与海岸带可持续发展评价（含“21 世纪海上丝绸之路”共建国家）

海岸带可持续发展评价是《2030 年可持续发展议程》在海洋领域的落实，是发展中沿海国家优先事项的重要抓手。海岸带可持续发展评价以人海复合生态系统理论为基础，系统性地涵盖了大气、土地、海洋、水资源、生物多样性、社会发展和经济发展 7 个主题，通过开展海洋生态环境与生物多样性保护、海岸带状况调查评估、蓝碳生态系统监测、消除贫困、蓝色经济发展、维护海上安全、深化海洋科技研究等举措，有效明确沿海国家海岸带可持续发展能力的定位，突出海岸带可持续发展问题。以“21 世纪海上丝绸之路”共建国家为主要场景开展可持续发展评价，可以形成以中国与“21 世纪海上丝绸之路”共建国家的“共商共建共享”机制，通过“跨界海洋空间规划”作为政策工具，构建“跨界合作”“海洋治理”和“能力建设”政策框架，有助于探索中国与“21 世纪海上丝绸之路”共建国家海域可持续发展共同体的构建策略，为“21 世纪海上丝绸之路”共建国家决策者改进本国可持续发展政策提供依据，进一步推动蓝色伙伴关系的构建，助力全球海洋命运共同体的建设。

案例二：粤港澳大湾区伶仃洋海域空间规划

粤港澳大湾区作为近 40 年来全球工业化和城镇化发展最迅猛的城市群，国际一流湾区和世界级城市群建设必将对海洋生态系统和空间结构，特别是关键海洋濒危物种产生新的压力。目前，亟须开展系统性海洋空间规划，构建从海洋空间规划的科学基础、关键应用到决策支撑的全链条体系，推动科学和管理的融通，协调人海关系，服务于全球湾区可持续建设。依托广东省海洋科学数据共享平台，开发海洋环境监测与综合治理模型、海洋灾害风险评估工具、海岸线防护应用工具、生态保护与修复优先区识别工具等，重点实现海洋环境污染综合治理、海岸带蓝色基础设施建设、海洋生态系统功能保护与修复、自然保护地体系建设等目标。在构建健康、富饶、富有韧性的海洋生态系统的新发展目标指引下，大湾区的生态建设有望为“2020 年后全球生物多样性框架”等海洋保护目标提供建设方案。

案例三：台湾海峡厦 – 金海域空间协同治理

厦门 – 金门（以下简称“厦 – 金”）海域是我国两岸合作空间治理的先行区，由于海洋环境的流动性和跨区域性，厦 – 金海域治理需要形成多元主体跨领域的协同治理模式。以厦 – 金海域为案例区，开展跨界合作、海洋治理和能力建设，突出主体管理部门的监管职能及合作管理部门的协调及支撑职能，可为研究跨界海洋空间规划、构建海洋可持续发展共同体提供重要支撑。厦 – 金共商共建的优先事项包括海域污染治理、跨界养殖捕捞、自然资源保护及科研合作创新等。通过对两地海岸带与海洋生态环境质量及空间承载力进行时空耦合分析，测算开展生态修复及污染治理的成效及响应程度，能够更新区域海岸带可持续发展的实施、监管及合作框架。共商共建还包括两地民间合作机制的探索，以及民间资本投入保护区建设运营的管理建设。通过将厦 – 金海域保护区建设纳入厦漳泉地区的“海岸带保护和利用规划”中，在空间上确立了不同未来情景下区域海洋功能区划的方案，通过建立缓冲区避免海洋保护区与其他用海活动产生冲突，协同推进海岸带保护与利用方法创新，优化海洋空间协同规划治理研究的整体思路，成为海洋空间区域协同治理的样板。

第三节　海洋生态健康与生物多样性保护科技的优先发展方向

一、海洋环境健康

面向海洋环境健康领域，为提升我国海洋环境治理能力，应优先发展以下科技方向：①海洋观测技术和方法标准研究，完善海洋新污染物的监测与评价标准体系。②透明海洋或智慧海洋亟须单项观测技术突破，也需要集成技术的研发和应用，提高海洋高时空分辨观测（感知）能力；③海洋大数据与数字孪生海洋技术的研发与应用，基于“透明海洋”立体观测网，构建海洋大数据平台，强化多源数据融合，加快发展精细化数值预报模型和环境健康预警体系。④海洋综合管理与可持续健康海洋，亟须多学科交叉研究，特别是社会经济－生态环境耦合理论与方法创新。

（一）测量技术和方法标准

我国在深海观测、海洋工程装备、海洋能、海洋检验检测、海水利用等方面参与了国际标准的研制，但目前仍处于追赶国际先进水平的状态。就海洋生态环境标准制定方面而言，我国缺少统一性、准确性和可比性的规范与标准指引，主导权不足，尚未实现国内海洋标准“走出去”。

数据的获取、传输、分析计算、共享等环节涉及众多单位和用户，实现测量技术和分析方法的标准化，加强数据的可比性和可信度，有利于支撑、服务、促进后续的科学研究和成果转化。当前国际社会强烈关注海洋垃圾、微塑料等新型海洋污染物排放问题，然而目前的国际法律和政策框架不足以解决海洋塑料污染问题。因此，制定全球塑料污染防治的国际新机制可能是未来海洋塑料垃圾治理的必由之路。中国迫切需要完善监测标准规范化和业务化的研究，参与到进一步完善海洋污染物排放标准体系的谈判与制定中，维护自身的合理利益。

加强环境质量标准研究。国际上，不同国家和地区的环境管理部门根据自身的国情和区域内污染、生物区系、环境要素等特征，建立了具有区域特色的水质基准、标准和生态风险评估研究体系。我国在防止海洋污染、保护海洋环境的管理手段中，海洋环境质量标准的作用最为基础，应用亦最为广泛。在海洋环境规划编制、监测评价、污染治理等工作中随处可见《海水水质标准》(GB 3097—1997)、《海洋沉积物质量》(GB 18668—2002)和《海洋生物质量》(GB 18421—2001)等国家标准的应用。这三个标准是我国海洋生态环境保护与管理的“执法依据”。随着研究的不断深入，相关标准不断颁布更新。2022年10月，自然资源部发布了12项推荐性涉海行业标准(表3-8)(自然资源部，2022)。但与陆地生态系统相比，海洋生态系统相关的标准较为薄弱，存在过度保护、欠保护等问题。

表 3-8　12 项推荐性涉海行业标准（自然资源部，2022b）

序号	标准名称	编号
1	人为水下噪声对海洋生物影响评价指南	HY/T 0341—2022
2	海洋资料共享目录清单格式	HY/T 0342— 2022
3	海洋 - 大气二氧化碳交换通量监测与评估技术规程 第 3 部分：浮标监测	HY/T 0343.3—2022
4	海洋 - 大气二氧化碳交换通量监测与评估技术规程 第 4 部分：基于分压差的通量评估	HY/T 0343.4— 2022
5	海洋 - 大气二氧化碳交换通量监测与评估技术规程 第 7 部分：现场监测二氧化碳分压数据处理	HY/T 0343.7— 2022
6	海水中痕量活性磷酸盐的测定 流动分析 - 磷钼蓝固相萃取 - 分光光度法	HY/T 0344— 2022
7	海水中痕量亚硝酸盐的测定 流动分析 - 重氮偶联 - 长光程分光光度法	HY/T 0345—2022
8	海水中痕量硝酸盐的测定 流动分析 - 镉柱还原 - 重氮偶联 - 长光程分光光度法	HY/T 0346—2022
9	海水中痕量铵盐的测定 流动分析 - 邻苯二甲醛固相萃取 - 荧光光度法	HY/T 0347—2022
10	海洋经济运行监测技术规程	HY/T 0348—2022
11	海洋碳汇核算方法	HY/T 0349—2022
12	沿海行政区域分类与代码	HY/T 094— 2022，代替 HY/T 094—2006

1. 立体观测集成技术研发与应用

充分利用和发展现有的观测技术。全球导航卫星系统(GNSS)、全球高分辨率测深、海底电缆观测站、卫星测高、海底地震仪等，为监测陆地和海洋过程开辟了新的途径，从而能够更好地探测、监测和预报海啸和风暴潮（Angove et al., 2019）。加快发展新一代传感器、物联网陆海气立体智能观测体系，加强海洋观测装备的研发与创新（表 3-9）。实现全时全域、多要素、全天候、稳定可靠、低成本的海洋立体观测。提高数据的时空分辨率，进一步加强对海洋生境和生态系统的状况、趋势、驱动因素的理解。针对海洋环境常规观测、海洋生物和资源的调查、海洋污染分析检测等问题，发展传统污染物和新污染物高时空分辨感知技术，重点发展新型化学、生物参数传感器，精细化海洋卫星遥感、深海探测技术（中国科学院创新发展研究中心，2020）。

表 3-9　立体观测集成重点技术

技术名称	备注
机动式深远海立体观测技术	观测技术
全方位海洋溢油遥感探测技术	观测技术
海洋传感器国产化	观测设备
一体化的全球海洋观测系统构建技术	观测平台
深远海智能自动移动观测平台	观测平台
水下无人平台集群开发技术	观测平台
海洋大数据表达可视化技术，包括激光和三维成像技术	可视化服务

高度重视新型观测监测设备和平台的研发和应用，建立水环境与生态立体观测网络平台，形成岸基－海床基－海上－空中一体的“立体化”观测网络。建立易发海域生态灾害长期监测体系，获取生态环境长期变化的规律，提高灾害预警能力，为海洋生态灾害早期预警决策提供有力支撑。

建立海洋基础信息获取空间化、实时化，分析自动化、智能化，服务网络化、社会化为特征的信息化海洋测绘技术体系。加强数据的有效运用，助力提高生产力、改善环境绩效和海洋治理，改善数据可视化以支持决策过程。例如，英国海上风能行业将海洋观测数据用于通知运营、分析风险、验证来自其他来源的数据，以及为海洋规划决策提供信息。

2. 数字孪生海洋技术研发与应用

在全球范围内，数字孪生发展的时间较短，欧美国家虽起步较早，但技术成熟度也不高，并未取得明显的领先优势。在我国国家政策及相关产业需求的推动下，近年来中国数字孪生技术市场规模出现了较快增长。虽然当前中国在数据存储和挖掘方面与欧美国家相比仍存在差距，相关人才极度匮乏，技术研发不足，但是在数据可视化分析表达方面已实现与美国和欧盟等领先国家并跑，同时我国基于模型的海洋模拟预测技术发展较快。

基于“透明海洋”立体观测网，加快发展建模和预测体系，努力实现海洋环境“数字孪生”（表 3-10）。首先，要建立沿海污染物数据库，强化多源数据融合，促进数据开放共享，完善海量数据的管理。其次，提高实验室的软硬件水平，对数据进行分析与应用，深入理解海洋生态学的机制机理，将海洋生态系统中个体、种群和过程研究朝着模型化、参数化、精细化方面发展，揭示其中的机理、诱发原因、源头，以及与各种海洋环境要素的关系。发展 AI 模型，促进自然与社会系统之间的耦合，助力环境系统分析与决策。

表 3-10　数字孪生海洋重点技术

技术名称	备注
海洋数据云储存管理技术	数据管理
海洋大数据挖掘分析技术	数据分析
海洋多源数据融合与无缝集成技术	数据融合
海洋多尺度多圈层过程表征及模拟技术	模拟
海洋 AI 模型构建技术	模拟
近海生态灾害长效预测预报技术，包括赤潮、绿潮等灾害的预测预报技术	预报
极端气候灾害长期预测预报技术，包括风暴潮的预测预报技术	预报
海水入侵与土壤盐渍化一体化监测预警技术	预报
全球海洋环境噪声预报技术	预报
海洋“互联网 +”关键技术	应用

需要建立自主、立体的海洋生态灾害预警监测体系，针对赤潮、绿潮、水母暴发、海上溢油等海洋灾害进行全方位探测，开发符合业务化要求的产品。综合考虑海洋内部（海洋 – 海浪 – 海冰）多物理过程，及其与地球系统各圈层（包括大气、陆地和生物）的耦合是提升海洋环境预报能力，实现无缝隙、多要素预报的一个重要方向。

完善国家间协调合作机制和信息沟通机制，建立海洋危机治理预警系统，包括危机信息监测和收集平台、危机相关信息的传输渠道、危机信息的分析甄别中心、危机信息的发布机构等。

3. 生态修复与灾害应急处置技术

复杂的流域 – 河流 – 河口 – 陆架 – 大洋 – 大气联通系统，物理 – 生物 – 化学 – 人类活动耦合与分异过程都给系统研究带来了巨大的难度。加快海洋生态环境质量与陆源污染的多尺度耦合研究、开发与保护的协同机制研究和海岸带空间利用冲突诊断与调控技术方法的多学科集成研究（李加林等，2022）。完善入海污染物总量控制、绿色海水养殖、海洋作业污染控制、近海海域环境管控分区等技术方法。

加强近海关键生态功能区恢复与生态廊道保护技术研究。提高修复技术与修复工程的匹配度，加强海洋生态修复技术链条的完整性。重点发展基于生物标志物的相关方法和技术，近海污染的生态修复技术，包括微生物、植物、动物等生物修复技术。提高区域和局地尺度预测能力，保护和修复能力。此外还需加强应对赤潮、溢油、水母暴发、危化品泄漏等海洋生态灾害的高效应急处置技术，强化灾害的应急处置能力（表 3-11）。

表 3-11　生态修复与灾害应急处置重点技术

技术名称	备注
海洋生态灾害应急处置技术，包括赤潮、溢油、水母暴发、危化品泄漏等生态灾害的应急处置技术	应急处置技术
生态化海堤建设技术	生态保护
海岸带典型生态系统防潮御浪减灾功能评估	生态保护
入海污染物总量控制技术	生态修复
近海污染的生态修复技术	生态修复
海域环境管控分区技术	生态修复
滨海湿地生境修复与生物多样性保护提升技术	生态修复

4. 可持续海洋交叉研究

海洋科学具有综合和学科交叉融合的特性，特别是当前海洋信息化深度发展，海洋环境、海洋装备、人类活动和政策管理等领域共同发展，涉及生态、生物、物理、化学、数学、环境、船舶、通信、控制、机械、材料、计算机、经济、人文等众多学科专业。迫切需要贯通人类活动－全球变化－系统演变－治理决策的跨学科交叉融合研究，特别是在系统状态和韧性的甄别、表征与评估，以及趋势预测方面。

要分析海洋大数据在自然科学与社会科学等领域中的作用和影响，明确科研体系和市场应用需求，甄别多学科交叉的作用机理，探索海洋大数据与各学科交叉融合过程中的技术难题，推动海洋大数据在各个行业中的应用，需要学术界、产业界和政府机构的共同努力，从不同角度对海洋环境健康提出要求，不断提升保护和恢复能力，完善产业配套和政策环境。

当前亟须通过学科交叉，厘清海岸带典型生态系统的结构和功能及其状态，表征、量化临界点及其阈值，评估自然系统响应多重压力的韧性和自然恢复力，为海洋生态环境系统的生态环境保护和恢复、生物资源恢复，以及陆海统筹的可持续健康发展提供跨学科的创新理论依据和技术方法支撑。

二、海洋生态健康与生物多样性保护

（一）海洋生物多样性长时序、智能化的科学观测体系构建

应对“3030 目标”和《BBNJ 协定》的国际形势需求，我国深度参与全球海洋生物保护与管辖治理，相较于海洋强权国家，客观上存在科技短板。在 BBNJ 海洋保护区的选划中，我国对深海和大洋等特殊生境中海洋生物多样性的认识严重不足，对海洋生物所具备的遗传多样性和韧性适应潜能的科学认知十分有限。

海洋生物多样性的认知依赖于成熟的长期科学观测体系，包括依托生物多样性热点区域野外台站观测基地，开展持续性的时间序列观测并配备智能化的观测手段。全球海洋观测系统及其合作伙伴最近发现了在海洋生物地位方面的重大知识差距，该研究表明，持续的生物观测的覆盖范围仅占整个海洋表面的 7%（UNESCO，2022），全球持续性的时间序列观测站位也多数密集分布于北美洲、欧洲沿岸和北大西洋区域（UNESCO，2020）。千年生态系统评估的生物多样性综合报告已指出自然系统的变化动态与人类对这些变化做出的反应之间存在不协调现象。失调是生态系统反应滞后、社会经济体系与生态体系之间信息反馈的复杂性，以及难以预测阈值造成的。监测频率、周期及区域化难以为分析预测阈值提供必要的数据。

高科技信息化观测技术手段的完善与突破。2017 年在首次联合国海洋大会上，联合国秘书长古特雷斯提出倡导需要利用大数据、现代信息分析手段等对海洋生态环境进行实时监测，为政策制定提供可靠支持。卫星、Argo、ROV、Glider 等先进的观测技术手段是实现获取海洋生物及环境基础大数据的有效方式，结合人工智能等现代信息分析手段，构建数字孪生海洋、数字孪生海洋带是当前亟待突破的“卡脖子”科技难关。

（二）海洋生物多样性数据库自主化

ABNJ 区域中，我国对海洋生物多样性和生态系统层面全球调查相对发达国家十

分有限，海外研究的基础数据极为不足。在过去的几十年中，海洋强权国家依托广泛的全球调查台站和现场调查计划，已构架了多个具有国际权威性质的海洋生物多样性数据库，我国在此方面的贡献度与引领度都十分不足。2001—2010 年的海洋生物普查 CoML 计划结束后，建立了全球最大的在线海洋生物多样性信息系统（OBIS）集成了近 1 亿条记录（每天新增 10 万条记录），4418 个数据集（每天新增 2 个数据集）。这种增长的部分原因是系统新增了发布 DNA 衍生数据的功能。OBIS 中 1/3 的数据（约 3700 万条记录）来自 2000 年以前的采样工作，550 万条记录来自 1970 年以前的采样工作（UNESCO，2022）。IOC 有害藻华计划 HAIS（http://hais.ioc-unesco.org），构建全球赤潮事件数据库 HAEDAT（http://haedat.iode.org）希望在科学上继续深入探索有害藻华的暴发机理，为预测和减轻灾害损失提供科学依据，提高包括环境毒素监测和物种识别等方面的能力建设。

地球系统模式研发、生态系统响应气候变化的内部机制理论认知不足。生物泵可以从大气中吸收碳 50 ~ 60 Gt/a，而其中 10% 可从表层海水迁出沉降（De La Rocha，2006；Henson et al., 2022）。在全球气候变化的背景下，当前的地球系统模式对于生物泵的输出的预测存在较大差异，并未达成统一共识，需要更稳健的分析标准才能实现模型参数的进一步优化（Henson et al., 2022）。

三、海洋生态治理与生物多样性保护的法律框架和政策体系

（一）我国深度参与全球海洋塑料污染治理的工程科技优先发展方向

尽管国际社会已启动国际法律文书的制定以应对塑料污染危机，但对塑料和微塑料的科学认知缺口，以及贯穿塑料全生命周期的技术短板，制约了人类应对这场危机的能力，在某种程度上，这将影响到全球治理塑料污染的进程。我国深度参与到全球海洋塑料污染治理的进程中，需提炼并回应此中面临的重大科技挑战和障碍，使科学与政策、法律有机结合。

为此，特根据全生命周期方法，参考 UNEP 会员国为制定一项具有法律约束力的塑料污染（包括海洋环境中的塑料污染）国际文书而向 INC 第一届工作会议秘书处提交的文本信息，梳理出塑料在不同的生命周期阶段中涉及的主要人类活动、关键热点和治理需求、科技挑战和障碍、科技支撑需求（表 3-12），以期为我国深度参与全球海洋塑料污染治理的科技战略勾勒框架。

表 3-12　我国深度参与全球海洋塑料污染治理的重大科技支撑需求

塑料生命周期阶段	涉及的主要人类活动	关键热点和治理需求	科技挑战和障碍	科技支撑需求
上游 / 诞生	（a）提取化石燃料以生产塑料（涉及石油和天然气工业）； （b）使用替代性原料（例如生物基原料、再生材料）进行生产； （c）石化工业生产塑料的工艺流程	（a）采取措施减少原生塑料； （b）采用统一的材料和质量标准； （c）获得有价格竞争力且优质的再生材料； （d）在国家层面出台激励措施，鼓励使用已产出的再生塑料材料	（a）塑料工业依赖石油和天然气工业的副产品，塑料生产没有可持续且有价格竞争力的替代性原料	（a）开发和利用可持续、替代性原料的技术
中游 / 使用	（a）塑料产品和含塑料产品的设计和制造、塑料产品的分销、贸易、使用和再用； （b）大规模制造业（包装、食品和饮料、汽车、电气和电子、建筑、医疗保健、纺织等）； （c）个人和商业用户对塑料产品的消费	（a）确定应通过产品设计予以消除的有问题和不必要的产品和包装； （b）推行从制定设计标准到执行能够消除或减少有害、危险或不必要的塑料的措施； （c）生产者延伸责任政策和计划； （d）去除塑料中对人类健康构成风险的用作添加剂的危险化学品，并需要创新和开发更可持续的替代品； （e）利用产品标签制度在整个供应链中提高关于所用塑料及其他化学品和添加剂类别的透明度与可追溯性，为正确处置（包括再制造或循环利用）创造条件； （f）认识到贸易在塑料价值链中的重要性及明确识别和跟踪塑料的必要性； （g）考虑到塑料和微塑料颗粒涉及多个层面这一特性的国际风险评估框架； （h）建立一个体系，以便在国家、区域和全球各级汇编关于塑料整个生命周期中的塑料材料流动和平衡情况的数据； （i）提倡"至善科学"，增进塑料产品的流通和贸易； （j）建立一个科学决策机构，对参数、污染标准指数、取样程序、实验室测试进行决策	（a）缺乏可持续产品设计方面的标准； （b）缺乏塑料产品流通和贸易的数据、信息、透明度和可追溯性，包括缺乏塑料生命周期内的跨境贸易流动的可靠分类数据； （c）没有充分监测和评估各国采取的管理塑料措施的成效； （d）缺少在设计时既不用危险化学品又能确保产品功能的技术； （e）没有通过设计和创新来减少难回收塑料（如多层塑料）的普遍使用并推行可持续替代品	（a）制定可持续产品设计方面的统一标准； （b）建立塑料产品流通和贸易的国家、区域、全球数据库； （c）基于数据收集，制定一套统一的指标体系，监测这些指标，以评估实现全球和国家目标的进展； （d）可持续的塑料产品设计，通过产品设计减少和消除一次性、有问题、不必要、危险和有害的塑料

续表

塑料生命周期阶段	涉及的主要人类活动	关键热点和治理需求	科技挑战和障碍	科技支撑需求
下游 / 终结或循环再生	(a) 维修； (b) 翻新； (c) 循环利用； (d) 塑料废物贸易； (e) 残余废物处置	(a) 采取措施确保以安全、适当和无害环境的方式收集、管理和处置塑料废物及其他类别含塑料的废物，同时提高可回收性，创建循环性更强的塑料价值链； (b) 针对塑料污染的跨界性质采取措施； (c) 建立一个机制，以追踪和控制塑料废物的非法贸易、倾倒和运输，以及塑料跟随洋流的漂浮； (d) 加强非正规部门与产业价值链的联系，包括承认人权； (e) 培育维修文化	(a) 维修技术难获取、维修成本高，缺少根据特定国家需求定制的负担得起且可以获取的维修和再制造解决方案； (b) 缺少分类管理废物（包括管理塑料废物）的技术和基础设施； (c) 缺少循环利用技术； (d) 有关难回收塑料产品的技术和解决方案不足； (e) 缺少微塑料过滤技术	(a) 创新维修技术； (b) 创新塑料回收技术。机械回收更具环境无害性且可进行盈利管理，应优先考虑机械回收的技术创新。针对较低价值的塑料回收，如薄膜和复合材料，应评估化学回收技术在以可持续的方式回收此类塑料方面的潜力，尤其需要评估化学回收等替代回收技术在整个生命周期的温室气体排放情况、环境影响、经济成本、社会影响； (c) 创新捕获泄漏塑料的技术，包括收集和捕获微塑料在内的塑料泄漏。通过优化现有的产品设计，防止生产、生活中的微塑料泄漏，并对捕获到的微塑料进行管理
跨阶段 / 全生命周期过程	—	—	(a) 缺乏统一的塑料产品标签和跟踪系统	(a) 建立统一的塑料产品标签和跟踪系统； (b) 开展塑料生命周期评估，即在科学和技术上完成对一个塑料产品系统在其生命周期内的投入、产出及潜在环境影响方面的汇编和评价； (c) 尽可能在全球层面统一海洋塑料垃圾通量数据的收集方法，确立统一的元数据标准，并建立中央数据库。可考虑将中央数据库对 MEA 成员国开放，以促进全球层面关于海洋塑料污染治理的基础数据共享

以海洋塑料污染的治理为切入点，我国深度参与全球海洋生态治理应优先发展的工程科技方向包括但不限于：

（1）在塑料的诞生阶段，建议开发和利用可持续、替代性原料的技术。

（2）在塑料产品的生产、销售、贸易、使用、消费阶段，建议①制定可持续产品设计方面的统一标准；②建立塑料产品流通和贸易的国家、区域、全球数据库；③基于数据收集，制定一套统一的指标体系，监测这些指标，以评估实现全球和国家目标的进展；④发展可持续的塑料产品设计，通过产品设计减少和消除一次性、有问题、不必要、危险和有害的塑料。

（3）在塑料的终结或循环再生阶段，建议①创新维修技术；②创新塑料回收技术。机械回收更具环境无害性且可进行盈利管理，应优先考虑机械回收的技术创新。针对较低价值的塑料回收，如薄膜和复合材料，应评估化学回收技术在以可持续的方式回收此类塑料方面的潜力，尤其需要评估化学回收等替代回收技术在整个生命周期的温室气体排放情况、环境影响、经济成本、社会影响；③创新捕获泄漏塑料的技术，包括收集和捕获微塑料在内的塑料泄漏。通过优化现有的产品设计，防止生产、生活中的微塑料泄漏，并对捕获到的微塑料进行管理。

（4）在塑料的全生命周期过程中，建议①建立统一的塑料产品标签和跟踪系统；②开展塑料生命周期评估，即在科学和技术上完成对一个塑料产品系统在其生命周期内的投入、产出及潜在环境影响方面的汇编和评价；③尽可能在全球层面统一海洋塑料垃圾通量数据的收集方法，确立统一的元数据标准，并建立中央数据库，可考虑在未来将中央数据库对正在制定的海洋塑料污染治理多边环境协定的成员国开放，以促进全球层面关于海洋塑料污染治理的基础数据共享。

（二）我国海洋生态健康与海洋综合管理的工程科技优先发展方向

以海洋生态健康和海洋综合管理为切入点，我国深度参与全球海洋生态治理应优先发展的工程科技方向包括但不限于：

（1）在考虑我国陆源污染对海洋生态系统和海洋生物的影响的基础上，构建以海洋环境承载能力和近海水域质量目标为核心的海洋综合管理科技支撑体系。

（2）面对未来气候变化胁迫和海洋系统的高动态性，需不断完善海岸带与海洋空间规划编制及相关技术标准，建议①识别影响人海关系与维持海洋生态健康的关键要素，创新科学和精细化的空间规划及评价技术方法、生境修复标准，构建保护地网络（包括核心保护区、缓冲区、廊道和物种核心栖息地）的自然解决方案，实施海洋关键物种栖息地生态保护修复；②编制特殊类型空间规划保护濒危海洋栖息地，修复处于退化及破坏状态的滨海湿地；③加快布局海洋生态治理与综合管理相关重大研究计划的立项与实施，加强海洋生态修复及海洋健康协调发展关键技术研发；④以海陆生态保护与环境治理、空间统筹与规划管理的理论与方法为突破口，强调数据驱动模式下空间资源和环境的优化整合，聚焦人海和谐共生关系，为推动深度参与全球海洋综合管理和可持续发展提供规划支撑。

（3）数据是海洋综合管理的重要科学基础，建议①构建安全、共享的区域间海洋科学数据库，并建设统一的海洋环境观测和信息系统、完善海洋生态环境技术、海洋探测技术及海洋气象灾害预警技术的海洋气候变化预测评估方法，形成全球海洋气候韧性技术体系，研发和集成海洋化学、生物和生态要素的实时监测技术标准，以支撑区域管理和海洋能力建设；②开发全球海洋综合评价数据科学工具箱，集成海洋综合评价所需的资源、环境、生态、海洋灾害、社会、经济、治理等数据，加强多源异构数据的融合，为加强科学和管理的融通，构筑健康和韧性的海洋提供科学支撑；③以定期综合评估海洋状况和海洋科学能力为导向，结合联合国“海洋十年”对于海洋数字信息服务的国际需求，搭建智慧海洋生态环境监测预警预测平台，综合运用大数据、数值模型、人工智能技术，保障全球海洋和海岸带可持续发展。

第四节　海洋生态健康与生物多样性保护的发展愿景、路径和建议

一、海洋环境健康

（一）发展愿景

基于海洋科学解决方案，促进人海和谐，实现可持续发展。不断强化科学、技术、工程和管理等方面的支撑，保护海洋环境健康，构建可持续发展的海洋生态系统，推动减污降碳和绿色发展，实现“人海和谐”和可持续发展目标。

凝聚力量，深化全球范围交流合作，构建海洋命运共同体。针对复杂、敏感的海

洋环境健康问题，推动对海洋命运共同体的国际认同，塑造价值共识。在区域乃至全球尺度上确立统筹治理战略，实施海洋与海岸带综合管理。建立健全海洋治理新格局，深化与发达国家和发展中国家（地区）的协同合作。

（二）发展路径

在政策上，实施海洋强国战略，不断完善海洋环境保护法律体系与管理体制，推进协同治理。

在经济上，搭建多元融资平台与机制。完善财政科技资金支持方式，推进科技计划和科技经费管理体制改革，搭建创新科技金融平台。在海洋研究与治理等相关领域设立专项基金，加强对海洋污染防治、海洋生态环境与生物多样性保护等方面基础研究的投入。

在科学、技术与工程实践上，持续释放在深海观测、智慧海洋、数字孪生海洋、海洋模拟等领域的优势和潜力。整合各个国家海洋治理的经验，打造具有中国区域特色的实践案例，同时把区域治理与全球海洋治理相结合，自觉融入全球海洋治理中，提供中国智慧与中国方案。

积极参与全球海洋环境治理国际合作，积极参与国际立法，严格履行相关国际公约或协定，主动构建国际海洋合作平台，引领实施全球环境治理计划。

（三）关于深度参与全球海洋环境治理的对策建议

加强自主研发，建立自立自强的海洋观测技术创新体系。坚持中国特色的自主创新道路，突破大型科研探测和观测装备的“卡脖子”技术，研发“空天地海”系列海洋环境探测仪器装备，加速推进海洋观测监测设备国产化，在关键的仪器装备上实现自主可控。

推进数字孪生，实现海洋数值模式动态集成和精细化预报。设计并实施“透明海洋”立体观测和物联网建设，建立我国海洋污染物全要素的增长型数据库，建立科学数据开放共享机制，发展多源数据融合技术，发展海洋数值模式和人工智能应用技术，研发海洋灾害预警预报数字技术体系，实现“数字孪生海洋”，加快实现海洋生态环境治理体系与治理能力现代化。

推动成果转化，提供科学有效的海洋保护修复技术示范。加快海洋高新技术创新与工程应用，通过“一带一路”多边合作提升我国科技辐射能力，促进海洋科技成果的国际应用，开展全球海洋与海岸带污染治理与生态修复示范。

引领全球治理，构建共商共建共享的海洋命运共同体。贯彻落实“21 世纪海上丝绸之路”“海洋生态文明”“蓝色伙伴关系”“海洋命运共同体”等理念和思想。积极推动多边合作，深度参与全球海洋环境治理，在碳中和、物联网等科技领域形成领跑或并跑优势，为建立全球海洋治理新格局贡献中国方案。

二、海洋生态健康与生物多样性保护

（一）积极引领重塑全球海洋治理秩序

在成功举办了《联合国生物多样性公约》COP15 大会第一阶段会议后，中国继续作为 COP15 主席国领导大会实质性和政治性事务，积极协调推动“2020 年后全球生物多样性框架”（GBF）的成功签订。GBF 制定了进取的“3030 目标”，以此为基础遏制并扭转生物多样性丧失，使海洋走上恢复之路，并支持可持续发展目标的实现。

我国应承担大国责任，引领及协调《BBNJ 协定》的法律法规谈判；提出公海保护区选划方案；制定公海保护区战略；制定公正的生物遗传资源惠益共享方案。加强国际合作，推进构建“海洋命运共同体”，积极参与以《联合国生物多样性公约》为核心的海洋生物多样性保护相关国际公约条约，加快推进《“一带一路”建设海上合作设想》，共同发展蓝色经济，建设绿色、繁荣的海上丝绸之路。

目前，我国海洋保护区建设依旧需要努力均衡海洋资源的开发利用，从观测范围和观测对象的层面加大对海洋保护区生物多样性的普查力度，协同保护与开发，合理规划我国海域海洋保护区面积；高连通性海洋保护区生态网络长距离洄游及深海物种设计优先保护区。未来保护区设置策略可从以下几方面加以考虑：陆海统筹，对我国海域的海洋生物多样性资源实行整体性保护；将受人类活动和气候变化影响较小且功能状态稳定的区域，如生物避难所（climate refugia），纳入保护区生态网络，这些区域面临的外界干扰和威胁较小，有利于维持较高的生物多样性；模拟预测气候变化及人类活动影响下海洋物种洄游通道变化，尤其是针对有漂浮幼虫期物种、长距离洄游及深海物种在关键路径上增设保护区作为鱼类洄游踏脚石生境，提高物种在邻近保护区之间的洄游路径质量，有效降低物种洄游阻力；充分解析海洋生物多样性对气候变暖的响应机制，有针对性地调整保护区边界，尤其是未来受气候变化影响可能性较大的区域及深度，增加对跨深度活动物种的保护策略，构建兼具横向和纵向物种洄游信息的三维海洋保护区，以缓解气候变化对局部或单一深度物种的影响。

（二）深化科学认知，提升海洋工程能力，推动学科交叉融合

联合国《2030年可持续发展议程》、“海洋十年”与“生态系统修复十年”的行动计划中，“海洋生物多样性”与“生态系统的可持续性”是诸多项目的关注焦点。中国引领发起国际大科学计划，打造海洋命运共同体，提升生物多样性与生态系统功能的基础科学理论认知。全球气候变化背景下，梳理人类活动与气候变化对生态系统的复合效应，生物多样性的适应机制，典型生态系统的临界点、稳定性和恢复力理论创新。

公海保护区旨在对公海活动实施全面管控。我国在公海保护区的基础调查和工作基础不足，应加强特殊生境和极端环境的海洋遗传资源采探与评估；加大科研投入，国际合作协同开展气候敏感生态系统的生物多样性监测，开展对南美、印太、太平洋热带海域、两极、深海等海洋生物资源丰富地区和生态系统的大型科考项目；组织专家力量，起草海洋生物多样性调查白皮书。

加快建设国家野外海洋生物多样性的综合观测台站，加大对卫星遥感、无人机、Argo、水下滑翔机等现代智能观测技术的研发投入，形成“空天地海”一体化观测网络。构建开放共享的地球系统模式，为全球防灾减灾、环境预报提供基础数据。加大遗传资源多样性调查与利用的研发力度，深入完善我国自主海洋生物多样性与基因数据库。

（三）科技成果转化，服务国家双碳战略，贡献联合国可持续发展目标

生态文明建设是中国发展的必由之路，是中国多元与包容发展的最佳体现。构建可复制、可推广的生物多样性保护实践方案；加快推进海洋保护区的建立和滨海湿地的生态修复，充分挖掘红树林、盐沼、海草床等蓝碳资源的社会价值和经济价值；促进科学知识的转化，积极引导企业、公众等社会力量参与海洋生态修复和生物多样性保护。

海草是地球上生产力最高但受到高度威胁的生态系统之一，许多国家已经制定了

保护和恢复海草栖息地及改善沿海环境质量的立法，以防止进一步损失并促进恢复，海草恢复是弥补海草栖息地生态系统生物多样性和生态系统服务损失的必要补充手段，而同样影响海草修复的环境因素包括富营养化等（van Katwijk et al., 2016；UNEP，2020）。

澳大利亚和新西兰的海草恢复得出的经验：需要针对特定物种的研究来明确海草的恢复力，尤其是面对气候变化时的当地适应潜力。成功的修复工作将取决于移植物或种子是否能够在未来条件下持续存在。成功需要准确的预测，这需要严格的物种、地点、栖息地和方法数据（Tan et al., 2020）。

建立以保护地为核心的海洋生物多样性保护管理体系，对重要的海洋生态系统进行严格保护，可纳入国家公园体系；整合优化各类保护区，增加远洋海洋保护区力度，填补远洋保护区空白；开展红树林、珊瑚礁、海草床等受损生态系统恢复行动，设立因地制宜的生态修复策略方案；推进海洋保护区生态环境监测标准化进程，加强海洋保护区信息共享制度，充分发挥国家级海洋保护区建设与管理系统平台优势，将海洋保护区基本信息、生态环境监测数据等整合，实现信息共享，为海洋保护区建设实现效果最大化（王晓莉等，2022）。

生态系统服务功能与经济核算。沿海蓝碳生态系统是碳储存的热点，每公顷土壤固碳强度是陆地生态系统固碳强度的 10 倍（UNESCO，2022）。推动滨海湿地蓝碳进入 IPCC，国家自主贡献清单；联合“一带一路”共建国家、金砖国家，共同制定推广海洋蓝碳方法学的研发，制定国际标准，海洋碳汇观测的标准方法。

超过 30 亿人的生计依赖于海洋和沿海的多种生物（IOC-UNESCO，2020）。在全球范围内，海洋和沿海资源及产业的市场价值估计每年达 30 000 亿美元，占全球国内生产总值（GDP）的 5% 左右（https://www.unadap.org/post/india-s-stance-on-sdg-14-life-below-water）。加快构建我国生态价值、生态资产和生态系统生产总值核算体系国家标准，完善海洋生物多样性与海洋生态系统服务价值的实现路径。

早在《联合国生物多样性公约》签订之初，专家们已将“发达国家和发展中国家之间分担成本和收益的必要性”及“支持当地人民创新的方式方法”纳入协议考量。推广宣传蓝碳资源的社会效益和经济效益，以科技赋能企业，让社会资本参与生态修复与生物多样性保护，构建可持续发展示范精品案例并进行全球推广。面向公众加强宣传教育，不断增强全社会保护海洋生物多样性的意识。

三、海洋生态治理与生物多样性保护的法律框架和政策体系

（一）我国深度参与全球海洋生态治理与生物多样性保护的法律建议

一是坚持和维护以国际法为基础的全球治理体系，强化和优化对现有涉及海洋生态治理与生物多样性保护的国际公约的国家实施，在国内法的制定和修改过程中充分考虑国际公约对成员国的履约要求，充分考虑国际公约反映出的海洋生态治理与生物多样性保护的发展趋势，尽可能使国内、国际两个法律系统有效衔接。

二是紧跟涉及海洋生态治理与生物多样性保护的国际造法趋势，在国际法律文书谈判过程中主动发出中国声音。这要求谈判专家不仅精通国际法，也要知晓相关的科技发展动态。政策制定者、法学家与科学家之间需加强互动和跨学科协作，针对国际造法活动中出现的新议题和争议点，事前前瞻、事后及时组织跨学科团队开展协同攻关。

三是加强区域合作，拓展国际合作网络，争取广大发展中国家和最不发达国家支持，掌握规则制定的话语权，将符合国家利益的法律原则、规则、方法、程序、标准等植入未来诞生的国际条约中。尤其是在刚刚开启的塑料污染治理国际法律文书制定过程中，以及在《联合国气候变化框架公约》COP27 之后可能出现新发展的气候与海洋交叉议题上。

（二）我国深度参与全球海洋生态治理与生物多样性保护的政策建议

一是协同区域海洋综合治理，坚持海洋综合管理全国一盘棋。中国海洋环境管理亟需将海洋生态治理与生物多样性保护纳入海洋综合管理的整体框架，并由“陆海统筹”国家战略指引海洋综合治理。推动各区域协同治理，做好“一海一策”，形成既符合各省市海洋生态环境保护实际需求，又满足全国海洋综合管理目标的多层次协同管理网络。在黄海、东海、南海开展海洋灾害联防联控、海洋生物保护联合行动等海洋生态治理工作与海洋生物综合利用、深海生命探索和海洋生物保育技术等生物多样性保护工作。推动政府、企业、学术界和民间等各方涉海利益相关者积极交流与合作，保障管理公平和协调各方利益，为可持续开发利用和保护海洋提供综合管理的系统性解决方案。

二是构建多边对话机制。构建广泛的海洋生态治理和生物多样性保护国家间对话机制。建议立足和完善已有的区域伙伴关系，针对渔业资源管理和污染物管控提出区域行动倡议，呼吁各国积极参与行动方案编制和实施。建立国家间海洋综合管理合作

机制，开展管理经验与技术交流，促进海洋专业领域科研、教育的合作交流。依托“一带一路”倡议、东盟与中日韩（10+3）合作机制、亚太经济合作组织、区域全面经济伙伴关系协定（RCEP）等合作机制与国际组织，在国际经贸合作的基础上，加强气候变化与海洋生物多样性的多边合作与基础设施建设，促成国际性海洋综合管理合作机制。

三是建立完善海洋与海岸带空间规划体系。加强海洋与海岸带空间人类活动足迹及其对海洋生态系统及生物多样性胁迫效应的综合性分析，协调陆海资源开发管理和海洋空间规划。加强海域空间管理合作，促进数字孪生海洋、智慧海洋牧场等数字化、新能源、人工智能监测公共科技产品、海洋监测指标数据、生物多样性保护技术及陆海统筹的海洋空间管理范式等方面的交流与合作，推动区域海洋健康的协调发展，构建更紧密的海洋命运共同体，服务于全球海洋生态治理与生物多样性保护。

参考文献

毕文婷, 2021. 海洋健康“问诊”——访厦门大学讲席教授、环境与生态学院院长吕永龙 [J]. 前沿科学, 15(4): 1−4.

曹长芳, 2019. 科技成果转化存在的问题及原因探析 [J]. 中国市场, (15):2.

高姗, 刘桂梅, 王辉, 等, 2020. 海洋生态预报的研究进展与发展应用 [J]. 海洋预报, 37(02): 84−93.

国家发展和改革委员会, 2016. 海洋气象发展规划（2016—2025 年）[EB/OL]. (2016−01−05) [2023−12−30]. https://www.ndrc.gov.cn/xxgk/zcfb/ghwb/201602/W020190905497803215106.pdf.

姜秀敏, 陈坚, 2021. BBNJ 协定谈判的焦点与中国的路径选择 [J]. 中国海洋大学学报（社会科学版）, (3):12.

李道季, 2020. 海洋塑料污染形势与治理之策 [J]. 可持续发展经济导刊, (11): 3.

李加林, 田鹏, 李昌达, 等, 2022. 基于陆海统筹的陆海经济关系及国土空间利用：现状、问题及发展方向 [J]. 自然资源学报, 37(04): 924−941.

李家彪, 王叶剑, 刘磊, 等, 2022. 深海矿产资源开发技术发展现状与展望 [J]. 前瞻科技, 1(2): 92−102.

李乃胜, 2020. 经略海洋：健康海洋专辑 [M]. 北京：海洋出版社.

李昕蕾, 2022. 全球海洋环境危机治理：机制演进、复合困境与优化路径 [J]. 学术论坛, 45(02): 1−15.

联合国粮农组织, 2018. 气候变化对渔业和水产养殖业的影响：当前的知识、适应和缓解方案汇编.

联合国粮农组织, 2020. 世界渔业和水产养殖状况.

钱程程, 陈戈, 2018. 海洋大数据科学发展现状与展望 [J]. 中国科学院院刊, 33(08): 884−891.

任湘湘, 夏冬冬, 2022. 印度海洋观测预报发展现状和思考 [J]. 海洋预报, 39(03): 107−116.

生态环境部, 2022. 2021 年中国海洋生态环境状况公报 [EB/OL]. (2022−5−27) [2023−12−12]. https://www.mee.gov.cn/hjzl/sthjzk/jagb/202205/P020220527579939593049.pdf.

生物多样性公约秘书处, 2020. 全球生物多样性展望第五版 [EB/OL].https://www.cbd.int/gbo/gbo5/publication/gbo-5-spm-zh.pdf.

施余兵, 2022. 国家管辖外区域海洋生物多样性谈判的挑战与中国方案——以海洋命运共同体为研究视角 [J]. 亚太安全与海洋研究, (1): 35−50.

石莉, 林绍花, 吴克勤, 2011. 美国海洋问题研究 [M]. 北京：海洋出版社.

孙松, 孙晓霞, 2007. 国际海洋生物普查计划 [J]. 地球科学进展, 22(10): 6.

覃梦娇, 2021. 基于深度学习的海洋环境时空预测方法 [D]. 杭州：浙江大学.

王金平, 吴秀平, 曲建升, 等, 2021. 国际海洋科技领域研究热点及未来布局 [J]. 海洋科学, 45(02): 152−160.

王晓莉, 许艳, 刘倡, 等, 2022. 大型海洋保护区建设国际实践及启示 [J]. 中国国土资源经济, 35(06): 4−9.

徐向荣, 孙承君, 季荣, 等, 2018. 加强海洋微塑料的生态和健康危害研究提升风险管控能力 [J]. 中国科学院院刊, 33(10): 1003−1011.

杨杨, 吴娟, 2021. 海岸带综合管理政策的制定、执行与效果论析——基于阿尔及利亚海岸带和厄瓜多尔海岸带综合管理的个案比较研究 [J]. 海洋开发与管理, 38(12): 52−57.

于文博, 李颖, 刘志晨, 等, 2020. 基于 GIS 的船舶溢油避险系统设计 [J]. 船海工程, 49(02): 89−93+101.

于宇, 黄孝鹏, 崔威威, 等, 2017. 国外海洋环境观测系统和技术发展趋势 [J]. 舰船科学技术, 39(12): 179−183.

余璇, 2021. 基于数据驱动关系以来的海洋环境大数据预报方法研究 [D]. 上海：上海大学.

张文国, 毕京鹏, 马万栋, 等, 2022. 海岸线生态空间挤占及对策建议 [J]. 环境保护, 50(10): 49−54.

张永垂, 陈诗尧, 王宁, 等, 2022. 全球业务化海洋预报系统进展 [J]. 地球科学进展, 37(4): 344−357.

詹媛, 2020. 科技成果转移转化的三个痛点 [N]. 光明日报. http://scitech.people.com.cn/n1/2020/1231/c1007-31984907.html.

中国海洋可持续发展的生态环境问题与政策研究课题组，2013. 中国海洋可持续发展的生态环境问题与政策研究 [M]. 北京：中国环境科学出版社 .

中国科学院创新发展研究中心，2020. 中国海洋领域 2035 技术预见 [M]. 北京：科学出版社 .

自然资源部，2022a. 2021 年中国海洋灾害公报 [EB/OL]. (2022−04−08) [2024−01−08]. http://gi.mnr.gov.cn/202205/t20220507_2735508.html.

自然资源部，2022b. 自然资源部发布十二项涉海行业标准 [EB/OL]. (2022−10−12) [2024−01−08]. http://news.mnr.gov.cn/dt/hy/202210/t20221012_2761655.html.

ALVAREZ-ROMERO J, MUNGUIA-VEGA A, BEGER M, et al., 2018. Designing connected marine reserves in the face of global warming[J]. Global Change Biology, 24: 671–691.

Angove M, Arcas D, Bailey R, et al., 2019. Ocean observations required to minimize uncertainty in global tsunami forecasts, warnings, and emergency response[J]. Frontiers in Marine Science, 6: 350.

ARKEMA K K, GUANNEL G, VERUTES G, et al., 2013. Coastal habitats shield people and property from sea-level rise and storms[J]. Nature Climate Change, 3(10): 913–918.

BEUSEN A H W, DOELMAN J C, VAN BEEK L P H, et al., 2022, Exploring river nitrogen and phosphorus loading and export to global coastal waters in the Shared Socio-economic pathways[J]. Global Environmental Change, 72: 102426.

BOVA S, ROSENTHAL Y, LIU Z, et al., 2021. Seasonal origin of the thermal maxima at the Holocene and the last interglacial[J]. Nature 589: 548–553.

BREITBURG D, LEVIN L A, OSCHLIES A, et al., 2018. Declining oxygen in the global ocean and coastal waters[J]. Science, 359(6371): eaam7240.

BRITO-MORALES I, SCHOEMAN D S, EVERETT J D, et al., 2022. Towards climate-smart, three-dimensional protected areas for biodiversity conservation in the high seas[J]. Nature Climate Change, 12: 402–407.

BRUNO J F, BATES A E, CACCIAPAGLIA C, et al., 2018. Climate change threatens the world's marine protected areas[J]. Nature Climate Change, 8: 499–503.

BURKHOLDER J A M, TOMASKO D A, TOUCHETTE B W, 2007. Seagrasses and eutrophication[J]. Journal of Experimental Marine Biology and Ecology, 350(1−2): 46−72.

CANNIZZO Z J, WAHLE C M, WENZEL L, 2020. Ecological Connectivity for Marine Protected Areas[R]. https://nmsmarineprotectedareas.blob.core.windows.net/marineprotectedareas-prod/media/docs/2020-ecological-connectivity-for-mpas.pdf.

CAPDEVILA P, NOVIELLO N, MCRAE L, et al., 2022. Global patterns of resilience decline in vertebrate populations[J]. Ecol. Lett. 25: 240−251.

DE LA ROCHA C L, 2006. Treatise on Geochemistry 2nd edn (ed. Elderfield, H.) 83–111 (Pergamon,

第三章

2006).

DIAZ R J, ROSENBERG R, 2008. Spreading dead zones and consequences for marine ecosystems[J]. Science, 321(5891): 926–929.

DO ROSÁRIO GOMES H, GOES J I, MATONDKAR S G P, et al., 2014. Massive outbreaks of Noctiluca scintillans blooms in the Arabian Sea due to spread of hypoxia[J]. Nature communications, 5(1): 1–8.

DONEY S C, 2010. The growing human footprint on coastal and open-ocean biogeochemistry[J]. Science, 328(5985): 1512–1516.

ELMQVIST T, ANDERSSON E, FRANTZESKAKI N, et al., 2019. Sustainability and resilience for transformation in the urban century[J]. Nature Sustainability, 2(4): 267–273.

ENDO C A K, GHERARDI D F M, PEZZI L P, et al., 2019. Low connectivity compromises the conservation of reef fishes by marine protected areas in the tropical South Atlantic[J]. Scientific Reports, 9: 8634.

FAO, 2016. The state of world fisheries and aquaculture 2016[J]. Contributing to food security and nutrition for all, 200.

FOX-KEMPER B, 2021. Ocean, cryosphere and sea level change[J]. AGU Fall Meeting Abstracts, 2021: U13B-09.

GLIBERT P M, 2017. Eutrophication, harmful algae and biodiversity — Challenging paradigms in a world of complex nutrient changes[J]. Marine Pollution Bulletin, 124(2): 591–606.

GOES J I, GOMES H D R, AL-HASHIMI K, et al., 2018. Ecological Drivers of Green Noctiluca Blooms in Two Monsoonal-Driven Ecosystems[M]//Glibert P, Berdalet E, Burford M, et al.. Global Ecology and Oceanography of Harmful Algal Blooms. Berlin: Springer. https://doi.org/10.1007/978-3-319-70069-4_17.

HALLEGRAEFF G M, et al., 2021. Global HAB Status Report. A Scientific Summary for Policy Makers[R]. Paris: UNESCO, IOC Information Document, 1399.

HALPERN B S, LESTER S E, MCLEOD K L, 2010. Placing marine protected areas onto the ecosystem-based management seascape[J]. Proceedings of the National Academy of Sciences, 107(43): 18312–18317.

HEINZE C, THORSTEN B, HELENA M, et al., 2021. The quiet crossing of ocean tipping points[J]. Proceedings of the National Academy of Sciences of the United States of America, 118(9): e2008478118.

HENSON S A, LAUFKÖTTER C, LEUNG S, et al., 2022. Uncertain response of ocean biological carbon export in a changing world[J]. Nature Geoscience, 15(4): 248–254.

HU Y, TIAN B, YUAN L, et al., 2021. Mapping coastal salt marshes in China using time series of Sentinel-1 SAR[J]. ISPRS Journal of Photogrammetry and Remote Sensing, 173: 122−134.

IOC−UNESCO, 2017. Global ocean science report-the current status of ocean science around the world[R]. Paris: UNESCO Publishing.

IOC−UNESCO, 2020. Global Ocean Science Report 2020-Charting Capacity for Ocean Sustainability [M/OL]//K Isensee. Paris: UNESCO Publishing. https://gosr.ioc-unesco.org.

IPBES, 2019. The Global Assessment Report on Biodiversity and Ecosystem Services[R]. [2023−12−30]. https://www.ipbes.net/global-assessment.

IPCC, 2019. Special report: Global warming of 1.5℃[R/OL]. Global Warming of 1.5℃ — (ipcc.ch).

IPCC, 2021. Climate Change 2021-The Physical Science Basis: Working Group I Contribution to the Sixth Assessment Report of the Intergovernmental Panel on Climate Change[R]. Cambridge: Cambridge University Press.

IPCC, 2022. Chapter 3: Ocean and coastal ecosystems and their services[R]//Climate Change 2022: Impacts, Adaptation and Vulnerability. https://www.ipcc.ch/report/ar6/wg2/.

IUCN, 1994. Guidelines for Protected Area Management Categories[M]. IUCN, Gland, Switzerland and Cambridge.

JANTKE K, JONES K R, ALLAN J R, et al., 2018. Poor ecological representation by an expensive reserve system: Evaluating 35 years of marine protected area expansion[J]. Conservation Letters, 11, e12584.

JOHNSON S M, WATSON J R, 2021, Novel environmental conditions due to climate change in the world's largest marine protected areas[J]. One Earth, 4: 1625−1634.

JONES K R, KLEIN C J, GRANTHAM H S, et al., 2020. Area Requirements to Safeguard Earth's Marine Species[J]. One Earth, 2: 188−196.

KELSEY R, BRITTA D H, CHRIS W, 2019. Estimates of fishing gear loss rates at a global scale: A literature review and meta-analysis[J]. Fish and Fisheries, 20(6): 1218−1231.

KING D, KOSTER E, BILLIEUX J, 2019. Study what makes games addictive[J]. Nature, 573, 346−346.

LENTON T M, HELD H, KRIEGLER E, et al., 2008. Tipping elements in the earth's climate system[J]. Proceedings of the National Academy of Sciences of the United States of America, 105(6): 1786-1793.

LI H, MAO D, WANG Z, et al., 2022. Invasion of Spartina alterniflora in the coastal zone of mainland China: Control achievements from 2015 to 2020 towards the Sustainable Development Goals[J]. Journal of Environmental Management, 323: 116242.

LOTZE H K, TITTENSOR D P, BRYNDUM-BUCHHOLZ A, et al., 2019. Global ensemble projections reveal trophic amplification of ocean biomass declines with climate change[J]. Proceedings of the National Academy of Sciences, 116, 12907–12912.

MANEL S, LOISEAU N, ANDRELLO M, et al., 2019. Long-Distance Benefits of Marine Reserves: Myth or Reality[J]. Trends in Ecology & Evolution, 34, 342–354.

MAO D, LIU M, WANG Z, et al., 2019. Rapid invasion of Spartina alterniflora in the coastal zone of mainland China: Spatiotemporal patterns and human prevention[J]. Sensors, 19(10): 2308.

MARKIC A, GAERTNER J C, GAERTNER-MAZOUNI N, et al., 2020. Plastic ingestion by marine fish in the wild[J]. Critical Reviews in Environmental Science and Technology, 50(7): 657–697.

MAXWELL S L, CAZALIS V, DUDLEY N, et al., 2020. Area-based conservation in the twenty-first century[J]. Nature, 586: 217–227.

NICOLA J B, MARGRETHE A, MELANIE C A, et al., 2019. Global ecological, social and economic impacts of marine plastic[J]. Marine Pollution Bulletin, 142:189–195.

OECD, 2022. Global Plastics Outlook: Economic Drivers, Environmental Impacts and Policy Options[M]. Paris: OECD Publishing.

OHAYON S, GRANOT I, BELMAKER J, 2021. A meta-analysis reveals edge effects within marine protected areas[J]. Nature Ecology & Evolution, 5(9): 1301–1308.

PURCELL J E, 2012. Jellyfish and ctenophore blooms coincide with human proliferations and environmental perturbations[J]. Annual Review of Marine Science, 4: 209–235.

RAMÍREZ F, AFÁN I, DAVIS L S, et al., 2017. Climate impacts on global hot spots of marine biodiversity[J]. Science Advances, 3(2): e1601198.

REED M L, PINCKNEY J L, KEPPLER C J, et al., 2016. The influence of nitrogen and phosphorus on phytoplankton growth and assemblage composition in four coastal, southeastern USA systems[J]. Estuarine, Coastal and Shelf Science, 177: 71–82.

REN C, WANG Z, ZHANG Y, et al., 2019. Rapid expansion of coastal aquaculture ponds in China from Landsat observations during 1984–2016[J]. International Journal of Applied Earth Observation and Geoinformation, 82: 101902.

SALA E, MAYORGA J, BRADLEY D, et al., 2021. Protecting the global ocean for biodiversity, food and climate[J]. Nature, 592, 397–402.

SAN DIEGO-MCGLONE M L, AZANZA R V, VILLANOY C L, et al., 2008. Eutrophic waters, algal bloom and fish kill in fish farming areas in Bolinao, Pangasinan, Philippines[J]. Marine Pollution Bulletin, 57(6–12): 295–301.

SHEN M C, HUANG W, CHEN M, et al., 2020. (Micro) plastic crisis: un-ignorable contribution to global greenhouse gas emissions and climate change[J]. Journal of Cleaner Production, 254: 120138.

STEPHANIE B B, JEREMY R, KARA L L, et al., 2020. Predicted growth in plastic waste exceeds efforts to mitigate plastic pollution[J]. Science, 369(6510): 1515–1518.

TAN Y M, DALBY O, KENDRICK G A, et al., 2020. Seagrass Restoration Is Possible: Insights and Lessons from Australia and New Zealand[J]. Frontiers in Marine Science, 7: 617.

TERRAUBE J, FERNANDEZ-LLAMAZARES Á, 2020. Strengthening protected areas to halt biodiversity loss and mitigate pandemic risks[J]. Current Opinion in Environmental Sustainability, 46: 35–38.

THE CENSUS OF MARINE LIFE INTERNATIONAL SECRETARIAT, 2005. The Census of Marine Life research plan[R]. www.coml.org/comlfiles/press/coml_research_report_2005.pdf.

THE PEW CHARITABLE TRUSTS, SYSTEMIQ, 2020. Breaking the Plastic Wave: A Comprehensive Assessment of Pathways towards Stopping Ocean Plastic Pollution: Summary Report[R]. https://www.pewtrusts.org/-/media/assets/2020/07/breakingtheplasticwave_report.pdf.

TITTENSOR D P, BEGER M, BOERDER K, et al., 2019. Integrating climate adaptation and biodiversity conservation in the global ocean[J]. Science Advances, 5(11): eaay9969.

UNEP, 2019. Innovative pathways to achieve sustainable consumption and production[R]. UNEP/EA.4/Res.1.

UNEP, 2020. Out of the Blue: The Value of Seagrasses to the Environment and to People [EB/OL]. [2020-12-11]. https://www.unep.org/resources/report/out-blue-value-seagrasses-environment-and-people.

UNEP, 2021a. From Pollution to Solution: A Global Assessment of Marine Litter and Plastic Pollution (Nairobi, 2021).

UNEP, 2021b. Life Cycle Approach to Plastic Pollution[R]. [2022–12–04]. https://www.lifecycleinitiative.org/life-cycle-approach-to-plastic-pollution/.

UNEP, 2022a. Broad options for the structure of the international legally binding instrument on plastic pollution, including in the marine environment, taking into account paragraphs 3 and 4 of United Nations Environment Assembly resolution 5/14[R]. [2022–12–30]. https://wedocs.unep.org/handle/20.500.11822/41265.

UNEP, 2022b. How can a life-cycle approach curb the plastic pollution crisis?[R]. [2022–12–04]. https://www.unep.org/news-and-stories/story/how-can-life-cycle-approach-curb-plastic-pollution-crisis.

UNEP, 2022c. Intergovernmental Negotiating Committee on Plastic Pollution[R]. [2022-12-04]. https://www.unep.org/about-un-environment/inc-plastic-pollution.

UNEP, 2022d. What to expect as negotiations to end plastic pollution kick off[R]. [2022-11-28]. https://www.unep.org/news-and-stories/story/what-expect-negotiations-end-plastic-pollution-kick.

UNESCO, 2022. State of the Ocean Report 2022[R/OL]. https://www.unesco.org/en/articles/state-ocean-report-2022.

VAN KATWIJK M M, THORHAUG A, MARBÀ N, et al., 2016. Global analysis of seagrass restoration: the importance of large–scale planting[J]. Journal of Applied Ecology, 53(2): 567–578.

VENEGAS-LI R, LEVIN N, MORALES-BARQUERO L, et al., 2019. Global assessment of marine biodiversity potentially threatened by offshore hydrocarbon activities[J]. Global Change Biology, 25: 2009–2020.

WANG X, XIAO X, XU X, et al., 2021. Rebound in China's coastal wetlands following conservation and restoration[J]. Nature Sustainability, 4: 1076–1083.

WEI Q, WANG B, YAO Q, et al., 2019. Spatiotemporal variations in the summer hypoxia in the Bohai Sea (China) and controlling mechanisms[J]. Marine pollution bulletin, 138: 125–134.

WEINERT M, MATHIS M, KRÖNCKE I, et al., 2021. Climate change effects on marine protected areas: Projected decline of benthic species in the North Sea[J]. Marine Environmental Research, 163, 105230.

WEINKLE J, LANDSEA C, COLLINS D, et al., 2018. Normalized hurricane damage in the continental United States 1900–2017[J]. Nature Sustainability, 1(12): 808–813.

XIN M, WANG B, XIE L, et al., 2019. Long-term changes in nutrient regimes and their ecological effects in the Bohai Sea, China[J]. Marine Pollution Bulletin, 146: 562–573.

XU S, XU S, ZHOU Y, et al., 2021. Long-term changes in the unique and largest seagrass meadows in the Bohai sea (China) using satellite (1974–2019) and sonar data: Implication for conservation and restoration[J]. Remote Sensing, 13(5): 856.

YIM J, KWON B O, NAM J, et al., 2018. Analysis of forty years long changes in coastal land use and land cover of the Yellow Sea: The gains or losses in ecosystem services[J]. Environmental Pollution, 241: 74–84.

ZHAO Y, PIKITCH E K, XU X, et al., 2022. An evaluation of management effectiveness of China's marine protected areas and implications of the 2018 Reform[J]. Marine Policy, 139, 105040.

ZHENG J, SANGWON S, 2019. Strategies to reduce the global carbon footprint of plastics[J]. Nature Climate Change, 9: 374–378.

第四章 海洋防灾减灾与应对气候变化

海洋是地球生命的起源之地，也是人类赖以生存的资源和环境所在。自大航海时代以来，有关海洋的国际法不断演进发展，逐渐形成了以《公约》为核心的规则体系，全球海洋法治初步得以确立。进入 21 世纪后，随着全球海洋治理新问题、新挑战的涌现，以及国际政治经济格局的深刻调整，全球海洋法治面临前所未有的大变局，亟须以新的理念来引领其发展。中国领导人于 2019 年提出构建“海洋命运共同体”重大倡议，彰显了中国政府致力于解决当前全球海洋治理中的矛盾与挑战，建立新型海洋伙伴关系，建设海洋强国，实现中华民族的强国梦的愿景，对于推动全球海洋治理具有重要而深远的意义。

当前，全球气候变化影响全球生态系统，以及人类社会的脆弱性，可能引发国土（领土）淹没、人口迁移、财产损失等一些问题，全方位挑战人类生存和发展。全球气候变化导致海洋致灾能力持续加强，这必将威胁到人类自身的安危，开展气候变化影响下的全球海洋灾害现状及重大科学命题战略研究具有构建人类命运共同体和全球海洋治理的重大需求。

海洋在许多方面正经历着过去几个世纪甚至几千年来前所未有的变化。我国是一个海洋大国，受海陆不同因素影响，海洋气候变化极具区域特点。沿海地区是我国经济最发达、城市化进程最快的区域，同时也是全球海洋气候变化的敏感区和脆弱区，面临的风险更高。掌握海洋防灾减灾重大科学技术关系全球海洋治理，更是具有重大的国家需求。

第一节　海洋防灾减灾与应对气候变化全球海洋治理的现状和发展趋势

海洋灾害是指海洋自然环境发生异常或激烈变化，导致在海上、海底、海岸带发生的严重危害社会、生命财产和生态系统的事件，主要包括海洋气象、海洋动力、海洋生态、海洋地质和海洋污染灾害等。全球气候变化背景下，出现了海温升高、海平面上升和海洋酸化等现象，生物多样性和海洋生态系统的服务功能受到影响，引起赤潮、绿潮等生态灾害频发。

我国海洋灾害发生频次、规模和地理分布范围呈现明显的年际变化特征，中国海洋灾害公报统计数据（截至 2022 年）显示，2013 年和 2020 年是近年来海洋灾害损失最重和最轻的年份。2013 年发生的海洋灾害以风暴潮、海浪、海冰和赤潮灾害为主，绿潮、海岸侵蚀、海水入侵与土壤盐渍化等灾害也有不同程度发生，各类海洋灾害造成直接经济损失 163.48 亿元，死亡（含失踪）121 人。2020 年，我国海洋灾害以风暴潮和海浪灾害为主，海冰、赤潮、绿潮等灾害也有不同程度发生，各类海洋灾害共造成直接经济损失 8.32 亿元，死亡（含失踪）6 人（自然资源部，2021）。海洋灾害预警预报能力和服务水平的不断提升，对减轻灾害损失也会起到重要作用，因此主要沿海各国均致力于开展海洋灾害预警预报预测和风险应对技术的研究和业务工作。

一、海洋防灾减灾治理国际计划

国际组织先后发起了全球海洋防灾减灾治理计划。

（一）灾害风险综合研究计划

2008 年，在国际科学理事会第 29 届全体大会上，国际科学理事会与国际社会科学理事会共同发起了一项为期 10 年的科学计划“灾害风险综合研究计划”（Integrated Research on Disaster Risk，IRDR），该计划联合自然科学和社会科学及工程技术专家，共同致力于自然灾害和人类引发的环境灾害风险评估，提高各国应对灾害的能力，减轻灾害影响和改进决策机制。

为期 10 年的灾害风险综合研究计划，致力于陆地、海洋、水文气象等各种灾害和人类引发的环境灾害，主要包括地震、火山、洪水、暴风、热浪、干旱、火灾、海啸、海岸腐蚀、滑坡、气候变化、空间天气和近地天体影响、流行病和卫生条件等致灾因子研究等。该研究计划的目标包括①进行灾害风险评估与预测，②研究并改进复杂多变灾害风险下的决策机制，③运用知识手段减轻灾害风险和损失。

（二）全球海啸灾害防灾减灾系统

全球海啸预警系统由四个政府间协调小组各自的覆盖范围系统（CARIBE-EWS、IOTWMS、NEAMTWS、PTWS）组成。作为太平洋海啸预警与减灾系统的成员，我国由国家海洋环境预报中心业务运行的南中国海区域海啸预警中心承担南中国海周边国家海啸预警减灾服务业务工作。

（三）全球海洋数据同化实验计划

我国国家海洋环境预报中心作为核心项目组成员，参与全球海洋数据同化实验计划（Global Ocean Data Assimilation Experiment，GODAE）项目（2015—2020 年）。该中心派出两位科学家参与指导该计划项目执行，在项目执行过程中派出多名海洋环境预报业务员参与项目的研究。

（四）联合国“海洋十年”计划

2017 年 12 月，联合国大会第 72 届会议宣布 2021—2030 年为“海洋科学促进可持续发展十年”（简称“海洋十年”）。这一项目旨在刺激海洋科学和知识的产出，以扭转海洋系统状况的衰退，并为庞大的海洋生态系统的可持续发展催生新机遇。2020 年 10 月 8 日，“海洋十年”在线发布了行动实施计划摘要。加强海洋和沿海多灾害早期预警服务，是当前“ 海洋十年”最直接和最紧迫的优先挑战事项之一。

为积极响应和参与“海洋十年”行动计划，实现“一个可预测的海洋”目标，我国需要加快推进近岸海洋环境和灾害的预报预测研究工作。海洋防灾减灾是我国海洋事业发展的重要基础性工作，也是国家综合减灾体系的重要组成部分。我国海洋防灾减灾工作已经取得了一定成绩，海洋观测系统在逐步完善，建立了多种类、多区域、高精度的精细化预报预测模型，实现了发布全球海洋数值预报产品的能力。

以上科学计划，重点聚焦于全球海洋灾害现状和发展趋势，全球海洋防灾面临的重大科技问题与挑战开展研究，本章在全球背景下分析我国海洋防灾减灾科技工程优先发展方向、我国海洋防灾减灾发展愿景、路径和建议。

二、海洋灾害的现状及发展趋势

（一）风暴潮

1. 风暴潮致灾机理

风暴潮指由强烈大气扰动，如热带气旋（台风、飓风）、温带气旋（寒潮）等引起的海面异常升降（增减水）现象。

风暴增水的大小与气压和风参数相关，大体关系如下：大约每降低 100 Pa 气压，风暴增水 1 cm；同时还与风要素相关，风暴增水正比于风速的平方，正比于风场水平尺度；风暴增水与水深成反比。

风暴潮灾害居我国海洋灾害之首，是唯一纳入民政部巨灾范畴的海洋灾害。20 世纪初至 1948 年期间，其中 5 次特大风暴潮灾害过程就累计造成超过 10 万人死亡。1989—2021 年中国海洋灾害公报统计数据显示，风暴潮灾害损失占海洋灾害损失的 90% 以上。近 10 年统计数据表明，在我国每年平均发生 15 ~ 16 次风暴潮过程，其中温带风暴潮主要影响渤海和黄海北部沿岸，台风风暴潮主要影响山东半岛以南沿岸；浙江、福建沿岸风暴潮灾害发生频次最高。据《2021 年中国海洋灾害公报》（自然资源部，2022b），2021 年我国沿海共发生 16 次风暴潮过程，其中 9 次造成灾害，直接经济损失达 24.67 亿元人民币，占本年度海洋灾害直接经济损失的 80%。

风暴潮能否成灾，很大程度上取决于最大风暴增水是否与天文高潮叠加，尤其是与天文大潮期间的高潮相叠。如果风暴潮恰好与天文高潮相叠（尤其是与天文大潮期间的高潮相叠），加之风暴潮往往伴随狂风巨浪，溯江河洪水而上，造成所影响到的滨海区域潮水暴涨，当风暴增水叠加天文潮超过海岸防御高度，则导致海水漫滩淹没，给沿岸地区造成灾害性影响。更有甚者，海潮冲毁海堤海塘，吞噬码头、工厂、城镇和村庄，使物资不得转移，人畜不得逃生，从而酿成巨大灾难。

国内外学者较多按照诱发风暴潮的大气扰动特性，把风暴潮分为由热带气旋所引起的台风风暴潮（或称热带风暴潮，在北美称为飓风风暴潮，在印度洋沿岸称为热带气旋风暴潮）和由温带气旋等温带天气系统所引起的温带风暴潮两大类。温带风暴潮主要发生在中纬度沿海地区，以欧洲北海沿岸、美国东海岸和我国北方海区沿岸为多。有热带气旋影响的区域均受台风风暴潮的影响。台风风暴潮灾害影响的区域，主要分布在印度洋的孟加拉湾、北大西洋的墨西哥湾、美国东海岸，以及西北太平洋沿岸的中国和日本。

2. 气候变化背景下风暴潮灾害研究进展

当前研究表明，未来热带气旋无论在平均水平还是最高等级强度都将随着气候变暖而增强，这一结论也在近 40 年的资料中得到验证（Kossin et al., 2020）。据国际气象组织报道，欧洲极端风暴潮水平评估结果表明，在高排放情景下，到 2100 年，欧洲风暴潮水平预计将平均增加 15% 左右，气候变化不仅导致海平面上升，同时也导致风暴潮灾害频次增加（Vousdoukas et al., 2016）。学者在分析欧洲过去 60 年海平面变化与极端风暴潮事件关系时指出，当前欧洲海岸规划将不能充分抵御极端风暴潮灾害（Calafat et al., 2022）。

欧美国家依托其先进的计算机技术基础，从 19 世纪 50 年代开展适用于风暴潮数值预报的天气预报技术研究，基于相对完善的监测网络系统和先进的观测技术，在风暴潮领域处于领先地位。

国外已有大量台风风暴潮数值模型，在一些水利研究工作发达的国家，如荷兰、丹麦、美国等都有比较成熟的数值模型，并在许多领域得到广泛应用。

1981 年美国大气海洋局和美国天气局联合研发了先进的台风风暴潮漫滩模式（Sea，Lake and Overland Surges from Hurricanes，SLOSH），经过 40 年的发展，该模式用于美国国家风暴潮预警报业务工作。

19 世纪 60 年代，英国比斯顿海洋研究院开发了风暴潮预警系统（storm tide warning system），并在二维线性模型的基础上发展了海模式（sea model），该模式在 1978 年开始用于温带风暴潮预报业务，处于世界温带风暴潮预报技术的领先水平。

荷兰 Delft 在数值模拟中引入风暴潮数值计算模型，形成了一套功能完善的数值计算系统—— Delft3D，广泛应用于包括风暴潮灾害在内的数值计算中。

丹麦水力学研究所经过数十年的潜心研究，开发了一套可用于风暴潮预警预报的模型系统—— MIKE21，该软件系统在我国的一些工程技术领域也得到了应用。

为分析全球风暴潮灾害时空分布及气候变化影响，有学者在美国航空航天局资助下利用历史潮位监测数据和再分析风场数据资料，构建了全球 882 个站位的历史潮位数据库，其中站点资料最早始于 1836 年，供研究人员识别全球多个区域过去 100 多年来风暴潮灾害发生的频次和强度，以评估当地风暴潮灾害在全球气候变化背景下的变化趋势（Tadesse and Wahl, 2021）。

3. 国际风暴潮灾害风险管理进展

风暴潮灾害严重的国家采取一系列有效措施抵御风暴潮灾害，其中风暴潮灾害风险评估是最为有效的途径之一。简要介绍美国风暴潮灾害风险管理进展如下。

美国联邦应急管理局（FEMA）自20世纪90年代开始开展沿海风暴潮灾害危险评估工作，提供沿海地区洪水淹没地图和地理信息系统（GIS）淹没专题数据在线查询服务，最小制图单元精确到社区尺度，供公众下载使用。美国飓风中心（NHC）于2018年11月发布了不同台风等级影响下美国台风风暴潮淹没地图第二版，为公众提供在线查询服务。

4. 我国风暴潮预警概况

与欧美一些海洋科技先进的国家相比，中国风暴潮预报工作开展相对较晚，国家海洋局于1974年在厦门召开中国首次风暴潮预报经验交流会，冯士筰院士及其合作者在1975年连续发表数篇论文，系统论述风暴潮概念、理论和数值预报的力学模型，建立了特有的超浅海风暴潮理论。1982年，冯士筰院士出版了国际上第一部风暴潮专著《风暴潮导论》。1992年，孙文心在数值模拟计算中提出了流速分解法，提高了计算效率，在“八五”科技攻关研究中，建立了我国第二代风暴潮数值预报模式，完善了模式的预报功能，提高了预报精度，并把预报区域扩大到全国沿海地区。一线海洋预报科研人员王喜年开发了五区块模式，经试运行，及“八五”期间改进和完善与业务化运行后，开启了我国风暴潮数值预报业务化工作。近些年来，国家海洋环境预报中心在已经业务化运行的台风风暴潮预报模式（CTS模式）和温带风暴潮模式（CES模式）基础上，进一步开发了精细化风暴潮预报模式（包括精细化台风风暴潮预报模式、精细化台风风暴潮漫堤数值预报模式、精细化温带风暴潮数值预报模式和精细化温带风暴潮漫堤数值预报模式），数值预报产品空间精度进一步提高。在近40年来我国风暴潮数值预报观测资料、数值模拟分析的基础上，于福江等在2020年撰写了《现代风暴潮预报技术及应用》，总结并发展了现代风暴潮数值预报技术及其应用。为进一步提高风暴潮监测预报能力，国家海洋环境预报中心持续加大精细化风暴潮预报模式和精细化风暴潮漫堤模式的开发。

国家海洋环境预报中心实时接收我国沿海150多个海洋观测站的分钟级水位资料，用于沿岸风暴潮监测预警。

国家海洋环境预报中心已经具备全球风暴潮数值预报能力，并为一些“一带一路”相关国家提供预报产品。国家海洋环境预报中心于2021年底发布了自主开发的海洋环流数值模式“妈祖1.0”，同时加大力量投入自主高精度智能风暴潮漫滩模型同步开发。

（二）海啸

1. 海啸致灾机理

海啸是由海底地震、火山喷发或海底泥石流、滑坡等海底地形突然变化所产生的具有超大波长和周期的大洋行波。当其接近近岸浅水区时，波速变小，振幅陡涨，有时可达二三十米，骤然形成“水墙”，瞬时侵入沿海陆地，造成海啸危害。

海啸事件，尤其重大海啸，是低频发生事件，一些区域即便没有海啸记录，也并不代表该区域不存在海啸风险；即使同样大小的海啸事件，由于其发生区域不同，灾害性影响也会不同。全球历史海啸数据库表明，3% 的海啸事件造成的伤亡人数占海啸灾害的 97%，由此可见，罕见海啸巨灾事件是造成海啸风险的重要因素，应充分重视造成灾难性影响的低频重大海啸事件。

进入 21 世纪，重大海啸灾害导致 25 万余人死亡（失踪），在我国南海区域，近 40 年单次死亡人数超过 2000 人的海啸灾害发生 2 次（同期全球仅有 4 次）。

2. 海啸数值模型研究进展

自 20 世纪 60 年代以来，美国就启动了海啸研究计划，美国国家海洋和大气局（NOAA）开始着手建立国际海啸预警系统。随后，太平洋沿岸的北美、亚洲、南美的一些国家和地区也先后加入。如今很多模型已经投入使用，其中几个典型的应用包括 NOAA 海啸研究中心（NCTR）所应用的 MOST（Method of Splitting Tsunami）模型，日本东北大学研制的 TUNAMI 系列预报模型，美国康奈尔大学的 COMCOT 模型及特拉华大学的 FUNWAVE/GEOWAVE 模型，我国国家海洋环境预报中心开发的 CTSU 海啸数值模型等，此外还有一些其他海啸模型用于海啸数值计算研究。

3. 国际海啸预警体系建设时序

1949 年，美国政府授权夏威夷 Ewa Beach center 正式履行官方海啸预警职责。

1968 年，Ewa Beach center 更名为太平洋海啸预警中心（Pacific Tsunami Warning Center，PTWC）；国际海啸信息中心（ITIC）成立；太平洋海啸预警与减灾系统（Pacific Tsunami Warning and Mitigation System，PTWS）成立。

2004 年，印度洋海啸之后，PTWC 预警范围由太平洋扩展到印度洋、南中国海、加勒比海等区域；其他 IOC 协调各大洋区建设海啸预警系统。

4. 我国海啸预警业务建设时序

1983 年，加入太平洋海啸预警与减灾系统政府间协调组。

2006 年，开发南海定量海啸预警系统。

2010 年，南海布放海啸浮标。

2013 年，联合国教科文组织政府间海洋学委员会批准建立南中国海区域海啸预警中心（SCSTAC）。

2018 年，南中国海区域海啸预警中心试运行。

2019 年 11 月 5 日，南中国海区域海啸预警中心正式运行。

2023 年，南中国海区域海啸预警中心备份中心（香港）建立并业务化运行。

5. 国际海啸灾害风险评估进展

由于我国历史海啸灾害发生次数和海啸灾情记录较少，可利用资料有限，从海啸诱因——地震事件的空间分布格局来分析其危险性，是主要途径。海啸爬高与地震震级和震源深度有着密切的关系，由于地震预测是世界性难题，因而海啸灾害预报对海啸观测依赖程度较高。当前海啸预警工作主要是基于地震、火山和水位资料监测开展。

海啸灾害风险评估工作是海啸风险管理能力提升的有效途径。在分析海啸灾害危险性时，主要从两个角度进行。其一是根据历史地震记录数据，结合板块或地壳运动规律分析其空间分布特征，分析可能最大地震情景，利用海啸数值模型计算该地震海啸情景，对其灾害性影响进行评估，此方法称为情景确定性风险评估。

其二是基于历史地震目录，建立震级－频率关系，利用随机分布函数生成海啸目录，最终根据随机地震事件模拟生成的海啸波幅统计分析，给出不同概率水平下的最大波幅分布图。Gareth 等（2018）利用全球地震海啸源分析得到全球 500 年和 2500 年一遇最大海啸爬高分布，Yuan 等（2021）利用环太平洋地震带目录，生成随时地震事件，基于概率性评估方法得到我国东南沿海海啸危险性概率性评估结果。

为评估海啸对美国海岸线的潜在影响，并帮助社区规划生命和财产的保护，美国国家海啸灾害减灾项目开展了对全国海啸灾害风险评估工作，分析潜在海啸源，并完成海啸淹没数值计算，确定海啸淹没和疏散区域。这些地图主要基于为各个沿海行政区制定海啸风险管理指南，工作成果对公众提供在线查询服务（https://nws.weather.gov/nthmp/maps.html#textlinks）。

在 2020 年启动的第一次全国自然灾害风险普查工作支持下，我国完成了沿海区县和省级尺度的海啸灾害风险评估工作，得到沿海区县海啸淹没风险分布图，并结合淹没区制作了海啸应急疏散方案，为海啸防灾减灾提供参考。

（三）海浪

1. 海浪的致灾因子和风险特征

海浪是由风引起的海面波动现象，是海洋上层主要的动力过程，也是全球气候系统的关键要素。海浪灾害是海洋灾害的重要组成部分，是各种海洋灾害中导致人员死亡或失踪的最主要致灾因素，严重影响海洋开发和生产的安全。我国近海和邻近海域位于欧亚大陆东南岸与太平洋相通，受到世界最大的陆地和最大的海洋共同影响，南北冷暖气流异常活跃，是世界上海浪灾害发生最频繁的地区之一。据《中国海洋灾害公报》统计，2021 年中国近海共发生有效波高 4.0 m（含）以上的灾害性海浪过程 35 次，发生海浪灾害过程 9 次，直接经济损失 10 537.50 万元，死亡失踪 26 人。

海浪的主要能量来源是海面风输入，海浪有效波高的变化趋势与海面平均风速和极端风速的变化趋势显著相关（Young and Ribal，2019）。全球变暖背景下，极端性海浪灾害频率增加、强度增强。1979—2018 年的台风浪盛行期，东海极端性海浪存在显著增强趋势，原因是影响东海的强台风和超强台风数量增加。影响我国的冷空气最初源地来自北极，在全球变暖的大背景下，北极海冰减少，极地涡旋减弱、分裂，冷空气更容易南下影响我国，导致冷空气的极端强度更强，冷空气的极端强度越强，相应地也会造成极端性海浪灾害增强。

2. 国际现状形势和国内分析

早在 1802 年，英国海军应用 20 年海面状况观测资料，制成了海面风力海况表，是最早的海浪预报，这种风推浪的预报方法目前仍被气象部门所应用。第二次世界大战期间，Sverdrup 和 Munk（1947）提出了著名的有效波预报方法，海浪预报才开始进入实用阶段。20 世纪 50 年代以后，将谱方法应用于海浪预报，把海浪理论研究推向了新阶段，如美国的 Pierson、Neumann 和 James（1955）提出了著名的 PNJ 波谱预报方法。我国著名物理海洋学家文圣常提出了“普遍风浪谱”和“普遍涌浪谱”预报方法，为我国的海浪预报理论奠定了基础（Wen，1960）。20 世纪 60 年代后，随着计算机技术的发展，为了进一步提高海浪预报准确度，许多海洋学家转向海浪数值预报方法研究。Hasselmann（1962）和 Hasselmann 等（1973）提出了波 – 波非线性相互作用及

JONSWAP 谱，为数值模拟海浪过程建立了非线性波相互作用源函数的理论基础。目前，海浪数值预报模式已历经了三代主流数值模式的发展，欧洲开发研制的第三代海浪深水模式 WAM（wave modeling）和浅水模式 SWAN（Simulating Waves Nearshore），美国发展的第三代海浪深水模式 WAVEWATCH Ⅲ，是代表当今海浪预报技术世界水平的数值计算模式，被世界各国广泛应用。我国在海浪模式研发方面也取得了一些成果，文圣常等（Wen et al., 1989）以文氏谱为基础开发了 WENM 模式。袁业立等（1992）基于 WAM 模式发展了 LAGFD-WAM，对海浪破碎源函数项进行了改进，考虑了流对浪的折射作用及浪流之间的能量交换。杨永增等（2005）基于 LAGFD-WAM 区域海浪模式发展了球坐标系下的全球海浪数值模式 MASNUM，虽然经过多年的研发和改进，面对高分辨率预报保障需求，其动力框架、物理参数化过程和预报能力上仍然存在着一些问题。

海浪观测方面，我国近海海域观测海浪的海洋站共计 55 个（2020 年统计），近海海域观测海浪的大浮标共计 32 个（2020 年统计），测波雷达站共计 34 个，另外还有通过世界气象组织交换得到的全球志愿船海浪观测资料。卫星遥感观测可以提供全天候、全球覆盖的海面风和海浪资料，目前我国在轨 5 颗海洋动力环境卫星，分别为 HY-2A/B/C/D 和中法海洋卫星 CFOSAT，为我国海洋防灾减灾提供丰富的海洋动力环境观测数据。

Timmermans 等（2020）研究指出，近年来，在全球变暖背景下，全球的极端天气和气候事件高发，一些地区的极端性海浪灾害正在增加。近几十年的模式后报数据和卫星观测资料显示，全球许多海域的波高正在增加，特别是在两个半球的高纬度地区，而且与平均海浪相比，极端海浪的增加幅度更大。Young 等（2012；2019）发现最近几十年全球的平均有效波高有小幅增加，极端条件（有效波高 90% 分位数值）增加较大，说明全球的极端性海浪强度比平均海浪强度增长的更快。Osinowo 等（2016）发现在中国海域，过去 40 年中，东海和南海的极端海浪波高也是显著增加的，平均增长率为 5 cm/a。全球变暖背景下，海浪灾害强度变化、海浪灾害发生频次变化、极端性海浪灾害变化趋势及预测，尚待进一步研究。

（四）赤潮和绿潮

工业革命以来，人类活动每年向大气中排放约 10×10^8 t 的 CO_2，其直接影响是导致了全球温度升高、区域气候异常、海平面上升、海水酸化等一系列全球气候变化。这些变化能够促使海洋生物从基因水平到生态系统水平发生改变，近岸海域生态功能有所退化，生物多样性降低，海水富营养化问题突出，赤潮和绿潮等海洋生态灾害频发，一些典型海洋生态系统受损严重，部分岛屿特殊生境难以维系，从而影响海洋生态系统的服务功能不利于人类的可持续发展。

1. 赤潮和绿潮致灾因子和风险分析

赤潮和绿潮形成的原因和机理十分复杂，是海洋中的生物、物理、化学、水文和气候等诸多因素共同作用的结果。目前，关于赤潮和绿潮形成的机制尚未有确切的定论，但可以肯定的是，赤潮的暴发与赤潮生物的存在、海水富营养化，以及适宜的温度、盐度、水文气象等因子密切相关（林森杰等，2019）。气候变化对中国近海赤潮和绿潮暴发面积、次数产生重要的影响。气候变化引起的海水升温、CO_2浓度升高、海水酸化、降水量变化、厄尔尼诺（El Niño）等都会直接影响赤潮和绿潮暴发的面积和次数。

2. 赤潮和绿潮国际现状形势和国内分析

在监测方面，目前国际上应对赤潮灾害预警最有效的手段是建立全天候立体监测网络，根据对监测资料进行的实时分析，判断赤潮是否发生及其发展趋势和可能影响范围（Stauffer et al., 2019）。我国已基本建立了中国沿海的赤潮和绿潮立体监测网，但这些赤潮和绿潮监测系统在时间和空间覆盖范围上仍远不能满足实际应用的需要。卫星遥感数据空间分辨率不足，中低分辨率的遥感影像在对赤潮和绿潮的监测上存在很大的不准确性。迄今为止，国内外所有的遥感监测赤潮和绿潮灾害研究还都停留在定性阶段，即对赤潮和绿潮分布的区域、面积和漂移路径等进行监测，而对于赤潮和绿潮生物量的监测还没展开。

在预测预警方面，目前赤潮灾害的预测方法主要有 3 类：经验预测法、统计预测法和数值预测法。经验预测法主要根据藻类生消过程中环境因子的变化规律进行预测，此方法仅依赖于某个环境因子的异常变化来定性判断赤潮发生，然而赤潮形成往往是多环境因子造成的，因此，在一定程度上限制了该方法的实用性；统计预测法能够综合分析引发赤潮的多个环境因子，基于多元统计方法，对大量赤潮生消过程的监测资料进行分析处理，筛选主要环境因子的同时，利用一定的判别模式对赤潮进行预测，但是由于统计分析方法缺乏发生机理的支持，容易导致对环境因子的筛选和分析的主观性和盲目性，从而难以给出较为稳定和合理的预测结果；而数值预测法则是根据赤潮发生机理，通过生态动力学数值模型模拟其发生—发展—维持—消亡的整个过程而进行预测的方法，但是该方法对生态动力学模型有诸多要求：要综合考虑物理－化学－生物过程的耦合，模型初始变量及边界条件的资料要来源一致，客观准确反映时空连续变化，模型参数要反映地域特点、模型资料要充分考虑已有资料的可利用性和完整性等。因此，数值预测方法，特别是利用物理－化学－生物耦合的生态动力学模型预测，既是赤潮预测技术的未来发展趋势又是目前研究的难点。

3. 赤潮和绿潮研究的短板、挑战和机遇

我国在赤潮和绿潮的预警预测和防灾减灾研究方面仍存在很多问题亟待解决，赤潮和绿潮成灾机理研究仍然是一个难点和热点，不同赤潮和绿潮灾种生物其生成机理各有不同，涉及的影响因子繁多复杂，成灾机理需要深入而持久的研究。

目前，我国已经建立起由岸站、浮标、船舶、雷达、航空遥感、卫星遥感和志愿者监测等手段组成的三维立体海洋环境监测系统，其监测能力覆盖了全国海域的海洋水文、气象、水质、生物、沉积物和大气等项目，取得了大量的监测资料。但是，目前这些数据还未建立高效的数据共享平台网络。海洋预报部门获取实时和历史监测数据还存在明显滞后和脱节的问题，这给预测赤潮和绿潮，特别是有毒藻华的发生、预报的准确性与稳定性，以及后报检验都制造了不小难度，使得灾害预报部门难以有效利用现有的实时观测数据，预报精度难以提高。

我国的赤潮和绿潮预报主要仍以气象、海温、海流等单物理要素为依据进行间接预测，虽然近年来我国海洋生态数值模型研究有了迅速发展，但结合赤潮和绿潮生活史特点，与三维物理环流模型相耦合，建立赤潮和绿潮种群动力学模型，对赤潮和绿潮进行动态模拟及预测研究，仍是目前国内外赤潮和绿潮预报研究面临的主要瓶颈问题。另外，我国尚未有专门为赤潮和绿潮预报而开发的业务化的生态动力学数值预报系统。

目前我们虽具备了赤潮和绿潮的季节预测能力，但是多基于统计模型。建立和应用气候－区域生态耦合模型开展月、季、年尺度生态灾害预测，是未来需要解决的技术难题。

（五）海平面上升

1. 海平面上升的影响和风险

海平面上升是人类社会面临的最重要的风险之一，对人类的生存和经济发展是一种缓发性的自然灾害，也正因为其缓发性的特征，其长期的累积效应会淹没沿海地区土地，给沿海地区的经济和社会发展带来严重的影响。海平面上升对岛屿国家和沿海低洼地区带来的灾害是显而易见的，最突出的是淹没土地、侵蚀海岸。沿海区域是各国经

济社会发展最迅速的地区，也是世界人口最集中的地区，约占全世界 60% 以上的人口生活在距海 50 km 以内的海岸地区，海岸地区平均人口密度约较内陆地区高出 10 倍。

全球海平面变化统计数据显示（图 4-1），1993—2021 年，全球平均海平面上升速率为 3.3 mm/a，区域特征明显。南半球海平面上升速率总体高于北半球，太平洋西部海平面上升速率总体高于东部。赤道太平洋西部、北太平洋西北部、南太平洋中纬度大部、南大西洋南部、马达加斯加至澳大利亚海域海平面上升速率较高，达 4 ~ 8 mm/a；热带和亚热带的东太平洋及大西洋海域总体上升速率较小，仅为 0 ~ 2 mm/a；南太平洋中高纬度局部海域海平面呈明显下降趋势，下降速率为 2 ~ 4 mm/a。

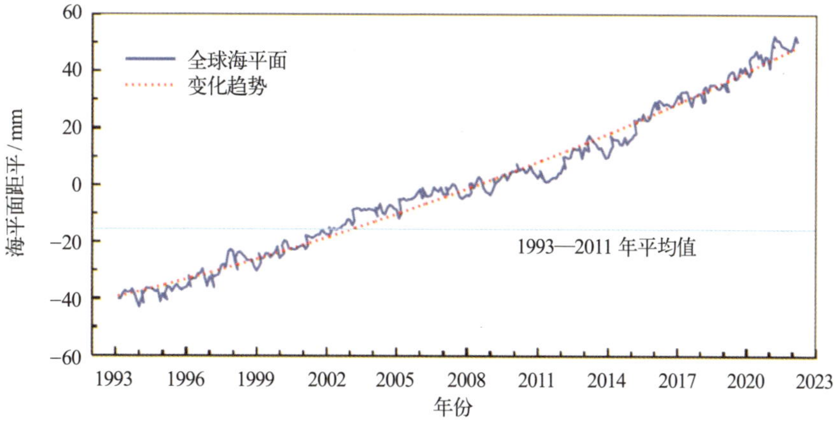

图 4-1　1993—2021 年全球平均海平面距平（相对于 1993—2011 年平均值）（国家海洋信息中心，2023）

2. 海平面上升的归因

海平面变化可以分为相对海平面变化和绝对海平面变化。两个主要因素影响全球平均海平面变化：一个是海水质量的变化，包括雪 / 冰的融化和累积，以及通过降水、蒸发、径流与大气和陆地之间的水质量交换；另一个因素是由海水的密度变化（包括温度和盐度的变化）引起的体积变化，称之为比容效应。

3. 我国沿海海平面变化情况

2021 年，中国沿海海平面较常年偏高 84 mm，为 1980 年以来最高。2021 年，中国沿海海平面变化区域特征明显。与常年相比，渤海、黄海、东海和南海沿海海平面分别高 118 mm、88 mm、80 mm 和 50 mm；与 2020 年相比，渤海和黄海沿海海平面分别上升 32 mm 和 28 mm，东海沿海海平面基本持平，南海沿海海平面下降 18 mm。预计未来 30 年，中国沿海海平面将上升 68～170 mm，应加强基于生态理念的海岸防护，全面提升海平面上升适应能力。我国自然资源部每年都组织开展海平面变化监测、分析预测、影响调查与评估等工作，并发布中国海平面公报，根据《2021 年中国海平面公报》（自然资源部，2022a）海平面监测和分析结果，中国沿海海平面变化总体呈波动上升趋势（图 4-2）。1980—2021 年，中国沿海海平面上升速率为 3.4 mm/a，高于同时段全球平均水平。过去 10 年，中国沿海平均海平面持续处于近 40 年来高位。

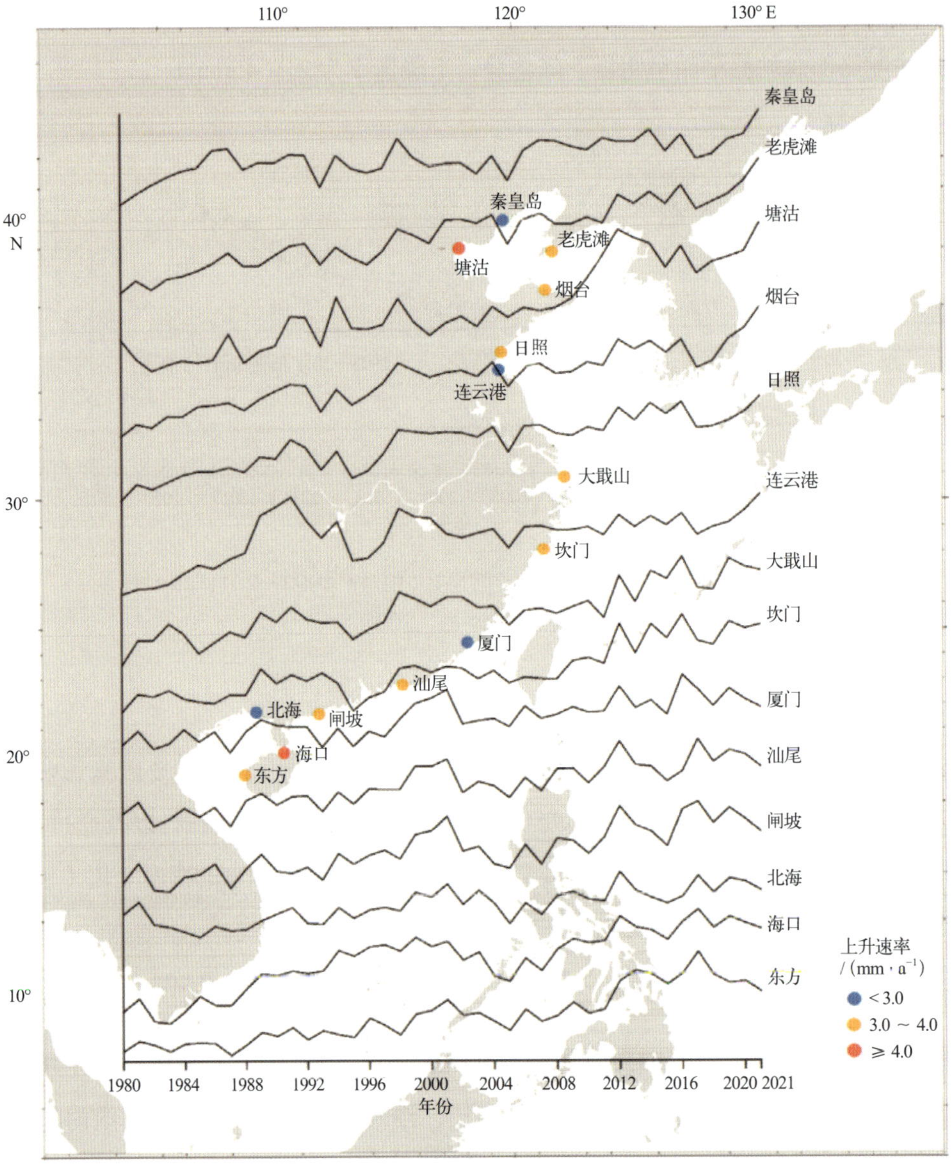

图 4-2　1980—2021 年中国沿海主要海洋站的海平面变化（自然资源部，2022a）

4. 全球气候变化情景下未来海平面上升预估

根据 IPCC 第六次评估报告（表 4-1），19 世纪中叶以来的全球海平面上升速率比过去两千年的平均速率还高。1901—2018 年，全球平均海平面上升了 120.1 mm，海平面的代用数据和器测数据表明，在 19 世纪末至 20 世纪初出现了海平面从过去两千年相对较低的平均上升速率向更高的上升速率的转变。全球平均海平面上升速率在 1901—2018 年的平均值为 1.3 mm/a，1971—2018 年间为 2.3 mm/a。自 1993 年起，海平面一直在以平均 3.6 mm/a 的速度不断上升，大大高于前半个世纪的平均值。对于后一个时期海平面上升速率较高的问题，验潮仪和卫星高度计的资料给出的结论是一致的（IPCC, 2021）。

表 4-1　不同时间范围内全球平均海平面上升贡献来源（IPCC，2021）

来源	1901—1990 年	1971—2018 年	1993—2018 年
观测的全球平均海平面上升的贡献 / mm			
热膨胀	31.6	47.5	32.7
冰川（不包括格陵兰和南极）	51.8	20.9	13.8
格陵兰冰盖	29.0	11.9	10.8
南极冰盖	0.4	6.7	6.1
陆地水储量	–13.8	7.3	7.8
观测平均海平面上升	99.0	94.2	71.2

当前 IPCC 主要基于全球温室气体排放方案的不同假设，对全球海平面变化进行相对较为全面和系统的预估。IPCC 第六次评估报告指出了 21 世纪全球平均海平面的预估结果（IPCC, 2021）。在所有路径浓度（RCP）情景下，由于海洋变暖及冰川和冰盖冰量损失的加速，海平面上升速率很可能超过 1971—2018 年观测到的速率。随着模式对影响海平面变化的物理过程的改进，如考虑冰盖的动力学变化，模式的模拟与观测的一致性有较大改善。对于 RCP2.6、RCP4.5、RCP6.0 和 RCP8.5 四种排放情景，2081—2100 年全球平均海平面上升区间预估可能分别为 0.25 ~ 0.58 m、0.32 ~ 0.62 m、0.44 ~ 0.76 m 和 0.63 ~ 1.01 m。根据 CMIP6 模式的气候预估，在 RCP8.5 情景下，2100 年底全球平均海平面将上升 0.63 ~ 1.01 m，2081—2100 年的上升速度为 8 ~ 16 mm/a。在 RCP 情景预估中，热膨胀的贡献占 21 世纪全球平均海平面上升的

30% ~ 55%，冰川融化占 15% ~ 35%。格陵兰冰盖表面的融化量将超过降雪的增加量，从而使格陵兰冰盖表面物质平衡的变化对未来海平面的贡献为正；南极冰盖表面融化仍将很少，且预计降雪量将增加，这将使南极冰盖表面物质平衡的变化对未来海平面的贡献为负。预计 2081—2100 年，两个冰盖的总流出量变化可能会导致海平面上升 0.03 ~ 0.20 m。

（六）海洋热浪

1. 海洋热浪的影响和风险

海洋热浪是一类极端海洋天气气候事件，对海洋环境、生态系统和经济生活具有重要影响。直至今天，海洋热浪仍然没有统一的定义，但科学家对它有一些基本共识：海洋热浪的出现会对海洋表层水域造成至少持续 5 天的温暖期，其间，海水的温度将远高于正常海水的温度阈值。它可发生在大洋的任意海域，任意季节。一次热浪事件的发生时间可持续几天至数月，发生面积可覆盖几平方千米至数千平方千米，对海洋环境、海洋生态系统和区域渔业经济有极具破坏性的影响（Hobday et al., 2016）。通常，我们可用一系列指标来定量描述海洋热浪的性质及变化，其中包含热浪平均强度、持续时间、最大强度、累积强度、频次等。

海洋热浪会导致珊瑚白化，使珊瑚集群的组成和功能特性发生退化。2016 年的海洋热浪导致大堡礁大约 1/3 的珊瑚白化，并且可能永远不会完全复原，即使是幸存下来的珊瑚群仍在缓慢死亡。2017 年海洋热浪再次发生，又一次加重了大堡礁珊瑚白化，进一步扩大了损害。海洋热浪对海洋生态系统的破坏非常直接，不仅导致珊瑚白化与死亡，其海域海水超长时期的高温也影响着鱼类，导致大面积的鱼类逃离或死亡，最终会导致海洋荒漠化。此外，海洋热浪对海洋鱼类种群也有破坏性影响，使它们的数量减少，分布发生变化，进而影响该地区的渔业产业。大量鱼类死亡还会导致生态系统的连锁反应，如导致海鸟死亡等。例如，2013—2016 年，西北太平洋在海洋热浪发生期间，低营养的温暖海水破坏了浮游植物的生长，导致奇努克鲑鱼的数量急剧下降，上百万只海鸟死亡，海底的珊瑚礁也出现了大量白化的现象。

2. 海洋热浪的归因

海洋热浪的发生原因众多，较为复杂。不同海域的海洋热浪发生原因不尽相同，即便同一海域，每次发生海洋热浪的原因也可能不同。但其归因可大致分为两类：海洋热浪是由局地的大气和海洋过程，包括海洋 – 大气相互作用、水平热输送及大尺度气候变化引起的（Holbrook et al., 2020）。

大气中存在一种持久的高压系统，被称为阻塞高压，它也是驱动海洋热浪发生的重要因素之一，大气阻塞高压导致云层稀薄、风力较小。云层稀薄使更多的太阳辐射抵达海洋表面，加热上层海洋；同时，平静的空气会抑制上层海洋混合和蒸发。所有这些因素直接导致海洋上部热量的积累，并改变了空气流动的形式，从而加剧和延长了海水热浪的发生。例如，2003 年地中海海洋热浪和 2013—2015 年西北太平洋海洋热浪的发生均受到大气活动异常的重要影响。在大洋中存在从热带向高纬度运动的暖流，当暖流增强时，它比以往携带了更多的热量，会导致海洋热浪发生。这种由海洋驱动的活动比由大气驱动的活动更能深入海洋。例如，2010—2011 年利文暖流增强驱动了西澳沿岸海洋热浪的发生；2015—2016 年东澳大利亚暖流增强主导了塔斯马尼亚沿岸海洋热浪的发生。

此外，海洋中的上升流减弱，海洋次表层上涌的冷水减少，也会导致海洋热浪的发生，例如，2015—2016 年和 2019—2020 年热带印度洋的海洋热浪。

3. 海洋热浪监测、预报和预警技术

为应对海洋热浪，当前减少风险的有效方式之一是精准预测和预警。但目前，对于海洋热浪此类极端气候事件，世界各地的预测工作都无法做到提前精确预测，海洋、大气和人类活动高度耦合的气候系统的混沌本质使海洋热浪的精确预测越发困难。实现海洋热浪的预报是海洋防灾减灾的重要手段，因而了解全球海洋热浪的发生原因是关键，对于海洋热浪的所有理解几乎都局限于海洋表面，卫星仪器能够绘制海洋表面的温度地图并实现准实时跟踪，但在其表面之下是一个复杂的洋流世界。当前，由于某些区域的数据不够全面，了解水下海洋异常是如何发展、持续和演化，是海洋热浪研究中最大的开放性问题之一。

目前已有研究表明，高分辨率地球系统模式可显著提高数值模式对海洋热浪的模拟能力（Guo et al., 2022），但对于主导海洋热浪可预报性的物理机制认识不足是目前对于海洋热浪预报和预警的最大短板，未来需要针对性地发展高分辨率气候模式和人工智能技术，以实现对海洋热浪的精准预报（Jacox et al., 2022）。

4. 气候变暖背景下的海洋热浪

当前针对气候变暖情景下的海洋热浪未来预估研究已有很多，IPCC 第六次报告中

也提到了在全球 1.5℃增温背景下，海洋热浪发生的概率增加 16 倍；增温 3.5℃时，海洋热浪发生概率增加 41 倍，且面积为工业革命前的 21 倍，更为频繁且更为极端；海洋生物和生态系统的恢复力达到极限，甚至超过极限，这可能会导致不可逆转的变化（IPCC，2022）。IPCC 对未来气候变化背景下海洋热浪发生概率进行了评估（图 4-3）。

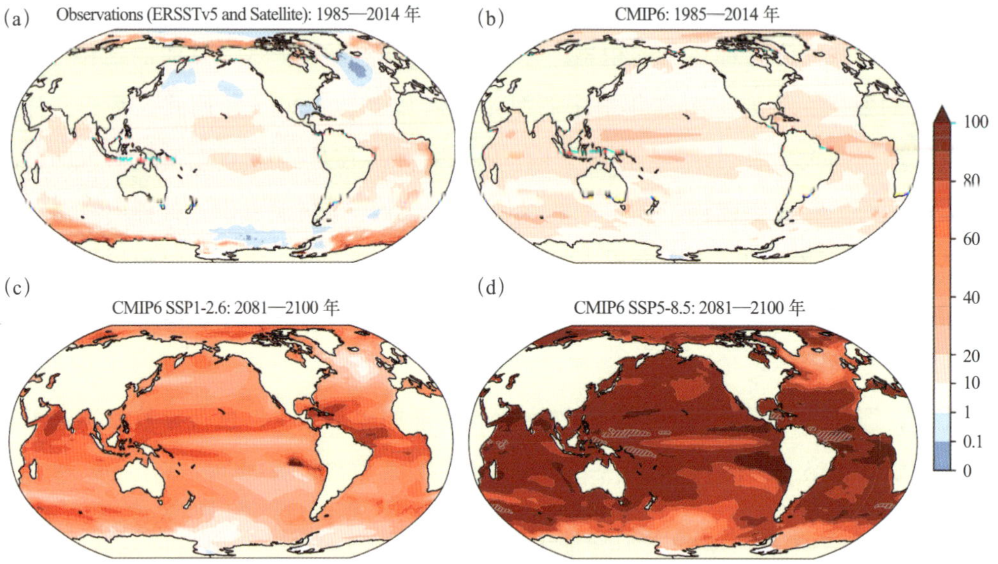

图 4-3　海洋热浪发生概率在 1985—2014 年和 21 世纪末预估情况（不同排放情景下）（IPCC，2022）

SSP：共享社会经济路径，SSP 后的第一个数字表示假设的共享社会经济路径，第二个数字表示到 2100 年的近似全球有效辐射强迫值；Observations（ERSSTv5 and Satellite）：观测（第五版重建海面温度资料集和卫星）

（七）海洋酸化

1. 海洋酸化的致灾因子和风险分析

化石燃料的燃烧、森林的砍伐等人类活动导致大气 CO_2 浓度在不断上升。根据 IPCC 预测，到 21 世纪末，大气中的 CO_2 浓度将从现在的 416 ppm[①]（2021 年）上升到 750 ~ 1000 ppm。海洋作为大气 CO_2 最大的汇，约 1/3 的大气 CO_2 被海洋吸收，海洋不断吸收 CO_2 会导致海水 pH 逐渐降低，造成海洋酸化。此外人为活动引起的水体富营养化可以提高浮游植物初级生产力，产生更多有机物，有机物分解消耗大量溶解氧，进而加速海洋酸化。从工业革命时期开始，海洋表面海水 pH 下降 0.1。有研究指出，

① 1 ppm 为百万分之一。

受大气 CO_2 浓度上升的影响，全球海水 pH 正以 0.002/a 的速度下降，预计到 2100 年将降到 7.8 及以下（Doney et al., 2009）。

海水中 CO_2 分压与海水 pH 直接相关，CO_2 分压升高，pH 下降。这对一些海洋生物和生态系统构成了严重的威胁。一些海洋生物，如球石藻、部分软体动物、海星、海胆和珊瑚等，碳酸钙是构成其骨骼的重要成分，海水酸化将影响这些生物结构的完整性，威胁其生存。已有的研究显示海水酸化的增加明显地降低了珊瑚有效钙化的能力，从而影响珊瑚个体的生长，使珊瑚在面对侵蚀时更加脆弱（Foster et al., 2016；Hughes et al., 2017）。海洋酸化致使珊瑚礁出现漂白现象，甚至导致大范围死亡，更为严重的是，珊瑚虫的减少将导致依赖珊瑚生活或生存的生物群落的丰度降低，甚至整个群落消亡。海洋酸化危害壳类生物生存，包括牡蛎、贻贝、海胆、帽贝、藤壶等，以及小型甲壳类生物。而这些生物也是体型较大的鱼类的主要食物。海洋酸化对海洋生物产生的影响，直接影响到海洋生物资源的数量和质量，导致商业渔业资源的改变，最终影响到海洋捕捞业的产量和产值。

海洋酸化改变了海水的化学环境，影响海洋生物种群变化，改变了海洋生物种群间竞争的条件，进而引起海洋食物网效应。海水中溶解 CO_2 和碳酸氢盐离子的质量分数升高，会使海洋浮游植物种群结构发生变化，打破海洋生态系统中种群群落的平衡，海洋食物链受到影响，导致海洋生物群落结构、生物多样性发生重大变化，致使整个海洋生态系统受到重大影响。

2. 酸化国际现状形势和国内分析

自从 2003 年《自然》杂志首次提出海洋酸化的科学问题以来，海洋酸化已成为当今国际海洋科学研究前沿领域的重要内容，引起了科学界的广泛关注（Caldeira and Wickett，2003）。2012 年 6 月，20 余个国家的海洋学家在西雅图召开会议，积极倡导开展标准化的全球海洋酸化观测，并强调加强近海酸化监测能力，呼吁世界各国积极支持并开展海洋酸化观测工作。欧盟委员会启动了“欧洲海洋酸化研究计划”，德国启动了“海洋酸化的生物学影响”，英国启动了“英国海洋酸化”项目，此外澳大利亚、日本和韩国也逐渐开展了相关研究。目前，国际上这些海洋酸化项目主要通过观测研究，探讨海洋酸化的发展趋势及其对生物，以及生态系统功能、生物地球化学响应的潜在影响，并分析这些变化将如何从整体上影响整个地球系统，进而为海洋生物资源的决策者和管理者提供数据支撑和有效的建议。由于全球海洋酸化本身的差异性和不确定性，如何正确评估、预测海洋酸化及其对海洋生态环境的影响是国际海洋科学界面临的巨大挑战。

2013 年国家海洋局把“我国近海海洋酸化监测体系建设”列为我国海洋工作的重点任务，体现了我国政府和科学界对海洋酸化监测研究的高度重视。但是我国开展海洋酸化工作起步较晚，尚未建立系统的海洋酸化监测体系及进行系统的技术研究。目前尚不能定量评估我国海域海洋酸化的状况，也未能厘清海洋酸化的主要控制机制、关键过程，更难以预测未来海洋酸化对我国海洋生态系统的影响。

三、高敏感区域防灾减灾的现状和发展趋势

（一）沿海城市

沿海城市在国民经济、全球贸易供应链和文化交流等方面具有重要作用。数据显示，2020 年，全球约 11% 的人口（8.96 亿人）居住在低海拔沿海地区，到 2050 年可能超过 10 亿人，这些人和沿海生态系统面临着不断升级的气候复合风险。

在国家政策的引领下，中国逐渐形成具有高科技发展水平的沿海经济带和城市群。沿海城市群是我国核心的区域经济中心和科技创新中心，各类基础设施密集，人口集中度高。沿海城市作为人口聚集、国民经济、社会发展的重要区域和战略中心，人口、产业、基础设施高度集中，使得气候灾害的致灾程度增强，引发灾害链、灾害群的可能性也增大。同时，中国“面朝大海”的发展战略与格局趋于明显，并呈现出“区域发展沿海化”和“沿海城市临海化”的趋势，加之“一带一路”政策的实施，中国沿海城市群将在未来很长一段时间内引领中国经济的发展。但特殊的地理位置使沿海城市极易遭受海洋灾害的侵袭，而在气候变化影响下，中国沿海城市暴露度持续增高、海洋灾害危险性不断增强（杨林和李渊，2013），从而进一步加剧了海洋灾害的影响。

根据《中国海洋灾害公报》，2017—2021 年海洋灾害造成年均 53.6 亿元的直接经济损失。在气候变化影响下，沿海城市受海平面上升、风暴潮、咸潮等海洋灾害的威胁与日俱增。为应对全球变暖及海平面上升对沿海城市造成的影响，许多沿海城市制定出台了相应策略，英国伦敦发布了海岸带《弹性建设和风险防控》（2011 年）、荷兰鹿特丹发布了《鹿特丹气候变化适应策略》（2013 年）、美国波士顿发布了《应对海平面上升》（2013 年）、旧金山发布了《旧金山海平面上升行动计划》（2016 年）等。我

国政府同样高度重视，2021 年发布的《中国应对气候变化的政策与行动》白皮书提出，在沿海地区组织开展年度全国海平面变化监测、影响调查与评估，提高沿海重点地区抵御气候变化风险能力。

目前我国沿海城市，尤其是沿海重大城市群适应气候变化工作还处在初始探索的阶段，还没有形成针对气候变化区域特征和具体沿海城市实际的有系统性、科学性的城市适应气候变化能力建设对策体系。

1. 沿海城市面临的海洋灾害影响

沿海城市面临的主要海洋灾害包括风暴潮、海浪、咸潮等。在气候变化的影响下，海平面上升，风暴潮、巨浪的发生频率和强度增加，海岸侵蚀、海水入侵和土地盐碱化不断加剧，同时沿海区域地面沉降及沿海城市化进程的发展，使得中国沿海城市面临着巨大的灾害风险（王华，2017；房玉东等，2023）。主要的问题总结为如下几个方面。

1）海平面高度持续上升，城市地面沉降问题突出，加剧了海洋灾害影响

在全球变暖的大背景下，全球海洋变暖，冰川加速融化，全球平均海平面持续上升。海平面上升对沿海地区最直接的影响是高水位时可能淹没范围扩大。中国海岸带海拔高度普遍偏低，尤其是长江三角洲、珠江三角洲、环渤海周边地区，海平面小幅度地上升将导致陆地大面积存在受淹风险。

而与此同时，中国沿海城市地面沉降问题突出。截至 2015 年底，全国已有 102 个地级及以上城市发生地面沉降，长江三角洲和华北沿海平原是我国地面沉降最严重的地区。地面沉降首先从城市地下水开采中心开始形成沉降漏斗，进而向外围扩展成以城镇为中心的大面积沉降区。尽管已经采取了很多措施，目前大部分沉降区仍在继续下沉，沉降面积也在不断扩大。

海平面上升和地面沉降都是缓变型灾害，两者叠加所致的相对海平面上升，将直接造成滩涂损失、低地淹没和生态环境的破坏。同时，相对海平面的上升将大大加剧风暴潮、咸潮、海岸侵蚀、海水入侵和土地盐渍化等海洋灾害的危险性。海平面上升直接导致风暴潮淹没范围急剧扩大，同时还使得平均海平面及各种特征潮位相应增高，水深增大，近岸波浪作用增强，进一步加强风暴潮和近岸浪的强度（陀扬柯，2023）；海平面上升使得咸潮上溯增强，咸界范围将逐年上升，尤其在珠江三角洲城市群，将严重影响居民生活用水，农业用水和城市工业生产等。我国目前海岸侵蚀长度约为

3708 km，海平面上升将导致海岸侵蚀不可逆及重塑海岸剖面，破坏海岸工程，削弱海岸综合防护能力。海平面上升和地面沉降对沿海城市安全的影响是累进的，其长期累积效应是中国沿海地区实现可持续发展不可回避的重大问题。

2）风暴潮发生频次、强度呈上升趋势，其成灾损失快速增加

随着沿海城市社会经济的迅猛发展，海洋灾害造成的经济损失和社会影响呈现不断增加的趋势，而风暴潮灾害是我国第一大海洋灾害。风暴潮是由于剧烈的大气扰动，如强风和气压骤变导致海水异常升降，使受其影响的海区的潮位大大地超过平常潮位的自然现象。风暴潮根据风暴的性质，通常可以分为台风引起的台风风暴潮和温带气旋引起的温带风暴潮两大类。台风风暴潮多发于夏、秋季节，其特点是来势猛、速度快、强度大、破坏力强；温带风暴潮多发于春、秋季节，其特点是增水过程比较平缓、增水高度低于台风风暴潮。我国海岸线长，且横跨纬度范围大，是少数既受台风风暴潮影响又受温带风暴潮影响的国家之一。

风暴潮灾害的轻重，除受风暴增水大小和当地天文大潮高潮位的制约外，还取决于承灾体的情况，如受灾地区的地理位置、海岸形状、岸上和海底地形及社会及经济情况等。国际上一般认为，海拔 5 m 以下的海岸区域为易受海平面上升、风暴潮灾害影响的脆弱区和危险区（沈文周，2006），而包括天津、上海和广州在内的大城市海拔普遍偏低，仅为 2.0 ~ 3.0 m。一般来说，地理位置正处于海上大风的正面袭击、海岸形状成喇叭口状、海底地形较平缓、人口密度较大、经济发达的地区，所面临的风暴潮危险更大。

研究指出，全球气候变化背景下，我国沿海超警戒线风暴潮年际变化呈现明显的上升趋势，造成的损失也明显增加。结合风暴潮的发生和致灾的原因，全球气候变化加剧沿海城市风暴潮灾害风险主要有以下两个方面原因：一方面，全球气候变化影响下，强台风比例和登陆台风比例增加，其引起的风暴潮和巨浪等海洋灾害也相应增加；另一方面，海平面上升和地面沉降造成相对海平面上升，不仅加大了城市的泄洪和排涝难度，也抬高了沿海潮位，促成了更高的风暴潮高潮位。

伴随着全球变暖，我国台风登陆的时段更趋于集中，平均登陆强度也有逐渐增大的趋势。台风不仅能引起风暴潮的发生，还伴随着大风、暴雨、洪水等气象灾害。当天文大潮发生时，强台风、大暴雨、高潮位顶托等多种因素叠加，会大大加剧沿海城市的灾害风险。

3）城市暴露度持续增高，面临的海洋风险加剧

暴露度是指人员、生计、环境服务和各种资源、基础设施，以及经济社会或文化资产处在有可能受到不利影响的位置，通常运用暴露元素来说明危险地区的暴露程度。脆弱性则通常用来描述承灾体对致灾因子影响的敏感程度和耐受能力，主要包括易损性和恢复力。城市的暴露度和脆弱性不仅与致灾因子的特性有关，如海洋灾害的频率、强度和持续时间，同时与城市布局、经济水平和防护能力等也有直接的联系。因此，城市自身的发展规划也加剧了其面临的海洋风险。

随着人口产业向沿海城市高度聚集，暴露性持续增高，中国沿海地区以全球陆地面积的 1% 承载了全球人口总量的 8%。庞大的经济、人口聚居体使得沿海城市的暴露度日益增强，脆弱性也不断加大。城市开发的趋势大部分是从中心区慢慢向周边辐射，参与早期规划、开发的城市规划部门难以预料城市最终的发展趋势及程度，也对气候变化的影响估计不足（崔鹏等，2023）。因此，沿海城市建设中存在城市规划布局不合理，基础设施建设设计标准低和应急管理不完善等问题。部分城市的建设速度远远超前于规划，防治海洋灾害的措施与经济发展速度不相称，沿海城市承受的海洋灾害危险性增强，这给沿海城市群适应气候变化的能力提出了更高的要求。

2. 沿海城市开展的气候适应工作与成效

1）世界各国沿海城市的适应对策

世界各国的沿海城市，在应对气候变化时采取了社会协同、法律保障、规划建设和低碳减排等策略，动员政府、企业、研究机构、非政府组织和公众等各方力量，根据应对气候变化的需求，合理确定规划建设的发展目标、用地布局和设施标准，推动产业、交通、建筑等领域的温室气体减排，并制定相关法律，建立相关制度加以保障（陈琼和王光伟，2023）。在这些措施中，以减缓性（mitigation）措施为主，适应性（adaptation）措施为辅，但在近几年的实践中，适应性措施也越来越受到重视。

（1）美国纽约。

纽约面积 789 km^2，人口 855 万人（纽约都市圈约 2000 万人），GDP 为 8746 亿美元（纽约都市圈约 1.4 万亿美元）。在气候变化背景下，纽约面临着海平面上升、风暴潮、洪涝灾害和海洋热浪等多方面的挑战。纽约从组织领导、法律法规、适应策略、基础设施、保险制度、监控预警等多方面积极应对气候变化的挑战。

纽约在应对气候变化的最初阶段，主要致力于减缓性措施，即温室气体的减排。

逐渐地，纽约认识到采取适应性策略同样重要。在适应性策略方面，纽约采取了战略后退（considering strategic retreat）、增加弹性（increasing regional resilience）和构筑防护（building protection）三大战略。

战略后退：当一些海岸带地区不再适合人类居住，或者该地区不值得花大量的投资保护经常性的损失，就要考虑战略性后退。

增加弹性：许多沿海地区有着高密度的人口和发达的经济，迁移或者后退的策略都不太可行，必须要提高地区的弹性，应对潜在的气候变化影响，如强降雨、风暴潮、洪水等。

构筑防护：为了长远发展，借鉴其他发达国家的经验，研究建设可拆除的洪水屏障，围绕保护纽约港这一核心区域。针对不同的海平面上升高度，有效降低屏障内的水位，减少洪水带来的人员和经济损失。

（2）美国旧金山。

预测研究结果表明，到 2050 年，旧金山区域的海平面将上升 11 ～ 19 in[①]，2100 年上升 30 ～ 55 in。由此带来的洪灾将影响旧金山 1600 ～ 3800 名城市居民，带来 14 亿～ 40 亿美元的经济损失。在整个湾区，受灾居民人数可能会在 22 万～ 27 万人，经济损失在 490 亿～ 620 亿美元。气温方面，2050 年平均气温上升 2.7℃，出现 39 次高温热浪袭击，2100 年上升 3.6 ～ 10.8℃（San Francisco Department of the Environment，2013）。

这些潜在的气候变化都会影响城市系统的正常运行，2012 年加利福尼亚能源委员会发布了相关研究报告，对重点基础设施受气候变化影响的潜在风险进行了分析和识别，并提出了不同城市基础设施应对气候变化的适应性措施（Ekstrom and Moser，2012）。

（3）荷兰鹿特丹。

作为荷兰第二大城市、欧洲第一大港，鹿特丹位于莱茵河和马斯河交汇处。鹿特丹受气候变化的影响主要包括四个方面：海平面上升及河道水位上涨、更强的降雨、更长时期的干旱，以及更高频率的高温热浪。鹿特丹市政府规划在 2025 年具备完全适应气候变化的能力。在应对气候变化的适应性战略中，鹿特丹市政府认为社会协同是不可或缺的一环，强调社会不同部门间的分工与协作；将政府的投资与政策、研究机构的技术探索、企业的运行管理、非政府机构的运营，以及公众的参与紧密地联系起来。

鹿特丹的气候变化适应战略由三个部分组成。第一，鲁棒系统和适应性。鲁棒系

① 1 in = 2.54 cm。

统是城市适应气候变化的基础，包括风暴潮壁垒和护堤、运河和湖泊、排水管网和泵站等。这些设备应保持一个良好的运行状态，如果有必要应及时进行维修和升级。提高适应性代表着提高城市的弹性，降低城市的脆弱性，因此，在基础设施和技术解决方案的基础上，还要充分利用自然的潜力适应气候变化的影响。第二，共同合作。为了更好地适应气候变化，城市的管理者（规划、市政等部门）要提高与企业、研究机构、非政府组织、新闻媒体、普通居民等不同利益攸关方的交流与合作。第三，气候变化适应效果。包括了环境、社会、生态和经济等多方面收益，这会使鹿特丹市民享受适应性策略带来的好处，使得整个城市更具吸引力和影响力。

除此之外，鹿特丹还对潜在的城市内涝、热岛效应等影响进行了定量评估，识别不同的气候敏感区域及脆弱区域，为有针对性地提出合理的适应性策略奠定基础。同时，通过组合不同的设计元素提高规划地块的整体适应能力，并提升其经济和社会价值（City of Rotterdam，2013）。

（4）韩国木浦。

木浦是韩国西南部港口城市，面积 50 km^2，人口 24.7 万。城市 60% 的面积是由填海形成的，在高潮位和风暴潮中频繁遭遇洪水侵袭。根据预测，由于海平面上升，40% 的土地会在 2100 年被淹没（多数是围海造田的区域）。

在应对气候变化方面，木浦采取了五大战略，即硬防护（hard protection）、软防护（soft protection）、增强（accommodation）、后退（retreat）和进击（attack）。

硬防护是指修建堤坝等硬防护设施来阻挡海水。软防护是指构筑红树林、湿地等缓冲带来减少海水侵袭。增强是指通过垫高高程、脱盐等措施来增强应对能力。后退是指将居民、用地、设施等后撤至低风险区域。进击是指通过填海、丁字坝等将设施延伸至海内。

木浦基于洪水淹没风险图，将上述适应海平面上升的战略落实到空间规划中。在海岸带战略规划中，分为西北部、西部和南部三大区域，在各区域的土地开发利用中分别采用不同的战略。

2）中国沿海城市的适应对策

沿海城市适应气候变化下的海洋风险是一项复杂的系统工程。一般而言，适应性方案大致可以分为三类：制度性适应、技术性适应和工程性适应。三种类型适应手段需要相互配合使用，才能更好地促进沿海城市适应气候变化。近年来，在国家相关政策的支持下，我国沿海城市也开展了很多卓有成效的工作。

（1）制度性适应。

我国逐步加强沿海城市适应气候变化方面的法律法规建设，沿海城市综合减灾顶层设计得以加强。为落实《国家适应气候变化战略》的要求，2016 年 2 月，国家发展改革委、住房城乡建设部印发《城市适应气候变化行动方案》及启动气候适应性城市建设试点，沿海城市防灾减灾体制建设也在逐渐完善。

为加强海洋观测预报管理，规范海洋观测预报活动，防御和减轻海洋灾害，我国先后印发了《海洋观测预报管理条例》和《关于推进防灾减灾救灾体制机制改革的意见》，为沿海城市适应气候变化和做好防灾减灾工作提供了思想和行动指南。我国目前已经构建了 1 个国家级、3 个海区级和 11 个沿海省级（暂未涉及香港、澳门和台湾）的三级海洋预报体系，预报与减灾能力逐步提高。

近年来，我国还不断加强海洋灾害应急管理工作，逐步完善海洋灾害应急管理的机构体系、法制、体制、机制和预案体系。2011 年底，国家海洋局海洋减灾中心成立，负责国家海洋减灾业务系统的建设和运行管理，开展海洋灾害公共服务和决策服务等工作。随后，各省级减灾机构也相继成立。同时，也初步具备了海洋灾害应急管理的法律依据。

（2）技术性适应。

在国家科技攻关项目等的大力支持下，海洋灾害预警预报，特别是海洋灾害数值预报等取得了长足的进步，风暴潮、海冰、海浪和咸潮等数值预报精细化程度和准确度不断提高，海洋灾害预警能力得以提升。目前的灾害预报已从定性预报、描述性预报向数字化、网格化、智能化预报转变。同时，随着海洋预报产品要素和内容的丰富，我国在预警预报服务产品的分发手段和范围不断拓展，保证沿海城市及时准确地收到海洋预警预报产品。

近年来，沿海城市逐步认识到气候变化的影响，尤其是海平面上升所带来的严重挑战。自然资源部组织开展了海洋预报减灾领域应对气候变化的一系列工作，包括整合集成历史海洋观测数据，建立中国近海海洋环境要素数据集，持续开展气候变化监测预测工作，开展全国海平面变化影响评估工作和海岸侵蚀监测与评价试点，积极开展海平面变化领域国际合作，有效地提高了各方应对海平面上升和海洋灾害的能力。

（3）工程性适应。

我国沿海城市应对海洋灾害和气候变化采取的主要工程措施是海堤的建设。经过多年持续建设，我国海堤保有量不断增长，达标率不断提高，防潮减灾能力大幅提升，为抗御风暴潮等海洋灾害提供了重要保障，为沿海城市的安全发挥了重要作用。同时，为满足海洋预警预报、防灾减灾和科学研究的需求，近年来，我国的海洋观测监测能力逐年提升，海洋观测要素日益丰富。

（二）涉海工程设施

近几十年来，我国涉海重大工程建设的数量和规模不断增加，受气候变化引起的海平面上升、极端气候事件频发、海洋温度升高、海洋酸化等灾害的威胁十分突出。气候变化引起的极端灾害和次生灾害会通过影响涉海工程的设施本身、辅助设备及其所处的环境，进一步影响工程的安全性、耐久性和可靠性，并影响工程的运行效率和经济效益；气候变化还影响涉海工程的技术标准和工程措施（陈鲜艳等，2015）。过去几十年来，气候变化对涉海重大工程的影响已经显现出来，在未来气候变化背景下对工程会有进一步影响，进而会影响到经济的可持续发展和重要基础设施的安全。

目前，沿海国家所采取的适应气候变化的适应对策一般有三种，即后退、顺应和防护，并以顺应和防护为主。随着全球气候变化、极端气候事件频发，以及现行相关技术标准升级滞后和工程的设计建造年代逐渐久远，自然灾害给这些涉海工程带来了新的挑战和安全隐患。我国关于涉海重大工程适应气候变化的研究和实践处于起步阶段，中国要深度参与全球海洋治理，建设海洋强国，需要我国形成针对具体涉海工程设施适应不同气候影响特点的有针对性、系统性、科学性的对策体系。

1. 涉海工程设施面临的海洋灾害影响

我国涉海重点工程主要包括滨海核电厂、滨海石油化工厂、滨海机场、重大港口工程、岛礁工程和海洋油气平台、海洋交通运输七类。气候变化引起的海平面上升、极端气候事件频发、海洋温度升高、海洋酸化等灾害加剧了我国涉海工程面临的海洋灾害风险。

1）滨海核电厂

滨海核电厂能够为沿海地区工业高速发展提供稳定电力支持，同时在我国能源结构调整中具有重要的战略意义。因为核电是一种清洁、高效的能源形式，是目前可以实现工业化生产的主要新能源，对于解决能源短缺、优化产业结构、推动地区经济发展起着重要的作用（赵小辉等，2012）。核电厂的安全一直是国际社会关注的重点，一旦发生核泄漏，将对人类社会及自然环境造成无法挽回的损失。国际上石油等化石能源日益减少及价格不断攀升，核电与核安全技术不断发展和成熟、全球气候变化影响等因素共同决定了核能的发展将不可遏制（Srinivasan and Rethinaraj，2013）。我国沿海经济社会发展迅速，其在全国经济社会发展中发挥着不可替代的引领作用。但人口不断集中、经济社会持续快速发展，对能源供应也提出了重大挑战，总体上也决定了我国已建和在建核电厂全部位于沿海区域的基本特征（侯西勇等，2014）。

受全球气候变化影响，一是海平面上升、风暴潮、极端降水增强，我国滨海核电厂的排水和防洪等设计标准将难以满足设计安全规定（丁一汇和杜祥琬，2016）。二是滨海地区海水酸化和盐度变化的共同作用，加重了海水对滨海核电厂海水冷却系统的腐蚀。三是登陆我国的强台风增多增强，可能引发核电厂通信中断、报警设备损坏、厂外电力供应中断等问题。区域性气温上升连同核电工程排水的共同作用，使与水环境升温有关的生态灾难持续增加。随着气温和海水温度的升高，进入反应堆的冷水温度也会升高，核电厂的发电效率将会降低。

2）滨海石油化工厂

滨海石油化工厂是我国石油化工产业维持强劲、绿色增长的重要动力。为降低成本，提高石油资源周转效率，我国众多石油化工厂分布在沿海地区。受气候变化影响，极端天气频发、海平面上升，滨海石油化工厂安全受到的海洋灾害威胁加剧。

滨海石油化工厂极具危险性，石油化工产品在运输、存储过程中存在爆炸、火灾、漏露等危险；石油化工在生产加工过程中，废气的排出不可避免地具有危害性。在全球变暖的背景下，沿海自然灾害对滨海石油化工厂的影响也尤其突出，海平面升高、风暴潮及极端波浪频发、气温和海水温度升高，导致石油化工厂在极端气候影响下出现漏露、爆炸等事故，甚至污染附近海域，危及附近海域海洋生物。

存储和运输作为石油化工厂的辅助生产设施，在整个滨海石油化工厂工艺生产系统中起到“承上启下”的重要作用。海平面升高、风暴潮及极端波浪，影响到石油化工产品存储区，极易发生油品泄漏、火灾爆炸，轻则影响装置安全生产，重则造成人员伤亡的严重后果（李伟，2010）。在石油化工产品的运输过程中，气候变化对其产生的影响频繁出现，如破坏石油化工产品运输装卸设施，而这些可能直接导致石油化工产品在装卸、运输过程中出现火灾、爆炸、泄漏等一系列高危事故。

3）滨海机场

在全球气候变化的背景下，台风、风暴潮、大浪、暴雨等极端灾害频发，容易出现海水漫过海堤淹没机场、高温情况下飞机飞行困难等情况。海平面的上升对滨海机场的安全运行及使用寿命都将产生重要的影响。海平面的上升将增大在极端海洋灾害下滨海机场被海水淹没的风险，缩短机场的使用寿命。同时滨海机场普遍存在地面沉降问题，进一步恶化了海平面上升带来的影响。气候变化下，高温天气出现频率增加，高温增加了飞机的起飞难度，也加快了对机场的破坏，增加了飞机滑行偏离轨道的危险。

4）重大港口工程

沿海港口工程是我国对外开放不可或缺的重要基础设施，是水路交通运输的重要基地，在社会经济发展过程中发挥着巨大作用。沿海港口主要建在海陆交界处，在全球气候变化的背景下，将不可避免地受到气候变化带来的影响。气候变化导致海平面上升，江河湖泊水位下降，风暴潮发生的频次和强度增加，极端高温出现的频率增加，这将威胁到我国港口设施的正常运营。海港工程由于高程设计标准未考虑气候变化的因素，海平面上升将直接影响某些港口的适航性。海平面的升高抬升了风暴潮增水的基础水位，高潮位相应提高，风暴潮致灾程度增大。这些影响将破坏港口码头建筑物、船舶和货物，以及桥梁和运输航道等设施。对于港区航道，海平面上升和风暴潮破坏了海岸区侵蚀堆积的动态平衡，改变了海岸附近沙堆的分布，或导致泥沙的堆积逐渐占优，最终导致航道淤塞。

5）岛礁工程

岛礁工程建设是我国海洋资源开发的重点，是我国“走向深海”的必要保障，对我国具有经济、军事等多重意义。我国岛礁众多，主要分布于东海和南海，对于邻近我国海洋疆界的岛礁不仅为附近海域的海洋油气、渔业等自然资源的开发保护提供宝贵的陆地依托，经济效益和生态意义突出，并且由于其特殊的地理位置，相关岛礁工程的建设更是对海上运输和国防安全意义重大，具有极高的战略地位。

全球气候变化引发海平面上升、海水表层温度升高，极端海洋和气象灾害加重等海洋环境问题，对于岛礁生态系统、工程建设产生复杂而深刻的影响。南海岛礁以珊瑚礁为主，珊瑚礁及其生态系统受气候变化影响最大、最明显。受全球气候变化影响，海水表层水温增加，海洋存在酸化趋势，对活珊瑚的生长产生重大威胁。海平面的上升，还能诱发珊瑚礁钙质砂结构的地质性质变化，影响其承载力，可能引起地基沉降、结构开裂等工程问题。风暴潮等海洋灾害事件带来的强大破坏力也会对珊瑚礁造成突发性的巨大破坏（张欣然和徐伟，2023）。气候变化还对岛礁工程的腐蚀防护产生不利影响。海洋温度的增加，水体酸化，都容易造成腐蚀问题的加剧，进而影响工程及设施的使用寿命和可靠性。

6）海洋油气平台

海洋平台是钻井、采油、采气等海上作业的主要结构设施，其结构复杂，体积庞大，造价昂贵，与陆地结构相比，所处的环境恶劣，其承受着波浪、海流、风、潮汐、冰等荷载，同时还受到地震作用的威胁。随着世界各国经济的迅速发展，石油的消耗量与日俱增，作为不可再生能源，许多国家陆地石油储量濒临匮乏，因此，各国纷纷将石油能源的开发转向海洋。海洋石油能源的开发需要借助海洋油气平台，绝大多数海洋油气平台是用钢铁建造的，大型平台的构造相当复杂，具有多种作业功能，造价也十分昂贵。这些平台一般都放置在离岸较远的海域里，易受到气候变化带来的极端海洋灾害频发、海洋内波等因素的影响；同时，海洋平台多数是固定安装的。因此，一旦发生破坏，它们不能像船舶那样进行坞修，维修十分困难，会带来巨大的经济损失。

近年来，全球气候变化带来的极端气候灾害频发，导致海洋平台结构经历传统意义上的多年一遇海洋环境条件的概率大大增加，海洋平台可能经受台风、风暴潮、海浪等多种极端灾害的同时作用，其疲劳设计偏离了实际的海洋环境条件。与此同时，在气候变化的背景下，腐蚀、海洋生物附着、材料老化、构建缺陷和机械损伤，以及疲劳和裂纹扩展的损伤累积等不利因素都引起平台及其上装置设备的损坏，影响平台的服役安全度。气候变化引起的海水盐、酸化在平台表面产生剧烈的电化学腐蚀，严重影响海洋平台结构材料的力学性能，尤其对近海导管架平台的立管结构性能造成影响；气候变化引发极端海浪，其产生的表面波和内波会对深海平台的运动响应及疲劳造成重要影响。

7）海洋交通运输

我国拥有约 18 000 km 的大陆海岸线，为航运业的发展提供了得天独厚的自然条件。改革开放以来，我国经济总量已跃升至世界第二，为航运事业发展提供了难得的机遇和动力，海上运输业在国民经济发展中发挥了巨大的作用。为了适应船舶大型化的作业要求，我国全面加快了专业化码头建设，码头作业率达到世界领先水平，有效地支撑了经济贸易快速稳定发展，在参与国际产业分工中发挥了重要的作用。

气候变化影响下，极地海冰融化促进了北极航运的发展。北极海域蕴藏着丰富的油气资源，但北极油气开发中的油气外输面临着冰区航运安全保障的问题。据科学预测，气候变暖会加速北极海冰的融化，在不远的将来北极地区将出现夏季无冰的情况，这使得北极航运及其油气资源的开发利用成为现实（Parsons et al., 2021）。另外，气候变化引起的海平面升高和极端气候事件给港口码头的基础设施、日常运营和工作环境造成了严重影响，合理应对气候变化并在经历极端环境灾害后迅速恢复运营能力也将是港口应对气候变化至关重要的一个方面。

2. 涉海工程已开展的气候适应工作与成效

在全球变暖趋势不断加重情况下，作为全球生态文明建设的重要参与者、贡献者和引领者，我国为应对气候变化已针对相关涉海工程做出了一系列相应的对策行动。

1）滨海核电站

为了提高核电厂的整体安全性，我国加大核电安全科研力度，自主研发了安全性极高的三代核电“华龙一号”。研发的非能动堆芯冷却系统实验装置（ACME）和数字化仪控平台（DCS），能够在事故发生时及时反应，保证反应堆安全。

2）滨海石油化工厂

为了让沿海石油化工厂面对气候变化导致的极端天气早做应对，《国家适应气候变化战略》要求加强对灾害性、转折性重大天气气候事件的监测预警能力，做到实时监测、准确预报、及时预警、广泛发布。为应对气候变化带来的突发状况，尽量避免事故发生，我国军工研制的高性能复合材料大型双壁储油罐的一体化成型技术于2014年开始转民用推广。为了提高石油资源利用率，在保证生产的情况下尽量降低碳排放，减缓温室效应，《中国应对气候变化国家方案》要求油气开采应用采油系统优化配置、稠油热采配套节能、注水系统优化运行。二氧化碳回注、油气密闭集输综合节能和放空天然气回收利用等技术，并优化乙烯生产原料结构，采用先进技术改造乙烯裂解炉，大型合成氨装置采用先进节能工艺、新型催化剂和高效节能设备。

3）滨海机场

为了解决高温天气频率增加带来的机场跑道变形问题，天津、大连、厦门等多座沿海民航机场和诸多沿海军用机场均采用沥青玛蹄脂碎石混合料（SMA）跑道，该结构具有摩擦系数大、寿命长、抗高温、抗低温及抗油污腐蚀等特点。针对海平面上升引起的沿海地区问题，《中国应对气候变化国家方案》提出采取护坡与护滩相结合、工程措施与生物措施相结合，提高设计坡高标准，加高加固海堤工程，强化沿海地区应对海平面上升的防护对策。

4）重大港口工程

在应对全球气候变化的新形势下，我国港口企业加强港区环境绿化，高度重视绿色环保港口建设。青岛、天津、宁波、上海、大连、广州、厦门等主要港口，都积极地开展植树造林。打造绿色港口，不仅有效降低港区污染，改善生产生活环境，为低碳交通运输体系的建设做出贡献，更为港口的可持续发展留出空间。我国的各主要港口企业投入了大量财力、人力和物力加强绿色环保港口的建设。同时在港口工程适应气候变化方面，交通运输系统积极响应，对原有规范进行了修订，增加了有关考虑海平面上升相关要求的内容。

5）岛礁工程

《国家适应气候变化战略》在岛礁建设方面指出，要针对海岸带侵蚀、海洋灾害频发、海岸生态系统脆弱等问题开展岛礁试点示范工程，以海洋生态修复、灾害防御工程建设和沿岸土地治理为重点，组织海岸带脆弱性评估，积极开展海岛生态修复，着力于保护和修复红树林、珊瑚礁、海草床等生态系统；针对海岛开展防御风暴潮设施系统建设，完善海洋灾害观测系统，健全海岛防风、防浪、防潮工程，加强避风港、渔港、锚地、防波堤、海堤、护岸等设施建设；加强沿岸土地治理和海岸带土地侵蚀与盐渍化整治，阻挡海水入侵，防止海岸带土壤质量下降。

6）海洋油气平台

气候变化引起的海水酸化导致海洋平台电化学腐蚀加剧，严重影响结构的力学性能。目前，常用的平台防腐技术包括阴极保护与防腐涂层、海洋平台热喷涂防腐技术和海洋平台桩腿防腐套包覆技术（Fischer et al., 1995；蔡涛等，2003；李言涛和侯保荣，2005）。中国海洋石油集团有限公司研发构建了平台外加电流阴极保护延寿修复系统，与传统防护方法相比，该系统更为便捷高效，且使用中污染少，是一种环境友好型的阴极保护技术，该外加电流阴极保护系统已应用于多座海洋钻井平台，在腐蚀控制方面取得了良好的效果（刘福国等，2015）。

7）海洋交通运输

2013 年 9 月，我国货船首次经由白令海峡通过东北航道到达欧洲，开辟了我国海上远洋运输的新通道。作为近北极国家，北极航道的开通对我国海上运输具有重要的战略意义。我国北极科学考察起始于 1999 年，对于我国了解北冰洋地区的自然地理状况，开展北极地区中长期战略规划具有重要意义。近年来我国与北极相关国际组织的交流和合作，促进了我国对北极航线重要海域相关海洋要素的收集，为我国在北极海域开辟航道提供了重要参考。

（三）“一带一路”沿线区域

2013 年，习近平主席提出共建“丝绸之路经济带”和“21 世纪海上丝绸之路”（简称“一带一路”）重大倡议。2015 年 3 月 28 日，国家发展和改革委员会、外交部、商务部联合发布《推动共建丝绸之路经济带和 21 世纪海上丝绸之路的愿景与行动》，提出以政策沟通、设施联通、贸易畅通、资金融通、民心相通为主要内容，坚持共商、共建、共享原则，积极推动“一带一路”建设。2017 年 6 月，国家发展和改革委员会、国家海洋局联合发布《“一带一路”建设海上合作设想》，系统提出了推进“一带一路”建设海上合作的思路和蓝图，围绕一个愿景、遵循一条主线、共建三个通道、共走五条道路。

我国在沿线海域的近岸工程、海上航行、海上作业、港口运营等海洋环境安全保障需求迫切。海洋灾害严重威胁沿线海域近岸重大工程的建设和运营安全，从勘察、设计、施工到建成后运行管理各个阶段都需要海洋灾害预警报保障服务。“21 世纪海上丝绸之路”沿线港口众多，港口的建设和运营也需要海洋环境安全保障。远洋船舶在沿线海域航行时抵抗各种灾害的能力较为薄弱，恶劣的海洋环境易对海洋科考、资源勘探、大洋渔业、军事活动、大洋运输等海上活动造成较大破坏。恶劣的海洋天气和极端海况对海洋平台均可造成巨大的破坏，涉海工程和涉海活动对海洋环境安全保障、应急防控体系建立提出了迫切的需求。

1.“21 世纪海上丝绸之路”面临的海洋灾害影响

“21 世纪海上丝绸之路”海域沿线国家及毗邻地区气候类型复杂多样，灾害类型主要包括热带气旋、海啸、风暴潮、灾害性海浪等海洋自然灾害。

1）风暴潮

风暴潮灾害是世界上主要的海洋灾害，“21 世纪海上丝绸之路”沿线受风暴潮影响较大的区域主要分布在东亚、西欧、澳大利亚北部。21 世纪以来，受全球变暖影响，西太平洋－印度洋暖池区海平面上升显著，风暴潮的增水强度增大，特别是破纪录风暴潮和极端高水位频发，造成西太平洋－印度洋沿海地区的洪涝灾害严重，沿岸海域变为更为脆弱的区域。

2）海浪

海上大浪会严重影响船舶航行和海上活动安全，对于“21世纪海上丝绸之路”合作共建的两个通道，中国—大洋洲—南太平洋通道路线大部分都在低纬度地区，所以较少发生灾害性海浪，发生时间主要集中在11月至翌年1月；中国—印度洋—非洲—地中海西向海上经济通道中的北海、地中海、阿拉伯海和中国东部海域灾害性海浪集中月份各不相同，在频次上北海和阿拉伯海海区发生较多，西向海上经济通道主要需关注欧洲大陆的北海、阿拉伯海、中国东部海域和地中海海域的灾害性海浪发生。

3）海啸

“21世纪海上丝绸之路”横跨太平洋板块、欧亚板块、印澳板块、非洲板块等多个地震板块，并处于各大板块的交界地带。各大板块之间的相互碰撞、挤压，易引发极具威胁的海啸灾害。印度洋和地中海的历史海啸事件约占全球的21%，仅次于环太平洋火山地震带。海啸事件主要分布在南海及邻近海域、东印度洋、阿拉伯海和地中海等区域，潜在海啸可能产生较大灾害。其中，太平洋西北部、印度尼西亚、日本本州岛东部和南部等区域与垂直断层位移带和高地震危险区相邻，是海啸发生的高风险区；东北印度洋和地中海海域与活动大陆断裂相邻，是中等风险区。

4）气候变化的影响

气候变化对海洋及沿海海岸带带来的影响主要表现为海温升高和海平面不断上升，同时，各类海洋灾害发生频率和严重程度持续增加，加剧“21世纪海上丝绸之路”区域面临的气候风险。

“21世纪海上丝绸之路”跨越我国南海、北印度洋，以及地中海和黑海等，上述海区的海温均发生了显著的变化。赤道印度洋和热带西太平洋的大幅升温会通过海洋－大气相互作用等过程引起相关的海洋和气象灾害。尤其是，足够暖的海表温度对热带气旋的发生发展至关重要，进而会严重影响海上航线运输安全。

海平面是气候影响海洋的主要表征指标。气候变暖背景下海平面上升会导致沿海洪水、风暴潮等高水位事件，危害人们的生活生产及社会经济的可持续发展。

海洋变暖背景下，与之相联系的各海洋气象要素变化和海洋灾害风险也有可能进一步加大。其中，强的热带气旋发生频次和登陆密集度有可能增加，随后将带来更大的影响和损失。

2.“21 世纪海上丝绸之路”应对海洋灾害的现状

我国海洋观测网涵盖岸基海洋观测系统、离岸海洋观测系统和天基观测系统。全球海洋预报业务系统初步建成，预报服务区域从中国近海延伸到了全球大洋、印度洋和南北极地区。同时，我国面向深海大洋开展业务化观测，开展了系列国际海洋科技合作，海洋数值预报水平不断提高，对海洋防灾减灾具有重要意义。

“21 世纪海上丝绸之路”共建国家海洋灾害观测及预警服务能力和水平有着较大的差异，有一些国家或地区气象预警报水平较低。目前，沿线的国际海洋强国和海洋科学组织，启动了一系列重大国际观测和科学研究计划，为业务化应用和科学研究进行了长期基础数据积累，建设了全球或区域性海洋观测系统并成为大多数业务化海洋预报应用系统的支柱。通过太平洋地区国际合作和计划，实现了对海洋环境进行实时有效的观测和监测。

（四）全球航运相关的碳排放

1. 全球国际航运碳排放现状

1）国际航运船舶碳排放治理现状

据联合国统计，2021 年全球 100 总吨以上的船舶共有约 10 万艘，22 亿载重吨，承担了 85% 以上的国际贸易运输。现阶段国际航行船舶温室气体排放是在《联合国气候变化公约》及相关协定约定下由国际海事组织（IMO）制定国际航运船舶温室气体减排目标和减排政策，其船舶碳排放不计入国家碳排放总量。国际海事组织早在 20 世纪末就着手推动减少航运二氧化碳排放，2013 年实施新造船能效设计指数（EEDI）和能效管理计划（SEEMP），2018 年通过《国际船舶温室气体减排初步战略》，明确了 2030 年全球海运每单位运输活动的平均二氧化碳排放与 2008 年相比至少降低 40%，并努力争取到 2050 年降低 70%；到 2050 年，国际航运船舶温室气体年度总排放量与 2008 年相比至少减少 50% 的减排目标，并进一步制定实施了现有船舶技术能效指数（EEXI）、运营船舶的碳强度指标（CII）评级机制等系列船舶能效约束措施。

2）国际航运船舶碳排放现状

国际海事组织发布的 *Fourth IMO GHG Study 2020* 统计指出，近年来国际航运船舶碳排放总量呈现增加趋势，2018 年国际航运船舶温室气体排放量为 10.76×10^8 t，约占全球温室气体排放总量的 2.89%。其中，二氧化碳排放总量持续增加，已由 2012 年的 9.62×10^8 t 增加至 2018 年的 10.56×10^8 t，增加了 9.3%。但从船舶碳排放强度看，随着船舶节能技术措施的推广应用，国际航运船舶单位碳排放强度在不断下降。2018 年国际航运船舶能效运营指数（EEOI）约 11.67 ~ 10.70 g（CO_2）/（t·n mile），较 2008 年（基准年）降低约 21% ~ 29%。

从船舶类型看，2011—2021 年全球三大主力船型中集装箱船碳排放最多，其次是干散货船和原油运输船舶。按船旗国统计，2011—2020 年，巴拿马船旗船舶碳排放最多，其次是马绍尔群岛和利比亚船旗的船舶（联合国贸易和发展会议，2020）。

2. 全球航运船舶减排技术措施

目前，国际航运船舶减排已基本形成船舶能效优化技术、船舶排放控制技术及清洁能源动力船舶技术三大主要方向。根据对全球主要航运企业减排措施梳理，船舶能效优化技术和船舶排放控制技术是现阶段航运企业普遍采取的减排技术，而发展清洁能源动力船舶则是航运企业在中、远期广泛采取的技术措施。与之相对应，近些年全球清洁能源动力船舶订单数量呈现快速增长。据克拉克森统计，2021 年全球新增订单中约 30% 是 LNG 动力船舶，2022 年第 1 季度达 57%。除 LNG 外，甲醇燃料船舶也正在成为另外一个重要发展方向，包括马士基、达飞、塞斯潘等国际航运公司均已加大甲醇燃料船舶投资建造。初步统计，全球已投入运营的甲醇燃料船舶 14 艘，在建 51 艘，另有甲醇 –READY 船舶 28 艘。此外，国际上也在积极推进零碳的氨燃料、氢燃料发动机和船型研发。

综合来看，清洁能源动力船舶将是实现船舶低碳零碳化的根本途径，而船舶能效管理与船舶排放控制技术是实现船舶低碳零碳化的长期技术措施。

（五）远洋气象导航

海上航行安全与气象条件密切相关。我国是全球航运大国，当前，国际海运通道承担了我国外贸货物运量的 90% 以上，是保障我国经济社会可持续发展的“生命线”。

海运的平稳安全与经济社会发展息息相关，而远洋气象导航是船舶安全、经济航行的重要保障，需要致力于提高海上灾害性天气监测预报能力，发展航运气象风险预报技术和船舶气象导航服务技术，为国家海洋经济平稳发展贡献力量。

1. 世界远洋气象导航的发展现状

远洋气象导航的发展得益于气象科技的发展。20 世纪 50 年代，随着人们不断深入了解天气气候，气象导航也从季节性推荐的“气候航线”转变为更精细的“气象路线”。

近些年来，随着现代科学技术的飞跃发展，一门新兴的现代化航海技术发展起来——海洋船舶气象导航，又称船舶最佳天气定线。它将气象学、海洋学、造船学和计算机等技术与航海技术有机地结合起来，为横渡大洋的船舶提供最佳天气航线，从而使船舶达到最佳航行效果。大量的实践证明，气象导航具有显著的安全性和明显的经济效益，目前，已被全球的海运界跨洋航行的船舶广泛采用。

与以气候资料为基础而制定航线的气候导航相比，气象导航能够根据较准确的短、中期和有效的长期天气和海洋预报及大洋气候资料，结合船舶性能、装载特点、技术条件、航行任务等，为横渡大洋的船舶选择最佳天气航线。气象航线充分考虑了航线上未来的各种天气过程，并在很大程度上克服了气候航线的局限性。

气象导航的目的是保证船舶航行安全，使航行时间最短。最佳航线指在始发港和目的港之间的一条既能保证船舶航行安全，又能使航行时间最短的航线。最佳航线是安全、经济、舒适、省时的航线。最短航时航线是指使船舶自始发港到目的港之间用时最短的整个航线。气象导航需要在确保安全的条件下，航时最少，节省燃料，提高船舶的营运效益，该航线又称经济航线，多为一般货船采用。舒适航线要求在航行中尽量减少风浪的影响，使航行条件舒适，这种航线多为客船和旅游船采用。推荐航线是气象导航公司向船舶提供的最佳天气航线，属于咨询服务性质，故称为推荐航线，它是集气象学、海洋学、航海学、造船学、船艺学、计算机应用和通信技术等多种学科的综合应用，是一门新兴的现代化导航技术。

对远洋航行而言，气象导航在安全性与经济效益方面具有重要意义，气象导航对跨洋航行船舶的安全具有重要保障作用。可以大大降低货损率、船损率。气象导航的另一个重要目的是降低营运成本，提高经济效益。气象导航能充分利用有利的天气和海洋环境，如顺风、顺浪、顺流等，以提高船速或使船舶失速降到最低限度，达到缩短航时、提高经济效益之目的。

目前，世界气象导航市场主要由国外几大公司控制。日本天气新闻公司（WNI）占据导航市场70%的份额，在美国、韩国、中国、英国等21个国家和地区设有32个办事处，员工1000多人。每日为9800艘船舶、13 000架航班提供气象服务，年销售额约11亿元人民币。挪威StormGeo公司占据导航市场20%的份额，每年超过12 000艘船舶采用StormGeo航次规划、航线优化和船队效能管理服务；每年提供超过65 000个航次的气象导航服务。欧洲MetcoGroup与其他气象导航公司一共占据导航市场10%的份额，全球使用其软件的船舶超过5000艘，国内海工用户超过900家。

长期以来，为船舶提供气象导航服务一直被国外企业垄断。此前很长一段时间，因为没有自主研发的全球远洋气象导航系统，几乎所有的中国远洋船舶都不得不使用国外公司的气象导航服务。如此一来，不仅每年要支付几十亿元的服务费，还要将船舶技术资料、船舶动态及载货信息随时报告给对方，这不仅不利于保护我国企业的商业机密，还对国家安全构成潜在威胁。随着“一带一路”倡议提出，我国海上贸易往来日益频繁，因此，迫切需要拥有自主知识产权的海洋气象导航服务系统。

2. 中国远洋气象导航的发展现状

我国远洋气象导航业务始于20世纪50年代，根据未来一段时间的气象水文条件，结合船舶技术性能和营运需求，为远洋船舶推荐最佳的航行路线，并提供船舶跟踪、航次评估分析、航速和燃料消耗索赔等服务。气象导航技术一经诞生就被美国、欧洲、日本等发达国家和地区率先掌握，几家国外的大公司几乎瓜分了全球远洋气象导航业务市场。

随着“一带一路”倡议提出，我国海上贸易往来日益频繁，我国开始注重远洋气象导航的自主研发。近年来，我国气象导航系统不断发展，开发了拥有自主知识产权的全球气象导航业务系统、国产船舶跟踪与气象导航系统等，甚至在精细化等方面超越国际水平。基于MICAPS技术框架，打造了集中国气象局全球数值预报产品、世界气象组织全球大气海洋观测产品、风云气象卫星产品等于一体的平台，远洋导航多源数据、远洋导航航线模型与算法、电子海图、船舶实时定位信息等也融入其中。

2017年，国家气象中心与华洋海事中心有限公司着手现代化船舶气象导航研发，成立气象导航服务团队。2019年，“国船国导”展开新篇章——我国自主研发的远洋气象导航系统取得初步进展，团队正式开展船舶气象导航系统服务。各类商船、工程船等开始改用我国的远洋气象导航，结束了国外企业垄断我国远洋气象导航市场的历史。

目前，累计服务船舶超过 5000 艘次，航线遍及太平洋、印度洋、大西洋等海域。

2022 年 7 月 11 日，中央气象台正式发布了船舶气象导航系统，这是一个完全具有自主知识产权的导航系统。该船舶气象导航系统的“硬核”之处在于集远洋导航多源数据、远洋导航航线模型与算法、岸基远洋气象导航决策支持、船舶预警信息、智能发布服务于一体。用户可以通过船舶信息服务系统（问海网）查询船舶基础信息，也可以查询港口位置、排放控制区域、高风险区域等信息。导航团队将海洋天气预报技术与船舶定位技术、航海技术等结合起来，形成了涵盖问海网、船端导航系统、岸端导航业务系统、船舶监控、航线预报产品、航次评估报告等技术的船舶气象导航系统。借助超级计算机、精确的数值预报产品、完备的全球气象资料和覆盖全球的海洋天气预报，对涉及气象导航的关键要素，如海流流向、流速、风浪、涌浪、海温、10 米风、能见度等进行预报，最高空间分辨率为 9 km，最长预报时效为 240 h。

四、海洋可再生资源利用的现状和发展趋势

（一）概述

海洋可再生能源，包括海上风能、波浪能、潮流潮汐能等气候能源。海洋可再生资源是零排放的清洁能源，海洋能开发利用就是将这些能源资源转化为可用的能源形式（通常是电能）。开发利用海洋可再生资源可替代化石能源，可以有效地减少二氧化碳的排放。这里主要介绍海上风能、波浪能、潮流潮汐能等开发利用现状，并分析海洋可再生能源对于应对及减缓气候变化的重要作用。

1. 海洋可再生气候资源的特点

海洋气候资源具有开发潜力大、可持续利用、绿色清洁等优势，相对于传统能源，其能量密度不高、稳定性较差，因而海洋气候资源开发利用难度较大。国际上，海洋气候资源丰富的国家已将其作为战略性资源，近年来取得了一系列突破性技术进展，规模化利用趋势明显。同时，随着越来越多国际知名企业的进入，国际海洋气候资源产业化进程不断加快，有望成为未来能源供给的重要组成部分和未来海洋经济的重要增长点。

我国海洋可再生能源技术研究起步较早，近年来发展较快，部分自主创新的海洋可再生能源技术达到国际先进水平，海岛供电示范应用取得了积极进展，但总体上距

离商业化应用还有较大差距。短期来看，海洋气候资源还无法在我国能源结构调整中发挥重要作用。未来一段时期，需围绕边远海岛开发、海上装备运行、深海养殖用电用水等特定市场应用，加快提高技术成熟度，为我国能源结构调整做出积极贡献，并为减缓气候变化提供重要的支撑手段。

2. 海洋可再生能源开发利用在减缓气候变化中的重要性

随着人们对生态环境问题的日益关注，特别是1992年联合国世界环境与发展大会以后，为了保护日益恶化的人类生存环境，走可持续发展的道路、调整能源结构、大力发展可再生能源已成为世界各国的共识。在2022年4月发布的IPCC第六次评估报告第三工作组报告中，编写组肯定了人类社会对于可再生能源取得的一定成绩，使得能源成本持续下降、技术渗透率正在提升。同时指出为实现预期的减排力度和减排路径，必须依靠高比例的可再生能源（IPCC，2022）。

海洋占地球表面的71%，作为资源的宝库，是地球上尚未充分开发利用的最大领域，开发利用海洋可再生能源，是人类社会发展历程的客观选择，沿海各国都非常重视对海洋可再生能源的开发利用。

我国经济高速发展的同时，能源消耗高速增长，落实节能减排任务较重，尤其是沿海地区资源环境压力持续增大，加大清洁能源和可再生能源的利用，既是加快生态文明建设的需要，也是我国经济转型的需要，更是沿海及海岛经济社会发展的迫切需要，可有效保证我国经济社会的可持续发展。因海洋可再生能源的可再生性、清洁性，使得海洋可再生能源的开发和利用成为我国落实节能减排目标及应对气候变化的重要手段之一。

（二）海上风能

1. 产业现状

经过几十年的发展，风力发电从最初的成本高昂、技术门槛高、输出不稳定的“垃圾电”成为如今规模增长最快的能源之一。全球风力发电正处于蓬勃发展的黄金期。根据全球风能理事会（GWEC）发布的报告，全球风电规模近几年每年都在稳步上升并且发展速度还在加快，风力发电前景光明。全球海上风电在2021年实现了21.1 GW的新增并网（为2020年的3倍多），创造了历史最好成绩。中国一枝独秀，其海上风电增量占全球的80%，这也让中国超越英国成为全球海上风电累计装机最多的国家

（GWEC，2022）。

相比于陆上风电，海上风电有以下优势：第一，海上的风能资源质量更高。因为几乎没有障碍物，以及接触面粗糙度小，所以海上风切变小而不需要很高的塔架，风速更大而有更长的可发电时长。第二，由于摩擦小和大气下垫面性质均一，海上风湍流强度相对较小并且有稳定的主导风向，机组运行寿命长。第三，海上风电项目远离城市和聚落，造成的噪声和视觉污染较少。

在海上风电起步阶段，其世界产业中心主要集中在欧洲国家。英国、德国、丹麦、比利时和荷兰的海上风电资源开发均起步较早。在北海（North Sea）、德国湾（German Bight）和英国东南沿海等区域均有大量稳定运行的海上风电场。所处的海域种类丰富，不论远海强层化海区、近岸潮流主导海区，还是河口冲淡水影响海区，均有海上风电场运行。

近年来我国海上风电发展迅猛。一方面，沿海发达地区是全国用电量最大的地方，而在此建设发电站要面临更高的土地成本和更严重的污染问题，“向海要电”自然而然成了解决矛盾的道路之一；另一方面，为实现“双碳”目标而大力发展新能源，再加上多年来陆上风力发电建设积累的技术和经验为海上风电发展打下基础，建设海上风电具有现实的需求和可行性。

2. 发展趋势

1）近海规模化、远海示范化

主要受工程投资成本和技术可行性的限制，初期风电场场址的水深一般不超过 20 m，但由于科学技术的发展且远海风能资源更加稳定，近年来海上风电正向远海深水区发展，水深和离岸距离逐步增加。如 2019 年欧洲在建的海上风电场平均水深为 33 m、平均离岸距离为 59 km，其中水深最深的漂浮式项目 Hywind demo 风电场所在水深甚至可达几百米；Hornsea One 等风电场的离岸距离都超过 100 km。

目前，我国海上风电场的建设主要集中在浅海海域，且呈现由近海到远海、由浅水到深水、由小规模示范到大规模集中开发的特点。为获取更多的海上风能资源，海上风电项目将逐渐向深海、远海方向发展。随着场址离岸越来越远，海上风电机组基础和送出工程等方面成本将逐步增大，另外对运维服务要求也更高，运维成本也会随之增大，因此，深海、远海的海上风电项目在经济性上仍存在较大风险，需要柔性直流输电技术、漂浮式基础、海上移动运维基地的快速发展，为我国远海风电的开发提供必要支撑。

2）配套产业发展日趋完善，未来呈多业态综合布局发展趋势

海上风电场的运维内容主要包括风电机组、塔筒及基础、升压站、海缆等设备的预防性维护、故障维护和定检维护，是海上风电发展十分重要的产业链。近年来欧洲成为全球风电运维服务市场的“大蛋糕”。相比于欧洲，国内海上风电起步晚，缺乏专业的配套装备，运维效率低、安全风险大。未来海上风电装机容量的增加，势必带动相关产业的快速发展。

根据海上风电市场的需要，未来将出现一大批以运行、维护为主的专业团队，为投资企业提供全面、专业的服务。此外，海上风电装备标准、产品检测和认证体系等也将逐步建立完善。毫无疑问，在海上风电项目的逐步发展过程中，海上风电设计、施工等将累积丰富的经验，相关配套产业的发展也将日趋完善。

目前，已经有研究表明，海上风电场投入运行后，海上的风机桩基实际上可起到类似人工鱼礁聚集鱼类的作用，德国、韩国等国家都启动或探索海上风力发电与海水养殖的结合，我国山东省也在 2020 年启动了国内首个“海上风电 + 海洋牧场”示范项目，提升海水养殖与海上风电融合发展。同时，还可以利用海上风电场构建海洋水文同步实时现场观测系统，以促进海上风电与海洋水文科学研究的融合发展（蔡树群等，2021）。

（三）波浪能

1. 国际产业现状

波浪能能流密度大，分布广泛，在海洋水体中蕴含的总量非常巨大，中国海岸大部分的年平均波浪功率密度为 2 ~ 7 kW/m。但是波浪能是一种非常不稳定的能源，单位迎波面的波浪能在空间上和时间上的分布十分不均匀。台风导致的巨浪，其功率密度可达每米迎波面数千千瓦。

在南北纬度为 40° —60° 的西海岸区域主要盛行西风，这一区域蕴含丰富的海洋波浪能，其峰值大约有 100 kW/m。所以，位于这一区域的国家对波浪能资源勘查和开发利用的研究一直处于世界前沿，如北美洲的美国和加拿大、欧洲的大部分国家，以及亚洲的日本等国。

国际波浪能技术在近年来得到了迅速发展，但波浪能技术种类比较分散，尚未进入技术收敛期。尽管全球有不少波浪能发电装置进行了长期海试，但在恶劣环境下发

电装置的生存性、可靠性、高效转换等关键技术问题仍然有待突破。

波浪能发电装置由能量俘获系统（一级能量转换系统）、二级能量转换系统和三级能量转换系统组成。依据能量俘获系统的不同，波浪能发电技术可分为点吸收型式、截止式、消耗式等，依据二级能量转换系统的不同，可分为气动式、液压式、液动式、直驱式等。

与潮流能机组类似的是，波浪能转换装置一般也设计成模块化系统，这样很容易扩展成兆瓦级发电装置阵列。波浪能装置要实现规模化应用，至少要求单机的额定装机功率为百千瓦级，这样通过数十个或数百个装置的阵列化应用才能够达到规模化应用。目前，国际上还没有大规模的商业化波浪能发电阵列成功的案例，只建成了个别的波浪能小规模阵列，正努力降低装置的平准化发电成本。

总体上看，国际波浪能技术基本处于示范运行阶段，可靠性、生存性等关键技术仍是制约波浪能技术发展的瓶颈。由于各国海域不同，波浪能资源形态各有特点，所适合波浪能装置的大小规格不同。但波浪能发电要实现规模化应用，阵列式装置比单一装置更有效。此外，一些水下监听等特殊军事需求仍然需要小型波浪能发电装置。目前来看，小功率波浪能发电装置更早地实现了商业化并网发电，但仍需解决降低发电成本的难题。

2. 国内产业现状

中国拥有着 473×10^4 km^2 的海洋、绵延 1.8×10^4 km 的大陆海岸线，波浪能蕴含量丰富。我国的波浪能呈现非常明显的季节分布特征。在季风影响下，冬季是波浪能全年最丰富的季节，渤海海峡、台湾海峡、南海东北部等地区波浪能分布最为丰富。

国内先后有十几个研究所和大学开展了振荡浮子式、摆式、筏式等波能转换装置的研究。主要研究机构包括中国科学院广州能源研究所、中国电子科技集团公司、国家海洋技术中心、上海交通大学、中国海洋大学、中船重工和大连理工大学等。目前，开发的波浪能装置约 40 个，装机容量范围为 10 W ~ 300 kW，截至 2018 年底，波浪能电站总装机 0.2 MW，累计发电量超 15×10^4 kW · h。

3. 发展趋势

1）建立资源评估标准体系

波浪能是一种非常不稳定的能源，单位迎波面的波浪能在空间上和时间上的分布十分不均匀，因此，波浪能资源开发需要对波浪能的时空分布有一个完整的、科学的认识，亟须建立一个全面、科学和适应性强的波浪能资源评估标准体系，为波浪能的有效开发和利用提供坚实的基础。

2）开发高性能发电机组

现阶段对于波浪能量的摄取机理还较为模糊，针对其能量转换效率的理论有待提高。这些不足导致了能量传递过程中各机械结构配合度较低，使得系统的整合度不够完备。最终体现在波浪能发电装置风险评估不清，结构安全无法取得保障。进一步深入挖掘波浪动力理论和能量转换机械结构的契合度，是开发高性能海浪发电机组的必要基础。

3）联合海上风电等组成多元化发电模块

海上风电和波浪能均受控于所处气象和海洋动力环境，因此，存在稳定性不足的缺点。而电力部门对于发电单位的稳定性具有很高的要求。仅采用单一的发电模式无法从根本上提高供电稳定性。因此，海上风电和波浪能发电联合布局，是提高海洋发电机组上网电量稳定性的潜在方式。

（四）潮流潮汐能

1. 产业现状

潮汐能量嵌入潮汐运动的水中，它直接来自地球、月球、太阳和其他行星之间的重力和离心力。潮汐能由势能和动能组成。因此，潮汐发电设施分为两类：潮汐拦水坝，通过建造水坝 / 拦水坝利用潮汐的势能；潮流涡轮机，利用潮流流动的动能。潮汐拦水坝曾是潮汐能发电的主要形式，但考虑到成本和环境影响，潮流涡轮机现已成为潮流能开发的主要趋势。对于潮流能的利用，国外一部分研究集中在资源普查阶段。在发电实践方面，仅有一些探索式的工程建设。

我国在潮流发电上蕴藏巨大发展潜力，渤海海峡、长江口、杭州湾及台湾海峡等多地潮能密度均较高。虽然我国潮流能发电取得了一些成绩，但是仍有许多不足之处，如涡轮发电机规格较小；现阶段开发主体为科研院所，相对于欧洲，我国企业参与度仍有不足。

2. 发展趋势

1）建立具有自主知识产权的高性能涡轮发电机组

相对于国外同类产品，我国潮流能发电机组在设计规格和可靠性方面仍有差距。

未来应着力开发适用于我国潮汐潮流环境的涡轮发电机，提高转流时刻、平流时刻等潮流较小时的发电能力。从涡轮材料和涡轮转向能力等多方面着手，提高发电机组的有效工作时长。

2）评估大规模潮流开发的潜力和环境影响

我国近海理论潮流能较为充沛，但受限于有效发电时长和海洋地质条件，并不是全部高流速海区均适宜于潮流能大规模开发。同时，潮流能发电站对海洋生态系统造成的干扰仍不十分清晰。因此，先导性的海洋地质和海洋生态研究非常有必要。如何评估我国近海潮流能的理论潜力和实际可开发比例，是需要分析的重要问题。

第二节　海洋防灾减灾与应对气候变化面临的重大科技问题与挑战

一、海洋灾害研究现状的关键科技问题与挑战

（一）风暴潮致灾机理研究的机遇和挑战

各沿海国家实践研究证明，海洋灾害预警报技术对减少海洋灾害损失具有重要的实际指导意义。因此，增进海洋灾害机理理论研究和海洋灾害预警报技术应用，是应对海洋灾害的有效途径。气候变化给海洋灾害研究和应对提出了新的挑战和机遇。

（二）海啸发生机理研究的挑战

海啸灾害具有突发性、破坏力巨大、高致灾性、影响深远等特征。如日本“3・11”地震海啸事件已经过去十多年，日本当地和全球环境仍然受到本次海啸事件的威胁，尤其是造成的核泄漏危害尚未消除。

全球气候变化的影响深远，对沿海低海拔地区影响更是显著。全球气候变化背景下发生的海啸灾害对低海拔地区的影响无疑是雪上加霜。进一步分析全球气候变化、海啸诱发机理和预警技术是提高海啸灾害应对能力的有效途径。

当前我国已经开展了确定性评估方法的沿海海啸灾害风险评估工作，这一工作成果是基于全球各大地震带最大可能地震海啸源情景的评估，成果展示最大可能海啸源

对我国沿岸的影响。其不足之处是没有考虑全球气候变化影响，以及最大地震海啸源外的情景对我国海啸源的影响。在全球气候变化背景下，我国沿海区域基于未来气候变化的海啸风险评估工作，尚待进一步开展。

（三）海浪灾害研究的短板、机遇和挑战

目前，我国海浪预报已经实现了由传统以人工分析为主的经验预报，向以数值预报为核心、人工分析和经验预报等多种方法综合应用的预报的变革。我国海浪灾害预报、海浪灾害防治工作取得了重大进展，但与欧美海洋大国相比，在海浪灾害预报技术和精度等方面还有一定的差距。

当前我国的海浪观测网仍然无法满足预报系统的要求，能满足业务化时效性并直接应用于海浪模式的观测数据有限，海洋环境监测部门和海洋环境预报部门之间未建立高效的数据共享机制。

国际上海浪资料同化技术对我们封锁程度高，尽管目前国内已有初步研发的海浪资料同化技术，但面对新型观测资料，仍有很多关键技术需要进一步研究和改进。

自主知识产权海浪预报模式发展不足。目前，国际上主流的海浪模式主要由欧美发达国家开发，它们不但在海浪科学研究方面发挥着重要作用，在海浪业务预报方面也非常成熟。而我国仅有科研院所在 20 世纪 90 年代开发的第三代海浪模式，虽然经过多年的研发和改进，面对高分辨率预报保障要求，其动力框架、物理参数化过程和预报能力上仍然存在一些问题。目前，国家海洋环境预报中心业务化海浪预报模式采用 WAVEWATCH Ⅲ模式，在海浪预报模式方面存在“卡脖子”问题。

中国近海海域中长期海浪灾害预测研究不足。目前，欧洲中期天气预报中心已开展多种时间尺度的业务化中长期海浪预测，在全球变暖背景下，极端性海洋灾害高发，随着我国的海洋开发进程加速，未来的沿海灾害和脆弱性评估、航线和海上工程的设计规划等，都亟需高分辨率的、可用性强的、定量化的中长期海浪预测。

（四）赤潮和绿潮研究的短板、挑战和机遇

近年来，虽然我国海洋生态数值模型研究有了迅速发展，但没有专门为赤潮和绿潮预报而开发的业务化的生态动力学数值预报系统。受观测资料少而零散、海洋环境认知不足等因素的影响，我国目前赤潮和绿潮预测预警技术水平有待进一步提高。我

国在赤潮和绿潮的预警预测和防灾减灾研究方面仍凸显很多问题亟待解决。

首先，赤潮和绿潮成灾机理研究仍然是一个难点和热点，不同赤潮和绿潮灾种生物其生成机理各有不同，涉及的影响因子繁多复杂，成灾机理需要深入而持久的研究。

其次，我国已经建立起由岸站、浮标、船舶、雷达、航空遥感、卫星遥感和志愿者监测等手段组成的三维立体海洋环境监测系统，其监测能力覆盖了全国海域的海洋水文、气象、水质、生物、沉积物和大气等项目，取得了大量的监测资料。但是目前这些数据还未建立高效的数据共享平台网络。海洋环境预报部门获取实时和历史监测数据还存在明显滞后和脱节的问题，这给预测赤潮和绿潮，特别是有毒藻华的发生、预报的准确性与稳定性，以及后报检验都制造了不小难度。灾害预报部门无法有效利用现有的实时观测数据，预报精度难以提高。

再次，我国的赤潮和绿潮预报主要仍以气象、海温、海流等单物理要素为依据进行间接预测，虽然近年来我国海洋生态数值模型研究有了迅速发展，但结合赤潮和绿潮生活史特点，与三维物理环流模型相耦合，建立赤潮和绿潮种群动力学模型，对赤潮和绿潮进行动态模拟及预测研究，仍是目前国内外赤潮和绿潮预报研究面临的主要瓶颈问题。另外，我国尚未有专门为赤潮和绿潮预报而开发的业务化的生态动力学数值预报系统。

最后，我们虽具备了赤潮和绿潮的季节预测能力，但是多基于统计模型。建立和应用气候－区域生态耦合模型开展月季年尺度生态灾害预测，是未来需要解决的技术难题。

二、高敏感区域防灾减灾的关键科技问题与挑战

（一）沿海城市应对海洋防灾减灾的关键科技问题与挑战

限制我国沿海城市应对海洋防灾减灾的短板可以总结为以下几个方面。

1. 海洋领域法律法规建设及政策制定仍需完善

我国面临的自然灾害形势仍然复杂严峻，当前防灾减灾救灾体制有待完善。按照《中共中央　国务院关于推进防灾减灾救灾体制机制改革的意见》的精神，海洋灾害防御工作需要从建立健全统筹协调体制、健全属地管理体制、完善社会力量和市场参与机制、全面提升综合减灾能力入手。沿海城市群作为海洋社会的高速发展区和海洋

灾害危险区，海洋灾害风险尤为突出，协调沿海经济发展与海洋灾害风险的矛盾，就需要规范涉海行为，然而当前我国在海洋防灾减灾法制建设方面还比较薄弱。

适应气候变化政策的制定和实施是沿海城市恰当进行适应工作的重要组成部分，是确保沿海城市可持续发展得以有效落实的重要保障。尽管我国初步形成了自上而下的适应气候变化的政策体系，但是还存在不少问题，包括国家和部门适应政策组成要素不够完善，具体的适应政策的目标和对应的适应能力不匹配；适应政策决策因素考虑的仍不够完善；适应政策监督不足，适应的成效评估较弱；地方政府的认知水平和政策制定能力存在明显局限。

2. 海洋观测预警及服务能力尚有不足

随着各级预报机构的发展，海洋预报的分工更加精细，以数值预报为核心的预报技术不断强化，预报产品的分辨能力和精度不断提升。与需求相比，我国的海洋预报业务体系仍然有待完善。目前，各级海洋预报机构在预报职责方面的关系不够清晰，在海洋预报中没有实现逐级预报的关系，海洋预报内容的重复性问题较为严重。在灾害发生时，涉海单位重复收到各级预报机构提供的内容相似的预报产品，为更好地满足各级防灾减灾部门的需求，海洋预报体系有待进一步加强与完善。

我国沿海幅员辽阔，分布着众多的沿海城市，目前的沿岸观测系统尚不能完全满足每个沿海县至少有一个潮位站的布局，观测站点的密度远远达不到精细化预报的要求。同时，部分要素的观测较为欠缺，风暴潮漫堤与风暴潮漫滩观测仍然是难点；部分区域海浪仍然需要人工观测，观测设备的自动化率与普及率需要提高。今后应加大海洋要素观测站的建设力度，真正实现全方位立体综合观测网络系统。针对不同的承灾体发布精细化、针对性较强的预报产品需提上日程；单一要素预报向目标综合型预报保障能力发展也有待于进一步提高。

3. 沿海海堤建设参差不齐，生态海堤等工程性防御措施有待完善

海堤是沿海城市防御海洋灾害的重要工程性措施，我国已建成的海堤在防御风暴潮等海洋灾害中发挥了重要的作用。但是，气候变化影响下，海洋灾害的加剧及沿海地区暴露度的增加使海堤建设标准较低的问题日益凸显。已建成的海堤中，达标率不足一半。海堤的建设标准和建设治理参差不齐，存在诸多安全隐患；部分海堤建设对周边环境协调性、生态友好性等方面考虑不足，未充分考虑与植物护岸、湿地等生态措施协同。红树林被称为“海岸卫士”，在自然因素和人为干扰的双重作用下，红树林遭

到了较大的破坏。近年来，气候变化影响下，我国沿海风暴潮等海洋灾害呈现增强增多的趋势，沿海地区的建设和布局设计未充分考虑气候变化带来的不确定性。

（二）涉海工程应对海洋防灾减灾的关键科技问题与挑战

目前，涉海重大工程可行性论证阶段未充分考虑海洋灾害的影响，一旦受海洋灾害影响，不但工程本身可能处于危险状态，甚至会波及周边城市。

1. 应对气候变化的相关科学研究尚待加强

气候变化对涉海重大工程的影响是一个复杂的系统性学科。目前，我国正在进行有关气候变化的影响研究，但是研究重点集中在农业、能源和水资源等领域，涉及沿海重大工程的研究较少。为突破涉海重大工程应对气候变化的技术瓶颈，应该加强气候变化领域的基础研究。第一，针对海平面上升、极端气候灾害等由气候变化引起的灾害和次生灾害，其对涉海重大工程的破坏程度还有待评估论证，同时除现阶段已发现的气候变化对涉海重大工程的影响外，其他影响因素还有待研究；第二，在气候变化的条件下，海平面上升、极端气候事件发生频率增加与沿海重大工程所在区域地面沉降的综合影响体系还未建立，涉海重大工程应对气候变化的科学合理设计尚未有可靠的参考依据；第三，针对极端海洋灾害下人群疏散问题，有关涉海工程综合运输通道系统能力的科学研究有待加强，为合理规划涉海工程运输通道系统提供理论支持。

2. 涉海重大工程的设计标准及质量评价标准有待完善

目前，我国滨海核电厂建设遵循的是美国核电规范（ASME），但完全照搬美国核电规范的做法使我国部分核电厂存在设计过于保守的现象，不能做到完全符合中国沿海工程水文特点，不能科学地平衡经济效益和工程安全性之间的关系。而我国港口工程一般采用交通运输部颁布的相应设计标准，在工程设计中没有考虑到气候变化的影响，导致设计标准偏低，不能有效防御气候变化带来的自然灾害。另外，在沿海重大工程建设选址方面，由于气候变化导致已建工程所在海域水文条件发生变化，部分地区由于海平面上升会导致遮蔽条件发生改变，影响沿海工程的寿命。因此，在全球气候变化的条件下，亟须建立及完善沿海重大工程的设计标准。针对我国滨海核电站的设计标准需要进行适应气候变化方面的论证；而港口工程受海平面上升、潮位变化及极端气象灾害影响明显，需对其设计标准进行相应加强和完善，考虑气候变化影响趋势对港口设计寿命的影响；在沿海重大工程选址时，应结合当地历史的气候条件，选择隐蔽条件好的港湾布局，主动避开受气候影响较大的区域。当隐蔽条件较好的港湾紧缺或当地缺乏这样的港湾时，充分利用天然的挡风浪条件，如开敞海湾内的山地、湾外的岛屿等进行遮风避浪，能够有效减弱极端气候灾害的影响（贾良文等，2012）。

3. 沿海水文和生态环境监测系统尚待完善

我国沿海区域和岛屿附近海域的风、浪、流、潮汐等监测数据在区域覆盖范围、时间跨度、详细程度和准确性方面都严重不足，尤其是远海岛礁（如南沙群岛）。由于缺乏相应的海洋环境动力历史数据和地貌水深数据，对岛礁工程的设计造成困难，往往寻找最近海域的资料或依赖于一些经验公式来推断工程的环境荷载并进行设计，对工程设计的可靠性影响很大。而考虑到当前气候正发生深刻、复杂的变化，亟须完善沿海重大工程附近海域海平面的监测，积累更丰富的长期观测资料，提高海平面上升量预测的可信度，从而为沿海地区各类重大项目工程规划设计在考虑海平面上升因素时提供可靠的参考标准，同时考虑建立国家标准的数据库，规范对相关数据的管理使用。

4. 气候变化下重大工程防灾减灾能力有待提升

由于气候变化的影响，沿海重大工程的洪水、风暴潮等设计重现期可能有所降低，因此需要补充收集近年的降雨、潮位等数据，更准确地预测未来的变化，并将这些变化纳入数据的时间序列分析中，重新分析计算不同设计频率下的潮位和洪水数据，依据这些数据重新制定各类沿海重大工程的设计标准，以保证沿海重大工程在气候变化条件下的安全运行。同时，针对气候变化的现状，研究沿海重大工程在海平面上升、风暴潮剧烈、极端大浪频发情况下的破坏过程；完善沿海重大工程在气候变化下的防潮防浪标准，建立在海平面上升情况下的潮位统计、波浪爬高与越浪量的计算方法，研究沿海重大工程设计高程与结构的适应要求，优化沿海重大工程的工程基础处理方法；加强气候变化条件下台风、风暴潮、极端大浪等自然灾害对沿海重大工程的综合评估与防灾减灾技术研究，为科学保障沿海重大工程的稳定性和沿海地区的安全性提供全面有力的技术支持。

5. 气候变化下涉海重大工程预警能力不足

灾情预报是沿海重大工程应对气候变化的重点工作之一。为此，应加强沿海重大工程附近海域的极端天气事件的监测能力，加强潮位观测站建设，完善海洋卫星和定点测量体系，为气象预报的准确性提供数据支撑（甘申东等，2012）。同时，加强国家环境预报中心和海洋预报台的建设，从而提高风暴潮预警的同步性，实现沿海重大工程在风暴潮来临前采取封闭和警备措施，对高危区进行加固和防范，如对于电闸装防潮门与自动关闭系统，用橡胶对重要地点进行密封，防止高潮时上水。对于地处风暴潮多发区的海洋油气平台，应采用简易卫星平台加海底管线的开发方式，以求在恶劣工作环境下，保证设施和人员安全，确保油田正常生产。另外，沿海重大工程单位要加强与地方政府及科学研究组织的联系（于良巨等，2014），尽快建设和完善极端海洋灾害事件的预测和预报系统，及时、准确了解将要面临的灾害。除此之外，对于远离大陆的岛礁，附近港口遮挡风浪能力有限，人员和设备在极端海况条件下可能需要撤回到大陆沿岸，这就对国家极端气候事件的预报提出更高的要求，既要保证有足够的预警时间以便长途撤离，同时又要保证准确性，避免无谓的防灾避险行动。

6. 应对气候变化的工程管理能力有待加强

在气候变化的条件下，对于已建和在建的沿海重大工程，应积极提高沿海重大工程管理能力，包括加强工程相关责任人对气候变化的敏感度，加强对沿海重大工程的人因事件可靠性分析，加强因气候变化引起海水设备损耗的日常性维修和调校工作，降低人因事件在系统异常事件中的发生比例，科学分析并建立人因事件可靠性分析模式，并提高操作人员的防灾意识，加强相应人员的应急响应能力。同时，对于重大港口工程，还要加强港航设施巡查与维护制度的落实，加强港航工程的管理、维修和养护，以及维护港航工程的安全和正常运行（贾良文等，2012）。

7. 北极航线船舶建造规范和航行研究亟需迎头赶上

尽管我国于 2012 年开始在北极科学考察中针对北极航道的可行性运行进行了专题调查，但是，对于北极的了解和研究与北极国家相比差距巨大。船舶在冰区航行中，将受到海冰多方面的影响。在海冰环境下，极区航行的安全保障及船体结构的抗冰设计是当前需要解决的关键工程问题。目前，我国在冰区船舶航行及船体抗冰的研究方面还相对薄弱。

（三）“21世纪海上丝绸之路”应对海洋灾害的关键科学问题和挑战

1. 海洋灾害监测能力整体薄弱

“21世纪海上丝绸之路”共建国家多数经济欠发达，技术落后，海洋灾害监测能力弱，发展不均衡，布局不尽合理，管理水平落后，标准不规范。沿线地区是海洋灾害易发、多发的区域，海洋灾害发生时会造成严重损失。我国海洋监测主要集中在中国近海，在印度洋有个别浮标、潜标和海洋观测站，尚未纳入我国监测体系。目前基于国际组织建立了一些观测系统，如在东印度洋暖池区布放白龙浮标，开展海洋－大气关键要素实时监测对提高我国短期气候预测能力、保障汛期防灾减灾工作至关重要。但由于观测数量有限，未能提供足够的观测数据，其观测位置和区域尚未覆盖整个“21世纪海上丝绸之路”周边海域，且不覆盖灾害发生的时间段，亟须加强“21世纪海上丝绸之路”周边海洋灾害监测整体能力建设。缺少海洋灾害数据库，对区域性灾害科学规律缺乏认识。通过建立灾害数据库并进行分析，可对区域性灾害发生频率、强度、位置及危害提供系统性认识。我国缺少系统科学的“21世纪海上丝绸之路”灾害风险评估，缺乏科学有效的海洋灾害风险评估和区划作为基础和依据。通过海洋灾害风险评估可科学、全面地掌握灾害可能导致的人员伤亡、财产损失程度与危害范围等的综合风险。

2. 国际合作机制不健全

重大海洋灾害具有跨国的特点，单凭一国之力难以形成重大海洋灾害监测预警、防治与应急的综合防范能力，跨国海洋防灾减灾合作成为当下之需。欧洲多国、美国、日本等发达国家开始关注与“21世纪海上丝绸之路”沿线国家开展合作，德国开始支持印度尼西亚建设地震台网和海啸预警系统，日本为孟加拉国建设海洋气象和风暴潮预警系统，美国支持印度尼西亚大气环流预报系统建设。我国与东南亚和南亚国家也已经开展双边合作，相关研究机构与印度尼西亚、泰国、斯里兰卡等国家开展了海洋环境预报系统开发和台站建设。以上均属于小范围双边合作，还没有形成区域性、联合性的海洋环境保障合作组织和机制。“21世纪海上丝绸之路”沿线国家间启动了一些防灾减灾国际合作组织和机制（如仙台减灾计划、东盟防灾减灾合作机制、中国与东盟和南亚国家的双边或多边防灾减灾协定等），然而由于参加的国家有限，且沿线各国间信息共享机制不健全，没有专门针对“21世纪海上丝绸之路”沿线国家间海洋防灾减灾国际合作的平台与框架，难以达到区域海洋灾害管理的效应。

3. 海洋灾害预测预警体系缺乏

“21 世纪海上丝绸之路”沿线国家尚未根据沿线海域独特的地域和技术特点开展灾害预警报理论和关键技术研究，也没有系统的海洋灾害预警体系，其预测预警尚未与我国进行有效衔接。尽管我国于 2018 年底推出了“海上丝绸之路”海洋环境预报保障系统，但预警体系能力需要全面提升。我国在“21 世纪海上丝绸之路”沿线海域的监测能力仍极为薄弱，监测站网数量及水平亟待提升。我国风暴潮和海啸业务化应用的数值预报系统与国际主流预报机构水平相当，但根据“21 世纪海上丝绸之路”沿线海域独特的地域和技术特点进行灾害预警报理论和关键技术研究开展不够，船舶航行和港口作业缺少有针对性的服务产品。我国目前现有的预测预警产品种类少、内容单一、精细化程度低、准确率欠佳，且覆盖范围有限，尚未建立完善的海洋灾害预测预警体系，无法满足区域海洋环境安全保障需求。

（四）全球航运碳排放面临的机遇和挑战

未来一段时间，全球航运碳排放政策和技术的重点在于航运能源转型，IMO 和欧盟均在积极制定新的机制和方法推动清洁能源在船舶上的应用。IMO 正在讨论通过市场机制的杠杆和刺激作用控制温室气体排放，如征收温室气体税（碳税）、碳强度分级与罚款机制，以及全球航运碳交易等，欧盟层面已经于 2022 年 6 月由欧洲议会通过了将航运业纳入欧盟碳交易体系（EU ETS）的立法提案，在 2024 年 1 月 1 日开始将航运业纳入，大量全球航运企业和船舶受到影响。可以预判，未来国际航运减排政策的制定，将是各相关利益方围绕全球航运碳排放治理的主导权、确保技术优势和可持续发展等方面的角力，将会促进全球造船和航运业的深刻变革，并对能源、制造等上下游产业产生深远影响。

我国是世界造船大国和航运大国，当前正处于由航运和造船大国向强国奋进过程中，在此过程中，我国既要全面分析全球航运碳排放治理对我国提出的挑战，更应清醒认识和抓住机遇。

挑战方面，我国一方面面临装备制造配套能力不足，如远洋船舶清洁能源动力关键技术装备研发能力较国际先进水平仍有较大差距，氨燃料和甲醇燃料发动机、大功率燃料电池等研发基础薄弱；另一方面也面临甲醇、氨等低碳零碳能源的可获得性和可持续性难以获得保障，以及清洁能源配套法规标准滞后等问题。对航运业来说，还要关注来自市场机制有可能带来的航运成本提高，以及由此产生的全球航运网络架构调整。与此同时，航运减排势必将推动航运和造船业从根本上转变固有发展方式，在促进航运绿色低碳发展，带动产业链上下游科技革命和产业改革等方面提供了重大机遇。

未来较长时期内，既是全球航运碳排放治理的关键期、窗口期，也是我国建立健全绿色低碳循环发展经济体系、积极参与全球温室气体治理的战略机遇期。我国有必要充分发挥中国式现代化的体制机制优势、产业链齐全的规模制造优势和强大的航运市场优势，以我国主力远洋船队绿色升级为抓手，积极推动国内相关装备技术、法规标准、能源供应等基础设施的研发和应用，确保在全球航运温室气体减排治理中处于先导地位，利用好这一契机助力建设现代化产业和经济体系。

三、海洋可再生资源利用的关键科技问题与挑战

海上风电、波浪能和潮流能均属于绿色可再生能源形式。其宏观时空尺度的分布特征基本固定，因此属于典型的海洋气候资源。未来一段时期内，实现我国“双碳”经济运行目标必然要求对这些资源进行深入挖掘。对照国际发达国家水平，我国在海洋气候资源开发方面基础研究相对不足，适应我国资源特点的转换利用方法机理的相关研究开展得较少，导致很多技术和装置在海试过程中频频出现严重问题。

对于海上风电产业，海上风电场选址深远海化对风机结构提出了更高的要求。这提示我们未来发展中应着重布局漂浮式风机，同时搭配大型高性能风机叶片。未来大规模深远海风电站的安装需要高精度海洋气象环境参数，同时其配套运维需要专业产业链。因此，我们应着力培育针对海上风电安装维护的高技术企业。在海洋可再生能源资源调查方面，我国完成了近海海洋可再生能源资源普查，但资源精细化评估技术和方法等研究不够，难以适应电站低成本规模化建设的需要。非常有必要评估未来不同碳排放情景下，大规模海上风电开发和气候变化之间的关系。台风、风暴潮、内波等对深远海风电站破坏力巨大，因此，应加大新材料在风机主体结构中的比例，提高海上风机抗灾能力。

现阶段对于波浪能量的摄取机理还较为模糊，能量俘获与转换机理、俘获系统对海洋环境的适应性及响应控制、装置结构在海洋环境下的腐蚀及疲劳作用机理、最佳功率跟踪及负载特性匹配等基础研究亟须加强。应从工程、环境和流体等多学科理论出发，研发高效率能量转换装置，提高波浪能利用率。另外，提高波浪能发电装置规

模将是推进该能源商业化的必要条件，目前国际上尚未有规模化波浪能发电装置长期并网发电。因此，研发大规模波浪能发电机组并联技术势在必行。我国近海的波浪能是一种非常不稳定的能源，单位迎波面的波浪能在空间上和时间上的分布十分不均匀。开展时空普查，在示范区进行先导性资源调查是解决这一困难的方法之一。

现阶段对于潮汐潮流能开发对海洋环境的影响尚不清楚，因此，亟须开展先导性的海洋地质和海洋生态普查，通过环境评价和数值模拟等手段，建立评估我国近海潮流能的理论潜力和实际可开发比例的技术标准。潮流存在平流、转流时刻等流速较小时段，在这些时段内潮流能利用率偏低，需要开发高性能发电机组叶片，提高能源利用率。在潮流能发电理论研究方面，跨学科、多领域交叉的应用基础研究开展较少。应将潮流能与风能、波浪能时空分布进行联合评估，开展我国近海等目标海区的多能量源总量综合调查。

对于海洋气候资源开发和未来综合利用，还有如下关键技术值得我们关注。第一是储能并网技术，进一步发展储能和并网产业技术和降低项目成本是目前主要的问题。需配套深远海岛屿建设和海底制氢、输氢产业链。但由于氢是二次能源，在规模化应用之前，还需面对许多挑战，包括安全、生产和输送成本等问题的解决，期待风电、船舶与海洋工程、制氢储运等相关行业能够不断融合、相互探索。在输电领域可以采用直流动态输电，以减小线路损耗，同时减小风电间歇式并网问题带来的影响。

第二是天气气候高精度评估预报支撑技术。海上能源开发所需的气象服务主要包括为前期电场开发规划进行的气象资源评估和微观选址小区域资源分布评估、中期电场建设阶段气象灾害评估预警和建设窗口期预报，以及后期电场运行阶段预测预警和运维窗口期预报。规模化海上能源投产运维，对缩短灾害性天气预报时间窗口、提高可预报性提出了很高的要求。发展高分辨率海洋 - 大气耦合模式，搭载远海发电平台架设海洋 - 大气动力观测设备，是解决这一问题的有效途径。

第三是各种能源协调发展问题。供电部门对并网发电的安全标准之一为发电机组的发电量随时间是否稳定。三种能源形式来源均为自然环境变量，无法人为控制，因此，单一发电形式势必无法保障时间稳恒性。但多种发电形式的联合，可互为补充，有效提高发电量的整体一致性。三种能源开发形式在立体空间上互不冲突，联合布局可充分利用海洋空间资源，实现集约用海。

第四是能源岛的完善发展。面对近海可用海域逐渐缩小，风能密度不如远海的现状，能源岛有望成为由近及远的破局关键。从消纳区域来看，我国用电量大的地区主要集中在东部沿海，建立能源岛，将风电场选址区域向深远海域延展有利于缓解将来火电比例减少带来的供能压力。鉴于人工造岛成本过高，建议能源岛选址时尽量在自然岛屿基础上进行开发，以提高整体收益率。通过更加多元化的收益模式提高能源岛的回报率，打造风能、氢能、海水淡化及海洋牧场等集成的海上"能源岛"，协同推进生态保护与资源开发。在风电机组选型上，由于深远海域海水较深，我国海床地质较为复杂，建议选用漂浮式机组，可以更好地降低风机成本。然而，我国漂浮式海上风电机组研发起步较晚。当前我国海上风电技术尚不成熟，在保证风机安全稳定运行的前提下，建议尽量提高单机容量，以提高收益率。

最后，应关注海洋对发电机组的动力和生态响应，力求实现"蓝碳增益"。海洋是一个连续性整体，因发电机组的运行，会导致海洋动力场的响应。以海上风电为例，因地转效应的存在，在风机下风处可能产生海水的垂直运动。这可导致上层海洋营养增益，进而提升海上风电场周边海域的海洋生产力和固碳能力。因此，在布局相关资源开发产业之时，应统筹规划，综合考虑，有目的地放大海洋生态正面响应，通过"蓝碳增益"实现多途径减排增效。这一目标的实现，必然要求海洋气候资源开发利用具有显著的多学科交叉属性。从工程实践领域到地球科学领域，从流体动力学到生态环境科学，只有宏观统筹多学科视角，才有可能整体评估资源开发过程在设备全生命周期和所处全环境要素中所带来的"综合碳收益"。

随着国际社会对全球气候变暖问题的日益关注，绿色清洁的海洋可再生能源得到了欧美等海洋发达国家的重视。近年来，为应对化石能源短缺、维护能源安全，能源消耗大国及进口能源国家纷纷开始关注海洋可再生能源的发展，并将其作为战略性资源进行技术储备。我国海洋能资源可开发量丰富，因地制宜开发海洋能，可切实解决海岛发展、海上设备运行、深远海开发等用电用水需求问题，对于维护国家海洋权益、保护海洋生态环境、拓展发展空间具有战略意义。近年来，国家和地方财政对海洋可再生能源专项资金投入，有效支持了海洋可再生能源技术研发与示范应用，带动了我国海洋可再生能源技术水平的快速提升，部分潮流能、波浪能技术已达到国际先进水平，已有海洋能示范工程实现稳定运行，但距离商业化应用还有一定差距。随着海洋强国战略和"21 世纪海上丝绸之路"倡议的深入推进，我国海洋可再生能源发展迎来新的战略机遇期。在持续的财政及产业激励政策的支持下，随着我国海洋能核心及关键共性技术的解决，海洋能开发利用必将为应对气候变化做出积极的贡献。

第三节　海洋防灾减灾与应对气候变化领域我国工程科技优先发展方向

党的二十大报告指出，当前，世界百年未有之大变局加速演进，新一轮科技革命和产业变革深入发展，国际力量对比深刻调整，我国发展面临新的战略机遇。我国在建设海洋强国道路上迫切需要进一步参与全球海洋治理，并需要获得与我国综合国力相匹配的全球海洋治理决策权。

海洋防灾减灾，是全球海洋治理的重要方面。科学技术是第一生产力，创新是引领发展的第一动力。近几十年来，在全球变暖和海平面上升的影响下，特别是 21 世纪以来，极端天气气候事件频发，海洋灾害呈现出较强的不确定性、群发性、并发性、突发性、持续性和极端性等特征，对海洋灾害的预报预测和灾害风险防范关键技术研发提出了更高要求。

当前，海洋治理的全球主义路径正面临逆全球化、经济保护主义、单边主义的挑战。发达国家在核心技术和关键设备方面对我国逐渐形成制约。我国应以习近平新时代中国特色社会主义思想为指引，加快实现海洋科技自立自强，逐渐在国际事务中占据优势地位，掌握海洋国际治理的主动权。新形势下，海洋灾害预警和监测工作面临着国内国际不断深入和细化的需求，强化海洋领域国家科技力量，优化海洋防灾减灾重大科技创新平台布局，壮大海洋防灾减灾人才队伍，提升我国海洋防灾减灾科技创新能力，是当前外部环境给海洋防灾减灾国际治理任务提出的新的挑战。

一、海洋防灾减灾科技优先发展方向

（一）以气候变化影响下海洋灾害风险管理为契机，增强国际合作

加强对话与合作、维护世界海洋和平与稳定、推进全球海洋治理，始终是国际社会的共识和主流呼声。中国倡导的构建海洋命运共同体理念和共商共建共享的全球海洋治理观，符合时代发展潮流。在气候变化背景下，遵循《公约》，积极拓展国际合作，以海洋灾害风险管理为契机，实现“中国理念”指引全球海洋治理实践，是我国科技工作者和政府机构的共同目标。

（二）加强海洋数据的获取和应用能力

加强海洋灾害海陆空一体化的连续和定点的实时监测，卫星、雷达、海洋站、浮标、AUV 等各类观测数据的收集和分析处理；集成先进的存储及通信技术，建立智能化海量数据存储体系，实现“云”与“端”相结合的高效数据共享，加强各类数据集约化管理和有效利用；针对部分卫星遥感实况分析产品依赖国外的瓶颈问题，重点研发海表面动力高度、海表温度、极地海冰等融合同化产品，基于自主模式研制高时空分辨率、长时间序列海洋再分析产品。

（三）自主可控多种类海洋预报模式研发及预报应用

自主研发质量守恒海洋环流模式，在物理框架、网格架构、计算方案等方面达到国际先进水平，开展不同区域范围、不同时间尺度的业务化应用；开展非静力平衡、海洋生态模拟、海冰模块、多圈层耦合、数据同化等相关领域研究，拓展模式应用场景；研发先进的网格架构和 GPU 并行计算方案，积极构建海洋预报模式良好生态，通过开源、授权使用等方式，扩大业务及科研领域用户群，加大向有关国家和地区技术输出，提升我国海洋数值模式国际影响。

（四）发展智能海洋预报业务

1. 建立海洋智能网格预报业务

开展海洋智能网格预报业务顶层设计，编制技术指南和相关标准规范，通过先试点再推广，逐步推进中国近海和全球海洋智能网格预报系统建设。开展国家－海区－省三级海洋预报机构联动，共织全球海洋“一张网”，预报时效 1 ～ 7 d，时空分辨率为 6 h 和 10 km，产品覆盖海浪、海温、海冰、海流、海面风等基础要素。

2. 发展基于人工智能的海洋预报技术

基于大数据＋深度学习，研发数据驱动的海浪、海冰、海温、海面风等智能预报技术；开展数据和物理机制共同驱动的新一代智能海洋预报技术研究，并应用于风暴潮、ENSO 等预报预测业务；推进人工智能在各专项预报领域的应用和服务研究；开展基于人工智能的数据融合同化、海况视频观测信息识别等领域的应用研究。

3. 开发智能海洋预报分析处理平台

开发智能海洋预报分析处理平台、海啸预警业务平台、海洋气候预测业务平台，不断提升海洋预报自动化、智能化水平，实现多源观测数据融合分析显示、同类预报产品评估优选及主观订正等功能；研究基于自然语言处理的海洋预警报产品及服务信息类文字产品智能生成技术；自主开发海底地震监测分析系统；开发智能海洋气候预测业务平台，建设海洋气候数据库，智能生成 ENSO 等监测预测产品，交互制作气候资源评估等产品。

（五）拓展全球海洋预警业务

1. 发展覆盖全球海域的海洋预警报业务

服务“全球发展倡议”，逐步建立全球多灾种海洋灾害和海上突发事件监测预警业务体系。建设全球风暴潮数值预报系统，升级完善全球海啸监测预警系统，改进全球海浪数值预报系统，建立全球海上突发事件业务化短期应急预报系统，形成涵盖全要素的全球海洋灾害监测预警业务体系，基本实现全球监测、全球预报、全球服务。对接远洋渔业、航运、保险、海上风能等行业的“走出去”龙头企业，提供定制式专题海洋预警预报服务。发展深海海洋环境保障技术，服务我国深远海资源开发重大需求。加强自主可控海洋预报技术成果推广应用，开展水下温盐结构等产品研发，提升水下保障目标预报服务能力。

2. 提升“海上丝绸之路”海洋环境预报保障能力

服务共建“21 世纪海上丝绸之路”需求，打造“海上丝绸之路”海洋环境预报保障业务系统，进一步提升“21 世纪海上丝绸之路”区域大气、海浪、风暴潮、海啸、搜救、溢油、海洋温盐流等预报能力，丰富海洋预报产品，完善海洋环境安全保障服务平台，拓展信息发布手段。深化同沿线国家海洋预警报技术合作，联合开展技术培训，推动我国自主海洋预报公共服务产品和预警报技术走出去。

3. 进一步提升极地预报保障能力

服务和支撑国家极地安全战略需求，加强极地预报保障能力建设，深度参与极地气象、海冰、地震、大气成分等业务化观测、监测工作，建立健全极地航空气象业务体系，开发两极区域的气象短期、中长期预报服务系统，有效保障极地科考、科考站选址和建设。

4. 提升海洋气候预测与气候变化影响

持续开展业务化海洋气候预测与气候变化影响评估工作，加强气候变化战略研究和国际合作，为国家防灾减灾和应对气候变化工作提供科学依据。加强 ENSO 监测预测技术研发和变异机理研究，加强气候变化背景下短期气候预测及应用研究，评估气候要素变化对我国自然资源的潜在影响。

5. 海上航行预报保障服务

开展危险海况、高影响天气等海洋环境要素分析产品的研制，制作发布航次评价报告服务产品，实现海上航行预报保障产品的体系化、标准化；优化航行最优路线规划计算引擎，升级岸基 / 船载信息服务系统，综合考虑海洋地理信息及气象水文环境预测信息，发展智能气象导航服务，为用户提供更便捷、更全面的航行安全保障相关信息。

（六）发展沿海精细化海洋灾害预警报业务

1. 发展精细化海洋灾害预警业务

开发面向灾害影响的精细化海域灾害预警产品及服务，提高沿海地区海洋灾害风险预警能力，提升海洋灾害及海上突发事件应对能力。利用大数据、云计算等先进技术，发展风暴潮、海啸、海浪、海冰等海洋灾害应用场景海量数据库技术，研究多灾种重叠聚发风险评估和早期预警技术；集成沿海海洋灾害风险评估区划成果、社会经济、地理及海洋多源观测等数据，实现海洋灾害风险预警与应急指挥辅助决策秒级响应，形成一体化的快速精准决策服务保障能力。在沿海重点城市海洋灾害高风险区开展示范应用，为管理部门提供更加有力的支撑。

2. 发展针对典型海洋生态灾害的预警报技术

开展针对藻类暴发、海水缺氧酸化、珊瑚礁白化等典型海洋生态系统异常机理与演变规律研究；研发以水动力学和生物化学过程联合作用下的海洋生态环境预警报技术；研发高分辨率海洋生态环境数值预报模式，提高海水营养盐、叶绿素、溶解氧、酸碱度等海洋生态环境要素数值模拟能力；开展集成实时监测、高分辨率数值模式、典型生态灾害解析、预警报产品等为一体的典型生态灾害与异常事件预警示范应用，服务于海洋生态环境资源安全与可持续性发展需求。

3. 做好海洋渔业预报服务

针对海洋牧场、海水养殖对海洋灾害、海洋环境和海洋生态等要素的需求，开展相应产品开发。开发全球主要渔场动态信息预报和远洋捕捞海洋环境安全保障产品服务，提升我国对远洋渔业经济支持，加强渔业管理部门沟通协调。

（七）打造现代化信息化预报支撑基础设施

强化数字技术在海洋灾害突发公共事件应对中的运用，全面提升预警和应急处置能力；支持基于移动互联网和云计算技术，改进中国海洋预报门户网站、手机应用程序等产品发布平台，为用户提供访问便捷、流畅、高精度、细粒度的海洋预警报服务；建设 4K 超高清融媒体演播制作室，引入虚拟现实（VR）、增强现实（AR）技术，提升海洋预报视频产品制作效果；发挥海洋大数据和超高分辨率分析预测产品在数字经济中的基础性作用，积极开展数字孪生海洋前瞻性技术研究。

二、海洋防灾减灾工程优先发展方向

（一）在防灾减灾领域高水平多边国际合作中，发挥我国能动性

在全球海洋治理领域推行多边主义，加强国际合作很重要，将确保所有国家和地区享有平等发展的权利和机会。在欧盟、南极地区、北极地区和霍尔木兹海峡的海洋治理中有很多成功案例。近年来，中国积极推进与周边国家在海洋环境保护、海洋生态系统与生物多样性、海洋政策与管理等多个方面开展合作，促进“蓝色经济”的发展。以南中国海海洋灾害预警报技术为基础，与周边国家积极开展技术合作，进一步巩固我国在此地区海洋治理的主导地位。在此基础上，以“21 世纪海上丝绸之路”为纽带，拓展与“21 世纪海上丝绸之路”周边国家的多边合作，以进一步提高我国在全球海洋治理中的地位。

（二）滨海重大工程预报服务

开展核电、石化等滨海重大工程建设气候可行性论证，研究全球变暖背景下海洋灾害对工程的影响；面向工程运行的保障需求，开发海洋灾害和海洋环境综合保障预报产品，并针对特定需求，开发取水口海温、水母生长环境条件等精细化预警报产品；研究核废水、污染物海水输运扩散预测及评估技术。

（三）海上重大交通基础设施工程保障服务

针对海上岛隧工程、桥梁工程、滨海机场等重大基础设施工程建设保障需求，研制精细化海面风、能见度、海浪、海温、海流、海冰等要素预报产品及灾害性天气、恶劣海况和海洋内波等警报产品，为我国海上工程建设提供“水上－水面－水下”海洋环境全要素、立体式的预报保障服务。

第四节　海洋防灾减灾与应对气候变化发展愿景、路径和建议

一、海洋防灾减灾的科技发展建议

（一）发展重点区域街区尺度的风暴潮漫滩模型，提升灾害风险管理能力

建议加强风暴潮立体化监测，建立监测数据实时采集、处理、风暴潮预报的信息服务网络系统；进一步丰富和共享我国风暴潮灾害风险评估成果资料，拓展风暴潮灾害风险应对能力，以风险普查成果为基础，充分利用调查成果，结合受灾区域地形特点和承灾体要素空间分布特征，为区域防灾减灾提供因地制宜的减灾指导方案；研发适用于街区尺度的更高分辨率风暴潮漫滩智能模型，综合考虑各项致灾要素的影响，对风暴潮灾害过程进行综合模拟。

（二）拓展非典型海啸预警技术，实现全球海啸监测预警能力

由于缺乏观测技术和设备支持，当前火山海啸、海底滑坡海啸监测预警业务尚处于研究阶段，并未投入业务化运行，因此建议进一步拓展非典型海啸预警技术；引进全

球导航观测系统（GNSS），利用 GNSS 时序观测数据分析地壳板块变异量并监测地壳板块运动，以识别地震风险区，提高海啸监测预警能力；全球海洋强国应有完善的海洋灾害监测预警能力，增强海啸观测能力建设是海啸预警能力提升的有效途径，需要综合考虑区域环境因素，研发新型海啸浮标，为我国海啸预警业务和能力建设提供数据支撑。

（三）研发自主知识产权的数浪模式，开展中长期海浪灾害预测研究

加快研发自主知识产权的数浪模式进程，提高海浪灾害预警预报智能化、精细化水平，延长预警预报时效，科学评估并有效防范各类海浪灾害；开展中长期海浪灾害预测研究；开展中长期海浪灾害预测方法研究和应用，研发多种形式、多种时间尺度的中长期海浪预测产品，改善目前海浪灾害中长期预测中单纯依靠历史资料进行统计预测及预测产品单一的不足。

（四）加强赤潮和绿潮实时监测能力建设，构建赤潮和绿潮数字孪生系统

建立全方位数据信息共享服务平台，加强长期、科学、海陆空一体化的海洋环境监测和预测，提升全海域监测覆盖能力；加强赤潮和绿潮动力模拟及季节预测，建立气候－区域赤潮和绿潮生态动力耦合模型，在开展赤潮和绿潮发生机理的综合性研究与多元立体监测基础上，结合模型预测逐步建立起赤潮和绿潮季节预测预警报业务体系；集成气候模型、生态动力耦合模型、赤潮和绿潮种群模型等模型系统，应用最新的大数据管理和人工智能数据挖掘技术，构建赤潮和绿潮数字孪生系统。

（五）加强沿海低洼地带基础设施规划和防洪标准制定，提升应对海平面上升的能力

提高沿海低洼地平原区防洪排涝标准，海岸防洪堤、港口码头和沿海城市重大基础设施规划建设应充分考虑海平面上升因素，并根据海平面变化趋势及时调整防洪标准和采取措施；开展海岸生态系统建设和滩涂修复，扩大红树林等滨海湿地面积，开展滩涂修复和养护，提高海岸带自然生态系统应对海平面上升的能力；开展海洋环境应对气候变化的响应监测工作，强化海平面上升和相关海洋灾害的预警预报服务，全面提

高沿海地区防御海洋灾害能力；加强海平面上升风险决策研究，包括基于情景分析和概率风险分析的决策方法。

（六）研究海洋热浪可预报性和预报技术，建立精准预报预测体系

研究海洋热浪发生、发展条件及其驱动机制，增强对海洋热浪的监测、预测和预报能力，加强次表层海洋热浪的研究，包括采用新技术和新观测手段开展海洋热浪的长期监测，要强化对海洋热浪与各类具有可预报性的气候模态之间的关系及其机制的研究，同时研发针对性的高分辨率气候模式和人工智能预报技术，以建立针对海洋热浪的精准预报预测系统。

（七）建设海洋酸化立体观测网，实现预报预测能力和风险评估能力

加强重点海域或代表性海域海洋酸化过程研究，认识海洋酸化关键过程和受控机制，加强对海洋酸化过程及其与全球气候变化相互影响的认识；构建海洋酸化立体观测网，开展海洋酸化主要参数评估，建立覆盖近海、大洋和两极海域的海洋酸化立体观测网；加强海洋酸化相关模型研究，研发不同时空尺度的海洋酸化模型，模拟和预测海洋酸化的趋势和变化特征，建立酸化数值预报系统和风险评估模型，揭示酸化环境下近海生态系统的脆弱性、敏感性和健康状况变化；加强国际合作，推进规范海洋酸化的国际法建立，并从法律层面规定减少 CO_2 排放，推行清洁能源使用，助力碳中和目标的实现。

（八）发展建议

第一，建设和共享全球及区域海洋灾害多灾种的高分辨率观测和预报预测数据库，建立灾害风险评估成果资料集，自主研制实时数据分析系统，构建及时稳定高效的实时再分析资料源，鼓励科学家参与国际联合观测计划，拓展多灾种灾害风险应对能力；第二，研究全球气候变化背景下海洋灾害多灾种变异的科学规律，鼓励科学家参与国际科学研究计划的工作，提高对海洋灾害变异机理的认知，提升参与国际事务的能力；第三，支持和设立国际合作项目，开展海洋预报预测模式的研发，加强交流，引进先进技术，提升多灾种自主模式的技术水平，形成以自主化、全球化、数字化、智能化、低碳化、精细化为特征的海洋预警报业务格局；第四，积极参与各类国际组织的科技活

动，在海洋防灾减灾预报预测技术方面，充分发挥引领作用，逐渐形成以我国科学家牵头的海洋灾害预报预测国际研究计划。

二、针对高敏感区域的防灾减灾的发展建议

（一）继续开展法律法规建设，完善城市、工程等涉海法规规划顶层设计

在国家提出“陆海统筹”的大战略背景下，需要重新审视涉海法律体系，进一步梳理各类涉海法律关系，促进涉海建设对气候变化的适应。应加快完善中央和地方相结合的沿海城市海洋防灾减灾体系建设，推进沿海城市海洋减灾立法工作，推动沿海城市将海洋防灾减灾工作纳入当地社会经济规划，加强沿海城市适应气候变化的法规规划顶层设计。

在制定生态文明建设、能源发展战略、城市规划等各种发展策略时，要考虑气候变化下海洋灾害的影响因素。完善沿海地区尤其是沿海城市涉海法律法规的顶层设计，为沿海城市的防灾减灾和发展规划提供法律依据。

（二）持续提升海洋监测预测能力，全面提升防灾减灾能力

构建海洋灾害数据库，研究海洋灾害科学规律。联合“21 世纪海上丝绸之路”共建国家和地区，对沿线海洋灾害进行全面、系统的调查，整合海洋灾害监测与调查数据，构建孕灾背景和灾害数据库，并实现与气象、水利、海事等部门的数据对接。基于典型海洋灾害的时空分布，准确辨识潜在灾害风险，系统分析灾害区域性分布规律、演化规律、致灾特点，并深入研究重大海洋灾害孕育成灾机理。

构建海洋灾害立体监测网，建立海洋灾害预警报系统。全面统筹规划我国在“21 世纪海上丝绸之路”沿线海洋监测能力建设，围绕沿线海洋灾害高发、易发区和重点保障目标和航线，联合建设海洋观测站，加强布放浮标、潜标，开展海洋卫星遥感和船舶走航观测，加快形成覆盖沿线海域的立体化、网络化、布局合理的海洋监测网。

加强沿线海域海洋与气象灾害的理论和关键预警预报技术研究与应用，构建由近岸到远海的海洋灾害预警报系统，形成对沿线海域海洋灾害的预警能力。发展大气海洋精细化预报技术，推进建设近岸海域高精度、网格化预报业务体系，实现重点港口

和海上工程的定点、定时、定量的海洋预报服务；在沿线国家设置示范试验区，构建典型海洋灾害预警报服务系统并示范应用。

开发重要海上通道及重点海域的实时海洋环境预报预警和导航服务产品，提高海洋经济及科考活动保障服务能力。加强印度洋北部地区海洋灾害预警能力建设。根据“丝绸之路经济带”建设海洋服务保障需求，针对印度洋北部地区气候和环境特点，提升该区域海洋服务保障能力，提升印度、孟加拉国、斯里兰卡等国家海洋灾害防御能力。

开展海洋灾害预警报及海洋减灾、印度洋北部海洋物理及生态环境预报、海洋环境灾害评估、北印度洋越洋海啸实时预报系统、海洋和气象数值预报合作研究，以及海洋－大气相互作用合作研究。加强东南亚地区海洋灾害预警能力建设。加强与马来西亚等国家在风暴潮、海啸等海洋灾害的预警报技术及海上搜救技术等领域的合作，开展海洋环境数值预报及海洋灾害预警报技术等研究，加强区域高分辨率海洋数值预报模式研发和应用合作。

建立健全海洋灾害风险评估系统。制定风险评估技术规范和标准，建立适应“海上丝绸之路”的风险评估技术体系。针对不同等级的海洋工程，开展风、浪、流对工程影响的评估体系。为海上船舶航行及海上施工作业编制科学的海洋灾害应急预案。提升海洋灾害风险评估及决策服务能力，在海洋灾害高风险区开展风暴潮、海啸、海浪风险评估及海洋灾害区划工作。有效规避各类海洋灾害风险、合理布局海洋经济发展空间、制定海洋灾害应急管理措施、减轻海洋灾害影响。启动“海上丝绸之路”海洋灾害风险评估和区划，开展区域单灾种和多灾种综合风险评估，分析致灾因子危险性，评估承灾体易损性，形成海洋灾害风险区划图集，科学划定海洋灾害重点防御区。

建立“海上丝绸之路”海洋灾害联合预警中心。构建“21 世纪海上丝绸之路海洋灾害联合预警中心”框架，建立多国协调、区域合作、信息共享的海洋灾害预警和防范联动机制，与其他现有的合作机制形成合作和补充关系。通过沿线国家围绕海洋灾害预警展开工作，在基础信息数据共享、人员培训、国际救援、发布指导产品等方面推进合作，发挥中国在海洋防灾减灾科技进步和区域间国际规则制定方面的技术优势和引领作用。在预警中心框架下设立重大国际合作研究计划，开展跨越国界的海洋灾害研究工作，联合沿线国共同开展风险分析，制定防灾减灾规划，提出灾害风险管理和应对策略。

（三）完善沿海城市及涉海工程设计、建设、管理和评价

在充分认识气候变化对中国沿海城市影响的基础上，应将气候变化有关因素纳入城市发展与综合防灾减灾规划之中，从发展理念、规划管理、工程标准、监测预警、有效管控等方面主动适应，增强可持续发展能力。建议：①在涉海重大工程建设设计时应充分考虑气候变化因素，确定沿海城市发展布局，建立健全城市规划，在规划初期加入气候变化风险评估，海岸线合理开发利用、风暴潮防御、供水安全等内容；②重视地面沉降，加强监测管理防治，减少地下水资源的大规模开采；③合理布局海岸防护工程，预留海平面上升的可能影响空间，建立海岸沙丘动态生态防护带；④确定排水系统布局，重新校订沿海城市防潮排涝标准，开展河流整治，修建各类蓄洪排涝调蓄设施，增加对城市雨洪的调蓄能力，建设气候弹性城市；⑤建立和完善监督、检查与维护等管理体系，有效管控沿海城市气候变化应对措施落实状况。

（四）加强应对气候变化的相关科学研究

深化沿海重大工程应对气候变化的基础研究。改进气候变化下水文观测质量，精确刻画和模拟气候变化下海洋环境变化过程及趋势，揭示中国海域气候变化机制和规律，发展预测理论和方法，形成中国海洋气候变化预测的基础理论和方法体系。

建立气候变化对沿海城市、涉海工程影响的评估技术体系。深化气候灾害危险性时空分布特征、变化规律和不同时间尺度气候灾害的可能影响研究，建立气候变化对重点涉海区域影响的定量关系和综合评估模型。

建立气候变化下沿海重大工程风险预估技术体系。识别气候变化下涉海区域风险的主控因子与形成机制，建立气候变化风险形成、传递过程的检测指标体系、技术规范和国家标准，识别气候变化条件下沿海城市、涉海工程及“一带一路”沿线的脆弱区域，从而构建考虑气候变化的灾害风险评估技术体系，评估未来气候变化可能导致的极端灾害风险。

（五）参与全球市场竞争，助推海洋强国建设

目前，我国远洋气象导航已经拥有了自己的队伍、数据和产品。随着气象科技不断提升，远洋气象导航水平随之提升。我国卫星和雷达观测、实况观测、模式计算等

水平不断提高，全球海洋气象预报能力不断提升。

未来将重点提升平台的承载能力、处理能力、产品的质量和丰富程度。但仍需国家的重视和大力支持，寄希望于跻身气象导航领先行列。大力发展我国自主的气象导航系统，可打破国外在气象导航领域的技术和市场垄断，切实保障“一带一路”建设和国家安全，服务我国海洋经济发展。

（六）充分利用国际平台发挥我国在北极航行事务中的作用

联合国在处理国际性事务、国际争端、维护地区和平与安全等方面具有独一无二的主导地位。中国作为联合国安理会的常任理事国，应联合其他发展中国家与非北极国家，在联合国平台上争取我国对北极事务的应有权利；此外，也可在联合国国际法院、环境规划署、大陆架委员会、国际海运组织等框架下，积极参与北极地区相关事务的协调与管理。

北极理事会是处理北极地区事务最具影响力的区域性国际组织。中国于 2013 年正式成为北极理事会的永久观察员国，表明中国已经具有了参与北极科研与环保事务的实力。中国成为永久观察员国后，依规定可参与会议和获取资料，从而及时掌握理事会下各事务的最新动态，充分了解北极各国对新问题的态度，同时还能利用合法的渠道适时发表意见。

中国与北极领土相关国俄罗斯是战略合作伙伴关系，与芬兰、挪威等国家的合作也在稳步推进。要充分发挥中国优势，拓展合作领域，深化中国在北极事务中的参与度。另外，中国也不应忽视与其他地理不利国家间的双边合作谈判。积极联合、加强沟通，促进非北极国家间的合作，一方面在北极事务的参与中互相推动；另一方面以联合的姿态加强非北极国家在国际社会上的影响力，在日后北极相关条约法规的制定时为包括中国在内的非北极国家争取更多的权益。

由于种种限制，我国对于北极的了解和研究还较为落后，与北极国家掌握的相关信息量差距较大。想要在北极航道的开发利用上掌握先机，提高对北极事务的发言权，增强在北极理事会中的国家地位，实现北极的可持续发展，就必须大力开展对北极的科学考察，广泛收集北极航道相关基础性数据，与沿岸国合作，扩大资料共享，拥有充足的北极数据信息，构建全方位的北极航道数据库。

新概念集合功能的破冰船是未来极地船舶的发展方向，我国亟须提高船舶制造业的水平，加大研发建造极地破冰船的资金投入。高科技、高续航能力的极地破冰船，对我国进行极地考察勘探、获取北极数据信息、绘制北极航道航线资料图、开展极地旅游产业等均具有重大的意义。

我国在对外交往中，多次将北极合作纳入外交范畴，预示着中国正在展开对北极事务的全面参与。国家北极战略是中国参与北极事务的最高层面策略，是国家制定的总体性战略概括。目前，如欧盟和韩国等已开始推出自己的北极战略，随着北极价值变得越来越不容忽视，中国参与北极议题势必需要国家战略的支撑。我国于 2018 年 1 月对外发布了第一部《中国的北极政策》白皮书，指出中国愿依托北极航道的开发利用，与各方共建“冰上丝绸之路”。要鼓励企业参与北极航道基础设施建设，依法开展商业试航，稳步推进北极航道的商业化利用和常态化运行。切实遵守《极地水域船舶航行安全规则》，支持国际海事组织在北极航运规则制定方面发挥积极作用。

三、海洋可再生气候资源利用的科技发展建议

（一）提升风机主体结构自主研发比例，降低风机成本，提高单机容量

在海上风能利用方面，海上风电场选址逐渐由浅海近海转向深海远海，这对风机结构提出了更高的要求。大规模深远海风电站的安装需要高精度海洋气象环境参数，并且配套运维需要专业技术支撑。为更好适应深远海的装机环境，需要发展漂浮式风机，并增加大型高性能风机叶片的配装比例。同时，需要发展区域高精度海洋气象环境评估和预报技术，发展针对海上风电安装维护的新技术。

（二）研发波浪和潮汐动力理论和能量转换技术，提高能源利用率

在海洋波浪能和潮汐能利用方面，现阶段摄取机理还较为模糊，针对其能量转换效率的理论有待提高，以此研发高效率能量转换装置，提高能源利用率。提高波浪能和潮汐能发电装置规模是将推进该能源商业化的必要条件，目前国际上尚未有规模化波浪能和潮汐能发电装置长期并网发电。我国需要研发大规模波浪能和潮汐能发电机组并联技术。

（三）发展远海深海制氢输氢技术，开展原位储能远程输能

在海洋可再生能源开发利用方面，目前储能并网技术仍存在瓶颈，海洋可再生能源产业技术成本偏高。建议开发制氢技术，开展原位储能，远程输能。

（四）发展高分辨率海洋－大气耦合模式，提高天气气候高精度评估预报支撑能力

海洋再生能源开发需要天气气候高精度评估预报支撑，海洋再生能源的投产和运维环节对灾害性天气预报精准度都有着迫切需求。因此，需要加快发展高分辨率海洋－大气耦合模式，同时借助远海发电平台架设海洋－大气动力观测设备，以有效补充远海现场海洋气象观测的不足。

（五）合理布局集约用海，加快能源岛的设计建设

在海洋各种能源发展过程中，需要考虑协调发展问题。目前运维现状表明，单一能源发电并不稳定，需要协调开发多种能源。因此，需要综合分析不同能源发电特性，合理布局开发，实现集约用海。应加快能源岛的设计建设，确保能源岛示范区的完善发展。综合规划能源岛开发的投入产出效益与环境保护问题，设计综合利用三种能量源最大化的能源岛结构图，协同推进生态保护与资源开发。同时应促进能源开发相关的动力生态正面响应，重视海上能源开发引起的海洋生态响应的问题。需要结合海洋生态和海洋生物学科，厘清在海洋动力响应下，碳元素在生态系统中的路线图。

（六）发展建议

海洋可再生能源开发利用对促进节能减排，应对气候变化具有重要的潜在作用。近年来我国海洋可再生能源资源开发利用技术取得了快速发展，碳达峰、碳中和目标下能源电力绿色转型战略的实施，为我国海洋可再生能源资源开发利用提供了至关重要的发展机遇。本书梳理了我国海洋可再生能源发展的短板、机遇和挑战，并提出相应发展建议（表 4–2）。

表 4-2　海洋可再生能源利用的科技发展建议

资源类型	要点	短板、机遇与挑战	建议
海上风能	理论研究	海上风电场选址深远海化对风机结构提出了更高的要求	发展漂浮式风机；搭配大型高性能风机叶片
	装机技术	大规模深远海风电站的安装需要高精度海洋气象环境参数；配套运维需要专业产业链	发展区域高精度海洋气象环境评估和预报技术；发展针对海上风电安装维护的高技术
	资源精细化评估	对风场稳定性、极值和有效发电小时数现状和未来趋势的掌握	基于未来不同碳排放情景，评估大规模海上风电开发和气候变化之间的关系
	应对灾害抗风险能力	台风、风暴潮、内波等对深远海风电站破坏力巨大	利用新式材料和风机结构，提高风机抗灾能力
波浪能	理论研究	现阶段对于波浪能量的摄取机理还较为模糊，针对其能量转换效率的理论有待提高	研发高效率能量转换装置，提高波浪能利用率
	装机技术	提高波浪能发电装置规模是将推进该能源商业化的必要条件，目前国际上尚未有规模化波浪能发电装置长期并网发电	研发大规模波浪能发电机组并联技术
	资源精细化评估	波浪能是一种非常不稳定的能源，单位迎波面的波浪能在空间上和时间上的分布十分不均匀	开展时空普查，在示范区进行先导性资源调查
	应对灾害抗风险能力	台风、风暴潮等对波浪能发电装置破坏力巨大	利用新式材料和波浪能发电机结构，提高发电机组抗灾能力
潮汐能	理论研究	潮流能开发对海洋环境的影响尚不清楚	开展先导性的海洋地质和海洋生态普查；建立评估我国近海潮流能的理论潜力和实际可开发比例的技术标准
	装机技术	平流、转流时刻潮流能利用率偏低	开发高性能发电机组叶片，提高能源利用率
	资源精细化评估	潮流能与风能、波浪能时空分布的联合评估	开展我国近海等目标海区的多能量源总量综合调查
	应对灾害抗风险能力	台风、风暴潮等对潮流能电站破坏力巨大	提高灾害性时间的预警能力，规划潮流能发电应急预案

续表

资源类型	要点	短板、机遇与挑战	建议
海洋可再生能源利用开发	储能并网技术	储能并网技术仍存在瓶颈，产业技术成本偏高	开发制氢技术，开展原位储能，远程输能
	天气气候高精度评估预报支撑技术	投产运维对灾害性大气预报精准度提出迫切需求	发展高分辨率海洋－大气耦合模式，搭载远海发电平台架设海洋－大气动力观测设备
	各种能源协调发展问题	单一能源发电不稳定，需要协调开发多种能源	综合分析不同能源发电特性，合理布局开发实现集约用海
	能源岛完善发展	能源岛开发的投入产出效益与环境保护问题	设计综合利用三种能源最大化的能源岛结构图，协同推进生态保护与资源开发
	动力生态正面响应发展	海上能源开发引起的海洋生态响应的问题	结合海洋生态和海洋生物学科，厘清在海洋动力响应下，碳元素在生态系统中的路线图

在全球变暖和海平面上升的影响下，海洋灾害呈现出较强的不确定性、群发性、并发性、突发性、持续性和极端性等特征，海洋环境不断恶化。沿海城市及涉海工程是极易受到海洋灾害影响的敏感区和脆弱区。我国在“21 世纪海上丝绸之路”沿线海域的近岸工程、海上航行、海上作业、港口运营的海洋环境安全保障需求迫切。为应对气候变化，需积极推进开发利用海洋可再生资源以替代化石能源。

随着国力的增强和科技水平的不断提高，我国参与国际海洋防灾减灾管理事务的活动也在不断增多。但在核心技术和关键设备方面，我国海洋防灾减灾的科技水平距离世界先进水平还有很大差距。针对我国重点区域适应气候变化的研究和实践也处于起步阶段，还没有形成有针对性、系统性、科学性的对策体系。海上风电由近海转向深远海的趋势对风机结构提出了更高的要求，储能并网技术仍存在瓶颈，海洋可再生能源产业技术成本偏高。

为积极深度参与全球海洋治理，建议推动全球及区域海洋灾害多灾种的高分辨率观测和预报预测数据库建设，提升多灾种自主模式的技术水平，持续提升海洋监测预测能力，全面提升防灾减灾能力；建议将气候变化有关因素纳入沿海城市、涉海工程的发展与综合防灾减灾规划之中；建议大力发展海上风机主体结构自主创新技术，促进降低风机成本，构建深海原位储能远程输能产业链。

未来，深入探究全球气候变化对海洋灾害影响机理是一个关键科学问题。积极参与全球海洋治理，加大海洋灾害应对科技团队建设和重大科学问题研究支持力度，建设与我国综合国力相匹配的研究团队，提高我国全球海洋治理话语权，是能否实现和发展好海洋发展战略的重要体现。应加大全球气候变化背景下海洋灾害风险治理资助，加强海洋环境研究国际合作，尤其与我国周边海洋国家合作，提升我国在海洋治理中的主导作用。

参考文献

蔡树群，牛建伟，何映晖，等，2021. 基于海上风电场构建海洋水文同步实时现场观测系统的思考 [J]. 热带海洋学报，40(3): 96–102.

蔡涛，魏忠华，蔡秀玲，2003. 井下安全阀的技术分析 [J]. 石油矿场机械，2(6):93–94.

陈琼，王光伟，2023. 防灾减灾应急指挥系统信息化建设的路径探索 [J]. 水上安全，6(03):25–27.

陈鲜艳，梅梅，丁一汇，等，2015. 气候变化对我国若干重大工程的影响 [J]. 气候变化研究进展，(115):337–342.

崔鹏，张国涛，王姣，2023. 中国防灾减灾 10 年回顾与展望 [J]. 科技导报，41(01):7–13.

丁一汇，杜祥琬，2016.《第三次气候变化国家评估报告》特别报告：气候变化对我国重大工程的影响与对策研究 [M]. 北京：科学出版社.

房玉东，王文，张志，等，2023. 安全韧性城市防灾减灾发展策略研究 [J]. 中国工程科学，25(1):1–9.

甘申东，章卫胜，宗虎城，等，2012. 我国南海沿海台风风暴潮灾害分析及减灾对策 [J]. 水利水运工程学报，(6):51–58.

国家海洋信息中心，2023. 中国气候变化海洋蓝皮书（2022）[M]. 北京：科学出版社.

侯西勇，于良巨，骆永明，2014. 我国沿海核电发展态势、致灾因素分析及研究建议 [J]. 科技促进发展，(4):101–109.

贾良文，谢凌峰，罗敬思，等，2012. 风暴潮对广东省沿海港航设施影响及防护对策研究 [J]. 海岸工程，31(3):55–64.

李伟，2010. 浅谈石油化工厂储罐的危险有害因素与防范措施 [J]. 化学工程与装备，(8):217–218.

李言涛，侯保荣，2005. 海洋环境下热喷涂锌、铝及其合金涂层防腐蚀机理研究概况 [J]. 材料保护，38(9):30–34.

联合国贸易和发展会议，2020. 2020 全球海运发展评述报告 [EB/OL]. https://unctad.org/system/files/official-document/rmt2020summary ch.pdf.

林森杰，姬南京，罗昊，2019. 海洋有害藻华研究进展 [J]. 海洋与湖沼，50(3): 495–510.

刘福国，尹鹏飞，张国庆，等，2015. 海洋石油平台外加电流阴极保护延寿修复技术 [J]. 腐蚀与防护，36(3):276–280.

沈文周，2006. 中国近海空间地理 [M]. 北京：海洋出版社，370–398.

陀扬柯，2023. 台风对沿海地区水运工程项目影响分析及对策探讨 [J]. 珠江水运，574(06):86–88.

王华，2017. 我国海洋预报减灾事业发展综述 [J]. 海洋开发与管理，34(10):3–5.

杨林，李渊，2013. 海洋灾害脆弱性综合评价指标体系的设计 [J]. 海洋技术，32(3):133–137.

杨永增，乔方利，赵伟，等，2005. 球坐标系下 MASNUM 海浪数值模式的建立及其应用 [J]. 海洋学报，27(2): 1–7.

于良巨，王斌，侯西勇，2014. 我国沿海综合灾害风险管理的新领域——海陆关联工程防灾减灾 [J]. 海洋开发与管理，31(9):104–109.

袁业立，潘增弟，华锋，等，1992. LAGFD-WAM 海浪数值模式Ⅱ：区域性特征线嵌入格式及其应用 [J]. 海洋学报，14(6): 12–24.

袁业立，潘增弟，华锋，等，1992. LAGFD-WAM 海浪数值模式Ⅰ：基本物理模型 [J]. 海洋学报，14(5): 1–7.

张欣然，徐伟，2023. 区域减灾能力研究：进展与挑战 [J]. 水利水电技术（中英文），54(3): 47–58.

赵小辉，邹树梁，刘永，2012. 内陆核电发展形势分析 [J]. 南华大学学报（社会科学版），13(3): 1–7.

自然资源部，2021. 2020 年中国海洋灾害公报 [EB/0L].(2021–04–28). https://www.nmdis.org.cn/hygb/zghyzhgb/2020nzghyzhgb/.

自然资源部，2022a. 2021 年中国海平面公报 [EB/OL].(2022–05–07). https://www.nmdis.org.cn/hygb/zghpmgb/2021nzghpmgb/.

自然资源部，2022b. 2021 年中国海洋灾害公报 [EB/OL].(2022–05–07).https://www.nmdis.org.cn/hygb/zghyzhgb/2021nzghyzhgb/.

CALAFAT F M, WAHL T, TADESSE M G, et al., 2022. Trends in Europe storm surge extremes match the rate of sea-level rise[J]. Nature, 603(7903): 841–845.

CALDEIRA K, WICKETT M E, 2003. Anthropogenic carbon and ocean pH[J]. Nature, 425(6956): 365–365.

CALIFORNIA ENERGY COMMISSION, 2012. Climate Change Impacts Vulnerabilities, and Adaptation in the San Francisco Bay Area: A Synthesis of PIER Program Reports and Other Relevant Research. San Francisco.

CITY OF ROTTERDAM, 2013. Rotterdam Climate Change Adaptation Strategy. Rotterdam.

DONEY S C, FABRY V J, FEELY R A, et al., 2009. Ocean Acidification: The Other CO_2 Problem[J].

Annual Review of Marine Science, 1(1):169–192.

EKSTROM J A, MOSER S C, 2012. Climate change impacts, vulnerabilities, and adaptation in the San Francisco Bay area: A synthesis of PlER program reports and other relevant research[R]. UC Berkeley: California Institute for Energy and Environment. https://escholarship.org/uc/item/9qx629fh.

FISCHER K P, THOMASON W H, ROSBROOK T, et al., 1995. Performance history of thermal-sprayed aluminum coatings in of shore servicc[J]. Materials Performance, 34(4): 27–35.

FOSTER T, Falter J L, McCulloch M T, et al., 2016. Ocean acidification causes structural deformities in juvenile coral skeletons[J]. Science advances, 2(2): e1501130.

GARETH D., JONATHAN G, LØVHOLT F, et al., 2018. A global probabilistic tsunami hazard assessment from earthquake sources[J]. Geological Society, 456 (1): 219–244.

GUO X, GAO Y, ZHANG S, et al., 2022. Threat by marine heatwaves to adaptive large marine ecosystems in an eddy-resolving model[J]. Nature Climate Change, 12(2): 179–186.

GWEC, 2022. Global Wind Report 2021[EB/OL]. https://gwec.net/global-wind-report-2021/.

HASSELMANN K, BARNETT T P, BOUWS E, et al., 1973. Measurements of wind-wave growth and swell decay during the Joint North Sea Wave Project (JONSWAP)[J]. Ergaenzungsheft zur Deutschen Hydrographischen Zeitschrift, Reihe A., 95.

HASSELMANN K, 1962. On the non-linear energy transfer in a gravity-wave spectrum Part 1. General theory[J]. Journal of Fluid Mechanics, 12(4): 481–500.

HOBDAY A J, ALEXANDER L V, PERKINS S E, et al., 2016. A hierarchical approach to defining marine heatwaves[J]. Progrcss in Oceanography, 141: 227–238.

HOLBROOK N J, GUPTA A S, OLIVER E, et al., 2020. Keeping pace with marine heatwaves[J]. Nature Reviews Earth & Environment, 1(9): 482–493.

HUGHES T P, KERRY J T, ÁLVAREZ-NORIEGA M, et al., 2017. Global warming and recurrent mass bleaching of corals[J]. Nature, 543(7645): 373–377.

IPCC, 2021. Climate Change 2021 - The Physical Science Basis: Working Group I Contribution to the Sixth Assessment Report of the Intergovernmental Panel on Climate Change[R].Cambridge University Press.

IPCC, 2022. Climate Change 2022: Impacts, Adaptation, and Vulnerability. Contribution of Working Group II to the Sixth Assessment Report of the Intergovernmental Panel on Climate Change[M]// H-O Pörtner, D C Roberts, M Tignor, et al.. Cambridge: Cambridge University Press, 3056, doi:10.1017/9781009325844.

JACOX MG, ALEXANDER MA, AMAYA D, et al., 2022. Global seasonal forecasts of marine heatwaves[J]. Nature.; 604(7906): 486–490.

KOSSIN J P, KNAPP K R, OLANDER, et al., 2020. Global increase in major tropical cyclone exceedance probability over the past four decades[J]. Proceedings of the National Academy of Sciences,117(22): 11975–11980.

OSINOWO A, LIN X, ZHAO D, et al., 2016. Long-term variability of extreme significant wave height in the South China Sea[J]. Advances in Meteorology, 2016: 2419353.

PARSONS M, REEVE I, MCGREGOR J, et al., 2021. Disaster resilience in Australia: A geographic assessment using an index of coping and adaptive capacity[J]. International Journal of Disaster Risk Reduction, 62:102422.

PIERSON W J, NEUMANN J G, JAMES R W, 1955. Practical methods for observing and forecasting ocean waves by means of wave spectra and statistics [R]. U. S. Nany Hydrographic office, 603: 284.

SAN FRANCISCO DEPARTMENT OF THE ENVIRONMENT, 2013. San Francisco Climate Action Strategy, San Francisc[EB/OL]. https://www.sfcta.org/sites/default/files/2020-09/SF%20CAS%20 2013.pdf

SRINIVASAN T N, RETHINARAJ T S G, 2013. Fukushima and thereafter: Reassessment of risks of nuclear power[J]. Energy Policy, 52(1): 726–773.

STAUFFER B A, BOWERS H A, BUCKLEY E, et al., 2019. Considerations in harmful algal bloom research and monitoring: perspectives from a consensus-building workshop and technology testing[J]. Frontiers in Marine Science, 6: 399.

SVERDRUP H U, MUNK W H, 1947. Wind, Sea and Swell: The theory of relations for forecasting [R]. U.S. Navy Hydrographic Office Report, 601: 50.

TADESSE M G, WAHL T, 2021. A database of global storm surge reconstructions[J]. Scientific Data, 8(1), 1–10.

TIMMERMANS B W, Gommenginger C P, Dodet G, et al., 2020, Global Wave Height Trends and Variability from New Multimission Satellite Altimeter Products[J]. Reanalyses, and Wave Buoys. Geophys Res Lett , 47:1–11.

VOUSDOUKAS M I, VOUKOUVALAS E, ANNUNZIATO A, et al., 2016. Projections of extreme storm surge levels along Europe[J]. Climate Dynamics, 47(9): 3171–3190.

WEN S C, 1960. Generalized wind wave spectra and their applications[J]. Scientia Sinica, 9: 377–402.

WEN S C, ZHANG D C, CHEN B H, et al., 1989. A hybrid model for numerical wave forecasting and its implementation —— Ⅰ . The wind wave model[J]. Acta Oceanologica Sinica, 8(1): 1–14.

YOUNG I R, RIBAL A, 2019. Multiplatform evaluation of global trends in wind speed and wave height[J]. Science, 364(6440): 548–552.

YOUNG I R, VINOTH J, ZIEGER S, et al., 2012. Investigation of trends in extreme value wave height and wind speed[J]. Journal of Geophysical Research: Oceans, 117(C00J06): 1–1.

YUAN Y, LI H, WEI Y, et al., 2021. Probabilistic tsunami hazard assessment (PTHA) for southeast coast of Chinese Mainland and Taiwan Island[J]. Journal of Geophysical Research: Solid Earth, 126(2): e2020JB020344.

第五章 大陆架划界与海洋权益国际治理能力

在 1982 年《公约》框架的规制下，大陆架的法律制度有了重大发展，极大地改变了世界海洋管辖权版图。200 n mile 外大陆架划界是沿海国依据《公约》第七十六条规定通过科学手段确定其管辖海域的外部界限，在《公约》国际框架下对蓝色海洋国土的合法拓展，已在全球引发了新一轮“蓝色圈地运动”。

第一节 全球大陆架划界现状和形势

一、200 n mile 外大陆架国际治理理论基础及国际形势

（一）大陆架国际治理理论基础

大陆架原本是一个纯粹的地质地理学概念，通常是指从海岸起在海水下向外延伸的一个地势平缓的海底地区的海床及底土，在大陆架范围内，海水深度一般不超过 200 m，海床坡度很小，一般不超过 0.1°。世界陆架的总面积超过 270×10^4 km^2，占海洋总面积的 7.6%，相当于整个陆地面积的 18%（黎明碧等，2015）。从 20 世纪中叶开始，随着科学技术的发展，人类开发利用海洋资源成为可能。大陆架作为蕴藏资源丰富及开采相对便利的海域，加之其所具有的重要军事意义，逐渐成为世界各国在海洋中争夺的焦点之一，也随之出现了大陆架划界问题。

大陆架的法律概念是第二次世界大战以后才真正形成的。1945 年 9 月 28 日，美国总统杜鲁门发表了《美国关于大陆架底土和海床自然资源的政策》（亦称《杜鲁门公告》），指出“大陆架可以被认为是沿海国家的陆地的延伸”，并宣布：“位于公海下但毗连美国海岸的大陆架底土和海床的自然资源属于美国，受美国的管辖和控制。”同一天，

美国政府发布新闻公告，称大陆架的范围不超过 100 英寻水深。在该公告发表后不久，很多国家，特别是拉美国家也纷纷发表对其邻接海域、海底及其资源主张权利的公告，但所主张的内容和范围都不尽相同。

1958 年，国际法委员会的最后案文采用水深与可开发标准相结合的方式界定大陆架的范围。同年，联合国第一次海洋法会议制定的《大陆架公约》接受了这两项标准。规定大陆架一词是指①邻接海岸但在领海范围以外，深度达 200 m 或超过此限度而上覆水域的深度容许开采其自然资源的海底区域的海床和底土；②邻近岛屿海岸的类似的海底区域的海床和底土。

第三次联合国海洋法会议对大陆架制度进行了艰难、高度技术性的讨论和谈判，终于在《公约》中做了更为详细的规定。《公约》第七十六条第 1 款规定："沿海国的大陆架包括其领海以外依其陆地领土的全部自然延伸，扩展到大陆边外缘的海底区域的海床和底土，如果从测算领海宽度的基线量起到大陆边的外缘的距离不到二百海里，则扩展到二百海里的距离。"该款明确了大陆架的法律概念，重申了大陆架与自然延伸的自然事实之间的密切联系；规定了窄大陆架（自然延伸不足 200 n mile）沿海国也可以主张与其专属经济区同样宽度（200 n mile）的大陆架。沿海国大陆架自然延伸超过 200 n mile 的，需要按照《公约》第七十六条第 4 ~ 7 款的规定划定其外部界限。

法律上的大陆架和地质学上的大陆架既密切相关又有所区别。《公约》所规定的"大陆架"概念并非一个严格意义上的地质学的概念，而是一个包含了地质学、测深学、地理信息系统和国际法学等多方面因素的混合概念。

在地质学上，大陆和大洋底之间的过渡带叫作大陆边缘。大陆边缘一般包括大陆架、大陆坡和大陆基三部分。大陆架是大陆向海洋底的自然延伸，是被海水淹没的浅水地带，大陆架最显著的特点是坡度平缓，平均坡度约 0.1°。大陆坡是分开大陆和大洋的巨大斜坡，其上限是大陆架外缘（陆架坡折）、下限为陆坡坡脚。大陆坡坡度一般较陡，平均 4.3°，最大可达 45°（黎明碧等，2015）。大陆基是自大陆坡缓缓倾向洋底的扇形地带，其地势平缓，与深海海底连成一片。大陆坡坡底坡度变动最大的地方，叫作大陆坡脚，一般位于大陆坡和大陆基相交的地带。可以看出，地质学上的大陆架只是大陆边缘的一部分，向外延伸是陡峭的大陆坡，而后是平坦的大陆基，大陆基停止的地方就是"大陆边外缘"。

《公约》第七十六条所规定的"大陆架"的地理范围大体上覆盖了地质学上的"大陆边缘"。《公约》第七十六条第 4 ~ 7 款是以地质学为基础，同时采用了距离标准和深度标准等多种不同标准，来界定自然延伸超过 200 n mile 的大陆架的外部界限。因此，有些沿海国的大陆架的外部界限可能会超过地质学大陆边缘的范围。

《公约》规定的大陆架是法律意义上的大陆架，它是以海洋地质学意义上的大陆架为基础，但范围扩展到地质学的大陆边外缘。因此，法律意义大陆架在地理范围上与地质意义大陆架有巨大差别，相当于地质学的大陆边缘。

《公约》附件二第四条规定："拟按照第七十六条划定其二百海里以外大陆架外部界限的沿海国，应将这种界限的详情连同支持这种界限的科学和技术资料，尽早提交委员会[①]，而且无论如何应于本公约对该国生效后十年内提出。"后通过讨论，决定对于《公约》1999 年 5 月 13 日之前对其生效的国家，须在 2009 年 5 月 13 日提交。

2008 年 6 月召开的《公约》第 18 次缔约国会议通过了一项决议，同意发展中国家可在 2009 年 5 月 13 日之前提交一份关于其 200 n mile 以外大陆架划界的"初步信息"，即视为其履行了《公约》要求提交外大陆架划界案的义务。"初步信息"不是正式的划界案，不列入大陆架界限委员会审议日程，但应向国际社会公布。

（二）大陆架划界国际形势

截至目前，全球向联合国提交大陆架划界案的国家已达 74 个，划界区域涉及南北极、三大洋及七大洲，提交的划界案涉及板块构造、海底扩张、大陆边缘动力学、洋脊、热点与地幔柱、海底扇与海底峡谷等地球科学最新发展理论与海底高新技术，据估算全球将有 3200×10^4 km^2、相当于 1 个非洲面积大小或 2.3 个欧洲大小的大陆架被纳入沿海国管辖范围（图 5-1），国际海底面积被大幅度压缩，这必将重塑未来世界政治地理格局，并极大影响全球的地缘政治关系。在北极，俄罗斯、丹麦、加拿大等北冰洋周边国家纷纷投巨资开展大陆架调查研究，先后向联合国大陆架界限委员会提交了有关北冰洋的大陆架划界案，各国主张的大陆架面积约占北冰洋国际海底面积的 60% ~ 70%，未来在北冰洋可能只剩下不到 10% 的国际海底区域。在南极，澳大利亚、挪威、阿根廷、英国、智利等先后提交了涉及南极大陆架的划界案。在西太平洋，日本划界案基于冲之鸟礁等在法律上不具备大陆架权利的岛礁，以及帕劳划界案，利用《公约》洋脊规则扩大其大陆架外部界限，试图主张国际海底区域，这不仅会极大改变西太平洋的地理版图，还将丰富的国际海底矿产资源纳入其管辖海域。美国尽管尚未

① 依据《公约》成立的负责审议沿海国大陆架划界案的大陆架界限委员会。

加入《公约》，但从未放弃过其大陆架权利，长期以来利用其海洋科技优势，对其本土、北极、太平洋海外属地，甚至全球大陆架实施调查研究，在维护本国利益的同时，还对他国划界案提出意见和评论，将200 n mile外大陆架划界发展为参与全球海洋治理的一个重要工具。

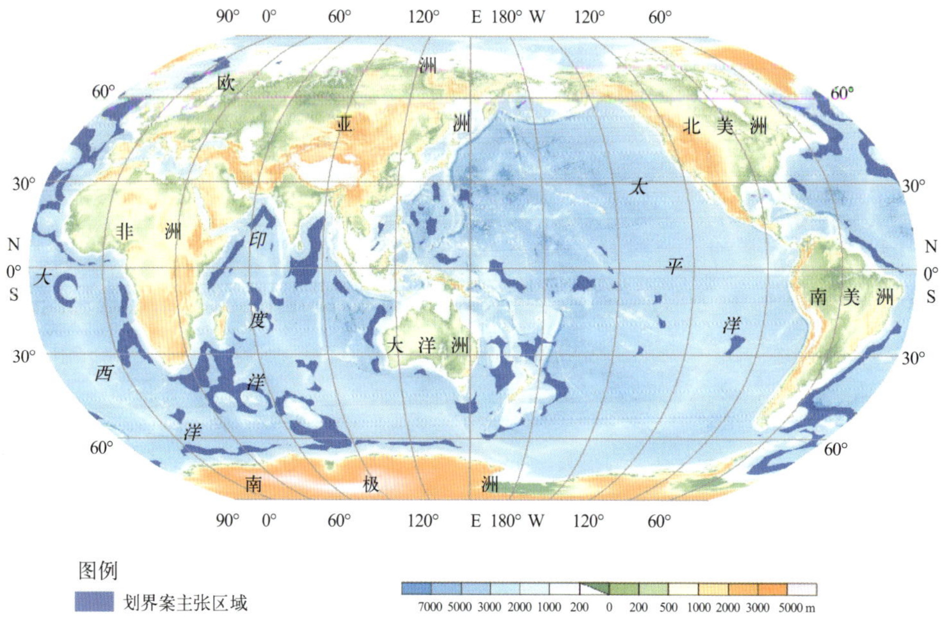

图 5-1 全球 200 n mile 外大陆架划界形势

根据大陆架界限委员会网站公布各沿海国主张数据绘制：https://www.un.org/depts/los/clcs_new/clcs_home.htm

截至2023年5月，大陆架界限委员会共收到103份划界案（含10份修订案），提出38份建议（表5-1）。

表 5-1 200 n mile 外大陆架划界案提交及委员会审议概况（截至 2023 年 5 月）

序号	划界案	提交时间	委员会建议	提交国备存联合国
1.	俄罗斯划界案	2001年12月20日	2002年6月27日	2016年9月7日俄挪巴伦支海划界协议
1a.	俄罗斯鄂霍次克海修订案	2013年2月28日	2014年3月11日	2016年5月25日
1b.	俄罗斯北冰洋修订案	2015年8月3日	2023年2月6日	
1c.	俄罗斯北冰洋新修订案	2023年2月14日		

续表

序号	划界案	提交时间	委员会建议	提交国备存联合国
2.	巴西划界案	2004 年 5 月 17 日	2007 年 4 月 4 日	
2a.	巴西南部大陆边缘修订案	2015 年 4 月 10 日	2019 年 3 月 8 日	
2b.	巴西赤道大陆边缘修订案	2017 年 9 月 8 日	审议中	
2c.	巴西东部和南部大陆边缘修订案	2018 年 12 月 7 日	排队等待审议	
3.	澳大利亚划界案	2004 年 11 月 15 日	2008 年 4 月 9 日	2012 年 11 月 2 日
4.	爱尔兰波丘潘深海平原区划界案	2005 年 5 月 25 日	2007 年 4 月 5 日	2009 年 8 月 19 日
5.	新西兰划界案	2006 年 4 月 19 日	2008 年 8 月 22 日	2018 年 10 月 26 日
6.	法国、爱尔兰、英国和西班牙联合划界案	2006 年 5 月 19 日	2009 年 3 月 24 日	
7.	挪威东北大西洋和北冰洋划界案	2006 年 11 月 27 日	2009 年 3 月 27 日	
8.	法国法属圭亚那和法属新喀里多尼亚划界案	2007 年 5 月 22 日	2009 年 9 月 2 日	
9.	墨西哥关于墨西哥湾西部多边形区划界案	2007 年 12 月 13 日	2009 年 3 月 31 日	2009 年 5 月 20 日
10.	巴巴多斯划界案	2008 年 5 月 8 日	2010 年 4 月 15 日	
10a.	巴巴多斯修订案	2011 年 7 月 25 日	2012 年 4 月 13 日	
11.	英国阿森松岛划界案	2008 年 5 月 9 日	2010 年 4 月 15 日	
12.	印度尼西亚苏门答腊岛西北区划界案	2008 年 6 月 16 日	2011 年 3 月 28 日	
13.	日本划界案	2008 年 11 月 12 日	2012 年 4 月 19 日	
14.	毛里求斯和塞舌尔在马斯克林海台区联合划界案	2008 年 12 月 1 日	2011 年 3 月 30 日	2012 年 7 月 9 日
15.	苏里南划界案	2008 年 12 月 5 日	2011 年 3 月 30 日	2017 年 12 月 14 日
16.	缅甸划界案	2008 年 12 月 16 日	推迟审议	
17.	法国安地列斯群岛和凯尔盖朗岛划界案	2009 年 2 月 5 日	2012 年 4 月 19 日	
18.	也门索科特拉岛东南区划界案	2009 年 3 月 20 日	推迟审议	

续表

序号	划界案	提交时间	委员会建议	提交国备存联合国
19.	英国哈顿－罗卡尔区划界案	2009 年 3 月 31 日	推迟审议	
20.	爱尔兰哈顿－罗卡尔区划界案	2009 年 3 月 31 日	推迟审议	
21.	乌拉圭划界案	2009 年 4 月 7 日	2016 年 8 月 19 日	
22.	菲律宾宾汉隆起划界案	2009 年 4 月 8 日	2012 年 4 月 12 日	2012 年 7 月 2 日
23.	库克群岛马尼希基海台区划界案	2009 年 4 月 16 日	2016 年 8 月 19 日	
23a.	库克群岛马尼希基海台区修订划界案	2021 年 12 月 3 日	排队等待审议	
24.	斐济划界案	2009 年 4 月 20 日	推迟审议	
25.	阿根廷划界案	2009 年 4 月 21 日	2016 年 3 月 11 日	2021 年 9 月 7 日和 10 月 7 日
25a.	阿根廷修订案	2016 年 10 月 28 日	2017 年 3 月 17 日	2021 年 9 月 7 日和 10 月 7 日
26.	加纳划界案	2009 年 4 月 28 日	2014 年 9 月 5 日	
27.	冰岛埃吉尔海盆、雷克雅内斯脊西部和南部划界案	2009 年 4 月 29 日	2016 年 3 月 10 日	
27a.	冰岛关于雷克雅内斯脊西部、南部和东南部的部分修订划界案	2021 年 3 月 31 日	排队等待审议	
28.	丹麦法罗群岛区域划界案	2009 年 4 月 29 日	2014 年 3 月 11 日	
29.	巴基斯坦划界案	2009 年 4 月 30 日	2015 年 3 月 13 日	2016 年 8 月 30 日
30.	挪威布韦岛和毛德皇后地划界案	2009 年 5 月 4 日	2019 年 2 月 8 日	
31.	南非大陆领土划界案	2009 年 5 月 5 日	2017 年 3 月 17 日	
32.	密克罗尼西亚、巴布亚新几内亚和所罗门群岛关于翁通爪哇海台联合划界案	2009 年 5 月 5 日	2017 年 3 月 17 日	
33.	越南和马来西亚关于中国南海南部联合划界案	2009 年 5 月 6 日	推迟审议	
34.	法国和南非关于克罗泽群岛和爱德华王子岛联合划界案	2009 年 5 月 6 日	2023 年 3 月 7 日	

续表

序号	划界案	提交时间	委员会建议	提交国备存联合国
35.	肯尼亚划界案	2009 年 5 月 6 日	2023 年 3 月 7 日	
36.	毛里求斯罗德里格斯岛划界案	2009 年 5 月 6 日	审议中	
37.	越南关于中国南海北部划界案	2009 年 5 月 7 日	推迟审议	
38.	尼日利亚划界案	2009 年 5 月 7 日	审议中	
39.	塞舌尔北部海台划界案	2009 年 5 月 7 日	2018 年 8 月 27 日	
40.	法国关于留尼旺岛及圣保罗岛和阿姆斯特丹岛划界案	2009 年 5 月 8 日	2020 年 3 月 4 日	
41.	帕劳划界案	2009 年 5 月 8 日	审议中	
42.	科特迪瓦划界案	2009 年 5 月 8 日	2020 年 2 月 5 日	
43.	斯里兰卡划界案	2009 年 5 月 8 日	推迟审议	审议暂停
44.	葡萄牙划界案	2009 年 5 月 11 日	审议中	
45.	英国关于马尔维纳斯群岛、南佐治亚和南桑维奇群岛划界案	2009 年 5 月 11 日	推迟审议	
46.	汤加划界案	2009 年 5 月 11 日	2019 年 8 月 2 日	
47.	西班牙加利西亚区域划界案	2009 年 5 月 11 日	审议中	
48.	印度划界案	2009 年 5 月 11 日	推迟审议	审议暂停
49.	特多划界案	2009 年 5 月 12 日	排队等待审议	
50.	纳米比亚划界案	2009 年 5 月 12 日	排队等待审议	
51.	古巴划界案	2009 年 6 月 1 日	排队等待审议	
52.	莫桑比克划界案	2010 年 7 月 7 日	排队等待审议	
53.	马尔代夫划界案	2010 年 7 月 26 日	排队等待审议	
	……			
86.	哥斯达黎加和厄瓜多尔关于巴拿马海盆的联合划界案	2020 年 12 月 16 日	排队等待审议	
87.	智利复活节岛东部大陆架划界案	2020 年 12 月 21 日	排队等待审议	
88.	印度尼西亚苏门答腊西南部区域划界案	2020 年 12 月 28 日	排队等待审议	

续表

序号	划界案	提交时间	委员会建议	提交国备存联合国
89.	智利南极领地西区划界案	2022 年 2 月 28 日	排队等待审议	
90.	厄瓜多尔卡内基脊南部区域划界案	2022 年 3 月 1 日	排队等待审议	
91.	毛里求斯查戈斯群岛北部划界案	2022 年 4 月 12 日		
92.	密克罗尼西亚雅浦北区划界案	2022 年 4 月 22 日		
93.	印度尼西亚	2022 年 8 月 11 日		

注：表格根据大陆架界限委员会网站整理（截至 2023 年 5 月）：https://www.un.org/depts/los/clcs_new/clcs_home.htm。

（三）“一带一路”国家大陆架划界形势

“21 世纪海上丝绸之路”的主线是从中国黄海、东海向南经南海到印度洋和阿拉伯海后连接欧洲达大西洋，途经东南亚和南亚沿海各国。本书主要涉及“一带一路”三个区域沿海国的划界案，一是东南亚，包括缅甸、印度尼西亚；二是南亚，包括印度、巴基斯坦、孟加拉国、斯里兰卡、马尔代夫、阿曼、也门；三是东非，包括南非、肯尼亚、莫桑比克、马达加斯加、坦桑尼亚和索马里。

1. 东南亚沿海国家

东南亚地处亚洲与大洋洲、太平洋与印度洋之间的“十字路口”，拥有香港和新加坡两个亚洲的主要港口，以及马六甲海峡、新加坡海峡、巽他海峡和龙目海峡等重要海峡，其中，马六甲海峡是这个十字路口的“咽喉”，战略位置非常重要。加之，东南亚海域还蕴藏有丰富的石油、天然气和渔业等自然资源，使其具有极高的地缘价值，也是世界上海洋权益争端最多的海域之一。

1）缅甸

2008 年 12 月 16 日，缅甸向联合国大陆架界限委员会提交了划界案，是关于孟加拉湾 Rakhine 大陆边缘 200 n mile 以外的大陆架主张（图 5-2）。由于孟加拉湾的特殊地质特征，缅甸在向外扩展大陆架时，参照《第三次联合国海洋法会议最后文件》附件二“关于使用一种特定方法划定大陆边外缘的谅解声明”（以下简称《谅解声明》）规则。

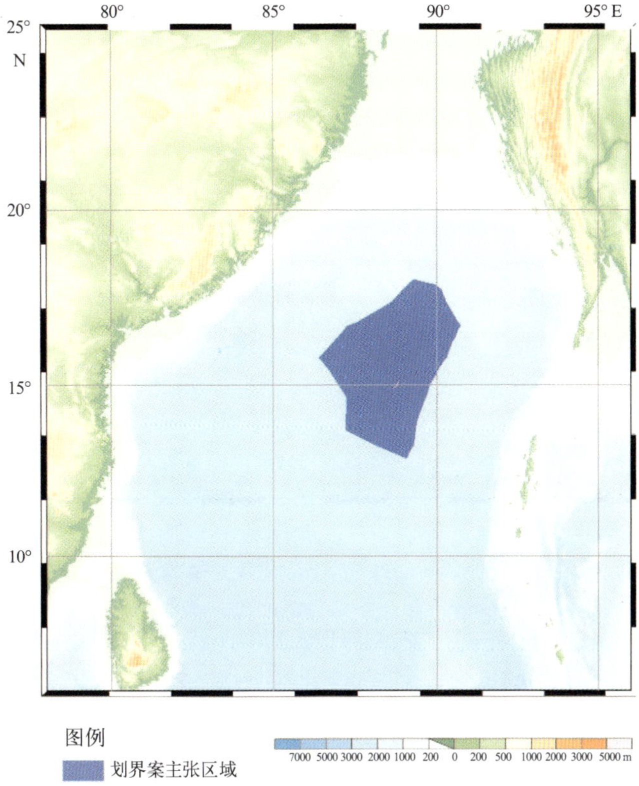

图 5-2　缅甸 200 n mile 外大陆架划界案示意图（缅甸划界案，2008）

根据大陆架界限委员会网站公布各沿海国主张数据绘制：https://www.un.org/depts/los/clcs_new/clcs_home.htm

缅甸划界案主张区域与印度、孟加拉国和斯里兰卡存在大范围主张重叠，缅甸划界案提交后，遭到了孟加拉国、印度两国的反对，委员会决定推迟审议。

2）印度尼西亚

2008 年 6 月 16 日，印度尼西亚向大陆架界限委员会提交 200 n mile 以外大陆架划界案，主张在苏门答腊岛西北部 200 n mile 以外大陆架（图 5-3）。该划界案涉及海域不存在海洋争端问题，已经于 2010 年 4 月 15 日通过委员会审议。在该划界案中，印度尼西亚表示稍后阶段还会提交松巴以南和巴布亚以北海域的划界案。

2019 年 4 月 11 日，印度尼西亚向大陆架界限委员会提交了第二个划界案，是关于巴布亚（Eauripik Rise）北部海域划界案（图 5-4）。该划界案目前处于排队等候审议中。

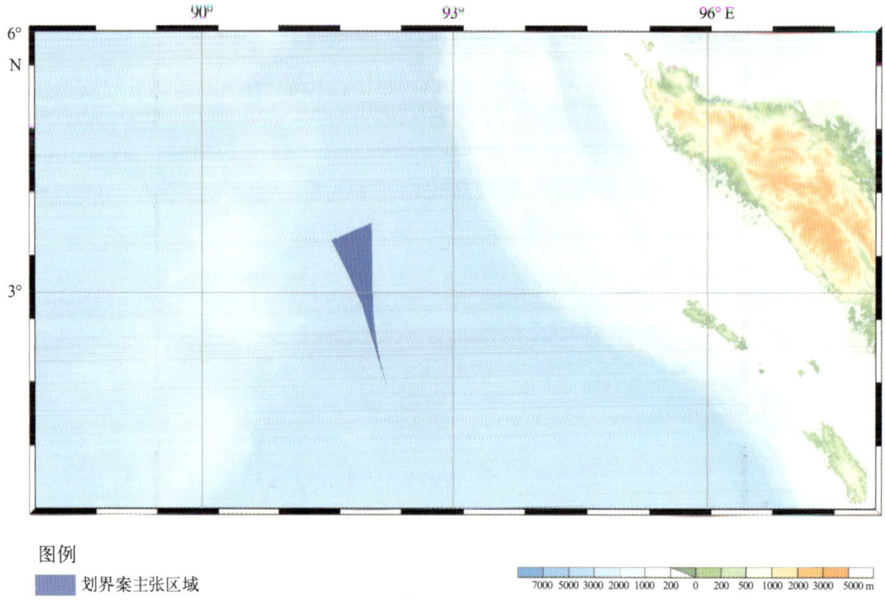

图 5-3　印度尼西亚关于苏门答腊岛西北部 200 n mile 外大陆架划界案示意图
（印度尼西亚苏门答腊西北部划界案，2008）

根据大陆架界限委员会网站公布各沿海国主张数据绘制：https://www.un.org/depts/los/clcs_new/clcs_home.htm

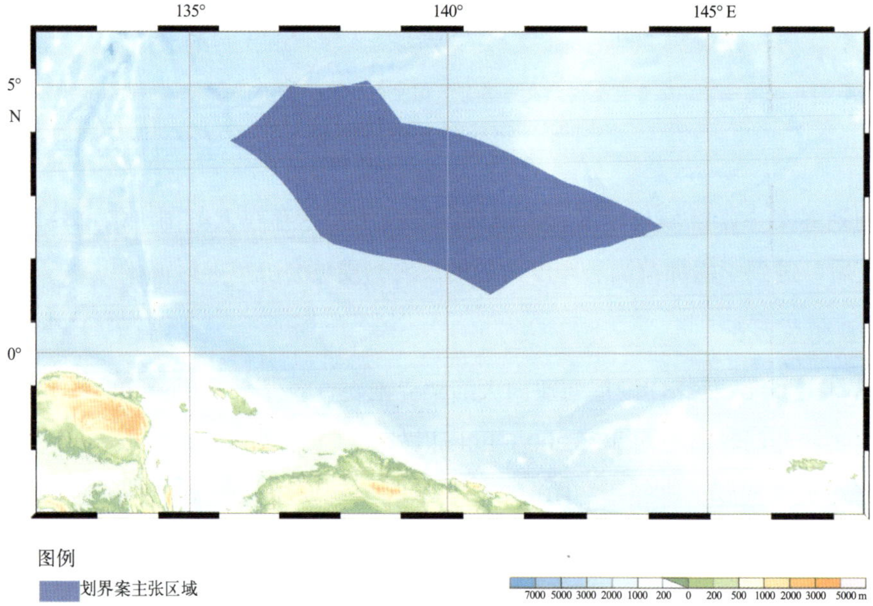

图 5-4　印度尼西亚关于巴布亚北部海域 200 n mile 外大陆架划界案示意图
（印度尼西亚巴布亚北部划界案，2019）

根据大陆架界限委员会网站公布各沿海国主张数据绘制：https://www.un.org/depts/los/clcs_new/clcs_home.htm

2. 南亚沿海国家

1）印度

2009 年 5 月 11 日，印度向大陆架界限委员会提交了划界案。其 200 n mile 以外大陆架主要包括以下两个地区。①东部沿海区：包括印度大陆东部的孟加拉湾海域和安达曼岛的西部海域（图 5-5），该区域与缅甸、孟加拉国、斯里兰卡三国的主张存在大范围重叠。②西部沿海区：主要为阿拉伯海的西部海域（图 5-6）。印度与周边相邻国家签署了多份边界协议，但印度 - 巴基斯坦、印度 - 阿曼、印度 - 孟加拉国 - 缅甸间仍有悬而未决的边界问题。

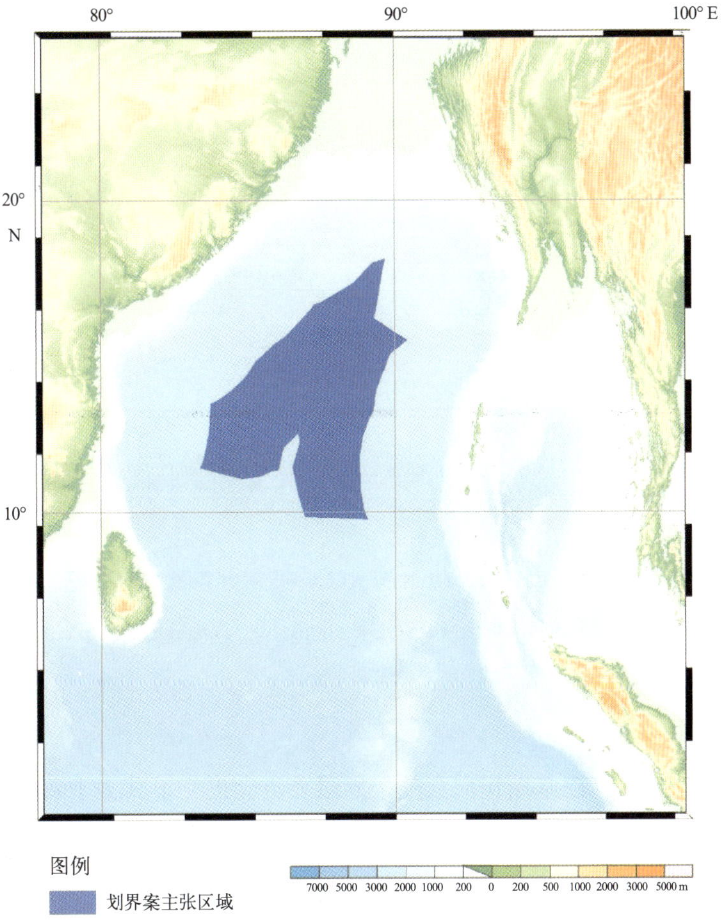

图 5-5 印度关于东部海域 200 n mile 外大陆架划界案示意图（印度划界案，2009）

根据大陆架界限委员会网站公布各沿海国主张数据绘制：https://www.un.org/depts/los/clcs_new/clcs_home.htm

图 5-6　印度关于西部海域 200 n mile 外大陆架划界案示意图（印度划界案，2009）

根据大陆架界限委员会网站公布各沿海国主张数据绘制：https://www.un.org/depts/los/clcs_new/clcs_home.htm

2）巴基斯坦

2009 年 4 月 30 日，巴基斯坦向大陆架界限委员会提交了其关于阿拉伯海地区的部分划界案（图 5-7），其 200 n mile 外大陆架的外部界限主要由 350 n mile 限制线划定。该划界案已于 2015 年 3 月 13 日通过委员会审议，目前巴基斯坦已将其大陆架外部界限的坐标和海图提交联合国备存。

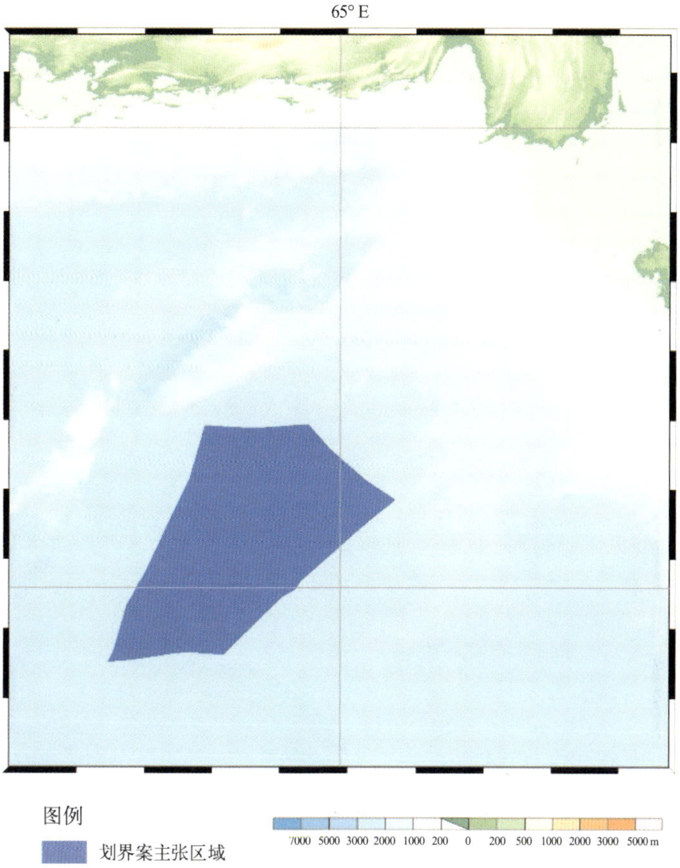

图 5-7　巴基斯坦外大陆架划界案示意图（巴基斯坦划界案，2009）

根据大陆架界限委员会网站公布各沿海国主张数据绘制：https://www.un.org/depts/los/clcs_new/clcs_home.htm

3）孟加拉国

2011 年 2 月 25 日，孟加拉国向大陆架界限委员会提交了大陆架划界案，划界区域位于孟加拉湾（图 5-8），该区域的外大陆架主张与缅甸、印度、斯里兰卡存在大范围主张重叠。

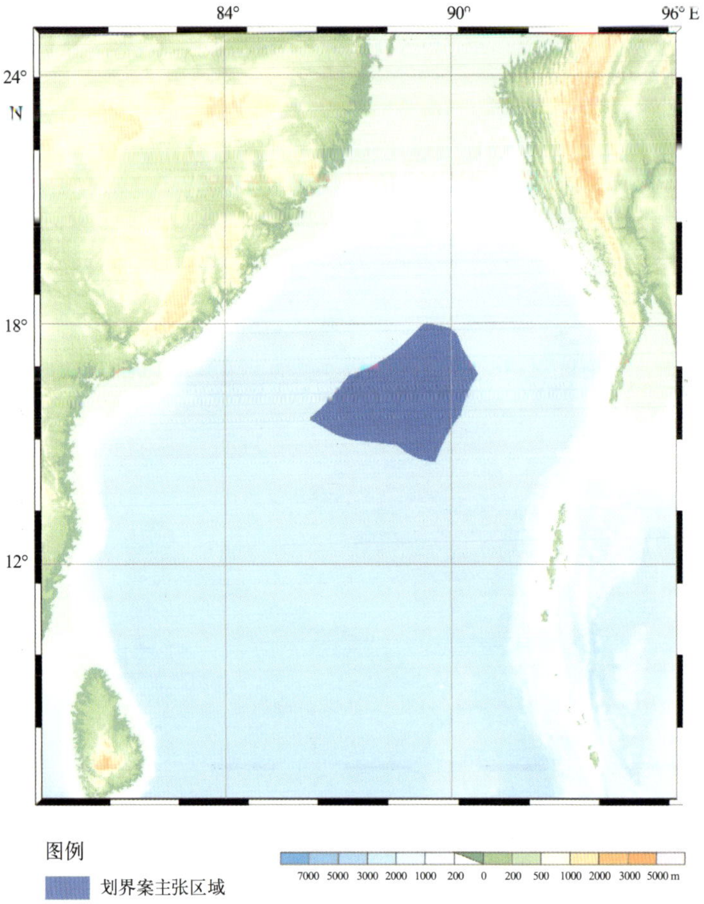

图 5-8 孟加拉国 200 n mile 外大陆架划界案示意图（孟加拉划界案，2011）

根据大陆架界限委员会网站公布各沿海国主张数据绘制：https://www.un.org/depts/los/clcs_new/clcs_home.htm

4）斯里兰卡

2009 年 5 月 8 日，斯里兰卡提交了其划界案，是关于其东部海域的部分划界案，划界区位于孟加拉扇海域（图 5-9），是根据第三次海洋法大会形成的《谅解声明》的规定扩展其 200 n mile 以外的大陆架范围。

图 5-9 斯里兰卡 200 n mile 外大陆架划界案示意图（斯里兰卡划界案，2009）

根据大陆架界限委员会网站公布各沿海国主张数据绘制：https://www.un.org/depts/los/clcs_new/clcs_home.htm

5）马尔代夫

马尔代夫于 2010 年 7 月 26 日提交了大陆架划界案，划界案主张的外大陆架面积总共约为 169 966 km^2，其中，东部区约为 142 055 km^2，西部区约为 23 912 km^2（图 5–10）。

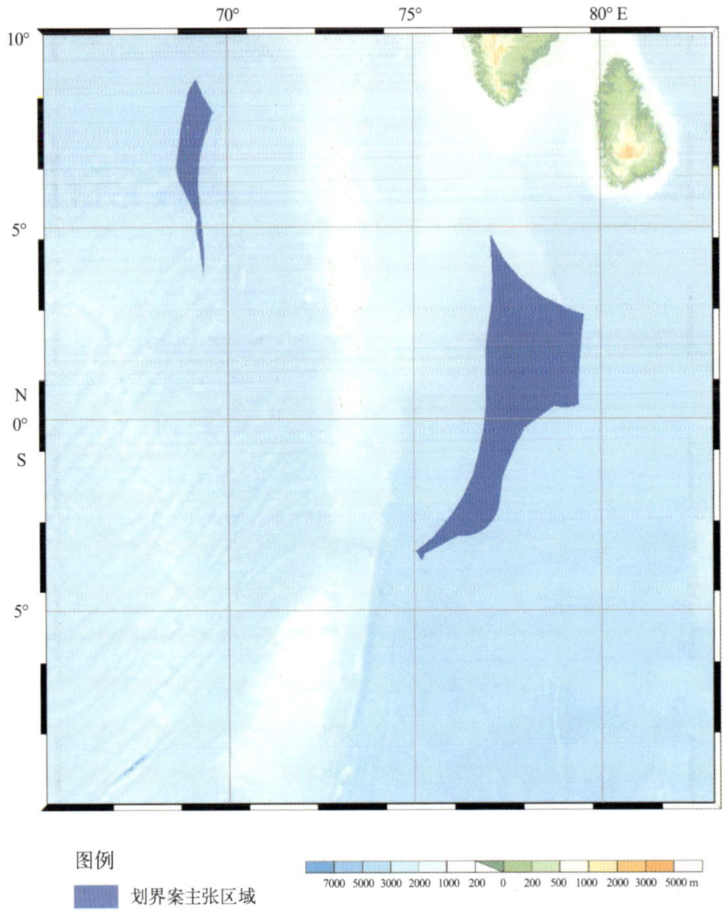

图 5-10　马尔代夫 200 n mile 外大陆架划界案示意图（马尔代夫划界案，2010）

根据大陆架界限委员会网站公布各沿海国主张数据绘制：https://www.un.org/depts/los/clcs_new/clcs_home.htm

6）阿曼

2009 年，阿曼向联合国提交了划定 200 n mile 以外大陆架外部界限的初步信息，2017 年 10 月 26 日正式提交了划界案（图 5-11）。

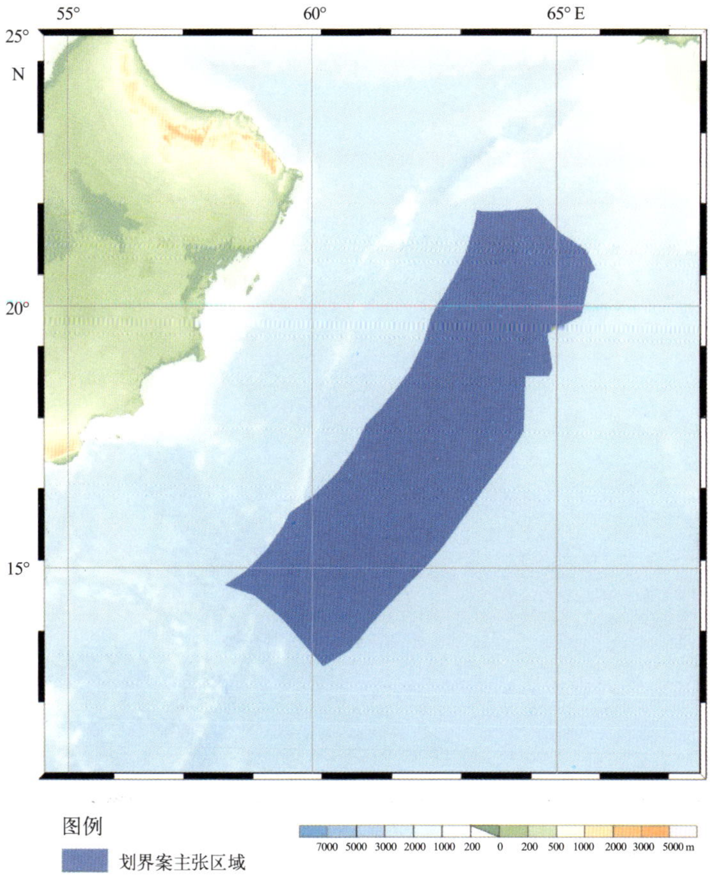

图 5-11　阿曼 200 n mile 外大陆架划界案示意图（阿曼划界案，2017）

根据大陆架界限委员会网站公布各沿海国主张数据绘制：https://www.un.org/depts/los/clcs_new/clcs_home.htm

7）也门

2009 年 3 月 20 日，也门向大陆架界限委员会提交划界案，主张在索科特拉岛东南 200 n mile 以外划定大陆架（图 5-12）。也门关于索科特拉大陆架划界案因索马里提出反对照会，委员会推迟审议至今。

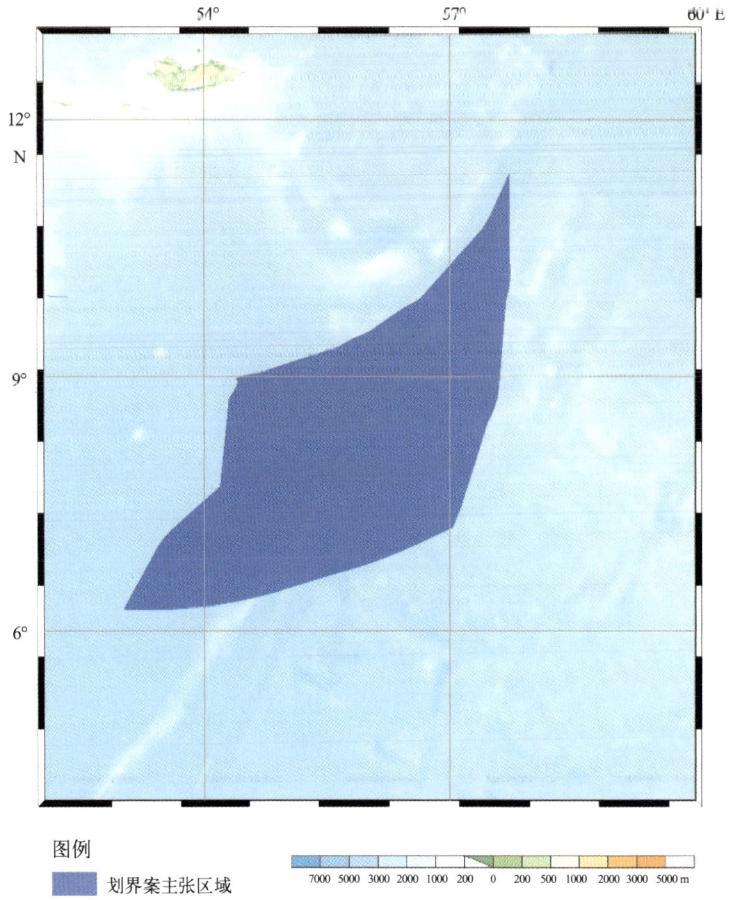

图 5-12　也门关于索科特拉岛 200 n mile 外大陆架划界案示意图（也门划界案，2009）

根据大陆架界限委员会网站公布各沿海国主张数据绘制：https://www.un.org/depts/los/clcs_new/clcs_home.htm

3. 东非沿海国家

目前提交划界案的东非国家有南非、索马里、肯尼亚、坦桑尼亚、莫桑比克和马达加斯加。南非划界案已获得委员会的建议，肯尼亚划界案正在审议中，其他划界案仍在排队等待委员会审议（图 5-13）。

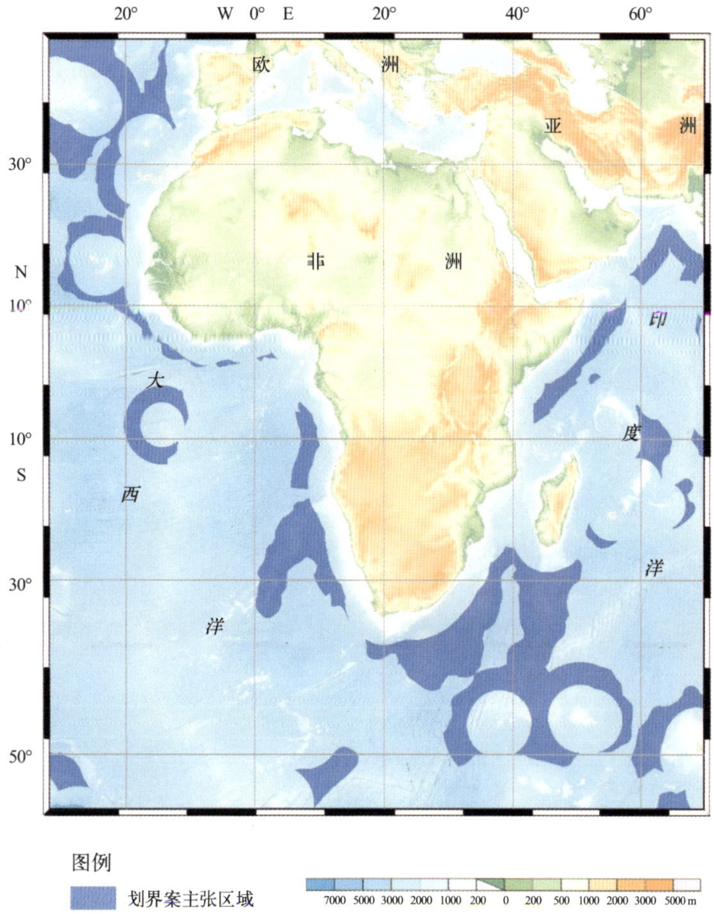

图 5-13　非洲 200 n mile 外大陆架划界形势

根据大陆架界限委员会网站公布各沿海国主张数据绘制：https://www.un.org/depts/los/clcs_new/clcs_home.htm

1）南非

南非于 2009 年 5 月向委员会提交了 200 n mile 外大陆架划界案，涉及南非大陆领土的西部、东部及南部海域的大陆架，围绕着非洲大陆的最南端。南非大陆架海底地形复杂，分布有众多的巨大海底凹陷和隆起。

委员会于 2017 年 3 月就南非划界案提出了建议。建议包含南非主张的三个区域：西海岸（大西洋陆缘）、莫桑比克脊、厄加勒斯海台及其周边区域。在大西洋陆缘，南非根据小组委员会的建议调整了部分大陆坡脚的位置，委员会最终审定了该区域的外部界限。在莫桑比克脊区域，部分委员不认同由南非提交且被小组委员会建议认可的关于“莫桑比克脊北段和南段之间在形态和地质上存在联系”的观点，委员会无法根据小组委员会的建议，核准部分大陆坡脚，并建议南非提供更多的支撑数据和资料，以充分支持莫桑比克脊北段和南段在形态上的连接和地质上的连续性。在厄加勒斯海台及其周边区域，小组委员会对厄加勒斯海台和莫桑比克脊之间形态上的连续性提出质疑，现有的测深和地球物理数据不能提供形态连续性的证据，不接受划界案中在该区域提出的大陆坡脚包络线。最终建议南非补充额外的测深和地球物理资料，以提交修订案的方式来划定该区域的 200 n mile 以外大陆架外部界限。

2）肯尼亚

肯尼亚于 2009 年 5 月提交了 200 n mile 外大陆架划界案。肯尼亚在划界案中使用《谅解声明》规定的特殊方法确定其大陆边外缘（图 5-14）。

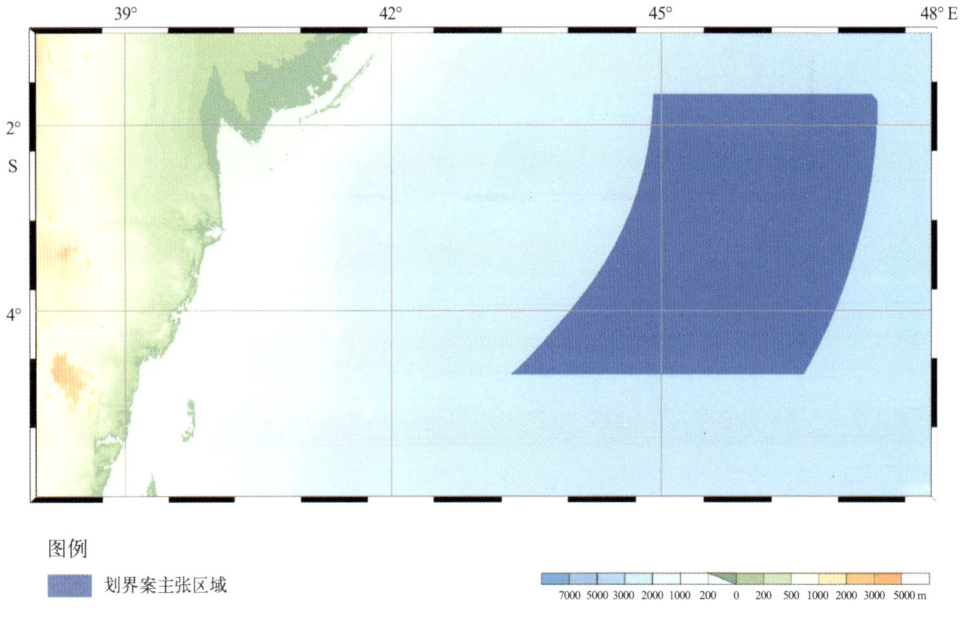

图 5-14　肯尼亚 200 n mile 外大陆架主张（肯尼亚划界案，2009）

根据大陆架界限委员会网站公布各沿海国主张数据绘制：https://www.un.org/depts/los/clcs_new/clcs_home.htm

3）莫桑比克

莫桑比克于 2010 年 7 月提交了 200 n mile 外大陆架划界案。莫桑比克在划界案中主张莫桑比克脊为其大陆边缘自然延伸，在莫桑比克脊东翼确定大陆坡脚，使用距离公式和沉积物厚度公式划定大陆边外缘，并且不超过 350 n mile 的距离限制，从而确定大陆架外部界限，主张约 13.6×10^4 km^2 的扩展大陆架区域（图 5-15）。

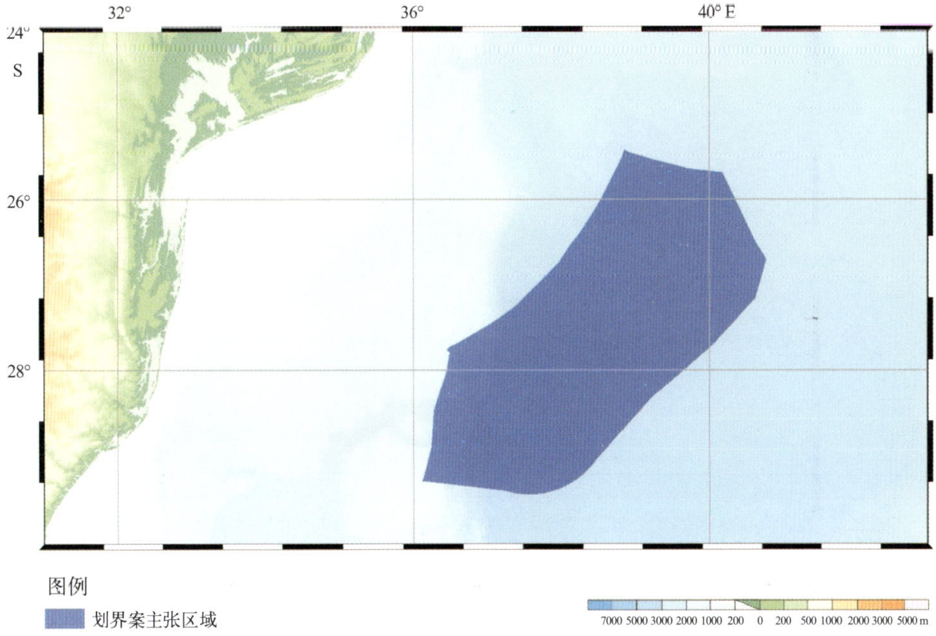

图 5-15　莫桑比克 200 n mile 外大陆架主张（莫桑比克划界案，2010）

根据大陆架界限委员会网站公布各沿海国主张数据绘制：https://www.un.org/depts/los/clcs_new/clcs_home.htm

4）马达加斯加

马达加斯加于 2011 年 4 月提交了 200 n mile 外大陆架划界案。其在划界案中主张了马达加斯加海台为其陆地自然延伸。马达加斯加海台位于马达加斯加岛南部，是一个巨大的高原，在两深海海盆（5000 m）之间沿南北方向延伸约 1300 km。马达加斯加使用距离公式线和沉积物厚度公式线，划定其大陆边外缘，并使用两条限制规则划定其 200 n mile 外大陆架外部界限（图 5-16）。

图 5-16　马达加斯加 200 n mile 外大陆架主张（马达加斯加划界案，2011）

根据大陆架界限委员会网站公布各沿海国主张数据绘制：https://www.un.org/depts/los/clcs_new/clcs_home.htm

5）坦桑尼亚

坦桑尼亚于 2012 年 1 月提交了 200 n mile 外大陆架划界案。坦桑尼亚通过由 26 个定点构成的连线确定了其扩展大陆架的外部界限。主张区域面积约为 61 000 km^2（图 5-17）。

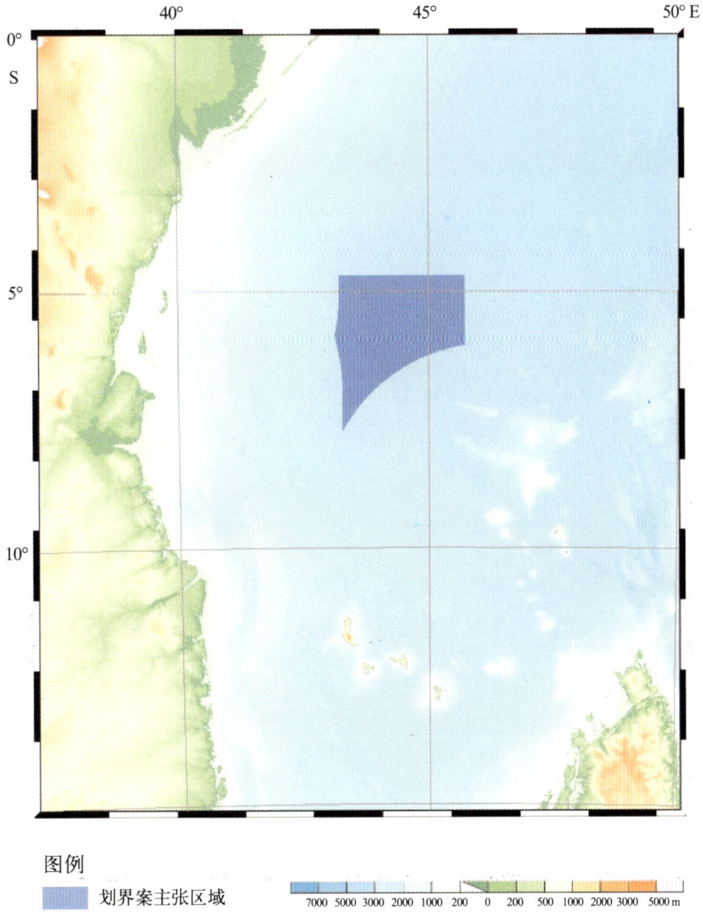

图 5 17　坦桑尼亚 200 n mile 外大陆架主张（坦桑尼亚划界案，2012）

根据大陆架界限委员会网站公布各沿海国主张数据绘制：https://www.un.org/depts/los/clcs_new/clcs_home.htm

6）索马里

索马里于 2014 年 7 月提交了 200 n mile 外大陆架划界案，于 2015 年 7 月 16 日提交了修订划界案（图 5-18）。

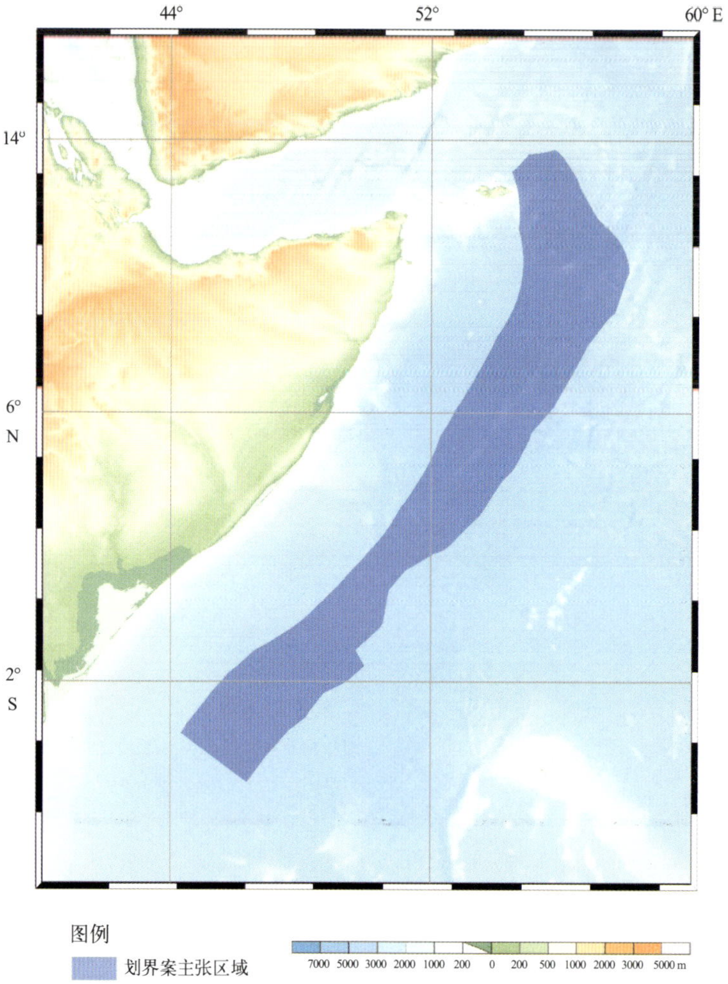

图 5-18 索马里 200 n mile 外大陆架主张（索马里划界案，2015）

根据大陆架界限委员会网站公布各沿海国主张数据绘制：https://www.un.org/depts/los/clcs_new/clcs_home.htm

上述划界案均涉及洋脊规则及自然延伸的适用和解释。此外非洲国家的划界案由于提交数据精度不高难以满足委员会审议认定的要求，急需进行数据获取及处理以完善其主张。

二、中非大陆架国际合作

大陆架划界是涉及自然科学与国际海洋法高度结合的新兴海洋技术，是沿海国依据《公约》扩展海底资源管辖权促进蓝色经济发展的合法权利，正在形成一股全球性的蓝色“圈地运动”，是沿海国海洋权益维护与全球治理的重要机遇。中国的大陆架划界技术已经成熟且居于世界领先地位，先后应用到了非洲四国的大陆架划界中，成为中非海洋科技合作的重要推力。非洲沿海国由于海洋科学技术能力有限，无法开展大规模的海洋调查，其提交的大陆架划界案由于缺乏实测数据导致精度较低，面临被联合国大陆架界限委员会审议不通过或者减少主张面积的不利局面。

在此情况下，2012 年中国与尼日利亚首次开展中非海洋科技的合作研究，实施了中国－尼日利亚大陆边缘联合航次调查，并随后开展了长期的合作研究，培养了国际学者，取得了丰硕的合作成果。为服务于莫桑比克和塞舌尔的大陆架划界，2016 年开展了中国－莫桑比克、中国－塞舌尔大陆边缘海洋地球科学联合调查航次，这是中国首次与东非沿海国共同进行海洋科学联合调查航次，该航次获取的数据成功帮助塞舌尔通过了联合国大陆架界限委员会的审议，为塞舌尔获取了 200 n mile 外大陆架主张区域，获得了塞舌尔政府的高度评价，这是首次以海洋科技合作为手段，开启海洋外交的成功案例。中非大陆架合作的成功，在非洲引起了蝴蝶效应，多国向中国提出了援助要求，2021 年，中国再次与莫桑比克合作开展了大陆边缘的联合调查航次，并与马达加斯加在其大陆架主张区域开展了联合调查航次。这些都为中非海洋科技合作奠定了良好的基础,更为推动“21 世纪海上丝绸之路”与非洲沿线国家合作创造了有利条件。

三、联合国大陆架界限委员会

沿海国要划定其 200 n mile 外大陆架外部界限，需根据《公约》设定的一系列科学标准，准备和编制关于划定其外大陆架外部界限的信息资料，并提交大陆架界限委员会进行审议。委员会是依《公约》第七十六条及《公约》附件二设立的机构，主要职责包括审议沿海国提出的外大陆架外部界限的资料和其他材料，并按照《公约》第七十六条和 1980 年 8 月 29 日第三次联合国海洋法会议通过的《谅解声明》提出建议；经有关沿海国请求，在编制划界案资料时，提供科学和技术咨询意见。

《公约》附件二第六条第 3 款规定，“委员会的建议应以书面递交提出划界案的沿海国和联合国秘书长”。《公约》附件二第八条规定，“有沿海国不同意委员会建议的情形下，沿海国应于合理期间内向委员会提出订正的或新的划界案”。根据《公约》第七十六条第 8 款，沿海国在委员会建议的基础上划定的外大陆架界限应有确定性和拘束力。《公约》第七十六条第9款规定，“沿海国应将永久标明其大陆架外部界限的海图和有关情报，包括大地基准点，交存于联合国秘书长。秘书长应将这些情报妥为公布”。《公约》第八十四条第2款同时规定，沿海国应将“标明大陆架外部界限的海图或坐标，也交存于管理局秘书长”。《公约》第七十六条第10款强调，“本条的规定不妨害海岸相向或相邻国家间大陆架界限划定的问题”。

依据《公约》及2001年《公约》缔约国会议的决议，《公约》在1999年5月13日之前对其生效的国家，须在2009年5月13日以前提交划界案。2008年《公约》缔约国会议通过了决议，同意发展中国家可在2009年5月13日之前提交一份关于其200 n mile以外大陆架划界的“初步信息”，即视为其履行了《公约》要求提交外大陆架划界案的义务。

委员会于1997年3月正式成立。截至目前，委员会已举行了57届会议。1997年第2届会议通过了《委员会工作方式》，主要规定了沿海国提交划界案，委员会审议划界案的程序。第2届会议开始拟订《大陆架界限委员会科学和技术准则》(以下简称《科技准则》)，并于1999年第5届会议通过了《科技准则》(CLCS，1999)，主要目的在于通过提供科学和技术参考基础，协助沿海国准备划界案。《科技准则》对《公约》第七十六条包含的科学术语做了澄清，在科学方面对《公约》第七十六条做了解释，制定了统一的标准，确保沿海国准备划界案和数据时使用国际惯例的格式，以便统一审查。委员会于1998年第4届会议通过的《大陆架界限委员会议事规则》(以下简称《议事规则》)详细规定了内部程序规范，是委员会届会、成员议事方式、划界案审议及表决的基本文件。此后，《议事规则》在实践中不断调整，最终在委员会第21届会议上通过了修订的《议事规则》，并将《委员会工作方式》列为其附件三。《议事规则》与《科技准则》的通过，便于委员会以有条理和有效的方式履行其职能。

委员会对划界案进行审议的通常模式是首先成立小组委员会负责对划界案进行审议，再由全会最终审议通过小组委员会的建议草案。委员会在决定成立小组委员会对划界案进行实质性审议之前，需要对划界案进行初步审议。如果划界案涉及陆地或海洋争端，且有争端当事国明确提出反对审议的情况下，委员会在初步审议之后，一般会做出暂时不进行实质性审议的决定，并按照收到划界案的时间先后顺序，将所有尚未审议的划界案排列等待。等再次轮到该划界案时，将视争端的解决情况和相关国家的意见，做出可以设立小组委员会进行审议或继续“排队”的决定。对于修订的划界案，委员会在其第26届会议上做出决定，如今后向委员会提交任何这类划界案，将优先予以审议而不考虑排列顺序。

委员会作为《公约》下设的三大机构之一，与国际海洋法法庭和国际海底管理局同为《公约》缔约国会议的观察员。《公约》对这三个机构的分工做出明确的规定。在联合国第 51 届大会上，秘书长在联合国大会第 51 届会议海洋法秘书长的报告中指出，国际海底管理局和国际海洋法法庭负责涉及海底问题的争端；国际海底管理局、联合国秘书长和大陆架界限委员会负责海底的国家和国际区域的划界问题。作为国际权威组织机构，委员会的管辖权在于沿海国大陆架外部界限确定。委员会是第七十六条的关键性特殊机构，是系统性适用第七十六条的机构，也是为大陆架外部界限目的而职权清晰的机构（Cavnar，2009），特殊地位强化了委员会在确定大陆架外部界限过程中的权威性及影响力。因此，《公约》第七十六条第 8 款明确规定，在委员会“建议”基础上划定的界限，是确定的和有拘束力的。其目的在于促使沿海国大陆架外部界限的确定，明确“区域”的范围，维护国际社会的稳定。

第二节　大陆架划界的技术方法与面临挑战

一、200 n mile 外大陆架划界的技术方法

《公约》第七十六条第 1 款规定：“沿海国的大陆架包括其领海以外依其陆地领土的全部自然延伸，扩展到大陆边外缘的海底区域的海床和底土，如果从测算领海宽度的基线量起到大陆边的外缘的距离不到二百海里，则扩展到二百海里的距离。”《公约》同时承认了宽大陆架国家主张 200 n mile 以外大陆架的权利。主张其大陆架自然延伸超过 200 n mile 的沿海国，需要按照《公约》第七十六条第 4 ~ 7 款所规定的基本规则，即两条公式线（1% 沉积物厚度公式线和距离公式线）和两条限制线（350 n mile 距离限制和 2500 m 等深线外推 100 n mile 的深度限制），来划定其外大陆架的外部界限。因此，一个宽大陆架国家的大陆架外部界限可以延伸至 350 n mile 甚至更远。

（一）公式线确定方法

根据《公约》第七十六条第 4 款（a）项的规定，如果沿海国存在 200 n mile 以外大陆架，则可以下列两种方式划定大陆架的外部界限（简称“公式线”）：①以最外

各定点为准划定界线，每一定点上沉积岩厚度至少为从该点至大陆坡脚最短距离的百分之一；②以离大陆坡脚的距离不超过 60 n mile 的各定点为准划定界线。这两个公式线被分别称为“爱尔兰公式”和“海登堡公式”，有时也习惯称为“1% 沉积物厚度线”和“大陆坡脚外推 60 n mile 距离线”（吕文正等，2012）。

1. 大陆坡脚及其外推 60 n mile 线的确定

《公约》第七十六条规定的划定 200 n mile 以外大陆架外部界限的两个公式线均与大陆坡脚有关。大陆坡脚是一项重要的地形特征，是划定 200 n mile 以外大陆架界限的基础，只有首先确定了大陆坡脚的位置，才能在此基础上进一步确定 1% 沉积物厚度线和大陆坡脚外推 60 n mile 线。《公约》第七十六条第 4 款（b）项规定：“在没有相反证明的情形下，大陆坡脚应定为大陆坡坡底坡度变动最大之点”。《科技准则》5.1.3 指出，确定大陆坡脚的一般步骤：首先确定大陆坡坡底的区域，再确定大陆坡坡底坡度变动最大之点的位置。

大陆坡坡底区域也称为陆坡基部。陆坡基部为陆坡下部在陆基上部消失，或在没有陆基的深洋底上部消失的区域。分两个步骤界定陆坡基部的区域，首先，应从陆基着手，朝大陆架方向寻找其向海边缘，在没有形成陆基的地方，则从深洋洋底开始。然后，应从大陆坡较低部分开始，朝陆基方向寻找其向陆边缘，在没有形成陆基的地方，则从深洋洋底开始。陆坡基部的区域往往位于陆壳和洋壳过渡区域，因此，海底地形、地貌、地质、重力、磁力、地震等资料的综合分析，是确定陆坡基部区域的重要手段（方银霞等，2013）。

在确定了陆坡基部的区域后，在陆坡基部区域内确定坡度变化最大点，即大陆坡脚。在确定大陆坡脚时所使用的资料为测深数据，包括单波束回声测深数据、多波束回声测深数据、测深侧扫声呐测量数据或地震反射得到的测深数据。

为便利确定陆坡基部底坡度变动最大之点的坡脚位置，根据《科技准则》5.3，可对测深数据进行适当的滤波和圆滑。尽管委员会没有指定使用某一种特定的数学方法来确定大陆坡脚，但对大陆坡脚的确定，是一个二维或三维的数学问题，可以通过总曲面的确定、坡度方向的二阶导数曲面或其他基于二阶导数的分析，选定坡度变动最大点作为大陆坡脚。如果陆坡基部区域地形复杂，坡度多次变动，作为一般规则，选定坡度变动最大之点作为大陆坡脚的位置（李家彪等，2013）。

《公约》第七十六条第 4 款还提出了“相反证明”，根据这项规定，如果坡度变动最大之点的地貌证据不足以或无法可靠地确定大陆坡脚位置，沿海国可以利用其掌握的地质和地球物理证据，确定陆坡基部位置。大陆坡脚和陆坡基部是分不开的，通常接近大陆边缘，即接近大陆地壳向大洋地壳过渡的区域。因此，沿海国可以根据有关的地质、地球物理、地貌等数据，以相反证明方式，提出大陆坡脚的位置。

只要确定了大陆坡脚点，即可利用有关的 GIS 软件自动生成大陆坡脚外推 60 n mile 的外部包络线。

2. 1% 沉积物厚度线的确定

1% 沉积物厚度线，即爱尔兰公式线的确定步骤如下：首先确定陆坡基部区域和大陆坡脚的位置；其次测量沉积物的厚度；然后确定 1% 沉积物厚度的定点，并连接各定点，形成 1% 沉积岩厚度公式线。

确定沉积物厚度最主要的证据是地震反射数据和地震折射数据，其中，多道地震反射数据为确定沉积厚度最有力的证据来源，而单道地震反射数据、重力和磁力数据可作为补充证据。

利用多道反射地震数据确定沉积厚度时，其沉积层的顶界即为海底表面，委员会更认可单波束或多波束回声测深获得的水深资料作为沉积层的顶界。此外，地震外业勘查时获得的测深资料，可作为补充资料。沉积层的底界，即沉积层的基底，可以是洋壳基底，也可以是陆壳基底，或二者兼而有之。最简单的情况是，陆基的沉积物从大陆坡脚开始覆盖在整个洋壳之上。而在较为复杂的情况下，在接近坡脚的沉积层底部，可能有一个拉张减薄的大陆基底区，其沉积层包括张裂前和张裂时期的沉积层序及其上覆的裂后沉积层序。

在地震反射剖面图上，沉积层基底的顶部是一个明显的反射体，介于上覆层状沉积层与下伏基底高速度高噪声部分的两个界限分明的反射体之间。在沉积厚度很大的地区或来自基底顶部的地震信号被掩蔽的区域，可采用地震折射方法来确定基底的顶部。尽管重力和磁力数据用来确定沉积层基底顶部的误差较大，但在有冰盖或基底很深的地区，可综合采用重力和磁力数据建立模型以补充地震数据的不足。从已提交的 200 n mile 以外大陆架划界案例来看，沉积层的厚度几乎全部利用多道反射地震资料确定，并辅以其他地质、地球物理证据。

利用多道反射地震数据估算沉积层厚度时，首先需要进行时—深转换，需要利用速度数据建立一个沉积层的速度模型，需要把所有的速度数据组合起来，以建立地震波在沉积层序中垂直和/或横向上的传播速度的变化。为建立速度模型可采用的速度资料有：在钻孔内进行的现场速度测量、对从沉积剖面取出的岩心进行速度测量、对多道反射地震数据进行分析、对地震折射和广角反射数据进行分析。

委员会认为采用反射和折射地震数据是用以估算沉积层传播速度的有关证据的主要来源。作为补充证据，沿海国还可以提供其他形式的速度估算。在处埋多道反射地震数据时，采用迪克斯方程，通过地震叠加速度得出层速度。对地震反射和广角反射数据的分析，也可用来获得各主要层的速度。

深度换算的惯常做法是将先前获得的沉积层（从海底到基底顶部）的时间剖面图乘以速度模型，得出沉积层的总厚度。随着新技术和软件的发展，一些国家选用其他时－深转换算法，委员会将考虑沿海国对其数据适用的任何深度换算法。

确定了大陆坡脚和沉积层的厚度，即可找出1%沉积物厚度的定点，各定点的连线，即为1%沉积物厚度线。同时，委员会要求1%沉积物厚度点的沉积物与大陆坡脚的沉积物是连续的，但由于距离大陆坡脚最短距离的1%沉积物厚度点是根据地震反射资料得出的，而地震剖面是二维的剖面，可能在某一个方向的剖面上沉积物是不连续的。在这种情况下，沿海国应提供更多的、不同方向的地震剖面或其他证据证明所选择的距离大陆坡脚最短距离为1%的沉积物厚度点上的沉积物与大陆坡脚的沉积物是连续的。

3. 组合公式线的确定

沿海国对200 n mile以外大陆架外部界限的确定，既可使用1%沉积物厚度线公式，也可使用大陆坡脚外推60 n mile公式，或二者同时使用。通常情况下，沿海国在其划界案中应同时确定1%沉积物厚度线和大陆坡脚外推60 n mile线，然后生成上述两个公式线的外部包络，这样可以使沿海国获得最大面积或最大宽度的大陆架。

（二）限制线确定方法

《公约》第七十六条第5款对根据公式线确定的200 n mile以外大陆架的外部界限的宽度做出了限制，即不得超过从测算领海宽度的基线量起350 n mile（距离限制线），或不应超过2500 m等深线外扩100 n mile（深度限制线）。而对于深洋洋脊、海底洋脊和海底高地的大陆架外部界限，《公约》对其所应拥有大陆架的宽度也做了相应的限制。

对于距离限制线的确定，只要利用 GIS 及其相关软件，根据领海基点或基线生成 350 n mile 的包络线即可。而对于深度限制线的确定，则需要水深资料。首先通过水深资料确定 2500 m 等深线，再根据 2500 m 等深线生成 2500 m 等深线外推 100 n mile 的包络线。委员会把单波束和多波束数据作为划定 2500 m 等深线的主要证据，其他的测深、相干侧扫声呐测量和地震反射得出的测深数据等可作为一般的补充资料。

利用 GIS 及相关软件，可对测深资料的三维数据进行计算，获得 2500 m 等深线。当 2500 m 等深线复杂或多次重复时，可选用测量领海宽度的基线向外的第一条 2500 m 等深线，但该等深线必须符合大陆边的基本地形。

对于深洋洋脊、海底洋脊和海底高地所拥有的大陆架的宽度，《公约》第七十六条做出了不同的限制。根据《公约》的规定，深洋洋脊上的岛屿或国家只能拥有 200 n mile 的大陆架宽度，海底洋脊上的外大陆架的界线不能超过从测算领海的基线量起的 350 n mile，而作为大陆架自然组成部分的海底高地，则不受上述 350 n mile 的限制。《公约》七十六条对洋脊类型的划分，缺乏清晰、可操作的标准，使得洋脊问题成为 200 n mile 以外大陆架划界中最复杂的问题。最终的 200 n mile 以外大陆架外部界限的限制线，是综合距离限制线和深度限制线的外部包络。

（三）外部界限确定方法

最终的 200 n mile 以外大陆架外部界限是根据前述生成的公式线和限制线共同划定的。在确定大陆架的外部界限时，首先要确定以下几条重要的界线。

（1）领海基线：根据领海基线，可进一步确定从领海基线向海方向的 200 n mile 线和 350 n mile 线。200 n mile 线是判断沿海国有无 200 n mile 以外大陆架的依据，而 350 n mile 线是 200 n mile 以外大陆架外部界限的限制线。

（2）2500 m 等深线：2500 m 等深线向海 100 n mile 是划定 200 n mile 以外大陆架外部界限的限制线之一。

（3）大陆坡脚：确定 200 n mile 外大陆架外部界限的两条公式线，均涉及大陆坡脚，或以大陆坡脚点量起，确定沉积层的厚度为距离最近大陆坡脚直线距离的 1% 的定点为大陆架外部界限，或从大陆坡脚向海 60 n mile 为外部界限。

最终的 200 n mile 以外大陆架外部界限的确定方法如下：首先根据领海基点或领海基线，生成距离领海基线以外 200 n mile 界线；再利用多道地震反射资料生成 1% 沉积物厚度的定点和大陆坡脚加 60 n mile 线的外部包络，即公式线；然后，生成 2500 m 等深线外推 100 n mile 限制线和距离领海基线 350 n mile 限制线的外部包络，即生成限制线。而最终的 200 n mile 以外大陆架的外部界限，是综合形成的公式线和限制线的内部包络（图 5–19）。根据《公约》第七十六条第 7 款规定，最终形成的 200 n mile 以外大陆架的外部界限，由长度各不超过 60 n mile 的直线段组成。

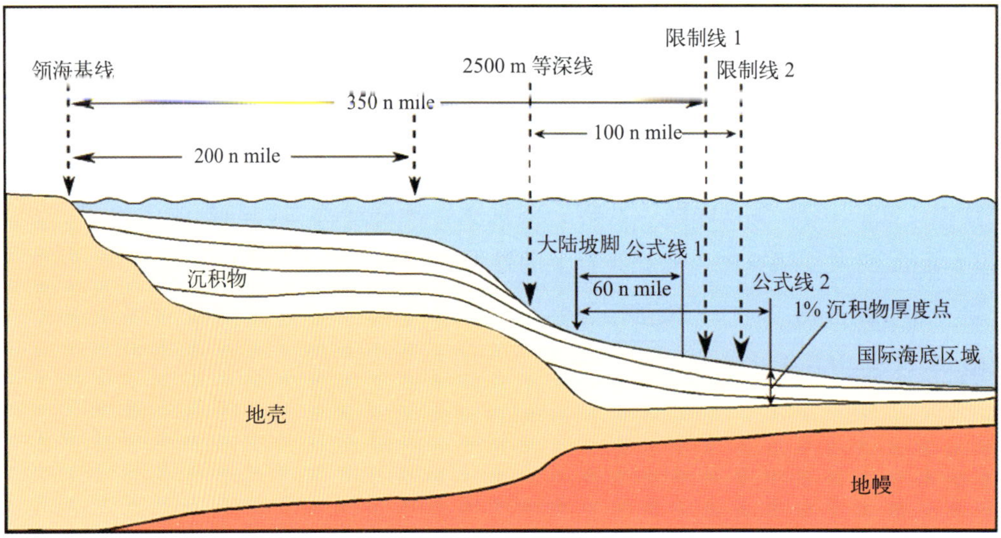

图 5–19　外大陆架划界方法示意图

由于两条“公式线”在适用上具有任择性，两条“限制线”亦然，这种任择性赋予外大陆架划界申请国极大的自由选择空间，申请国在选择其外大陆架外部界限的主张范围时，既有视实际情况自行决定选用何种“公式线”及“限制线”的自由，亦可视实际情况决定在外大陆架外部界限的主张上，是否需在外部界限的不同部分采取兼用不同“公式线”及不同“限制线”的方法。因此在实践中，各国通常都会为将本国的利益主张最大化而选择兼用不同的“公式线”及不同的“限制线”，以达到对本国最为有利的结果。

由于全球海洋的广阔性和复杂性，各沿海国的大陆边缘与海洋划界相关的地质要素特征各不相同，而《公约》关于各特殊地形地貌单元在具体划界中的规定又存在一定的模糊性，导致各沿海国均基于海洋利益最大化原则，对《公约》相关规则做出有利于本国利益的解释，从而引发分歧和争端。

二、大陆架划界面临的重大科技问题

《公约》第七十六条规定，沿海国的大陆架包括其陆地领土的全部自然延伸，其范围扩展到大陆边缘的外缘海底区域，如果从领海基线量起超过 200 n mile，则可以主张 200 n mile 以外的大陆架（以下简称“外大陆架”）。外大陆架划界是沿海国以合法手段获得大面积海洋管辖权的最后机会，因而在全球掀起新一轮的“蓝色圈地运动”，这必将对世界海洋秩序、国际政治和各国综合实力产生深远影响。

（一）洋脊规则在大陆架划界中的作用

脊状的海底高地形在深海洋盆及其大陆边缘普遍存在，其面积占海洋总面积的 33% 以上（黎明碧等，2015）。《公约》对大陆架的定义，考虑了包括洋脊在内的各种海底高地形及其与陆架区的关系，提出了深洋洋脊（oceanic ridge）、海底洋脊（submarine ridge）和海底高地（submarine elevation）三类海底高地形，并对这三类海底高地形的大陆架权利做了规定。由于脊的多样性和地质特征复杂性，加上《公约》对这三个术语未给出准确的科学定义或较明确的判别方法，导致在实际应用过程中，脊问题成为外大陆架划界中最复杂的问题，也为沿海国利用脊规则争取本国利益最大化提供了机会。

从目前已提交划界案的分析看，与各类脊有关的划界案占到 2/3，各类脊在外大陆架划界均发挥了重要作用，各沿海国划界案对《公约》第七十六条中洋脊条款的应用表现出如下特点。

1. 回避脊的法律问题

沿海国已提交的划界案中，多数含有各种类型的脊。尽管《公约》第七十六条提到了深洋洋脊、海底洋脊和海底高地三种类型的脊，但是，在绝大部分划界案执行摘要中，都避而不谈洋脊，只是说是其陆块或陆地领土的水下延伸或自然延伸。毛里求斯利用罗德里格斯岛（Rodrigues）划界案，明确说明罗德里格斯岛所在的罗德里格斯脊是海底洋脊。尽管《公约》没有说大洋中脊是深洋洋脊，但是，从《公约》第七十六条第 3 款规定大陆边“不包括深洋洋底及其洋脊，也不包括其底土”的初衷是避免某些沿海国可能利用洋脊将其大陆架管辖范围扩展至大洋中部。在《科技准则》

7.2.3 和 7.2.7 中，也透露出大洋中脊就是深洋洋脊，然而，挪威关于北大西洋划界案、冰岛划界案、英国关于阿森松岛划界案、挪威关于南大西洋布韦岛划界案、毛里求斯划界案、法属阿姆斯特丹岛划界案、法国－南非关于克罗泽群岛（法）和爱德华王子群岛联合划界案等，其主张的 200 n mile 以外大陆架都扩展到洋中脊，均把各类洋脊都认定为《公约》定义的海底高地来处理。

2. 脊上岛屿的存在使脊的问题复杂化

外大陆架划界中脊的问题之所以复杂，除《公约》没有制定深洋洋脊、海底洋脊和海底高地的具体的、可操作的区别方法，使沿海国有机会利用《公约》中洋脊问题的不确定性为本国争取最大面积的 200 n mile 以外大陆架外，还由于各类脊上岛屿的存在。如果没有岛屿存在，除被动大陆边缘还没有彻底裂开分离的海底高地，以及主动大陆边缘由于板块俯冲，洋壳上的洋脊、海山和海台等与海岸、岛弧碰撞拼接形成的海底高地外，其他洋脊因远离大陆边而没有 200 n mile 以外大陆架。但是，由于有岛屿的存在，而且根据《公约》第一二一条“岛屿的领海、毗连区、专属经济区和大陆架应按照本公约适用于其他陆地领土的规定加以确定”，从已提交的划界案中可知，大洋中脊上存在岛屿、岛弧脊上存在岛屿、热点成因的洋脊和海台上有岛屿、与大陆分离的陆块上有岛屿都主张大陆架。例如，英国在对阿森松岛是否拥有 200 n mile 以外大陆架权利时主张，岛屿拥有大陆架权利，大西洋洋脊是阿森松岛在水下的自然延伸，因此，大西洋洋脊不是深洋洋脊。似乎，洋脊上岛屿的存在改变了脊的性质。由于岛弧和热点成因的长链状的脊，两侧陡峭，坡脚明显，因此，岛弧和热点成因脊上岛屿的划界案，通常是以脊两侧的坡脚点外扩 60 n mile 进行划界，但沿脊的方向延伸多远，则各国的划界案不尽相同，有的甚至远远超出 350 n mile 的限制线。

3. 采用蛙跳方式扩展外大陆架范围

蛙跳是指利用《公约》第七十六条第 1 款，不具有 200 n mile 以外大陆架的沿海国，其大陆架延伸到 200 n mile 后，不属于大陆架自然延伸的脊被圈入其 200 n mile 大陆架范围内，沿海国再利用这些脊，划出 200 n mile 以外大陆架。蛙跳最大的问题是对《公约》中自然延伸的滥用。沿海国的划界案，对自然延伸，越来越多地使用地形上的自然延伸，忽略或故意忽略地质体的自然延伸，甚至回避自然延伸。已提交的划界案中，有的主动大陆边缘大洋板块在向大陆板块俯冲过程中，大洋板块上的海山、海台向大陆性岛弧和洋壳内岛弧靠近挤压，但海山、海台与岛弧之间仍存在明显的地质和地形上的分界线。例如，日本小笠原海台区域和菲律宾的划界案，无视地质和地形上的不连续性，无视大陆边的自然构成，在俯冲形成的海沟外侧 200 n mile 大陆架界限处的海台上划出 200 n mile 以外大陆架界限。还有的划界案，利用岛屿的 200 n mile 大陆架界限，搭到大洋中脊上，然后在大洋中脊划出 200 n mile 以外大陆架界限。

从目前委员会完成划界案审议总体情况来看，委员会对各类脊属性的认定主要根据其地形地貌特征和划界案提供的地质与地球物理数据及其研究成果。对于地壳性质明显、证据充足的脊，似乎脊地质属性一致性的认定是第一位的；但对于地壳组成和成因演化复杂的脊，地形连续性认定则成了第一位，尽管如此，委员会还是充分考虑到地质属性一致性问题。总体上，委员会能坚持《公约》基本原则，遵循《公约》制定不同脊大陆架权利规定的初衷和原则，做到严格把关和公平公正，维护国际海底区域利益和国际社会的稳定，这定将对未来世界海洋划界格局产生深远的影响。

沿海国对各类脊的划界实践及委员会对相应划界案的审议结果，都是关于外大陆架划界的重要实践。沿海国对各类脊划界时采用的基本原则、主要方法、数据资料支撑等，以及委员会审议坚持的主要原则、审议的关键技术问题、提出的意见建议和理由等都是今后划界工作和审议工作重要的参考和法理依据。因此，我们应加大相关科学技术和法理研究，及时总结，以便为我国今后外大陆架划界和积极应对侵害我国海洋权益的他国划界主张提供参考和借鉴。

（二）自然延伸是 200 n mile 外大陆架划界的基础

自然延伸是海洋法演化过程中一个非常重要的概念，但自然延伸的概念，无论是《公约》还是国际司法和仲裁判例都没有对之下过明确的定义。但根据自然延伸概念的发展及《公约》相关规定来看，自然延伸是大陆架划界的基本权利基础，只是由于考虑到自然条件不利的窄大陆架国家的利益，其概念和含义才有了反复的发展过程，但从《公约》第七十六条的规定来看，它仍是大陆架主张的主要权利基础，是大陆架划界的一项基本而重要的平衡考量。

1969 年北海大陆架案中，国际法院一方面指示当事国注意地质因素，另一方面又明确指出，挪威海槽这一地貌因素的存在构成了自然延伸的中断。北海是一个半封闭海域的陆缘海，除挪威海槽外均由水深小于 200 m 的大陆架所构成。挪威海槽位于挪威南部和西南部海岸边缘，从斯卡格拉克海峡一直延伸到 62°N，基本与岸线平行，海槽长约 790 km，宽度从南部的 50 km 到北部的 100 km，深 530 ~ 740 m。相对于平均深度只有 100 m 的北海，挪威海槽显示为一个地形洼地。研究表明，挪威海槽是 1.1 Ma 以来由于冰川流的反复冲蚀作用而成的，海底沉积物主要为冰川砾石、砂和粉砂，均为冰蚀证据。总之，挪威海槽确为北海大陆架上一个比较明显的地质特征地形，但它并非由俯冲作用等构造作用形成，而是由外动力冲蚀而成一个地貌上的凹陷，确实不构成自然延伸的中断。

国际法院 1969 年的判决只是为自然延伸理论的发展开辟了道路，此后自然延伸概念经过几个阶段的发展，成为一个非常复杂、更加难以澄清其定义的概念（Zahraa, 1996）。基于不同利益考虑和自然延伸概念发展的背景，自然延伸概念被赋予完全不同的意义，比如，①大陆板块延伸论。这种理论认为，大陆架是一块大陆的陆地领土在水下的自然延伸，而非仅是沿海国陆地领土的自然延伸。因此，位于该大陆上的所有国家都享有该大陆架权利，而非只有沿海国才享有这种权利。在突尼斯 – 利比亚案中，利比亚争辩道，由于板块构造运动的结果，当大陆板块向位于东西走向的海岸线的北端突出到大陆边缘时，北非大陆板块作为一个整体来决定自然延伸的方向。②海岸前沿投射论。依这种理论，自然延伸是每个沿海国领土的海岸前沿在海洋下的连续或延伸。一国享有大陆架权利正是这种通过领海的海床随后自然延伸的向海海岸前沿（Legault and Hankey, 1985）。在缅因湾案中，美国就把自然延伸视为海岸前端投射。③地质延伸论。有学者认为，国家在大陆架权利主张公告中提到的自然延伸很可能是为大陆架的地质概念所驱使的。比如，美国在大陆架公告颁布后的新闻发布会上将大陆架描述为“与大陆邻接、不超过 100 英寻水深所覆盖的区域”，这是当时地质学家最通用的大陆架定义。突尼斯 – 利比亚案的当事方都把他们的论据建立在地质科学认识的基础上。英国在英法海峡案的观点也基于自然延伸的地质概念，因为它提到大陆架的“本质地质断裂”，据此认为自然延伸概念是指陆地向海和在海下的自然地质体之间的连续。

由于自然延伸概念起源于大陆架的物理构造，所以该概念自然地还包括地质、地貌的意义，即自然延伸是海岸前沿向海的物理延伸。事实上，自然延伸概念仍然部分地依赖于大陆架的地质结构。在很多案例中，这种物理结构的断裂往往在自然延伸的术语下被援引。但自然延伸不仅仅是地质、地貌学上的概念，它还是一个法律概念，这使它在一定程度上偏离了其地球物理的含义。仲裁庭在海峡案中强调，在国际法上，大陆架是一个法律概念，其范围和意义是由法律规则所决定的，而非仅仅由自然特征与属性所决定。法律上的自然延伸包含地质、地貌意义但又不等同于地质、地貌的性质，这在《公约》第七十六条中得到明确界定，大陆架是陆地领土自然延伸到大陆边外缘的海底区域的海床和底土，大陆边由陆架、陆坡和陆基的海床和底土构成，但不包括深洋洋底及其洋脊，也不包括其底土。

综合自然延伸概念的提出和发展过程，我们发现，大陆架的概念和自然延伸是紧密相关的。依据陆地支配海洋的原则，没有自然延伸，就没有大陆架法律制度的产生。法律上的自然延伸包含地理、地质和地貌的意义。地理自然延伸是海岸前沿的向海投射，是一种向海的方向性延伸。地质自然延伸是毗连沿海国领海以外的海底区域在法律上被视为与领土构成一个连续的统一整体，即沿海国陆地领土在海水下的继续伸展。海底地貌对于判断各自自然延伸的范围有一定作用。

（三）菲律宾海板块及九州—帕劳洋脊（KPR）的形成演化

西太平洋地区位于印度—澳大利亚板块、欧亚板块和太平洋板块的交界处，夹持在西侧的特提斯构造域与东部的太平洋构造域之间，是现今世界上构造活动最为活跃和复杂的地区。晚中生代以来，印度—澳大利亚板块的北向迁移、俯冲碰撞，以及太平洋板块的西向俯冲在该区形成了一系列的火山活动带，并伴随着边缘海的扩张和年轻洋壳的形成。菲律宾海板块是西太平洋地区面积最大的边缘海板块，该区的主体由洋壳组成，南北向的九州—帕劳洋脊（Kyushu-Palau Ridge，KPR）贯穿其中，是地球上火山、地震活动最集中、最强烈的地区，蕴含着包括板块碰撞、岛弧形成、弧后扩张的复杂演化过程。作为一个发育成熟的弧后扩张型边缘海盆地，该区不仅是研究边缘海盆地复杂演化机制和区域重要地质事件的关键地区，更是研究西太平洋构造演化模式和动力学机制的理想场所。

菲律宾海板块的构造背景非常特殊，是一个几乎完全以俯冲边界所围绕的大洋板块，而且板块内部的构造也很复杂。从构造位置来看，菲律宾海板块西北部以南海海槽、琉球海沟为界与欧亚板块相连，东部以伊豆—小笠原和马里亚纳海沟为界与太平洋板块相接，南侧以雅浦海沟、帕劳海沟为界与澳大利亚板块相邻，西侧则以菲律宾海沟为界，整个板块略呈菱形（图 5-20）。在板块的中央有一条南北走向的洋脊 KPR，KPR 以西发育有西菲律宾海盆，KPR 以东则先后发育有帕里西—维拉海盆和四国海盆这两个残留弧后盆地，再往东为活动的弧后海盆马里亚纳海槽，标志了新生代时期菲律宾海板块不连续海底扩张和内部强烈的扩张形变记录。

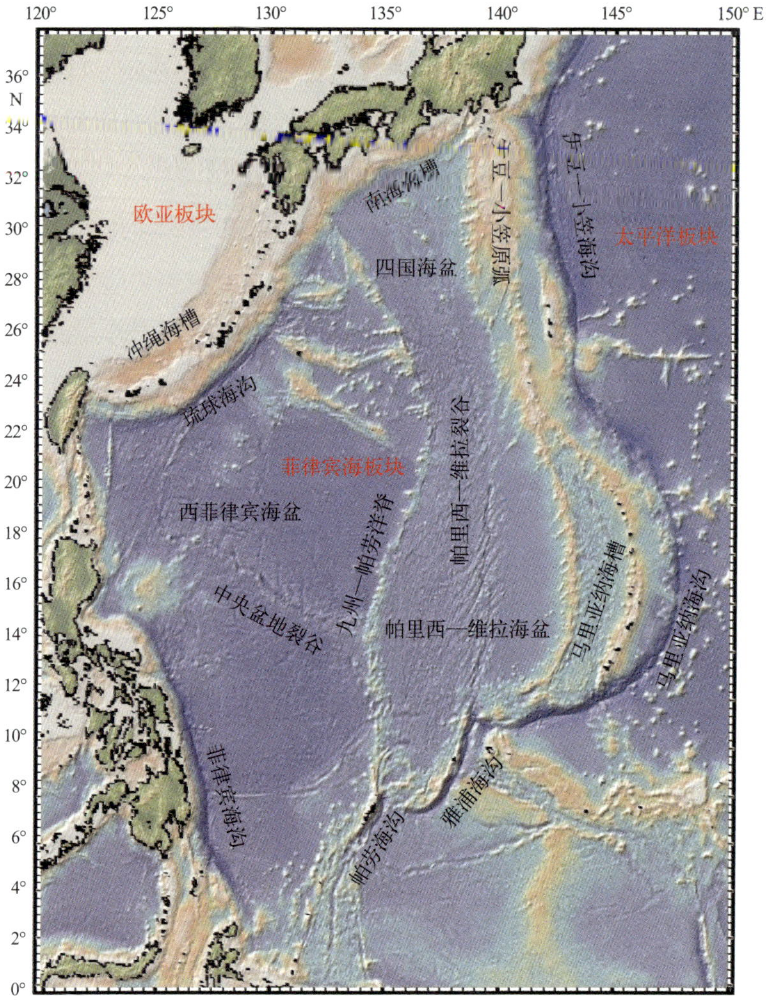

图 5-20　菲律宾海板块示意图

从菲律宾海板块和 KPR 的构造演化来看，菲律宾海是在洋壳基础上经历了多期次的弧后扩张、构造转换而形成的，而且其古地理位置从其开始形成到目前发生了很大的变化。根据古地磁的资料，自 50 Ma 以来，菲律宾海板块从赤道附近向北漂移到现在的位置，并自 6 ~ 2 Ma 期间沿着南海海槽—琉球海沟一线向日本弧系统之下俯冲。KPR 的形成演化与菲律宾海板块和太平洋板块的演化紧密相连。50 ~ 42 Ma 期间太平洋板块转变为向西运动，菲律宾海板块内部南北向的转换断层构造转换成俯冲带形成古伊豆—小笠原—马里亚纳（IBM）弧。KPR 则在帕里西—维拉海盆和四国盆地的弧后扩张过程中，由古 IBM 弧后扩张裂离而成，并随着菲律宾海板块从赤道附近向北运动至目前所在位置，并俯冲于南海海槽—琉球海沟之下。因此，KPR 具火山弧构造背景，为古 IBM 弧裂解后的残留弧，是一条具洋壳基底的残余洋内弧。KPR 与日本九州本岛分属于完全不同的构造机制，具有完全不一样的构造演化过程，不属于九州本岛的大陆边自然组成部分，至多是发育在洋壳之上的海底洋脊。

根据《公约》《大陆架定义》和《技术准则》的相关规定，基于 KPR 的地质属性，KPR 应为“与活动板块边界和岛弧系形成有关的脊。它们可以是活动期和稳定期（残余）火山弧以及前弧脊和后弧脊”。因此，KPR 应为《公约》第七十六条中的海底洋脊类型，而不是大陆边自然组成部分的海底高地。

三、大陆架划界面临的挑战

我国在全球海洋治理中的国际海洋规则制定中话语权较弱，我国所濒临的西北太平洋边缘海皆为半闭海，属于《公约》地理不利国，大陆架扩展受到极大限制，但由于《公约》谈判进程中我国海洋科技水平落后，又缺乏对全球大陆边缘的理论认识，未能有效影响《公约》制定并充分体现我国的利益。随着海洋划界实践和科技能力的发展，《公约》等国际法律制度面临修订、重塑的挑战，我国宜抓住机遇，大力发展大陆架划界科技创新，掌握未来规则制定话语权，引导国际海洋法律秩序向有利我国方向发展（方银霞等，2013）。

我国在 200 n mile 外大陆架划界治理中面临的挑战，除了东海、南海等周边海域，还包括日本、法国、南非等国主张的外大陆架侵害到我国的国际海底区域权利。此外，北冰洋周边国家大肆瓜分北冰洋海底，也影响到我国在北极的权益。

（一）菲律宾海

目前，日本、菲律宾、帕劳和密克罗尼西亚四个国家在菲律宾海域范围内提出 200 n mile 外大陆架划界案。

大陆架界限委员会已于 2012 年对日本和菲律宾的划界案提出建议，帕劳 2017 年提交的北区修订案涉及九州—帕劳洋脊区域，该划界案正在审议。密克罗尼西亚联邦划界案于 2022 年提交，还未向委员会进行陈述。除菲律宾外，其他三国的主张均涉及九州—帕劳洋脊。日本基于冲之鸟礁主张的九州—帕劳洋脊区域面积 25.2×10^4 km^2，由于中韩两国的反对，委员会决定不对日本该区块采取行动。日本对委员会的决定提出质疑并不断施压要求委员会采取行动，不排除日本将来通过提交修订案的方式继续主张该海域。帕劳 2017 年修订案主张的九州—帕劳洋脊区域约 25.96×10^4 km^2，帕劳将九州—帕劳洋脊解释为其陆地领土的自然延伸，向北连接冲之鸟礁的 200 n mile，该划界案如获委员会通过，将几乎完全封锁第二岛链海域，还将助长日本对九州—帕劳洋脊的野心，严重影响我国在国际海底区域的权益。密克罗尼西亚联邦也将主张延伸到九州—帕劳洋脊，该区域的主张面积约 10.17×10^4 km^2。可见九州—帕劳洋脊对菲律宾海周边国家的重要性。

（二）印度洋

印度洋中许多岛屿国家主张了相当大范围的 200 n mile 外大陆架区域（图 5-21），例如，斯里兰卡、澳大利亚的赫德岛和麦克唐纳岛、挪威的布韦岛、毛里求斯、塞舌尔等，其中法国和南非关于爱德华王子群岛和克罗泽群岛的划界案主张部分区域与我国在印度洋申请的矿区重叠。

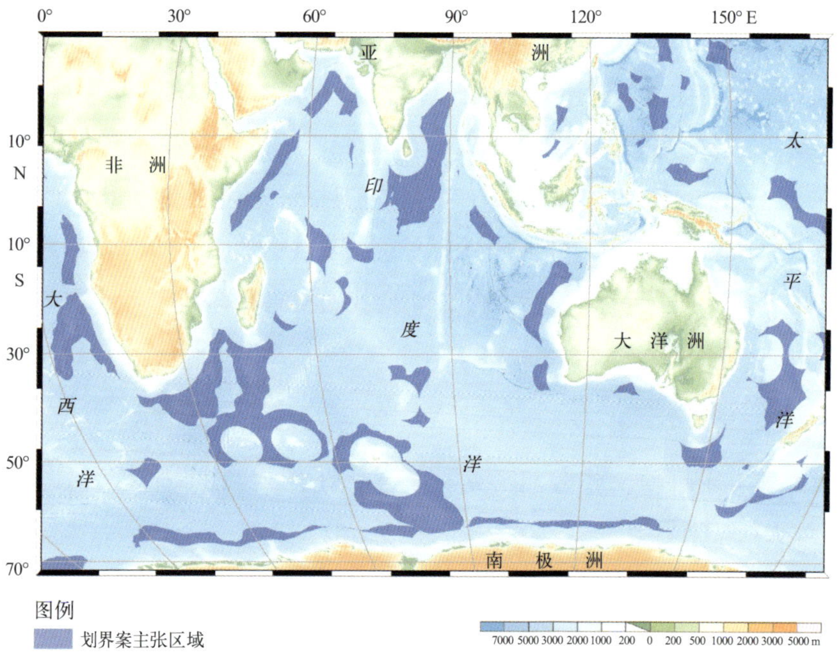

图 5-21 印度洋外大陆架形势

根据大陆架界限委员会网站公布各沿海国主张数据绘制：
https://www.un.org/depts/los/clcs_new/clcs_home.htm

法国和南非在 2009 年联合提交了爱德华王子岛和克罗泽群岛的划界案，并于 2013 年提交补充材料，再次扩大了主张范围。新的主张沿着发现 2 号海岭（the Discovery Ⅱ Ridge）一直延伸到西南印度洋中脊（图 5-22）。

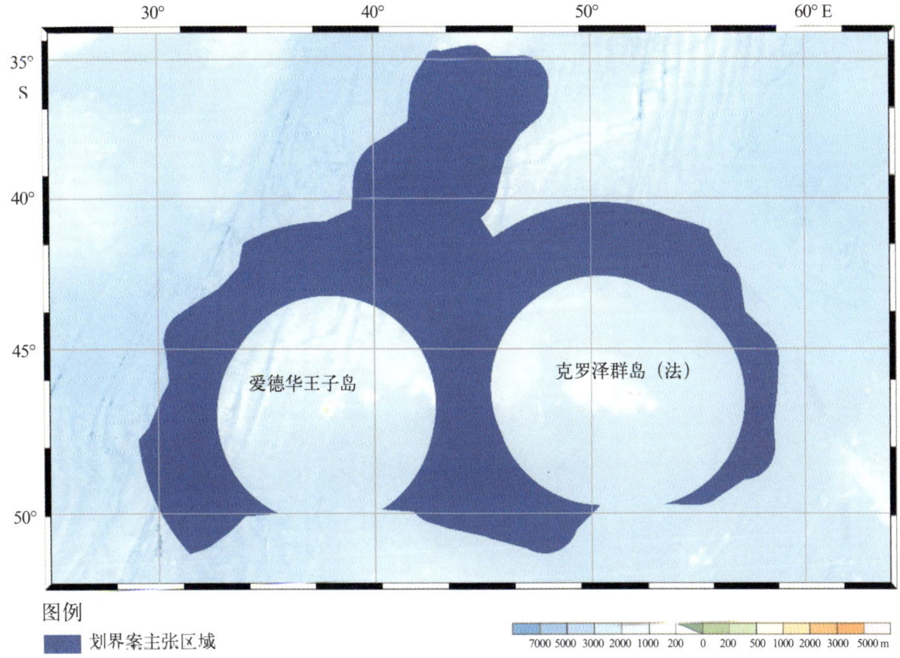

图 5-22　法国和南非 200 n mile 外大陆架主张联合案 2013 年补充资料

根据大陆架界限委员会网站公布各沿海国主张数据绘制：
https://www.un.org/depts/los/clcs_new/clcs_home.htm

（三）北冰洋

环北冰洋 5 国中除了尚未批准《公约》的美国外，其余 4 国均提交了涉及北冰洋的 200 n mile 外大陆架划界案（图 5-23）。其中，俄罗斯、加拿大和丹麦基于北冰洋海底脊状隆起主张了大范围的大陆架，若全部主张获得委员会认可，那么北冰洋国际海底区域将所剩无几。

挪威于 2006 年 11 月 27 日提交了涉及北冰洋的部分划界案，并于 2009 年 3 月 27 日获得委员会建议，委员会认可了其在北冰洋西南森海盆的大陆架外部界限。

丹麦于 2014 年 12 月 15 日提交了格陵兰北部区域部分划界案，认为罗蒙诺索夫脊、加科尔脊、阿尔法—门捷列夫脊和楚科奇陆架等一系列脊在地形上与格陵兰陆块相连，这些脊与陆块共同构成了格陵兰北部大陆架。丹麦认为，在林肯陆架区域的罗蒙诺索夫脊呈海底高原状，为陆壳性质，并与格陵兰岛北部陆架紧密相连。丹麦通过岩石样品认为罗蒙诺索夫脊与格陵兰岛、加拿大北极群岛经历了相似的地质作用。从地质和地貌上看，罗蒙诺索夫脊为格陵兰岛北部大陆边缘的组成部分。对于阿尔法—门捷列夫脊，丹麦并不确定其成因和属性，在划界案中没有将其作为格陵兰北部陆缘的自然延伸。

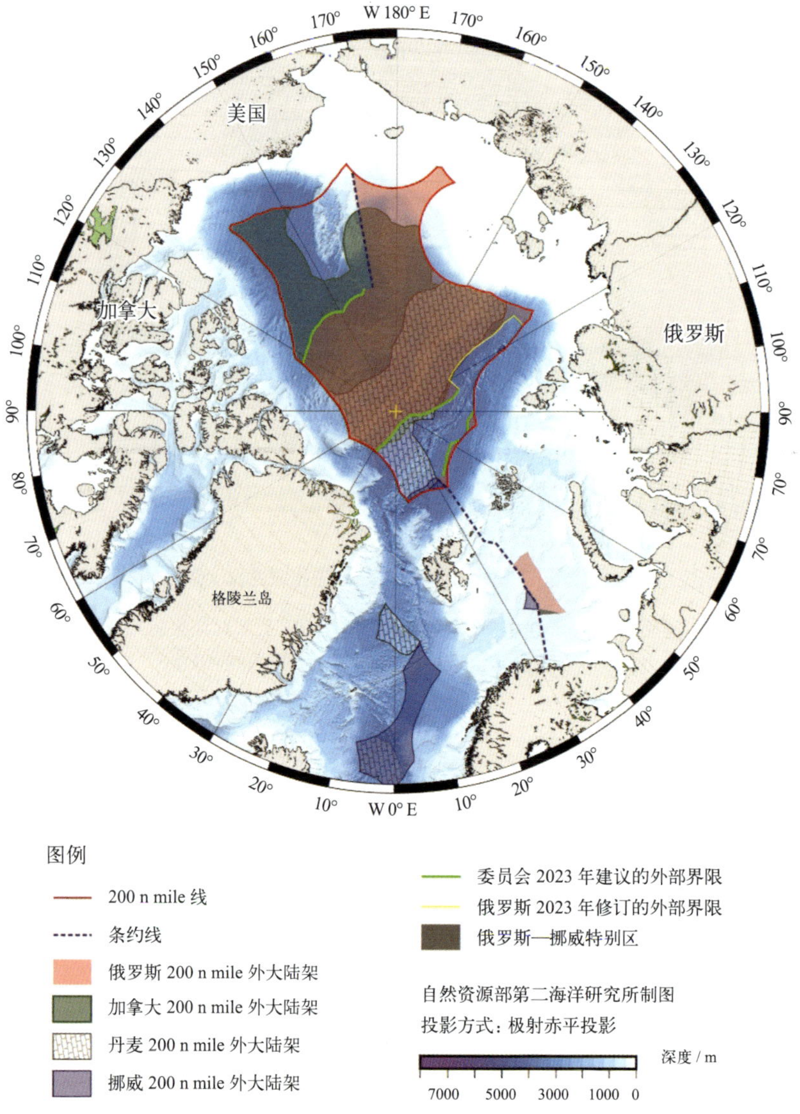

图 5-23　北冰洋外大陆架划界形势

根据大陆架界限委员会网站公布各沿海国主张数据绘制：https://www.un.org/depts/los/clcs_new/clcs_home.htm

俄罗斯于 2015 年 8 月 3 日提交了北冰洋部分修订案，认为罗蒙诺索夫脊、阿尔法—门捷列夫脊、楚科奇边缘地和波德福德尼科夫海盆共同形成一个大型陆块单元，即俄罗斯主张的“北冰洋中部海底高地复合体”，属于俄罗斯在北冰洋的大陆边缘，是其陆地领土的自然延伸。俄罗斯通过测深和地震探测结果认为，从东西伯利亚浅水陆架、楚科奇海到罗蒙诺索夫脊和门捷列夫脊，它们在地貌上是连续的，各构造单元之间不存在任何间断或构造作用的痕迹。地震折射与反射剖面证明，从浅水陆架到海底高地及波德福德尼科夫海盆和楚科奇海盆的低地的沉积物也是连续的。此外，俄罗斯提供了楚科奇海台、阿尔法—门捷列夫脊的岩石样品证明其自然延伸。基于东西伯利亚和门捷列夫脊等地区的联合深部地震测线揭示的地壳速度，俄罗斯认为门捷列夫脊为陆壳。为使用深度限制规则，俄罗斯还提出了北极海盆形成的地质模型。

俄罗斯在 2021 年 3 月 31 日向委员会提交了关于北冰洋大陆架外部界限的补充资料，扩大了其于 2015 年 8 月 3 日提交的北冰洋修订划界案的主张。关于加克脊、南森和阿蒙森海盆的第 IX 线段主要由俄罗斯的 350 n mile 线组成。向南使用了丹麦的 200 n mile 线、委员会于 2009 年 3 月 27 日对挪威西南森海盆提出的建议的外部界限，以及俄罗斯—挪威于 2010 年 9 月 15 日签署的巴伦支海划界协议的线。俄罗斯补充资料将加克脊认定为其大陆边缘的自然延伸，进一步扩大其北冰洋的主张。

2023 年 2 月 6 日，委员会核准了就俄罗斯 2015 年北冰洋修订案（含 2021 年增补）的建议。在建议中认可了罗蒙诺索夫脊、阿尔法—门捷列夫脊和波德福德尼科夫海盆作为俄罗斯大陆边缘的地位。并且同意罗蒙诺索夫脊、阿尔法—门捷列夫脊和波德福德尼科夫海盆是海底高地的主张，因此不受 350 n mile 距离限制，可适用 2500 m 水深线外推 100 n mile 的深度限制规则。

加拿大于 2019 年 5 月 23 日提交了北冰洋部分划界案。加拿大将罗蒙诺索夫脊、阿尔法—门捷列夫脊定义为“北极中央海台”，认为其构成加拿大陆地的水下延伸，是加拿大的大陆边缘。2022 年 12 月 19 日，加拿大提交了更新的北冰洋划界案。在 2019 年主张的“北极中央海台”（包括罗蒙诺索夫脊，阿尔法—门捷列夫脊）的基础上，将其主张扩展到 2019 年直线段以外，穿过北冰洋洋盆，直达俄罗斯 200 n mile 线。

截至目前，北冰洋外大陆架扩张仍在进行中。若加拿大、丹麦的主张都获得认可，将使得包括我国在内的非北冰洋沿海国在北冰洋国际海底区域的权益大幅缩减，并且还将导致北冰洋主张重叠的面积大大增加。如果进入某沿海国大陆架进行调查，仅需该沿海国的同意即可，那么进入主张重叠区的话是否需要主张重叠的双方乃至三方、四方的一致同意，这将增加进入北极进行科学调查的困难程度。

第三节　大陆架划界科技和工程优先发展方向

一、大陆架划界科技优先发展方向

了解海洋划界领域的研究热点词汇有助于研究者更好地把握技术发展趋势及各国研究热点。经过选取论文数据及专利数据的检索词及检索式，使用科学引文数据库 Web of Science 核心集合中的科学引文索引（Science Citation Index，SCI）、科技会议录索引（Conference Proceedings Citation Index-Science，CPCI-S）和新兴资源引文索引（Emerging Sources Citation Index，ESCI），以及社会科学引文索引（Social Science Citation Index，SSCI）作为数据源，选取 1990—2021 年的论文，海洋划界领域共检索到 1725 条记录。根据词云分析趋势来看（图 5-24），“evolution”“continental-margin”这两个关键词在文献中出现的数量最多，说明在海洋划界研究中构造演化和大陆边缘是其中的两大主题，有必要持续开展有关大陆边缘的构造演化对大陆架划界产生的影响方面的研究。

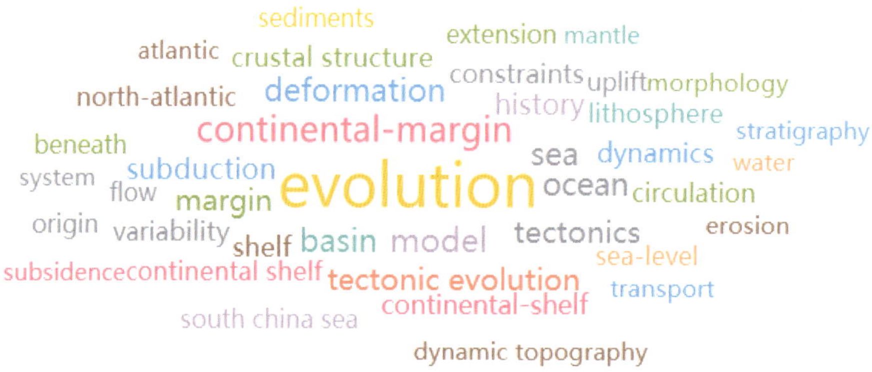

图 5-24　海洋划界研究中的词云分析

大陆架划界是世界各国发动深海“蓝色圈地运动”的合法途径，深海科研活动推动了大陆架划界理论与技术的高速发展，强化深海科研活动、提升深海认知水平是我国参与引领全球深海治理体系变革的重要举措。以大陆边缘动力学为基础的大陆架划界理论，被长期致力于深海科研活动的西方海洋强国所操纵和利用，特别是在深海大陆架划界中得到了曲解利用，导致国际海底面积被大幅压缩。因此，开展大陆边缘构造演化研究，是当前我国在海洋划界方面的迫切之需，可助力我国在海洋划界方面国际话语权的进一步加强。

大陆架划界区域位于全球地质构造和动力学机制极为复杂的洋陆过渡带，海底精密探测与大陆架界限确定极其困难，弧后盆地大陆架划界更是国际公认的技术难题。中国海大陆架划界的关键是要解决弧后盆地划界地质理论、深部地质构造精密探测技术、复杂地形地貌区界限点确定方法等重大问题。自 1997 年以来，自然资源部第二海洋研究所在国内外均无成熟理论方法和成功先例的情况下，持续 20 余年联合攻关，突破了中国海复杂地质条件下划界的理论与技术瓶颈，构建了我国大陆架划界技术体系，为我国大陆架划界工作提供了重要科技支撑。2012 年通过外交部向联合国大陆架界限委员会提交了“中华人民共和国东海部分海域 200 n mile 以外大陆架划界案”，2013 年在联合国总部成功进行了划界案陈述答辩，这是我国大陆架划界理论的重要体现。2012 年，以科技为基础，挫败了日本企图以冲之鸟礁和九州—帕劳洋脊地质属性为基础扩大外大陆架的划界案，取得了重大胜利。2012 年组织实施了中国 – 尼日利亚西部大陆边缘地球科学联合调查，为尼日利亚大陆架划界提供了数据支撑。2016 年，组织实施了中国 – 莫桑比克 – 塞舌尔大陆边缘地球科学调查，服务于两国的大陆架划界，且重点帮助塞舌尔实现了调查—数据处理—划界案分析—划界案提交的完整划界案，彻底帮助塞舌尔划界案实现了起死回生，获取了一块外大陆架面积，得到了非洲沿海国的高度评价和积极响应。2021 年，组织实施了中国 – 莫桑比克、中国 – 马达加斯加大陆架国际合作调查，服务两国的大陆架划界。

在大陆边缘基础理论不断深入的过程中，中国实现了从近海到大洋，从区域海底向全球海底的发展，并进入了多圈层相互作用和地球系统科学研究的新阶段。

大陆架划界的核心是大陆边缘动力学和海底科学技术，传统基于板块构造的划界科学理论和船载大范围观测的海底探测技术已不能满足新形势下复杂地质体的高精度、高分辨的划界数据需求。大陆架划界技术需要运用综合性地质 – 地球物理高新技术和集成地球物理学、岩石学、沉积学、地球化学、生物地球化学与地理信息系统等方法，开展边缘海深部结构与动力机制、浅表与深部物质和能量的交换研究，揭示形成机制与运动过程的大陆架划界地质效应，推动信息化 – 智能化 – 集成化深海海底装备及技术的研发，实现深海区域的船载式大范围探测和近地式精细观测技术、智能化无人化新型装备（如ROV、水下滑翔机和浮沉式海底地震仪）与载人深潜器技术、长周期准实时性观测与短周期实时性观测技术等获得突破和实际应用，形成大陆架划界复杂地质模型与多源数据全能型整合的划界综合智能化关键技术，推动全球大陆边缘构造演化与动力学机制研究和大陆架划界技术的全链条系统研发。

二、大陆架划界工程优先发展方向

（一）设立我国大陆架划界对外合作专项计划——中非大陆架合作调查专项

将对外合作专项纳入国家国际发展合作署框架，有效服务国家外交战略。全球大陆架或大陆边缘基本位于沿海国家管辖的海域，海洋信息采集涉及沿海国资源信息和国家安全，海洋调查常常被沿海国限制或严格管控，合作调查研究是目前唯一可行的方式，而大陆架划界合作调查则是目前沿海国最为可能接受的方式。目前非洲海洋科技水平不高，没有能力开展国家管辖海域内的信息调查，截至2023年，非洲已提交的20个划界案由于受调查技术条件所限，数据精度不高、测网密度稀疏，大部分不能满足国际划界技术标准的要求。随着联合国大陆架界限委员会对这些非洲国家划界案的审议时间越来越近，他们面临的压力越来越大，为了达到委员会的技术标准，最大限度地维护自身利益，非洲沿海国家迫切需要在其大陆架区域开展实测补充调查，完善已经和正要提交的划界案，但自身能力有限，希望得到中方的援助支持。且未来随着非洲沿海国自身经济、科技能力的提高，今后对外部援助的需求也会降低，因此，我国应尽快开展非洲大陆架合作调查，重点包括非洲重点区域的大陆架联合调查示范研究应用、非洲大陆边缘划界地质模型研究、地形地貌数据融合高精度处理研究、陆缘沉积物厚度数据处理与层序地层研究、重点区域深部地壳结构研究、地球物理场数据处理及研究、海底岩石化学研究、非洲大陆架划界决策支撑系统、非洲国际海洋法相关合作研究等。

大陆架划界科技合作是实质推动中非合作的一个良好切入点，既维护了非洲的海洋权益，又为合作采集相关海域的海洋基础信息、建立全球海洋大数据库提供了良好的机遇。根据双方实际需求，按外交目标轻重缓急系统推进，通过全额援助、共同出资、提供科技服务、技术装备输出、能力培训等多种方式，尽快实现中非大陆架划界科技领域的全面合作，扎实有效地落实“一带一路”科技外交国家目标，支撑非洲友邦海洋权益和核心利益的维护，深化中非友好合作关系。

（二）推动全球管辖海域海洋大数据建设

先期以非洲沿海国和印度洋周边国家为重点，逐步向中美洲和南美洲发展，通过船基观测、定点观测和移动观测等实测方式，获取准确可靠的海洋自然科学数据和资源环境数据，加快全球大陆架海洋大数据的快速累积，提升海洋大数据的存储和计算、分析与挖掘、可视化应用等关键技术能力，建设全球海洋大数据共享与综合应用服务平台，支撑全球海洋安全、海洋资源和防灾减灾能力。

第四节　大陆架划界发展愿景、路径与建议

一、大陆架划界发展愿景

通过大陆架划界技术研发和国际合作，以全球大陆架划界合作为出发点，深度参与全球海洋治理，积极发展蓝色伙伴关系，深度参与国际海洋治理机制和相关规则制定与实施，推动建设公正合理的国际海洋秩序，推动构建海洋命运共同体，维护国家海洋权益。

二、大陆架划界发展路径

从国家海洋安全重大需求出发，以维护海洋发展空间为中心，深度参与全球海洋治理，全面提升国家海洋权益维护和全球海洋治理能力，强化大陆架划界核心技术的研发，加强大陆架划界科技的全链条系统化研究，构建具有中国特色的全球大陆架划界技术，突破深海近底和海底高精度探测技术瓶颈，推动我国大陆架划界科技跨越发展，在国际上达到领先水平。国际合作全面展开，丰富全球大陆边缘的划界地质理论，提高我国在国际划界科研领域上的话语权，引领大陆架划界规则制定，通过与“一带一路”沿海国家的国际合作和技术援助，强化我国大陆架高精度海底探测技术在全球沿海国家中推广使用，并在联合国中得到应用，进一步扩大我国的全球治理话语权，推动建设公正合理的国际海洋秩序，推动构建海洋命运共同体。

三、大陆架划界发展建议

（一）加强大陆架划界高精度海底探测保障技术

深入开发深海区域的船载式大范围探测和近地式精细观测技术、智能化无人化新型装备（如ROV、水下滑翔机和浮沉式海底地震仪）与载人深潜器技术、长周期准实时性观测与短周期实时性观测技术，并获得突破和实际应用，支撑形成大陆架划界地质体在横向上亚米级地形精度、纵向上100 m级深部结构精度，以满足复杂地质环境下高分辨率大陆架划界决策支持系统和智能化海洋权益博弈分析系统构建的需求，为我国边缘海海洋权益维护、深度参与“一带一路”大陆划界提供技术支持。

（二）开发高精度海洋划界与决策支撑技术

针对“一带一路”国家大陆架划界核心需求和极区实体与空间资源治理发展趋势，攻克国际大陆架划界复杂地质模型与多源数据全能型整合的划界综合智能化关键技术，开展全球大陆边缘构造演化与动力学机制研究和大陆架划界技术的全链条系统研发，开发基于多源数据、复杂地质模型的国际大陆架划界智能化决策系统，实现高精度大陆架划界决策支持系统和智能化海洋权益博弈分析系统的构建，推进“一带一路”大陆架国际合作和服务“一带一路”国家海洋权益维护，为我国全球海洋治理提供技术支持。

（三）优化顶层设计，做好统筹规划，加强国际组织人才培养

海洋作为国家战略新疆域，具有大科学、高科技、超大工程的突出特点，大陆架划界是维护国家海洋权益的重要阵地，也是积极参与全球海洋治理、提升国际话语权和影响力的重要平台，需要在国家层面建立统筹管理体制，制定大陆架划界海洋权益维护与全球治理科技发展的总体战略规划，加强海洋权益维护与全球治理科技发展的顶层设计和海洋科技项目的统筹布局。探索合理有效的中长期人才激励约束制度，加强多层次、交叉专业、国际型的国际组织海洋人才培养，为我国在国际组织履行职责和参与全球海洋治理提供综合技术平台和人才储备。

（四）扩大大陆架国际合作与交流，开展非洲大陆边缘资源环境气候变化灾害应对效应合作研究重大计划（非洲大V计划）

增强海洋权益维护与全球治理科技自主创新能力，必须充分利用对外开放的有利条件，扩大多种形式的国际和地区科技合作与交流，全面加强参与联合国各项重大海洋计划。支持我国科学家和科研机构参与或牵头组织国际和区域性海洋大科学工程计划，依据联合国“海洋十年”计划，结合非洲“海洋十年”规划和2050年海洋战略，以中非大陆架合作为基础，在非洲大陆两侧的大陆边缘开展非洲陆缘资源环境气候变化效应灾害应对重大研究计划，多学科联合开展，重点针对东非陆缘比较突出的大陆架划界、资源环境、构造演化、地质灾害、全球气候变化、自然变化与人类活动对海洋环境影响、蓝碳潜力释放、海洋保护区选划等一系列问题，开展大陆边缘动力学、海底环境、海岸带资源、海洋灾害风险评估、东非陆缘的油气资源潜力、大陆架划界、气候变化、海洋垃圾、微塑料、海洋化学、海洋生物学、海洋生态系统动力学等研究，发起非洲大V计划，主导东非大科学计划，服务非洲国家海洋资源评估、科技水平提高、海洋权益维护、海洋灾害监测和蓝色碳汇与海洋环境保护。

参考文献

方银霞，李家彪，黎明碧，等，2013. 大陆架界限委员会审议划界案的原则和方法——委员会建议摘要案例分析 [J]. 海洋学研究，31(2):9.

黎明碧，李家彪，方银霞，等，2015. 大陆边缘地质特征与 200 n mile 以外大陆架界限确定 [M]. 北京：海洋出版社.

李家彪，方银霞，吴自银，等，2013. 200海里以外大陆架划界技术及其应用[J]. 地球物理学进展，(2):9.

吕文正，张海文，方银霞，等，2012. 大陆架外部界限－科学与法律的交汇 [M]. 北京：海洋出版社.

CAVNAR A, 2009. Countability and the Commission on the Limits of the Continental Shelf: deciding who owns the ocean floor[J]. Cornell International Law Journal, 42: 387.

CLCS, 1999. 大陆架界限委员会 . 科学和技术准则 [EB/OL].https://documents.un.org/doc/undoc/gen/n99/171/07/pdf/n9917107.pdf.

LEGAULT L H, HANKEY B, 1985. From sea to seabed: the single maritime boundary in the Gulf of Maine case[J]. American journal of international law, 79(4): 961–991.

ZAHRAA M, 1996. Natural Prolongation and Delimitation of Maritime Boundaries[J]. Finnish Yearbook of International Law, 7: 386.

第六章
全球海洋治理公共产品与最佳实践

全球海洋治理公共产品是指为保护和管理全球海洋资源而采取的各种政策、措施和行动，以确保全球海洋生态系统的健康和可持续发展，同时保障人类利益和福祉。全球海洋治理公共产品在全球海洋治理中具有重要作用，是推动全球海洋可持续发展的关键因素之一。然而，中国在全球海洋治理公共产品领域缺乏全面深入的研究、核心技术与关键设备、国际影响力和话语权，以及有效的治理机制和政策，因此，中国在该领域仍面临着多重国际竞争力的挑战。随着海洋强国战略的深入实施，“构建海洋命运共同体”和“共建‘21 世纪海上丝绸之路’”等重大倡议的提出，中国也将迎来主导全球海洋治理公共产品开发与共享的重要机遇期。

第一节　全球海洋治理公共产品的现状和发展趋势

全球海洋治理面临着严峻的挑战，海洋生态环境恶化、资源过度开发、海洋污染等问题已经影响到全球经济和社会的可持续发展。单个国家或地区难以解决这些问题，需要全球协同合作。全球海洋治理公共产品是支撑全球海洋治理的有效手段，被广泛应用于全球海洋治理的国际行动中。因此，发展全球海洋治理公共产品具有重要的现实意义和战略意义。全球海洋治理公共产品是指由主权国家和非国家行为体共同提供和使用、用以解决各种海洋问题和促进良好海洋秩序的各种有形和无形公共产品的总称，包括海洋法律体系、海洋政策和规划、海洋科学研究等。它可以为全球各国提供一个共同的框架和平台，协调各国的海洋可持续发展政策和行动，促进全球海洋生态环境的保护和海洋资源的可持续利用。

目前，全球海洋治理公共产品的研究已经逐渐成为全球海洋治理研究领域的热点之一，并取得了一定进展，包括海洋观测技术不断发展、数据共享机制逐步建立、海洋法律体系不断完善等，促进了全球海洋治理公共产品的发展和保护。同时，各国和国际组织纷纷加强对全球海洋治理公共产品的研究和投入，例如，签署国际公约、制定国际标准和规则、共享海洋信息和技术等，推动了海洋科技和产业的发展，有力地促进了全球海洋治理。尽管全球海洋治理公共产品研究已经有了一定进展，但在实践中仍然存在许多挑战和难题。全球海洋治理公共产品的范围非常广泛，其中海洋基础数据、国家海洋科学合作、海洋数值环境预报模式和电子海图等方面尤为重要。本章将以这些典型公共产品为视角，分析全球海洋治理公共产品的现状和趋势，探讨它们面临的挑战，并提出具有实际意义的对策和建议。

一、全球海洋治理典型公共产品国外研究现状

（一）数据共享、跨界融合和多元化海洋基础数据

海洋基础数据是指用于描述和理解海洋环境、资源和过程的基本信息。这些数据主要包括海洋的地理、物理、化学、生物和地质等方面的观测和测量数据。海洋基础数据对于海洋科学研究、海洋环境保护、海洋资源管理，以及海洋工程和导航等领域具有重要的意义。

1. 以海洋数据信息服务支撑全球治理能力建设

世界主要海洋强国和国际组织高度重视海洋数据资料的开放共享服务工作，较早意识到海洋数据在国家安全、经济发展、社会民生等领域所发挥的重要作用。以欧洲海洋观测和数据网络为例，欧盟不断完善海洋数据共享服务体制机制，做实标准规范体系建设，跨区域推动数据共享合作，提高在全球治理能力建设中发挥的引领作用。

2. 加强基础设施建设助力提升开放共享水平

国际上已形成了一系列具有代表性和影响力较强的海洋环境综合数据集和信息产品，其中包括了大量卫星海洋数据。这些数据集及产品覆盖范围广、质量高、更新频率稳定，得到广泛应用和业界认可。为了增强全球范围内海洋数据的获取、共享和应用水平，海外建立了多个数据共享平台，这些平台涵盖了全球范围内的海洋数据，并且不断完善其数据产品和服务。其中，哥白尼海洋环境监测服务（The Copernicus

Marine Environment Monitoring Service，CMEMS）、美国国家海洋和大气管理局及欧洲空间局（European Space Agency，ESA）等平台已经成为国际上使用最广泛的海洋数据共享平台之一。通过这些平台，海洋数据的获取和共享速度得到了极大的提高，为海洋治理提供了更加准确和全面的数据支持。

3. 扩大数据资料规模与科学研判发挥的决策支撑作用

各国针对本国安全和海洋发展战略需求，在自有数据资料共享交换体系基础上，扩大数据来源渠道，对外签署战略合作协议，对内吸纳非国家财政资金支持获取的数据，扩大数据共享合作范围。同时，加强数据资料的科学分析和研判，为辅助综合决策和保障国家利益提供依据。

（二）多模式融合和高分辨率海洋环境数值预报模式

海洋环境数值预报模式是指利用数值模拟方法对大气、海洋、陆地等自然环境进行预测的技术，可以为政府、企业和个人提供重要的气象、海洋和环境信息，帮助人们做出更加明智的决策，促进可持续发展。它是全球海洋治理公共产品的重要组成部分，包括海流模式、波浪模式、海气耦合模式等。

1. 海流模式

按照模式研究区域可将海流模式划分为区域海流模式和全球海流模式，可用于模拟从中小尺度到大尺度的多种海洋流动现象。目前，国际上比较常用的区域海流模式包括 ROMS（Regional Ocean Modeling System）（Shchepetkin and Mcwilliams，2005）、FVCOM（Finite-Volume Coastal Ocean Model）（Chen，2006）、POM（Princeton Ocean Model）（Robertson et al., 2001）等。全球海流模式包括 MITgcm（Massachusetts Institute of Technology General Circulation Model）（Adcroft et al., 2008）、HYCOM（the HYbrid Coordinate Ocean Model）（Chassignet，2004）、OFES（Ocean General Circulation Model for the Earth Simulator）（Zhang and Liang，1989）、MOM（Modular Ocean Model）（Pacanowski et al., 1991）、NEMO（Nucleus for European Modelling of the Ocean）（Vichi et al., 2015）等。

2. 波浪模式

波浪模式的发展主要经历了几个阶段：Phillips（1957）开发了第一代波浪模式；

20 世纪 70 年代，众多学者在海浪模式的方程里引入非线性相互作用项，从而开发了第二代波浪模式；80 年代末，欧洲海浪模拟小组开发了 WAM（WAve Modeling）模式。随后美国开发了 WW3（Wave Watch Ⅲ）（Zambresky，1989）模式，荷兰代尔夫特理工大学开发了 SWAN（Simulating WAves Nearshore）（Booij et al., 1996）模式。

3. 海气耦合模式

海洋和大气作为地球系统中两个最为活跃、最具气候影响力的圈层，大气和海洋之间的相互作用在整个地球圈层天气气候系统的生消和演变过程中起着主导作用。海洋状态的改变会对大气状态产生影响，而大气状态的改变又会反过来作用于海洋，二者的相互作用循环往复，形成耦合系统。将海洋和大气耦合起来进行研究，才能全面且准确地了解海洋或大气过程。海气耦合模式的发展经历了从简单到复杂的历程。最初，简单的海气耦合模式主要关注海洋和大气之间的物质和能量交换，以及它们对彼此的影响。随着科学的不断进步和计算能力的提高，国外海气耦合模式的发展正在迈向更加复杂和精细的阶段。这些模式考虑了更多的物理和动力学过程，包括海洋循环、海洋表面温度、大气压力场、风场等。全球耦合模式在气候变化研究和长期天气预报方面发挥着重要作用，如 CESM（Community Earth System Model）和 GFDL（Geophysical Fluid Dynamics Laboratory）模式。区域耦合模式则更注重模拟区域气候和天气系统的相互作用，如 UM（Met Office Unified Model）和 WRF-COAWST（Weather Research and Forecasting model with COAWST）。过程耦合模式将海洋和大气模型与生物地球化学、生态系统等过程模型耦合，例如，海洋生态系统模型与 WRF 模式的耦合。

（三）多国参与国际海洋科学合作，全球海洋观测蓬勃发展

海洋科学国际合作（International Cooperation in Marine Science）是两国或多国基于一定的目的，联合制订并执行各种海洋科学调查研究方案的行动，其中不少项目是由国际海洋科学组织制定和实施的。国际海洋考察理事会（ICES）于 1902 年成立，是首个国际海洋科学组织。随后，政府间海洋学委员会于 1960 年成立，作为联合国教科文组织下属的政府间国际组织，扮演着关键的角色，推进着全球范围的海洋科学国际合作。

1. 海洋观测

海洋观测对于更好地了解社会和地球上的所有生命如何受到气候变化的影响至关重要。海洋观测的信息对于天气预报也很重要，它提供对海啸、风暴潮和极端海浪等危险的早期预警，有助于海上救援、保障海洋交通安全。通过海洋观测收集到的海洋信息对决策者和各个国家来说非常宝贵，可以指导各个国家在全球、区域和地方层面做出决策。为促进全球海洋科学的发展和海洋治理的提升，20 世纪 80 年代以来相继实施了热带海洋与全球大气（Tropical Ocean and Global Atmosphere，TOGA）计划、世界大洋环流实验（World Ocean Circulation Experiment，WOCE）计划、全球海洋观测系统（GOOS）计划等。GOOS 于 1991 年由联合国教科文组织政府间海洋学委员会牵头，由世界气象组织、联合国环境规划署和国际科学理事会共同发起，旨在建立一个对海洋和海洋变量进行观测、模拟和分析的永久性全球系统，以开展全球范围内针对气候变化、业务化海洋服务和海洋健康的研究和服务。GOOS 办公室支持核心团队不同部分之间的协作，监督由多国指导委员会提供。该体系由 3000 多个 Argo 浮标、500 多个水位站、1000 多套锚系和表面漂流浮标、1000 多艘志愿船和机会船、全时空海洋覆盖卫星系统及区域覆盖海底观测系统等组成。获取资料时间范围可追溯至 1846 年，空间范围可覆盖全球海域，数据获取和更新频率最高达分钟级。GOOS 在 2019 年和 2020 年先后公布了《GOOS 2030 战略》及其实施路线图。该战略基于全球对海洋观测不断增长的需求，旨在推动建设一个高度整合的 GOOS，涵盖从观测、数据管理、科学分析和预测，再到为最终用户提供信息、数据和决策服务的全过程，并通过加强全球合作伙伴关系提供支撑和保障，最终“建立一个真正综合的 GOOS，为人类可持续发展、安全、幸福和繁荣提供所需的基本信息”。GOOS 帮助保护人类和地球的安全，同时在促进未来的环境再生和经济增长方面发挥着作用。

如今海洋立体观测体系依赖于卫星遥感观测、潜标浮标固定观测和 Argo 漂流浮标移动观测。Argo 计划是全球海洋观测系统的主要组成部分，致力于监测上层海洋不断变化的温度和盐度（Roemmich et al., 2009）。国际 Argo 计划构想在全球大洋中每隔 300 km 布放一个卫星跟踪浮标，监测海洋各个时刻的运动状态，从而加深对海洋内部温度、盐度垂直结构和环流，以及能量和水分平衡过程的了解，被称为海洋学史上的“观测技术革命”。这个测量网络的建立不仅能够深入了解厄尔尼诺 – 南方涛动（El Niño-Southern Oscillation，ENSO）系统，还能极大地提升我们对其他气候异常的认知。这些异常包括对北极和南极、太平洋年代际涛动，以及北大西洋等区域气候的影响。总体而言，世界海洋发达国家相继建立了由岸基、海基、空基、海底和遥感等平台组成的长期连续、站点密集、要素齐全、实时更新的海洋立体综合观测网络。

2. 数据和信息管理

国际海洋学数据和信息交换（International Oceanographic Data and Information Exchange，IODE）计划成立于1961年，其目的是通过促进海洋学数据和信息的交换来加强对海洋的研究、开发和利用。IODE计划协调一个由100多个国家海洋学数据中心、关联数据单元和关联信息单元组成的全球网络。这些中心管理、提供和存档数以百万计的海洋观测资料，并将这些观测数据提供给会员国。此外，这些观测资料为其他IOC计划的海洋资料产品和服务的开发和使用提供了重要支持。2021年IODE进一步吸纳了国际海底管理局（ISA）进入该计划，ISA的生物多样性数据和重要环境数据也将进一步向全球开放。

联合国“海洋十年”的主要目标之一是促进在世界范围内更公平地共享知识和信息，缩小国家之间的知识差距，平衡知识系统并考虑沿海社区，尤其是最弱势群体的需求，如小岛屿发展中国家和最不发达国家。国际海洋发展组织方案还将积极发挥作用，通过开发和维护专门的门户网站和信息交流平台，引导用户获取信息，并与联合国和其他机构密切合作。此外，协调全球海洋与气候综合治理也是联合国“海洋十年”的重要目的和方向。

3. 气候

现如今，需要应对气候变化带来的挑战及与气候极端事件和灾害相关的新风险，这些风险正因气候变化而加剧。这种气候信息基于改进的观测技术、过程理解、预测和气候变化情景，以更加精细的空间分辨率和更加广阔的时间尺度产生。虽然存在关键的科学差距，但也存在通过战略伙伴关系促进科学理解的新机会。基础气候科学是过去成就的基础，体现为学科和跨学科的严谨性，现在必须进一步扩展和应用，以满足这些新的需求。

世界气候研究计划（World Climate Research Program，WCRP）在解决与耦合气候系统相关的前沿科学问题方面处于领先地位——这些问题太大，太复杂，单个国家、机构或科学学科都无法解决。通过国际科学协调和伙伴关系，WCRP有助于促进我们对影响气候的自然和社会系统之间的多尺度动态相互作用的理解。WCRP通过这些伙伴关系富有成效地参与，为政策和服务的发展提供信息，并促进科学教育。最重要的是，WCRP支持的研究提供了支持《联合国气候变化框架公约》的气候科学，包括 2015 年《巴黎协定》下的国家承诺，并为支持《2030 年可持续发展议程》、仙台减少灾害风险框架和多边环境公约的知识做出贡献。

4. 海底测绘

了解海底的深度和形状对于了解海洋环流、潮汐、海啸预报、渔业资源、沉积物运输、环境变化、水下地质灾害、基础设施建设和维护、电缆和管道布线等至关重要。世界大洋深度图（The General Bathymetric Chart of the Oceans，GEBCO）系列起源于 20 世纪初，其目标是提供最权威的、可公开获得的世界海洋测深。图 6-1 所示为 GEBCO 的产品示例。它在国际海道测量组织（IHO）和政府间海洋学委员会的联合赞助下运作。2016 年 6 月，在未来海底测绘论坛的开幕致辞中，日本财团会长笹川先生提出了与 GEBCO 合作的倡议，旨在到 2030 年实现 100% 的世界海洋地形测绘。这一举措促成了日本财团“GEBCO Seabed 2030”项目的制定，这是 IHO-IOC GEBCO 框架内的一个全球项目，其重点目标是到 2030 年制作整个世界海洋的高分辨率测深图（Mayer et al., 2018）。

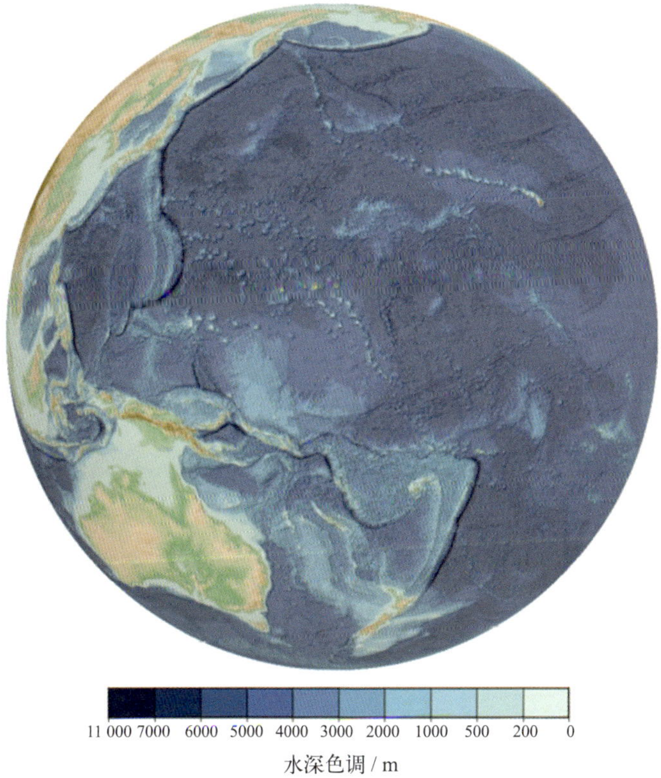

图 6-1　GEBCO_2021 网格测深数据——西太平洋

（四）电子海图在国际上得到长足发展

电子海图用于描绘相关海图地理与航海信息，随着电子技术的发展，传统纸质航海图转变为电子海图，电子海图不仅能动态显示船舶信息，还能在电子海图上进行交互操作，具有纸质海图未具备的优点，解决了纸质海图定位带来的问题。电子海图系统可以自动将即时船位显示在海图上，可以有效改善船舶航行的工作强度，提升船舶航行的安全性和稳定性。

随着计算机技术的高速发展，电子海图也得到了长足的发展。海图对鱼类及其栖息地的准确评估，对各个国家的渔业发展至关重要。使用它来模拟输入，能为农业、交通运输和保险业决策提供更好的天气预报和气候预测，提供自然灾害早期预警，以及更好地了解海洋如何驱动在地球上所知的生命。IHO 是电子海图技术国际标准的主要制定者，该组织由英、法两国发起，1919 年 6 月在英国伦敦召开了由 24 个国家参加的首届国际海道测量大会，会议决定成立常设机构——国际海道测量局（IHB）。为了实现全球范围内的统一标准，IHO 在电子海图领域制定了一系列规范和要求，各个国家根据统一的标准进行研究及开发，其中 S-57 数据传输标准和 S-52 海图显示内容与规范已经得到各国海事组织的认可与使用。在电子海图的发展过程中，西方国家较早就对电子海图进行研究，并且获得了显著的研究成果，各类船舶都搭载了电子海图及对应的硬件设备。日本最早开始研究电子海图并应用于渔船等小型船舶，而后美国等国家将电子海图与导航定位信息相结合，同时实现电子海图操作显示和导航避碰功能。这些国家如德国、英国、日本等，有着大量研究电子海图系统并生产相关产品的公司，其中包括 Transas Marine 公司、ATLAS 公司、7CS 公司、JRC 公司等。

当前电子海图技术已经发展成熟，相关产品也进行了巨大的革新换代，国际上目前有着多种成熟的电子海图产品，最具代表性的是美国的 NACOS ECDIS 系列产品。ECDIS 在船舶航行中有明显的实际应用效果，具有航向轨迹监测、存储本船航迹、快速查询信息等功能特点，船舶在航行时，可得到稳定持续的监控，确保船舶航行的安全性和稳定性。在所使用的海图格式方面，矢量化海图在船舶信息查询显示、与其他船舶系统相结合方面要优于栅格海图，提高船舶的基础性保障。在设计规划航线时，可通过计算两点之间的位置和距离，在电子海图上展示出来。可储存航海日志，即船舶航行的位置、航向等信息，并且储存后不可更改，用于后续查证使用，并可对以往所存储数据进行分析，确定船舶航行线路。ECDIS 已应用于航海、海洋测绘、港口管理、船舶交通管理等诸多领域。

二、全球海洋治理典型公共产品国内研究现状

（一）逐步共享海洋基础数据

1. 逐步建立数据开放共享的政策制度

近年来，国务院办公厅、科技部和财政部等印发了《国家科技资源共享服务平台管理办法》《科学数据管理办法》《海洋大数据标准体系》等一系列政策文件，初步形成以政府科技部门为主导、主管科技部门分制、责任部门承担、科学数据中心实施总体管理的架构。

2. 逐步建立各具特色的海洋数据资料共享发布平台

国家海洋信息中心建设运行国家海洋科学数据中心，搭建了国家海洋科学数据共享服务平台、全球海洋和海洋气候资料中心、西太平洋海洋数据共享服务系统、中国大洋资料中心。中国极地研究中心建设运行国家极地科学数据中心。中国科学院建设运行国家地球系统科学数据中心、中国科学院数据云、海洋科学大数据中心、南海海洋数据中心等。此外，沿海省市涉海科技部门汇集观测资料，不定期公开发布，形成了百花齐放的态势。

3. 自主化研制产品逐步走上国际舞台

中国科学院大气物理研究所研发了海洋数据处理和质量控制系统，研制形成国内首套长时间序列全球海洋环境变化系列数据产品，该数据产品在 IPCC《气候变化中的海洋和冰冻圈特别报告》和 WMO《全球气候状况》报告等具有国际影响力的综合报告中使用，具有较好的数据产品质量和一定的国际影响力。国家海洋科学数据中心研制发布了潮汐潮流预报数据产品和温盐统计分析数据集，近年来这些产品在时空覆盖和数据产品检验方面均有较大的提升。

（二）自主创新，打造海洋环境数值预报“芯片”

从 20 世纪 80 年代末和 90 年代初开始，我国也相继自主开发了各类海洋环境数

值预报模式。海流模式方面，我国发展了 LICOM（LASG/IAP Climate System Ocean Model）（Liu et al., 2012），MaCOM（Mass Conservation Ocean Model）（崔爽，2021）模式等。波浪模式方面，国内先后提出了文氏风浪谱、LAGFD-WAM（LAGFD-Wave Modeling）（Yeli et al., 1991）、YE-WAM（YE-Wave Modeling）（Bao and Tao，1996）等。海气耦合模式包括 COSMO-CLM/ROMSCFSv2（Davin et al., 2011）、FGOALS-g2（Li et al., 2013）、BCC_AGCM2.0.-1_CUACE（Wang et al., 2014）等。

在我国海洋预报工作领域，关键核心技术受制于人的问题比较突出，特别是海洋数值预报模式自主化程度较低。数值预报模式的重要性好比“芯片”,没有好的“芯片”，无法做出及时准确的海洋预报。以此为寓，自然资源部启动了海洋预报“芯片”工程，目的就是培育海洋预报创新能力，筑牢海洋预报核心基础，助推我国海洋预报技术能力走向国际前列。

（三）我国深度参与国际海洋科学合作

改革开放 40 多年来，中国与世界海洋国家的合作不断拓展和深化，与近 50 个国家、国际组织和非政府组织签署了 50 多个政府间或部门间的海洋领域合作协议，开展了一大批富有成效的合作项目（陈连增和雷波，2019）。

中国自 1978 年 12 月首次参与国际全球大气试验起，海洋科学研究开始与国际前沿科学接轨。在 1980 年，中美合作展开了“长江口及东海大陆架沉积作用过程联合调查”，随后于 1985—1990 年，中美合作在赤道和热带西太平洋开展了“海洋大气相互作用合作科学考察”。自 1986 年起，中日合作进行了著名的“中日黑潮合作调查研究”和“中日副热带环流合作调查研究”。同时，中国还与德国、法国、加拿大、俄罗斯、印度尼西亚、尼日利亚、泰国等国之间开展了许多重要的海洋科学调查研究项目。此外，中国积极参加了由联合国教科文组织政府间海洋学委员会等国际组织发起的全球海洋观测系统、全球海洋生态动力学、海岸带陆海相互作用、全球有害赤潮的生态和海洋学、大洋钻探、国际 Argo 等重大国际海洋科学合作研究计划。2002 年初中国正式加入国际 Argo 计划，并成立中国 Argo 实时资料中心。目前，中国自主研发了 COPEX 型剖面浮标和 HM2000 型剖面浮标，其中 COPEX 型剖面浮标突破了定深温控技术、温盐深测量技术和浮标检测技术瓶颈，实现了剖面浮标部件近 100% 的国产化率，有效扭转了中国剖面浮标技术受制于人的局面；HM2000 型剖面浮标首次运用中国北斗导航系统进行数据传输和定位，可在水中维持 4 ~ 5 a 的存活周期，并已获国际组织认可。中国 Argo 计划自 2002 年初组织实施以来，在国内多家科研院所的大力支持下，已经在太平洋和印度洋等海域布放了 500 多个自动剖面浮标。中国北斗剖面浮标数据中心的建立，使中国成为继美国和法国之外第三个为全球 Argo 海洋观测网提供剖面浮标数据服务的国家。

2010 年 5 月，中国发起西北太平洋海洋环流与气候实验（Northwestern Pacific Ocean Circulation and Climate Experiment，NPOCE）国际合作计划。这是中国首个在海洋领域发起的大规模国际合作调查研究计划，为西太平洋海洋环流和大气 - 海洋相互作用的研究开启了新的篇章。至今，NPOCE 国际合作计划研究团队完成了西太平洋深海潜标科学观测网的建设，共布放潜标 30 余套，破解了深海观测数据实时传输的世界难题。这也让我国在对西北太平洋的观测研究的贡献占到一半左右，推动了国际相关研究的发展。2014 年，中国设计并实施了新十年“国际大洋发现计划”（International Ocean Discovery Program，IODP）349 航次，这也是中国加入大洋钻探计划后在南海实施的第二次大洋钻探。2015 年，世界气候研究计划下的四个核心子项目之一 —— “气候变率及可预测性项目”落户青岛，标志着中国在国际最高级别科学计划的影响力有了跨越性的进步。通过国际合作，中国海洋调查能力和水平全面提升，跨入到国际先进行列。

由我国提出并联合 8 个国家制定的国际标准《海洋环境影响评估（MEIA）- 海底区海洋沉积物调查规范 - 间隙生物调查》（ISO 23040: 2021）经国际标准化组织（ISO）批准正式发布。这一标准不仅为国际社会提供了中国的解决方案，还使中国积极参与全球海洋治理工作，为推动全球海洋保护和可持续管理做出了贡献。这是由我国主持制定的首项 ISO 海洋调查国际标准，标志着中国海洋调查技术标准国际化工作取得重要突破。该标准的发布为海底区域沉积物生物调查提供基于国际前沿的理论体系与技术方法，适用于海底区域沉积物生物多样性的调查与评估，为开展海洋调查领域多边合作和国际谈判提供强有力的科学依据。

（四）从纸质海图到电子海图，中国在行动

从先秦到近代，我国海洋活动的历史连绵不断，史料中也有许多关于航海的记载，但是与文字资料相比较，流传至今的实物航海图却很少，这是因为我国古代航海图作

为“舟子秘本”，故世所罕见。《海道指南图》是目前所知最早的实物航海图，成书年代或为永乐九年（1411 年）至永乐十二年（1415 年）之间。

我国到 20 世纪 50 年代仍为航海图分类法，将海图分为总图、航洋图、航海图、海岸图及港湾图五类。这些海图又被称为普通海图，当时出现的一些航海图以外的海图新品种则被称为特种海图或专用海图。现代海图的内容已远超出传统海图的范畴，其利用范围也得到很大的拓展。海图按不同的标准有不同的分类方法，目前按照用途可分为通用海图、专用海图和航海图三类，其下又分为若干类。

我国相关科研机构和高校从 20 世纪 80 年代就开展了关于电子海图系统的研究，但是前期的研究主要是通过购买国外的成熟产品进行二次开发，所以发展速度相对缓慢。近些年来，由于我国航海事业的高速发展，交通运输部、相关科研院校和海事部门加大了对电子海图系统的研究，并且取得了可喜的成果。我国海事局通过近些年的研究，已经开发出了大陆沿海的不同比例的电子海图产品。天津海事局研究生产的海图导航系统可以有效地提高船舶航行效率，已经被广泛使用。国内高校的科研人员研究实现了 S-57 矢量电子海图文件处理模块，基本都能按照标准实现海图显示和相关的海图功能。大连海事大学牵头研究开发了以数字海图为基础的中国船位报告系统。深圳大学研究了基于电子海图的导航与搜救终端。浙江大学相关团队研究开发了基于电子海图显示与信息系统的防避台智能辅助决策系统。

三、全球海洋治理公共产品的发展趋势

（一）全球海洋治理公共产品应向“多供给”“强监督”方向发展

全球公共产品视角下的全球海洋治理困境突出表现为全球海洋治理公共产品的供给不足、结构失衡和使用不善。为解决困境，国际社会应加强广泛合作，共同承担起供给、监督和管理全球海洋治理公共产品的责任。

1. 增强全球海洋治理公共产品的供给意愿和力度

应对全球海洋治理困境，最为直接的措施当数持续增加全球海洋治理公共产品的供给量。全球各国和各组织应加入供给全球海洋治理公共产品的国际行动中，提升自身的供给意愿和能力，为消除全球海洋治理困境贡献出各自的力量。海洋强国应积极提供资金、技术等硬实力资源和人才、组织等软实力资源，发展中国家应积极参与和

配合海洋大国或国际组织发起的行动计划。此外，内陆国在应对气候变化、国际海洋法治建设、海洋环境保护等领域也应该做出自己的贡献。对于国际组织来说，应根据这些主体的不同属性和比较优势，引导发挥各具特色的供给能力，构建起涵盖各主体的多元供给体系，并与主权国家的供给行为相互补充、相互配合。

2. 加强全球海洋治理公共产品使用过程的监督

如何促使各国贯彻、实施这些国际协议或制度，并使之外化为全球海洋治理公共产品供给主体的负责任的国际行为，就需要进行全球海洋治理公共产品供给的后续管理监督。在目前已有的涉海国际规制中，绝大多数都是从微观的治理客体的角度来制定的，尚未在宏观上、整体上构建起有关全球海洋治理公共产品的规则制度体系，无法为全球海洋治理公共产品的正常运转提供坚实的制度保障。因此，国际社会应加快制定系统且权威的国际规制体系，明确界定各方在全球海洋治理公共产品的资金来源、任务分配、获益方式、使用监管等方面的权利和义务，并设计与之配套的激励和惩戒措施。另外，应充分发挥国际舆论的作用。国际舆论同样存在着过度夸大或肆意诋毁等有违于客观原则的现象，这需要全球海洋治理的各个主体仔细辨别，去伪存真。

（二）中国在全球海洋治理公共产品方面发挥的作用

中国虽是全球海洋治理的后来者，但随着综合国力和全球影响力的提升，在全球海洋治理体系中日益扮演不可替代的角色。对于中国而言，参与全球海洋治理体系建设，对内是建设海洋强国的需求，对外是共建“21 世纪海上丝绸之路”、实践“海洋命运共同体”理念的重要抓手。但不可否认的是，中国参与全球海洋治理仍然存在能力建设、周边环境、国际竞争等方面的局限性。因而，在国际政治经济格局深度调整、全球治理体系建设危机浮现及全球海洋治理格局迎来新的重大挑战的背景下，中国对于全球海洋治理的身份定位、路径选择、策略和线路图设计等方面，要从国家战略高度和利益最大化的视角出发进行通盘的考虑和决策。

因此，中国一方面应积极传播先进的治理理念，推动构建海洋命运共同体，着力建设好“21 世纪海上丝绸之路”这一最重要的全球海洋治理公共产品，更加关注海洋环境、海洋科技、海洋防灾减灾、海上搜救、海上执法等领域的务实合作，充分彰显这一倡议在供给全球海洋治理公共产品方面的时代价值。另外，中国应以海洋经济合作为主要突破点，充分利用各种双边和多边的机制框架，在政策设计、目标设定、行动落实、成本分配等方面加强与发展中国家的协调。

四、典型全球海洋治理公共产品案例

（一）海洋基础数据产品案例

1. 美国国家环境信息中心世界海洋数据库

世界海洋数据库（World Ocean Database，WOD）作为经过科学质量控制的海洋剖面和海洋生物观测数据集，由国际海洋数据和信息交换委员会资助。该数据集主要来源于近 350 个全球或区域海洋观测资料收集计划，包含由大面测站、温盐深测量仪（CTD）、机械式温深仪（MBT）、抛弃式温深仪（XBT）、海表面记录仪、自治式生物携带温盐计等 11 种海洋观测仪器获取的温度、盐度、氧气、pH、二氧化碳等 20 多种参数。在数据更新方面，WOD 数据集具有稳定的更新频率、时空覆盖度高、数据质量控制过程可靠、开放共享应用技术成熟等特点，形成了完整的业务化海洋环境观测数据更新机制，建立了海洋数据资源开放共享的国家级平台，保障了数据的稳定性和权威性，为研究人员节省大量数据收集、整合处理的时间，多年来被广泛应用于海洋温度、盐度、生物、化学、海气相互作用等领域的研究。

2. 国际海洋综合大气数据集

国际海洋综合大气数据集（The International Comprehensive Ocean-Atmosphere Data Set，ICOADS）是现存最为完整、综合的海表面气候观测资料，数据最早可追溯至 1662 年。ICOADS 数据分为两类，一类是观测数据，包括船、浮标和其他观测平台，数据要素种类齐全；另一类是 2°（1800 年至今）和 1°（1960 年至今）分辨率的月统计格网化数据，也是目前使用较为广泛的数据。ICOADS 数据中汇集了不同观测系统的观测结果，并经过严格的质量控制，发布了多个版本数据集，满足不同用户对数据时空范围、分辨率的要求，主要包括气温、云类型、湿度、盐度、海平面压力、海面温度、海表面风、风浪等要素。ICOADS 支撑多达 1000 余篇学术论文的发表，在再分析和格网化数据产品研制方面引用超过 40 000 次，涉及十余个研究领域，为科学传播提供有力服务。

3. 全球简单海洋资料同化系统

全球简单海洋资料同化系统（Simple Ocean Data Assimilation，SODA）是由美国马里兰大学于20世纪90年代初开发的，同时也是较早开始的全球海洋再分析资料研究计划之一。该计划得到了美国国家科学基金委员会的支持，其目的是重构20世纪以来海洋的物理状态，从而为气候研究提供一套与大气再分析产品相匹配的海洋再分析产品。数据产品包含温度，盐度，密度，经向、纬向、垂向海流速度，海表面高度，混合层深度，经向、纬向海表面风应力，海表净热通量，盐通量，海底压和海冰（厚度、密集度）等十余个变量，该数据集在海气相互作用、海洋要素精细化分析等方面发挥了重要作用。

（二）海洋环境数值预报模式产品案例

1. 海流模式

1）国外区域海流模式简介

ROMS主要是由加利福尼亚大学洛杉矶分校、罗格斯大学、法国的发展研究机构及全世界海洋学家共同开发完成的开源区域海洋模式。ROMS的发展经过了多次的修改、优化，一直以来被广泛应用于区域海洋模拟及动力学研究中。目前ROMS主要有两个版本，美国的罗格斯大学版本和法国的Agrif（Adaptive Grid Refinement In Fortran）版本（近期更名为Coastal and Regional Ocean Community Model，CROCO）。这两个版本在具体操作中存在着一定的差别，但是动力核心和主干代码非常接近。ROMS是自由表面、随体坐标系及三维原始方程组的海洋数值模式，同时包含生物地球化学、生物光学、沉积物、生态、海冰及数据同化等多个计算模块，还具有与大气、波浪模式耦合的功能。ROMS还包括几个垂直混合方案、多层次的嵌套和组合网格等。ROMS现已广泛应用于多尺度海洋环流模拟、海冰变化、海洋生态环境等领域，是目前较为流行的区域海洋数值模式。

FVCOM是美国马萨诸塞州州立大学陈长胜教授所领导的研究小组建立的区域海洋环流模式，也是目前比较成熟的、在国际上应用较广的区域海流模式之一。该模式控制方程包含动量方程、连续方程、温盐守恒方程及状态方程。数值离散方法采用有限体积法，该方法综合了现有海洋研究中的有限差分和有限元模型的优点，在数值计算中既可以像有限元模型一样与浅海复杂岸界实现较好的拟合，又便于差分离散原始动力学方程组,从而保证较高的计算效率。FVCOM在水平方向上采用非结构三角形网格，可以方便地拟合复杂的边界和进行局部加密，这个优点使其在研究岛屿众多、近岸岸线复杂的问题时优势表现尤为突出，可以较好地拟合海岸线的复杂变化，特别适用于近海及河口区域的研究。FVCOM在垂直方向采用σ-S混合坐标系，可以更好地拟合复杂的海底地形，并且含有三维干湿网格处理模块，可以较好地处理模拟近岸及滩涂等海域时出现的变边界问题。与ROMS类似，该模式将二维与三维物理过程对应的控制方程分开进行数值离散，可以提高计算效率。此外，该模式有MPI并行计算版本，可以在机群和大型机上实现并行高效的计算，也可以通过编译的选项实现在Windows和Linux操作系统上运行。

POM是由美国普林斯顿大学George Mellor教授及其团队从1977年开始建立起来的首个开源区域海洋数值模式，也是当今国内外广泛使用的区域海流模式之一。POM采用蛙跳有限差分格式和分裂算子技术，水平和时间差分格式为显式，垂向差分格式为隐式，采用内外模分离技术将慢过程（平流项等）和快过程（外重力波项）分开，分别用不同的时间步长积分。为减少蛙跳格式产生的计算误差，POM在每一时间积分层次上采用了时间滤波。水平方向采用正交曲线网格，变量空间配置使用“Arakawa C”网格，可以较好地匹配岸界。与均匀网格相比，水平正交曲线网格是渐变的，能更好地拟合岸线侧边界，减少“锯齿”效应。POM可体现不规则的海底地形的变化特点，便于刻画陆坡地形，并且引入了干湿网格动边界技术，既可处理三维水动力环境模拟中大量浅滩的“干出”与“淹没”等难点问题，也可应用于复杂地形水域的模拟。值得强调的是，POM是较早的区域海流模式之一，同时它是首个代码公开的开源区域海流模式，为其他海洋模式的发展提供了很好的范例，极大地促进了海洋模式的发展。

2）国外全球海流模式简介

HYCOM是由美国国家海洋合作计划赞助开发的一个全球海流模式。与单一垂直坐标海洋模式不同，HYCOM在垂向上采用等密度－z混合坐标体系，考虑了多种海气要素，如海表风场、蒸发及降雨、海冰、长短波辐射等热通量场及河流淡水输入等，使模拟结果更加准确。具有冷启动及热启动开关，为数据恢复和数值实验提供了便利。使用了嵌套技术，能够实现高分辨率及长时间的数值积分。同化了卫星遥感资料和大洋观测资料，提高了数据的准确性。HYCOM提供接近实时的全球海洋预测数据，当日数据通常在初始运行时间的 48 h 内可访问，这些数据包括从 1992 年 10 月 2 日至今、空间分辨率为 1/12° 的全球数据，以及 1994 年 1 月 1 日至 2015 年 12 月 31 日、空间分辨率为 1/12° 的全球再分析数据等。作为公开的全球海洋再分析及预报产品，HYCOM 可以为区域海洋后报和预报数值模拟提供初始和边界条件，被广泛地使用在科研及海洋活动相关领域。

MOM 是由美国国家海洋和大气管理局地球物理流体动力学实验室（National Oceanic and Atmospheric Administration / Geophysical Fluid Dynamics Laboratory，NOAA/GFDL）开发的大洋环流模式，目前已推出 MOM6 版本。自 20 世纪 60 年代末开始，GFDL 的著名海洋学家 Cox 和 Bryan 开始研发全球海流模式。地球模拟器海洋环流模式（Ocean General Circulation Model For the Earth Simulator，OFES）数据产品是一种基于第三代模块化海洋模式（MOM3）开发的长时间序列的高分辨率海洋数值模式。OFES 数据产品是准全球性的，空间范围为 75°S —75°N，180°W —180°E，覆盖了全球除南北极之外的全部海域。该数据产品的水平分辨率为 0.1° × 0.1°，垂直方向上将 2.5 ~ 5900 m 水深分为 54 层，每层间隔在设置时参考了真实海洋的温跃层厚度变化，随着水深的增加而逐渐增大，表层水深间隔约为 5 m，底层水深间隔达到 330 m，模式结果输出的时间间隔为 3 d。

NEMO 模式是欧洲中期天气预报中心再分析系统中的大洋环流模式，由法国、英国和意大利共同开发，目前已发展至 NEMO 4.0 版本。NEMO 采用 Boussinesq 近似，水平采用正交曲线坐标和 Arakawa C 网格，垂直方向坐标提供 z 坐标和 S 坐标两种可选方案。全球模式水平分辨率目前最高为 1/12°，垂直分辨率在海洋近表层（10 m 深度以内）可达 1 m。NEMO 同样采用了三极点网格，将北极极点转移至加拿大和西伯利亚陆地上。

3）我国自主海流模式简介

MaCOM 是国家海洋环境预报中心自主开发的、面向业务化应用的、基于质量守恒的海洋环流数值模式。基于传统体积守恒假设的海洋模式在精确模拟海面高度和盐度、精确保持海水质量守恒等方面存在固有缺陷，模拟的海表高度完全取决于正压流场的变化，不得不在差分方案中引入质量修正项来预报海水增暖导致的海洋动力响应。仿照大气模式的做法，MaCOM 利用了压力垂直坐标和静压平衡关系，在保持模式复杂度不增加的情况下实现了质量守恒。基于压力坐标和质量守恒的海洋模式，在业务化海洋预报中具有如下优势：海水质量守恒、焓守恒和盐度守恒；海洋预报最重要的物理量之一——海面高度的动力响应快；便于大气模式耦合，且可直接采用大气压力作为上边界条件；在同化卫星反演海面高度和海底压力资料等方面具有优势。MaCOM 首次采用图虚拟拓扑分区通信技术建立进程间通信顶层框架，综合采用网格优化、通信优化、异步 I/O 等多种策略，提高并行扩展度，较现有国家海洋环境预报中心 NEMO 全球业务化系统（126 min）缩短 43% 的时间；此外，MaCOM 还具备了 GPU 并行加速功能。在资料同化模块方面，MaCOM 可同步同化多源、多层次观测数据，保留不同变量、不同层次之间的动力关系，并将二维向量转化为一维进行计算，优化算法以缩短计算时间。国家海洋环境预报中心继续推进自然资源部海洋预报“芯片”工程研发，开发应用自主同化数据，开发自主同化模板，提升“妈祖－环流”能力。目前，妈祖系列已实现自主可控的海洋数值预报体系，包括妈祖－全球环流、妈祖－区域环流、妈祖－海浪、妈祖－风暴潮、妈祖－海啸、妈祖－海冰、妈祖－搜救、妈祖－溢油，妈祖－近岸环流和妈祖－海洋生态数值预报模式尚在开发中。

LICOM 是由中国科学院大气物理研究所大气科学和地球流体力学数值模拟国家实验室（LASG/IAP）设计、发展和优化的一个气候系统海洋模式（Climate System Ocean Model），开发的主要目的是对海洋大尺度风生环流和热盐环流进行数值模拟。LASG 发展的第一个气候海洋环流模式是一个 4 层斜压全球海洋环流模式，经过 30 多年不断发展，相继推出了 20 层模式、30 层 L30T63、LICOM 1.0（2002 年）、LICOM 2.0（2013 年）、LICOM 3.0（2020 年）等多个版本的海洋模式。LICOM 3.0 版本提高了模式分辨率，并在通量耦合、动力核心等方面进行了升级；采用正交曲线坐标，利用三级网格将北极分成两块，这一改进解决了常规经纬网格中北极点为奇点的问题；采用示踪剂公式中的保形平流方案和隐式垂直黏度；引入浮力频率相关厚度扩散系数；采用垂直扩散率和等密度混合。LICOM 3.0 目前应用于气候系统模型 CMIP6（Coupled Model Intercomparison Project Phase 6）计划。在 CMIP6 中，LICOM 水平方向设置为 360 个纬向网格点与 218 个经向网格点，垂直方向可设置为 30 层和 60 层；在赤道和南极的水平分辨率分别为 10 km 和 2.7 km，可分辨局地中尺度涡旋，垂直分为 55 层。

2. 波浪模式

1）国外波浪数值模式简介

SWAN 模式是由荷兰代尔夫特理工大学土木工程系开发的波浪模式。SWAN 30.51

版本为该模式第一个公开发布的版本，后期开发人员对模式的性能不断改进，模式的功能也逐渐增强，SWAN 40.31 版本开发中加入了并行计算模块，提高了模式的运行速度，节省了模式的计算时间。开发者在 SWAN 40.41 版本中考虑了波浪绕射的物理过程，进一步完善了该模式。SWAN 模式为区域波浪模式，对近海、海岸、湖泊和河口的波浪模拟效果较好。SWAN 模式可以通过给定风场、地形和流场来计算海岸、湖泊和河口的统计波参数，适用于任意时空尺度的表面风成重力波。SWAN 可模拟下列波浪过程：空间域的波浪传播，地形或水流引起的折射、绕射，地形及水流引起的浅水效应，反向流引起的波浪反射，在障碍物前的绕射、阻滞及反射，另外，在笛卡儿坐标系下，SWAN 模式可以计算波浪引起的增水过程。SWAN 模式可安装于 Windows/Linux 平台，能够单机运行，使用简便，在近岸海浪预报、近海海洋工程等方面有着非常广泛的应用。

Wave Watch Ⅲ模式是目前世界上另一种应用极为广泛的第三代海浪谱模式，国家海洋环境预报中心等国家海洋预报机构将该模式作为业务化海浪数值模式。该模式目前依然在快速发展，逐渐形成一个海浪数值模式的生态。Tolman 基于谱能量平衡方程开发出第一代 Wave Watch I 风浪模式。随后，美国 NOAA/NCEP 开发出第二代 Wave Watch Ⅱ。Tolman 在 WAM 模式的基础上开发了一个全谱空间的第三代波浪模式 Wave Watch Ⅲ，简称 WW3，该模式可进行全球范围的海浪预报，其关键技术与 WAM 模式有所不同，在控制方程、模式结构、源函数、数值计算方法和物理量参数化方面等都做了改进，不仅在考虑波流相互作用和风浪物理机制方面更加合理，而且提高了模式的性能和效率。WW3 模式适用于模拟大尺度空间波浪传播过程，在传播过程中考虑地形和海流空间变化导致的波浪折射作用和浅水变形作用等，并考虑了风成浪作用、白帽耗散作用、海底摩擦作用和波－波非线性相互作用等。

2）我国自主波浪模式简介

20 世纪 90 年代，自然资源部第一海洋研究所地球流体力学研究室根据我国的实际海况特点和计算能力，在分析了第三代波浪数值模拟方法的优缺点的基础上，发展了一种直接模拟海浪波数谱的 LAGFD-WAM 波浪数值模式。我国浅海海域辽阔，在地形、潮汐、潮流和强台风、强寒潮的作用下，普遍存在特征流速达 100 cm/s 和特征空间尺度近 50 km 的背景流场。在这种情况下，不仅必须考虑背景流场对波浪的折射和弥散作用，而且要考虑在波流相互作用机制下产生的背景流场向海浪场的能量输送。LAGFD-WAM 模式中导出的复杂特征线方程考虑了各种不定常背景流场对海浪传播的影响，依此建立起来的特征线嵌入区域性网格格式，实现计算空间步长和时间步长之间合理的传播性匹配，为计算提供便利。LAGFD-WAM 模式根据破碎波理论给出破碎耗散源函数的一种理论形式。在 LAGFD-WAM 模式的发展进程中，杨永增等（2005）进一步推导出了球坐标系下的海浪能量谱平衡方程及其复杂特征线方程，建立了球坐标系下的全球海浪数值模式。

3. 海气耦合模式

1）国外海气耦合模式简介

COAWST 模式是一个综合性的海洋、大气、波浪和沉积物输运耦合模式。COAWST 模式是由 Warner 等（2010）开发的一个开源模式系统，它由大气模式（WRF）、海洋模式（ROMS）、波浪模式（SWAN）及一个沉积物输运模式（Community Sediment-Transport Model，CSTM）等分量模式组成。各分量模式通过一个模式耦合器进行连接。各分量模式分别独立运行，在每个交换步长内，各分量模式通过耦合器进行变量交换，完成大气、海洋、海浪参数的信息传递。其中耦合器是连接耦合模式中各个子模式的工具，通过耦合器可实现子模式间的数据传递，构成并且控制整个耦合系统的应用程序。由于对原模式无须进行较多的修改，耦合器被视作不同模式间数据交换的“即插即用”的接口，这种方法拓展了模式的可移植性，同时在优化耦合器程序的基础上，可保证较高的运行效率。耦合器对各个子模式发送来的通量或动量进行处理，确保交换变量的守恒性，再分配给所有的子模式。目前较为常用的耦合器主要有美国国家大气研究中心（NCAR）开发的 CPL（Coupler）耦合器、法国欧洲气候模拟和全球变化研究中心等开发的 OASIS（Ocean Atmosphere Sea Ice Soil）及美国能源部研发的 MCT（Model Coupling Toolkit）耦合器等。海气耦合包括通过海气之间动量交换实现的动力学相互作用及通过海气间热量和水汽交换实现的热力学相互作用。大气 WRF 模式为海流 ROMS 提供海平面气压、短波辐射、长波辐射、感热、潜热、风应力、降水率等数据；海流 ROMS 为 WRF 提供全球年均海表温度数据，为 SWAN 提供流场、地形和海表面高度数据等；海浪 SWAN 为 ROMS 提供有效波高、波长、波向、耗散等数据，为 WRF 提供有效波高、波长和波周期数据，三个模式之间实现双向耦合。在 COAWST 系统海气交换方面，针对海气界面的粗糙度计算，为引入波浪的影响，提供了三种参数化方案；在浪 – 流相互作用方面，提供辐射应力和涡度力两种耦合方案。

2）我国自主海气耦合模式简介

FGOALS-g2 是 FGOALS 系列模式中最新版本的格点模式，由中国科学院大气物理研究所大气科学和地球流体力学数值模拟国家重点实验室（LASG/IAP）开发。该模式包括大气、海洋、海冰和陆面四个模块，耦合器为 NCAR 开发的 CPL6。大气模块为格点大气模式 GAMIL2，水平分辨率为 2.8°（纬度）×2.8°（经度），垂直方向有 26 层；海洋模块是基于 LASG 第四代海洋环流模式发展的较高分辨率海洋模式 LICOM2；海冰模块是基于模式 CICE4.0 改进的海冰模式 CICE4-LASG；陆面模块则是引进 NCAR 发展的陆面模式 CLM3。

国家气候中心第二代大气环流模式 BCC_AGCM2.0.1 由 CAM3.0/NCAR 发展而来，改进后的模式整体模拟能力比原来 CAM3.0 有所提高，特别是对热带和副热带降水、风场、海洋上感热和潜热通量的模拟。该模式在水平方向采用 42 波三角截断方案 [T42，约 2.8°（纬度）×2.8°（经度）]，垂直方向为混合 σ－压力坐标系，共 26 层，模式顶气压约为 2.9 hPa，刚性边界。相对于 CAM3.0，BCC_AGCM2.0.1 在动力和物理过程上进行了许多调整。在动力方面，主要的调整体现在参考大气温度和参考地面气压的应用上，这种变化导致相关的诊断方程和求解方法发生了根本改变。物理过程调整主要包含以下几个方面：①将原来的 Zhang 和 Mcfarlane（1995）对流方案调整为 Zhang 和 Mu（2005）方案，并且在对流触发条件中加入相对湿度 > 75% 和垂直速度 $\upsilon < 0$ 的限制，将云水向雨水的转化系数调低；②干绝热调整方案采用颜宏（1987）的方案；③海洋表面（动量、潜热、感热）湍流通量计算过程中所用粗糙度采用 Smith（1988）的计算方法，并且将海面波动和海浪飞沫的影响进行了参数化；④陆地模式中冰覆盖量的计算公式采用 Wu 和 Wu（2004）的经验公式。该模式用 1971—2000 年 NCEP 再分析资料得到的多年平均大气状态作为初始场，海温和海冰密集度是由 1981—2001 年实测数据得到的逐月平均海温和海冰资料。

（三）国际海洋科学合作产品案例

1. 海洋合作与治理论坛

2020 年 11 月 5 日，首届“海洋合作与治理论坛”大型国际学术研讨会在海口举行。研讨会由中国南海研究院、中国－东南亚南海研究中心、中美研究中心和加拿大阿尔伯塔大学中国学院联合主办，邀请到来自 28 个国家、地区的 500 名专家学者、驻华外交官、前政要及部分涉海国际组织代表以线上、线下相结合的方式与会。论坛为期两天，与会代表围绕全球海洋治理与区域实践、当前南海形势与热点问题、海上安全合作与风险管控、南海区域秩序构建、海洋合作的现状与前景、海洋前沿问题研究和海洋治理能力建设、海洋治理新思路与新倡议等议题深入探讨。会上，专家们一致认为“逆全球化”和单边主义正令全球海洋治理体系面临前所未有的危机，给国家间、区域间的海洋治理合作带来了新变数，各国唯有依靠合作才有出路。“海洋治理与合作论坛”旨在建立一个关注全球海洋问题、探讨海洋治理、推动国际海洋合作的国际学术平台。该平台将打破国家、地区及不同专业间的界限，鼓励地区内外关注和关心全球海洋事业的各领域专家学者通过这一平台自由开展学术交流，共同推动海洋科研、海洋环保等方面的合作。

2021 年第二届“海洋合作与治理论坛”于 11 月 9—10 日在三亚开幕。来自菲律宾、加拿大、马来西亚、越南、英国、德国、新西兰、日本、美国和澳大利亚等 30 多个国家和地区的海洋领域专家，以及联合国、国际海底管理局、大陆架界限委员会等国际组织的高级官员、代表和科学家共 800 余人以线上、线下相结合的方式参会，参会代表围绕“全球海洋治理的机遇与挑战”“构建南海安全秩序”“南海海洋治理实践”“国际海洋法前沿问题”“疫情影响下的国际海事安全合作”“北冰洋海洋治理实践”“蓝色经济和海洋可持续发展”等议题进行广泛探讨和深入交流。

2. 联合国“海洋科学促进可持续发展十年”项目

联合国“海洋十年”在《公约》的法律框架下实施，采取自愿原则。“海洋十年”将促进生成必要的数据、信息和知识，实现从“我们所拥有的海洋”到“我们所希望的海洋”的转变。下述七项成果勾勒出“海洋十年”结束时“我们所希望的海洋”应有的样貌：①一个清洁的海洋，即海洋污染源得到查明并有所减少或被消除。②一个健康且有复原力的海洋，即海洋生态系统得到了解、保护、恢复和管理。③一个物产丰盈的海洋，即海洋能够为可持续粮食供应和可持续海洋经济提供支持。④一个可预测的海洋，即人类社会了解并能够应对不断变化的海洋状况。⑤一个安全的海洋，即保护生命和生计免遭与海洋有关的危害。⑥一个可获取的海洋，即可以开放并公平地获取与海洋有关的数据、信息、技术和创新。⑦一个富于启迪并具有吸引力的海洋，即人类社会能够理解并重视海洋与人类福祉和可持续发展息息相关。联合国“海洋十年”挑战如图 6-2 所示。

图 6-2 联合国“海洋十年”挑战

2021 年 6 月 8 日，联合国“海洋十年”中国研讨会在山东省青岛市举行，此活动是世界海洋日暨全国海洋宣传日活动之一，也是纪念我国恢复联合国合法席位 50 周年系列活动之一。2021 年 10 月，由厦门大学近海海洋环境科学国家重点实验室携手国内外多家高水平科研单位、龙头企业、非营利性基金会、国际组织共同策划的“融通科学、管理和社会参与：助力海岸带可持续发展”研究计划（以下简称“海岸带计划”）经政府间海洋学委员会签署，正式获批联合国“海洋十年”项目。2022 年 6 月 8 日，联合国政府间海洋学委员会公布了联合国“海洋十年”新一批获批行动。由自然资源部第一海洋研究所牵头发起的“海洋与气候无缝预报系统”大科学计划和自然资源部第二海洋研究所牵头发起的“多圈层动力过程及其环境响应的北极深部观测”国际合作研究计划项目正式获批。华东师范大学领衔的联合国教科文组织政府间海洋学委员会西太分委会“减少亚洲地区河流塑料垃圾入海”项目也被正式接受成为“海洋十年”联合国实施项目。2022 年 6 月 22 日，联合国教科文组织政府间海洋学委员会执行秘书长弗拉基米尔 · 拉宾宁正式宣布，中国申办的“联合国海洋科学促进可持续发展十年”海洋与气候协作中心正式获批。这是联合国首批设立的 6 个“海洋十年”协作中心之一。

3. OneArgo 项目

由包括中国在内的 19 个国家、36 名成员组成的国际 Argo 指导组提交的“OneArgo：2020 年后全球、全水深和多学科综合海洋观测网”（以下简称“OneArgo”）十年计划，被确定为 83 个“海洋十年”项目之一（Owens，2022）。OneArgo 项目将在未来十年为更好地了解我们的海洋做出贡献，并与其他联合国“海洋十年”计划和项目进行互动。该项目隶属于联合国“海洋十年”计划“共同观测：满足利益相关者的需求，让每一次观测都有意义”的一部分。

OneArgo 将把革命性的“核心 Argo”（仅观测开阔海洋上层海水物理状态）转变为一个真正具有全球影响力的海洋观测网，包括极地海洋和边缘海；同时会延伸到整个海洋深度，还包含海洋生物地球化学要素观测。通过新颖的 Argo 数据管理系统，所有数据将实时免费共享，并在 12 个月内交付更高质量的数据集。

实施 OneArgo 将极大地增强 Argo 在海洋和气候服务、预测和研究方面已经取得的显著影响，并将在了解海洋生态系统、预测海洋生产力和限制全球碳与能量平衡方面取得突破性进展。

OneArgo 海洋观测网，将会在目前每年布放 750 个“核心 Argo”浮标的基础上，增加到每年布放约 1100 个，其中 300 个深海型浮标、300 个多要素型（包括生物地球化学要素）浮标和 500 个常规型（仅观测物理海洋环境要素）浮标（或称“核心 Argo”浮标）。一旦实现这个目标，将会维持一个由约 4600 个各类剖面浮标组成的全球、全水深和多学科综合海洋观测网，并覆盖印度洋、北太平洋、南太平洋、北大西洋、南大西洋、北冰洋、南大洋和边缘海等主要海盆。

OneArgo 将在前期成功建成“核心 Argo”海洋观测网的基础上，瞄准全球海洋观测系统的主要缺口，大幅扩展已有的剖面浮标观测网。新的全球、全水深和多学科综合海洋观测网的目标：①通过紧急填补深海、极地海域和众多边缘海的观测空白，扩大对次表层海洋的采样，使其在空间上尽可能完整；并将调整关键海域（如赤道和西边界流区域）的观测网密度，以提高其在状态估计，以及海洋、气候和天气预测方面的实用性。②监测海洋和地球变暖的速率，以及洋流和其他导致海平面上升的因素。③为量化全球碳循环，包括生物碳泵提供数据。④监测海洋酸化和脱氧，以及浮游生态系统的响应。⑤与模拟、预测团队和区域资源管理者合作，优化在社会决策预测服务中使用 Argo 数据，包括海洋资源管理、抵御如海洋热浪和台风等极端现象，用于搜救和海洋产业的安全运行，以及用于海洋和气候评估。⑥升级数据和元数据流，以实现对及时、高质量、多学科全球海洋数据的大众化访问。如实时数据，可以改善海洋、气候和天气预报的全球和区域预报服务；推迟 12 个月的延时数据，可使科研团队以最高质量的方式实现上述第 2 ～ 4 的目标。⑦扩大国际、国家和区域伙伴关系，开展全球海洋观测，并为浮标进入专属经济区海域提供试点方案，使所有国家都能受益于透明和可预测的海洋。⑧通过延长剖面浮标、传感器的寿命和优化观测网维护，减少 Argo 对环境的影响，提高观测网效益。⑨与业界合作，开发研制新的平台和传感器，以提高数据的质量和数量，并降低资源和运营成本。

OneArgo 是一个可持续的、多学科的、真正的全球次表层海洋观测系统，为每个海盆和主要洋区（包括极地海洋）提供免费的，与物理海洋、气候和健康相关的实时观测数据。这一面向所有人免费开放的数据流，将改进现有的全球和区域分析，使新型海洋和气候预测服务和评估成为可能，彻底变革深海和生物地球化学海洋研究，并为海洋教育提供巨大机遇。

由于人类活动持续对我们的海洋加压，迫切需要对海洋状况建立一种可信的、基于观测和自由分享的认知。OneArgo 将为这些变化提供所有深度上的大尺度次表层视图，帮助拓展卫星的次表层观测，结合我们在沿海的经历和天气的变化，为社会响应提供信息。

国际 Argo 指导组再三强调，Argo 只是全球海洋观测系统的一个组成部分。它的设计目的是要与测量海平面和海面温度、盐度、风、水色、流速等的卫星观测，以及其他全球现场验潮站、表面漂流浮标、长期锚定浮 / 潜标、水下滑翔机、定期船舶走航观测和由动物携带的传感器等网络协同工作。Argo 主要通过用户团队 / 社区，其中包括从事海洋预报、业务化气候和天气预报，以及全球气候、海洋和地球系统研究的科学工作者和教育工作者等，扩大其影响力。

4. “数字丝路”国际科学计划

“数字‘一带一路’”国际科学计划（Digital Belt and Road Program，DBAR，简称“数字丝路”国际科学计划）是由中国科学家倡议发起，48个国家、国际组织和国际计划参与的大型国际研究计划（图6-3），涵盖范围包括“一带一路”所有地区，旨在通过分享数据、经验、技术和知识，实现地球大数据在“一带一路”可持续发展目标中的科学服务（郭华东等，2018）。2016年启动以来，DBAR已在环境变化、自然灾害、世界遗产、水资源、农业与粮食安全、海洋与海岸带、城市环境、高山和寒区等领域开展了地球大数据技术与应用研究和创新合作。通过建设地球大数据平台，发展“一带一路”空间信息应用系统与科学模式，为“一带一路”建设提供科学、开放、合作的信息决策支持，成为支撑和解决区域及全球可持续发展问题的一个创新实践，得到了“一带一路”共建国家和国际组织的广泛认可与支持。DBAR自2016年启动以来，首批成立的8个国际卓越中心分别分布于俄罗斯、巴基斯坦、美国、意大利、摩洛哥、赞比亚、泰国和芬兰，在基础设施改善、环境保护、灾害风险控制、水资源管理、城市发展、食品安全、沿海地区经济增长、自然和文化遗产管理、高山与极地寒区的可持续发展等方面开展合作，已形成共同研究、优势互补、互利共赢的科技合作开放基地，并以国际卓越中心为支点，形成具有区域优势和研究特色的、辐射周边地区的国际合作网络。

DBAR拟分三个阶段开展为期10年的研究。第一阶段（2016—2018年）：主要明确DBAR的愿景、目标、重点研究领域，建设地球大数据平台，建设工作组、任务组和国际卓越中心，形成国际研究网络，使“一带一路”沿线区域受益。第二阶段（2019—2022年）：利用在第一阶段建立的伙伴关系和科技资源，启动DBAR重点研究项目，开展地球大数据在“丝绸之路经济带”和“21世纪海上丝绸之路”的科学服务。第三阶段（2023—2026年）：总结已有的科学突破和贡献，践行联合国可持续发展目标（Sustainable Development Goals，SDG），全面建成“一带一路”地球大数据平台，实现科学目标（李国庆等，2017）。

通过DBAR的实施，各国专家正联合聚焦于SDG与“一带一路”建设决策需求，以地球大数据信息挖掘为主线，依托空间对地观测技术，充分整合多源多学科数据和研究成果，集成监测、实验、模拟、分析手段，开展“一带一路”自然资源、生态环境、气候变化与灾害、社会经济多学科研究，揭示“一带一路”多要素、多时空、多维度动态变化的时空规律，为“一带一路”规划和建设提供宏观战略科学决策信息支持。

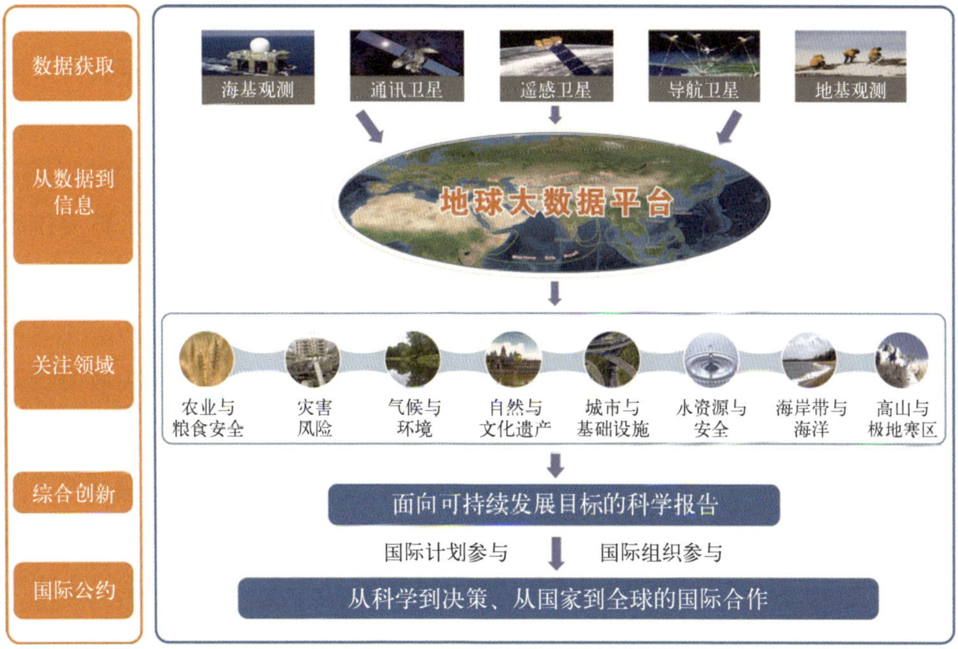

图 6-3 “数字丝路”国际科学计划科学实施总体架构

5. 全球海洋观测系统

自从 2009 年全球海洋观测大会，全球海洋观测系统已经将传统焦点由海洋在全球气候中扮演的角色进一步优化。全球海洋观测系统现如今也包含海洋业务应用和海洋生物生态环境，从海洋本身到有部分世界人口居住的沿海环境。开创了大部分跨地区、团体和技术的机遇，促进并提高了各个相关企业乃至所有得到利益的国家在全球海洋观测领域的参与度（Tanhua et al., 2019）。

全球海洋观测系统基于弄清海洋在全球气候中所扮演角色的需求而构建。为响应第二届世界气候会议的号召，政府间海洋学委员会在 1991 年 3 月创建了全球海洋观测系统。关于海洋观测系统对气候的研究的第一次国际会议于 1999 年 10 月在法国圣拉斐尔召开。从 1991 年全球海洋观测系统建立到 2009 年 9 月在威尼斯举行第二届国际海洋观测大会，全球海洋观测能力取得了巨大进展。人们开始意识到，全球海洋观测系统需要解决海洋在全球气候系统中所扮演角色以外的需求。在 2009 年的国际海洋观测大会上，全球一体化和跨学科海洋观测的合作被提出并被认为是重要的发展方向。海洋观测架构将一种系统方法应用于可持续的全球海洋观测。它将基本海洋变量作为聚焦点，并定义了基于需求、观测、数据和信息为关键部分的系统。重要的是，它结合了沿海和公海的观测结果。对三个系统组成部分各自的可行性、能力和影响的评估基于准备程度，即概念、试用和成熟。它是基于全球海洋观测系统除文中叙述的最重要的天气和气候方面之外的衍生需求。在过去十年中，地区和全球海洋评估、渔业管理、生态系统服务和实时服务已经成为全球海洋观测系统的驱动力。

为了满足全球海洋观测系统在气候、应用服务和海洋生态系统健康等三个关键主题下的扩展需求，显然需要获取新的观测结果和数据。特别是对于测量生物海洋基本变量，以及将全球海洋观测系统从远海扩展到大陆架和沿海系统，这一点尤为重要。

第一，将新的观测技术和网络带入全球海洋观测系统。在这里，术语“网络”是指观测海洋的能力，既包括人员协作框架，也包括国家观测系统的观测技术和数据管理实践。它们不一定像 Argo 浮标或卫星虚拟星座那样具有全局设计。在“全球”网络中，国家 / 地区计划使用共同的技术来回答常见的问题，聚集在一起共享、学习，并按照常用的数据标准开展工作，从而在需要时实现互操作性。多个全球海洋观测系统区域联盟正在运行高频雷达网络、海洋滑翔机、动物标签计划和全球海洋酸性观测网络。全球海洋观测系统区域联盟委员会主张将这些网络正式纳入全球海洋观测系统。此外，为了实现环境评估目的，沿海海洋监测领域已经开发出一些成本效益较高的仪器，如“摆渡箱”系统和浅水 Argo 剖面浮标（包括氧气和叶绿素 *a* 测量值）。然而，许多离线进行的化学和生物观测在沿海水域进行，尚未与海洋学界进行充分共享。因此，现有的沿海观测网络需要进一步优化，并整合不同的监测团体，以提高效率和协同作用。

第二，协作观测，数据汇总及交换。海洋和海洋气象联合技术委员会观测协调小组已将高频雷达、海洋滑翔机和动物载具确定为新兴网络。这些网络渴望实现全球使命，海洋和海洋气象联合技术委员会观测协调小组可以在制定实现此目标所需的策略、流程和系统时提供建设性意见和严谨管理。但海洋和海洋气象联合技术委员会观测协调小组活动的范围将受到限制，该活动目前涵盖了测量物理和生物地球化学等基本海洋变量的网络。与此相关的是，渴望成为全球海洋观测系统一部分的新观测技术和网络必须发展具有鲁棒性和可持续性的数据汇总和交换机制。重要的是，高频雷达、海洋滑翔机和动物载具这些新兴网络都在致力于其团体内的数据标准化，应该得到大力鼓励和支持。全球海洋观测系统的扩展涵盖了生物基本海洋变量、大陆架和沿海海洋系统，这在数据访问、汇总和交换方面提出了一些独特的挑战。海洋生物地理信息系统与全球海洋观测系统生物学与生态系统专家组共同合作应对这些挑战。海洋生物地理信息系统旨在为科学、保护和可持续发展提供有关海洋生物多样性的全球开放数据和信息交换所。

第三，海洋观测系统的跨国合作，国家能力和跨国合作力量的利用。在2012—2015年担任全球海洋观测系统区域联盟理事会主席期间，美国综合海洋观测系统（IOOS）已与邻近水域的国家合作，投资了新技术和网络，同时接受了国际数据标准化。澳大利亚的综合海洋观测系统是最新的全球海洋观测系统区域联盟，成立于2007年，其极大地受益于2009年全球海洋观测大会提出的思想，以及开发海洋观测框架的过程。该系统在2014年被公认为全球海洋观测系统区域联盟。欧洲全球海洋观测系统汇集了欧洲境内的42个会员机构和5个区域海洋观测系统。“印度洋—全球海洋观测系统”是一个专注于印度洋流域的全球海洋观测系统区域联盟。此外，印度也有一个非常成熟的国家海洋观测网络，该网络运营着Argo浮标、抛弃式测温仪器、测流计、波浪观测浮标、海啸观测浮标、潮汐仪、舰载气象站和系泊网络。印度国家海洋信息服务中心、国家海洋技术研究所、地球系统科学组织和相关组织的集中海洋观测能力在全球具有重要意义。非洲全球海洋观测系统是一个有广阔海洋区域可以观测的全球海洋观测系统区域联盟，同时涵盖了陆地和海洋环境，但目前尚无资金支持。它包括一个海洋－近岸系统节点和一个沿海节点。自2008年以来，用于长期生态研究的包括100个原位仪器的前哨沿海地区，一直在收集数据。

在未来十年中，应考虑并实现更多的物理、生物地球化学观测系统，如高频雷达、海洋滑翔机、动物标记和跟踪，以及“摆渡箱”和Argo浅水剖面浮标，并将其作为全球海洋观测系统中的观测要素。全球海洋观测系统应该促进各种系统之间的更好协调，例如，全球海洋酸性观测网络和海洋生物多样性观测网络。观测协调和数据汇总/交换对于实现跨地区、团体和技术的新合作至关重要。

第四，产品与服务。在过去十年间，海洋观测通过原位、卫星和其他遥感平台等多种方式，显著推进了基本海洋变量的扩展、准确性的提升，以及时空分辨率和覆盖范围的增加。在某种程度上，海洋观测系统的设计、实施和产品的产生是通过卫星和原位观测两种方式得到的数据结果来指导的，以最大限度地提高收益并降低成本。

卫星海洋观测及产品开发和服务。各国已根据其国家需要和663个优先事项运行了地球观测卫星。在科学/应用664项需求和成本约束的推动下，国际合作也得以建立。由不同国家共同/各自发射的卫星群近期已显示出了能解决多颗卫星同时飞行时数据的合并问题，从而提供了海洋和大气领域更精确且具有更短暂时间尺度变化的附加价值。这凸显了进行国际协调以确保地球观测卫星星座的连续性及持续进行质量控制和及时公开获取数据的重要性。随着卫星技术的进步，增加了用于测量更重要的海洋和大气变量的新型传感器，例如，新的美国国家海洋和大气管理局极地联合卫星系统配备了先进的传感器，包括①先进的微波测深仪（Advanced Technology Microwave Sounder，ATMS，用于测量湿度和温度）；②跨轨红外测深仪（Cross-track Infrared Sounder，CrIS，用于监测水分和压力）；③臭氧测绘仪系统（Ozone Mapping and Profiler Suite，OMPS，用于测量臭氧水平）；④可见红外成像辐射计系统（Visible Infrared Imaging Radiometer Suite，VIIRS，用于观测天气、气候、海洋、夜光、野火、冰面运动，以及植被和地貌的变化）；⑤云与地球的辐射能系统（Clouds and the Earth’s Radiant Energy System，CERES）。除了天气和海洋观测卫星外，一些太空机构还运营着以研究为导向的地球观测卫星。这些卫星测量的是气候和地球的基本环境变量，例如，辐射、云、水蒸气和降水、海洋状态、温室气体、陆地表面水文学和生态系统过程、冰川、海冰和冰盖、臭氧和平流层化学、天然和人为气溶胶等。不久的将来，一些任务包括对地球地表水进行地表水海洋地形的全球调查任务，使科学家们能够从太空中首次全面了解地球的淡水体，并且比以往任何时候都更详细地测量海洋表面。对地轨道运行环境卫星与极地轨道卫星相辅相成，可对地球环境进行连续的监视，从而确保对恶劣天气情况（如龙卷风、山洪暴发、冰雹和飓风）进行持续监测。

原位海洋观测及产品开发与服务。除了在国际上早先讨论过的诸如全球海洋观测系统区域联盟之类的协调区域观测体系外，世界气象组织/政府间海洋学委员会海洋和海洋气象联合技术委员会还是协调世界范围内原位观测和数据管理的联络点。主要的海面观测平台包括船舶、系泊和漂流浮标，Argo浮标和滑翔机。他们的数据用于海洋和天气预报、气候研究和监测，以及社会应用等领域。同时，来自许多海洋观测系统的数据，如TAO/TRITON、RAMA、PIRATA、OceanSITES的系泊浮标及各国和沿海的浮标网络，以及来自SOOP/VOS/VOSclim和Argo的船舶数据，都通过世界气象组织的全球电信系统实时传送至业务预报中心，用于业务预报和实时监测。此外，新技术和无人艇正在被整合到海洋观测系统中。全球电信系统的大多数最新添加内容是来自Saildrone公司的无人艇的数据。美国国家海洋和大气管理局与 Saildrone 公司在多个地区项目中进行了合作，包括在北极地区执行了四次任务；在热带太平洋观测系统进行了两次任务；在北美西海岸进行了一次渔业调查；并在南大洋进行了测试任务。Saildrone 公司的平台是一个真正配备了一套用于测量气象、海洋、物理和生物地球化学变量的传感器的集成系统。另外，他们已经开发了许多可商购的无人艇，被越来越多的学术界和工业界购买使用，如 Wave Glider、AutoNaut 和 Sailbuoy，并且这些无人艇都携带了气象和海洋学传感器，它们可以为全球海洋观测系统做出贡献。

卫星与原位观测混合产品和服务。海洋和天气预报、科学研究和评估，以及社会应用对时空分辨率、准确性和覆盖范围的应用需求越来越高。但是，每个单独系统的观测都有局限性，因此，需要生产通过混合多资源观测手段生成的产品。有关研究验证了不仅需要在卫星观测和原位观测之间进行偏差校正，而且还需要在原位观测本身之间或在卫星观测本身之间进行偏差校正。各个小组已经建立了数据库，用于对原位和卫星数据及混合产品进行质量监控。高分辨率海表温度研究小组是一个开放的国际科学团体，其目标是通过使海表温度数据生产者、用户和科学家能够在公认的最佳实践框架内进行协作，促进卫星在监测海表温度中的应用。高分辨率海表温度提供了海表温度数据共享的框架、数据处理的最佳实践及科学对话的论坛。多个数据源的信息被利用来生成高分辨率的海表温度融合产品，以进行海表温度分析。美国国家海洋和大气管理局利用极轨气象卫星和对地轨道运行环境卫星生产了混合型海表温度，其“海岸监视和海洋监视”项目收集并提供卫星观测数据（海面温度、海面高度、海面盐度、海面风和海面海洋颜色），同时也提供原位数据质量监控。

第五，团体和国际合作。由于地球的气候和环境条件没有国界，因此，如何成功地进行国际协调就显得尤为重要。如今在地球观测卫星委员会的领导下，有 60 个参与机构运作了 156 颗卫星，其中包括海洋观测卫星。地球观测卫星委员会是一种机制，该机制可以使这些组织聚集在一起，统筹合作。

6. 世界气象组织全球综合观测系统

世界气象组织（WMO）全球综合观测系统（WMO Integrated Global Observing System，WIGOS）的实施是 WMO 的七个战略重点之一，其目的是促进独立发展的多个观测系统相互演进，成为一个更加全面和集成的系统。这将为 WMO 成员和各计划产生的天气、气候、水文及相关环境观测和产品的递送提供一个更加一致的系统，并为全球综合地球观测系统做出重大贡献。此外，要认识到 WIGOS 不仅仅是简单地集成观测网络，它还包括系统 / 网络设计、规划和演变、系统运维保障、数据质量监控和管理、标准化、互操作性和数据兼容性、数据和元数据的发掘和能力测试、功能改进、沟通协调和对外拓展——所有这些都适合全球海洋观测系统。2013 年发布了《全球观测系统演进发展实施计划》，该计划制定了涵盖 2012—2025 年的 WMO 全球观测系统开发计划，以及它们在共同的 WIGOS“体系中的系统”中的作用。

目前，WIGOS 地基观测子系统主要包括世界天气监视网的全球观测系统、全球大气监视网计划的观测部分、水文和水资源计划的 WMO 水文观测系统，以及全球冰冻圈监视网的观测部分。这些观测系统除了包括 WMO 推动发起的系统外，还有 WMO 与其他组织共同发起的观测系统，包括全球气候观测系统和全球海洋观测系统。

WMO 信息系统是涵盖电信和数据管理功能的全球基础结构，也是 WIGOS 的关键要素之一，为所有 WMO 项目提供了一种集成方法。它使例行收集和自动分发观测到的数据和产品，以及在计划框架内产生的所有数据的数据发掘、访问和检索服务成为可能。它依赖于长期建立的全球电信系统，以用于交换世界天气监视网数据，但是经过增强，可以交换大容量数据，并将信息传输给各国气象水文机构和各国国家灾难响应机构。

综上所述，WIGOS 是一个“复杂系统”，为 WMO 赞助和合作赞助的所有观测系统提供了一个框架。将海洋气象和海洋学观测纳入 WIGOS 是必不可少的，它将为全球气象团体带来可观的收益，因为它将改善这些数据的转发，以适用于各种应用领域。这些应用的示例包括将更复杂的海洋 - 大气模型用于短期天气预报和海洋危害（热带气旋、风暴潮等）、长期季节性气候的预测及全球气候服务框架气候应用服务规范。随着 2018 年的热浪和其他极端事件发生，社会迫切需要根据近期的气候来评估当前的气候状况。WIGOS 带来的好处不应仅限于气象团体业务领域。许多科学研究需要一系列辅助数据（除了在研究活动期间收集的数据之外的数据），并且通过观测系统能力分析和审查系统工具，科学研究用户可以查询多个领域中的全球数据，以确保他们可以找到并访问最佳的可用信息。因此，预计 WIGOS 将使需要地球观测数据的整个全球团体受益。目前正在准备开展“世界气象组织全球综合观测系统的 2040 年愿景”，设想在未来几十年中 WMO 成员对观测数据的用户需求将如何发展。长期的发展在一定程度上受卫星和气象雷达更换计划的规划和实施时间表的影响，并需要确保陆基和天基部分是互补的。为了响应“世界气象组织全球综合观测系统 2040 年愿景”，WMO 随后将制定可为其成员和合作伙伴提供明确建议行动和指导的 WIGOS 实施计划，以确保 WIGOS 可以按照地球系统的预测要求，以最优方式发展。WIGOS 涉及的方面不仅限于系统 / 网络简单集成，还包括标准和最佳实践、互操作性、运营、设计、伙伴关系、监控和事件管理、能力开发，以及对外推广等，所有这些因素都与其未来十年的发展密切相关。

（四）电子海图产品案例

S-52 IHO 电子海图显示与信息系统海图内容与显示规范于 1988 年 4 月正式形成第 1 版，以国际海道测量局（IHB）第 52 号特殊出版物方式出版。此后经历多次修改，目前是 1996 年 12 月修订的第 5 版，并维护更新至 2001 年 12 月，由 IHB 出版。

S-57 IHO 数字式海道测量数据传输标准（IHO Transfer Standard for Digital Hydrographic Data）于 1991 年正式形成第 1 版，以 IHO 第 57 号特殊出版物方式出版，目前使用的是 2000 年 11 月发表的第 3.1 版，并维护更新至 2004 年 12 月，由 IHB 出版。S-57 数据传输标准是一种面向结构设计模式，采用 ISO/IEC 8211 封装数据，1992 年 4 月 15 日在摩纳哥召开的第 9 届国际海道测量大会上被推荐为官方标准，现规范已经被各个国家的海事组织使用。由于 S-57 现有的数据结构不能有效地表示网格化测量数据及动态信息数据，且标准本身缺乏有效的维护机制等，IHO 为解决其早期的标准 S-57 所存在的不足，经过多年研发形成了新一代《通用海道测量数据模型》（简称 S-100）。

S-100 标准于 2010 年正式颁布。目前，S-100 基于 ISO TC/211 19100 标准，S-100 标准仍处在不断地完善中，基于 S-100 的产品规范（S-10x 标准系列）的开发正在加速进行。现在已颁布了水深表面产品规范（S-102），电子导航图（Electronic Navigation Chart，ENC）产品规范（S-101）正在由传输标准维护与应用开发（Transfor Standard Maintenance and Application，TSMAD）工作组负责开发，航海出版物标准化工作组正在开发受保护航行区域产品规范（S-10x）。

随着 S-100 标准的不断完善及产品规范的陆续完成，最终取代 S-57 成为必然趋势。S-100 工作组（S-100WG）会议由茱莉亚·鲍威尔女士（美国）主持，并由伊丽莎白·哈赫西女士（丹麦，副主席）支持。参会者由来自 24 个成员国的 110 名代表、39 名专家贡献者组成，集中讨论了从 S-57 至 S-100 的过渡重点。

第二节　全球海洋治理公共产品面临的重大科技问题与挑战

一、国内外形势与挑战

全球海洋治理体系发展过程，也是一个主权国家间利益博弈和战略竞争的过程，因而中国参与体系建设既有内部的局限性，同时也面临外部挑战。

在国内层面，立法、制度设计、战略规划等顶层政策设计的滞后，制约了中国在全球海洋治理中以相对优势的经济和技术实力发挥更大的作用。在战略规划上，中国自 2013 年以来先后提出共建“海洋伙伴关系”和“海洋命运共同体”理念,并提出了“21 世纪海上丝绸之路”作为推进全球海洋治理的实施抓手，这与自由主义的全球海洋治理观不谋而合，但对于如何把理念转化为实践过程仍缺乏具体的路径设计和方案规划。

在地区层面，复杂的周边海洋争端制约了中国参与全球海洋治理的能力。从黄海、东海到南海，中国与东北和东南方向的多个周边邻国存在领土主权和专属经济区、大陆架划界及海洋管辖权主张的争议，争端国间围绕资源开发、岛礁占领、海域控制等方面的冲突时有发生。周边海洋争端削弱了沿岸国家彼此间开展治理合作的政治互信基础，大大增加了中国与邻国开展渔业养护、海洋生态环境修复等领域的区域海洋治理合作的难度，同时也提出了海洋安全治理新课题。

在全球层面，议程设置与规则制定能力不足、美国及其诸海洋强国盟友和伙伴国的联合打压，两方面因素限制了中国参与全球海洋治理体系建设的能力。一方面，当前全球海洋治理中的话语体系、议程设置由美欧等西方国家所塑造，中国作为“后来参与者”对理念和观点的创新性贡献不足。与此同时，中国参与了世界上主要涉海国际组织和对话机制，但对于全球海洋治理规则和制度的解释与改革的影响因美国等传统海洋强国的阻挠而得不到彰显。另一方面，传统海权竞争回潮已是不争的事实，而传统海洋强国对于海洋强权的疯狂竞争渐露峥嵘，这给中国倡导并维持自由主义海洋秩序带来了巨大的挑战。美国及其诸盟友与伙伴国把权力获得和相对收益置于自身海洋战略的优先地位，对中国加快参与全球海洋治理、在国际海洋秩序的重构中发挥影响进行严防死守和打压。其中，美国自 2010 年以来提出的“亚太再平衡战略”和“印太战略”重点内容之一，就是从海洋方向进行战略重新布局，以达到对中国提出的“一带一路”等国际合作倡议的遏制。

除此之外，中国对全球海洋治理的利益诉求随着自身综合实力的快速增长也在不断发生变化，如何从动态发展的角度把握和调整好对全球海洋治理的主张也是对中国智慧的考验。譬如，中国在第三次联合国海洋法会议期间，从“发展中国家”身份界定出发，支持77国集团提出“由国际海底管理局对国际海底区域进行统一管理和开发”的主张，但与中国目前对海底矿产资源勘探的利益诉求有冲突。未来在全球海洋治理融入中国意志的过程中，中国需要从更为长远的角度对自身利益诉求进行评估，科学推动中国与世界的平衡共赢发展。

二、海洋基础数据规模小，共享机制不够完善

海洋基础数据对于保障海洋资源可持续利用和生态保护、提高海洋科学研究的水平、促进海洋产业发展等方面具有重要作用。目前，国内外的海洋基础数据发展水平存在一定的差距。

首先，从数据规模方面来看，国外海洋基础数据系统较为完善，数据总量更大、种类更丰富，能够提供更多、更全面的数据支撑。例如，欧盟 SeaDataNet 项目整合了来自不同国家的超过 200 个数据中心，收集了海洋数据超过 10 亿个，形成了 100 多个国际标准数据产品；美国国家海洋数据中心拥有海洋与大气数据约 2 PB，以及超过 250 万次的数据访问和下载。而在国内，虽然政府和科研机构也开始重视海洋基础数据的收集和利用工作，但整体数据规模仍然相对较小，尤其在涉及海底地形、深海生态等方面的数据收集仍需加强。

其次，从数据共享方面来看，国外的海洋基础数据共享机制更加成熟，有利于促进数据的开放与共享。欧盟 SeaDataNet 项目、美国国家海洋数据中心等都是为用户提供各种数据共享服务的知名平台，通过标准化、规范化和一致性，为国内外科研机构和用户提供了高效便捷的数据获取和利用方式。而国内的海洋基础数据共享和合作程度还有待加强。虽然近年来我国政府加强了数据共享工作，但是由于数据源不同、数据标准不统一等原因，海洋基础数据的共享仍面临一些难题。

此外，海洋基础数据的质量和更新速度也是国内外发展水平的重要体现。国外的海洋基础数据在质量方面更有保障，数据标准更加严格、质量控制更加严谨，而国内

海洋基础数据质量仍有提升的空间。总的来说，国内海洋基础数据还存在以下问题。

（一）海洋基础数据共享体制机制不完善

2001 年我国启动“科学数据共享工程”，首批在地球系统科学、海洋、气象等 9 个领域开展数据共享试点。近年来，我国印发了《国家科技资源共享服务平台管理办法》《科学数据管理办法》《科技计划项目科学数据汇交工作方案（试行）》等一系列政策文件，逐步完善和规范科学数据共享服务体制机制，明确管理职责及运行服务要求，推动科学数据资源开放共享。2019 年，科学技术部、财政部在原有科学数据国家平台的基础上调整形成 20 个国家科学数据中心，并将其作为国家科技创新基地的重要组成部分。

我国初步形成以政府科技部门为主导、主管科技部门分制、责任部门承担、科学数据中心实施的总体管理架构，但从国家体制机制到各级地方科技计划管理部门和各行业领域的相关政策机制的制定与建立健全仍需一定的时间。我国数据开放共享起步较晚，开放程度较低，相比于欧盟等海洋科技强国早在 20 世纪 90 年代就着力构建数据开放共享的体制机制而言，我国尚未针对海洋数据资料建立完善的共享相关的法律法规，且缺少专门的组织机构或委员会进行协调、监督并有序推进跨部门海洋数据资源的开放共享工作。如何在保障数据安全的前提下，形成针对海洋数据开放共享的可操作文件仍是一项重要的议题。

（二）海洋基础数据共享难度大

世界上主要海洋国家基本都建立了国家级的海洋数据平台，如美国国家环境信息中心、英国海洋数据中心、日本海洋数据中心、韩国海洋数据中心等，进行本国海洋数据和信息产品的集成发布与共享，同时具备详尽的元数据描述、便捷的在线数据查询操作等优点，且数据评价体系完善。此外，也有一些科研机构发布自己具有特色的数据库和系统等，但同一类型的数据发布渠道相对集中。

相比之下，我国众多科研平台，如国家海洋科学数据中心、CMOC/China、ODINWestPac、中国大洋资料中心、国家极地科学数据中心等，虽基于二维、三维可视化等先进技术，实现了基于地图数据的在线快速查询检索和定制服务，但数据内容以国际来源的水文气象整合数据和信息产品为主，自主调查观测数据量较少，尤其缺少近岸定点连续观测数据或统计信息产品，而这部分数据恰恰是需求最为旺盛的。并且很多数据需要离线申请使用，获取数据的周期较长，难以满足用户多样化的需求。

总之，我国海洋环境观测数据开放共享平台众多、数据散乱分布、数据形式多样，没有形成统一的行业标准；数据的完成性、规范化和质量控制往往难以保障；数据跨平台共享存在壁垒、共享形式单一。相较于美国国家环境信息中心、英国海洋数据中心、澳大利亚海洋数据网络等海洋科技强国和国际组织建立的体现国家意志的国家级海洋数据平台，目前我国海洋数据的共享服务还未形成整体合力，也没有展现出对国际社会的海洋环境数据共享方面的成效。因此，迫切需要对已发布的各类海洋环境数据和信息产品进行整合和统一，以实现更为有效的共享。

（三）尚未形成数据产品体系和品牌效应

国际上已经形成了一系列具有代表性和影响力较强的海洋环境综合数据集和信息产品，如 WOD、WOA 海洋温盐网格数据集、全球海平面观测系统（The Global Sea Level Observing System，GLOSS）全球月平均水位产品、欧美数值预报产品等。这些产品更新频率快、覆盖范围广、空间分辨率高，产品的可用程度高、价值大，对全球海洋环境研究提供极大的数据支撑，在全球社会上具有较大的影响力。

在自主化海洋环境数据产品研制方面，中国科学院大气物理研究所研发了海洋数据处理和质量控制系统，研制形成国内首套长时间序列全球海洋环境变化系列数据产品，具有较好的数据产品质量和国际影响力。国家海洋科学数据中心研制发布了潮汐潮流预报数据产品和温盐统计分析数据集，近年来产品在时空覆盖和数据产品检验方面均有较大提升，但数据应用范围、国际影响力有待扩大。

我国的海洋环境信息产品种类众多，如公开发布的海洋环境再分析数据集和海洋环境实况分析数据集，具有长时序、严质控、持续更新且更新频率高等特点，在时间和空间分辨率上比国际产品更高，但因为起步较晚、应用相对不足，且过去由科技计划项目支撑的产品成果多散落在涉海单位、企业和高校，数据的延续性和业务化更新频率与国外差距较大，导致海洋数据产品共享应用不足、分布发散，难以更新迭代，没有形成产品谱系，知名度有待提升。同时，我国在水位、温盐、海流、气象等海洋数据产品方面相对于国际同类产品而言，发布的数据相对零散和断续，其影响力还不足。

除此之外，我国海洋环境信息产品质量控制标准不统一，关键技术在业务化工作中尚未充分应用，数据产品的质量控制多处于格式检验、一致性检验、异常值剔除等基本步骤，缺乏与国际同类产品质量控制过程的对比。自主化产品较少，产品研制和创新能力有待提升，宣传推广能力较弱，未能形成覆盖全学科、全要素、多级别的产品体系和品牌效应。因此，急需扩大国内外用户使用范围，深入开展同类型产品对比验证，建立我国海洋环境信息产品序列，在服务国内应用的基础上，推进我国自主研发海洋环境信息产品的应用和推广。

三、海洋环境数值预报模式计算时间长、数据应用不足

环境数值预报模式是指利用数值模拟方法对大气、海洋、陆地等自然环境进行预测的技术。它可以为政府、企业和个人提供重要的气象、海洋和环境信息，帮助人们做出更加明智的决策，促进可持续发展。目前，国内外的环境预报模式发展水平存在一定的差距。

国外环境数值预报模式发展较早，拥有先进的技术和较为完备的体系。在美国，国家大气研究中心开发了 WRF 等一系列环境数值预报模式，能够对大气和海洋进行预测，为美国和全球气象、气候和环境研究做出了贡献。此外，欧洲中期天气预报中心也开发了一系列高精度的环境数值预报模式，其模式输出的天气预报、气候预测等产品受到广泛认可，为欧洲及全球的气象预报和科研提供了重要支持。国外环境数值预报模式的发展受到政府的高度重视，政府对环境数值预报的投入相当大，各个领域的专家和科研机构也相互合作，不断完善环境数值预报模式。同时，国外各大企业也在此领域积极发力，例如，谷歌利用人工智能等技术，推出了全球天气预报应用程序“谷雨天气”。

与国外相比，国内环境数值预报模式的发展还相对较为落后（王辉等，2016）。虽然我国气象、海洋等部门已经开发了不少环境数值预报模式，例如，中国气象局开发的 GRAPES 模式、南京信息工程大学开发的 WRF-CHEM 模式等，但整体上国内的环境预报模式还存在不足之处，尤其是在精度和更新速度方面需要进一步提高。与国外相比，国内在环境数值预报模式的应用领域也比较狭窄，主要局限在气象、海洋等领域，其他领域的应用相对较少。

建立及时准确的全球海洋环境业务化数值预报系统是海洋强国战略的重要工作之一。国家海洋环境预报中心在近十年内从海洋环流、海浪到海洋生态做了大量的研究。全球业务化海洋学预报系统及其业务化应用是我国海洋预报系统全面进步的重要里程碑，海洋环境预报实现了由传统以人工分析为主的经验预报，向以数值预报为核心、人工分析和经验预报等多种方法综合应用预报的变革。该系统是国内首次构建的覆盖全球大洋到中国海的综合性业务化海洋学预报系统，在框架结构上采取了国际主流的全球向区域再到近海逐步精细化、降尺度的方式，预报区域既涵盖全球大洋，又在对我国有重要价值的印度洋、西北太平洋海域实现了较高分辨率，同时在渤海、黄海、东海和南海区域实现了精细化网格，极大地促进了我国海洋预报科技水平的进步，为我国维护国家海洋权益、促进海洋经济发展、应对海上突发事件、加强海洋防灾减灾提供有力保障。现阶段我国全球海洋环境预报保障工作已取得重大进展，但与美国、法国等海洋大国相比，在全球海洋环境数值预报技术和精度等方面还都有一定的差距，未来海洋预报建设工作任重而道远。

（一）海洋环境数值预报计算时间过长

目前，随着海洋环境数值预报模式的时空分辨率的提高、物理过程及参数化方案的细化等的发展，数值模式的计算量急速上升，使得对大规模高性能计算设备的需求随之剧增；加之，环境数值预报模式的发展正趋向于多物理量、无缝耦合化和多分辨率的综合性精确计算，对于预报计算效率要求更高。因此，计算资源的不足将不得不承受过长的计算响应时间。

（二）参数化方案误差较大

尽管海洋数值模式取得了较大进步，但长期以来所有海洋模式都存在巨大的共性模拟偏差，比如计算的表层海水温度偏高而次表层海水温度偏低。参数化方案是大气、海洋数值预报模式最为核心的问题之一。由于数值模式使用离散化计算网格，一些物理过程无法被分辨或体现，因此，需要对一些物理过程进行参数化。然而，已有的参数化方案受限于当时对于物理过程的了解或缺乏科学的解释，这些局限均会导致模式计算出现误差，并且该误差随着预报时效延长而积累。

（三）海洋卫星观测资料应用不足

相较于陆地观测来说，海洋的现场原位观测部署与维护成本高、站位空间分布密度小，因此，能够进行全球全天候观测的海洋卫星成为海洋观测中极为重要的组成部分。尤其是目前我国建有世界上最大的海洋动力环境卫星星座，能够有效地测量海面动力高度、海面风、海浪等海洋环境要素。然而遗憾的是，与其他先进国家相比，目前我国海洋卫星资料的应用仍更多的在科研方面而不是业务领域，自主海洋卫星业务化应用程度甚至不如国外相关机构。以海洋卫星海浪遥感产品为例，法国气象局在 2019 年已将中法海洋卫星（CFOSAT）海浪观测数据应用于其业务化海浪数值预报模式中，并于更早时已开始使用我国 HY2 系列卫星开展业务化同化与检验工作。然而，我国业务化海洋预报部门目前也还未能将 CFOSAT 等卫星资料业务化同化进入海浪业务模式中。

（四）非常规海洋要素预报精度较低

目前，海洋环境数值预报的产品一般仍局限于传统海洋要素，如海流的流向、流速、海表温度、海浪有效波高等。但实际的诸如海上风电安装等海上工程活动对于海洋要素的需求远不仅仅局限于上述常规海洋要素。以海浪为例，根据目前海洋工程所反映的需求，海浪的周期、长波长涌浪等非常规海浪要素也是海洋工程极为关注的要素。然而，目前海浪数值预报往往更多地关注海浪有效波高这一积分量，使得海浪数值模式预报结果除有效波高外的波长、周期、涌浪等非常规海浪要素预报均存在较大的误差。此外，海洋次中尺度过程，如次中尺度涡旋、锋面和涡丝等，在多尺度海洋动力学中扮演着重要角色。然而，由于计算能力的限制，目前难以有效预报这些过程的发展和演变。

（五）人工智能与海洋环境预报融合不足

以数值预报技术为主的大气 / 海洋预报由于对地球流体运动规律认识和表达、观测资料同化应用、模式物理参数化等方面的不足而导致误差。近年来人工智能技术在诸多领域展现了强大的能力，并开始在海洋环境预报领域得到应用。目前，人工智能主要在如下三方面取得了一定的成果：①基于人工智能技术订正海洋数值预报产品；②使用人工智能方法替代或改进参数化方案；③基于大数据与人工智能研发纯数据驱动的海洋环境数值预报模型。人工智能技术以其极快的正向预测速度及超强的非线性拟合能力，使得该技术有望在海洋环境预报领域发挥重要的作用。

然而，人工智能技术与海洋环境预报的结合还远没有达到完美。目前，掌握最新人工智能技术的专家往往对物理海洋过程缺乏透彻了解，使得开发出的模型缺乏物理解释或完全不具备物理基础；而物理海洋研究人员对于最新的人工智能模型的种类、架构和特性也同样缺乏认知，使得人工智能技术的效能可能大打折扣。在这一方面，国家海洋环境预报中心海浪预报团队取得了一定的进展，该团队基于目前最有效的时空注意力机制模型初步完成了海浪数据驱动预报模型，以低于数量级的运算时间使其预报精度达到目前最好的数值预报的水平。但是总的来说，在人工智能与海洋环境预报领域依然存在较多的空白，也缺乏相当数量的复合型人才。

四、国际海洋科学合作不足、定位不准

根据海洋资源自身的特殊性，从内在合理要求出发，构建国际海洋科技合作机制，已成为各国共识。由于互联互通，经济全球化不断深化，各国在海洋资源开发中的竞争与合作并存，需要不同国家之间在合作共赢基础上，共同构建国际合作机制（崔野和王琪，2019）。

近年来我国科技实力迅速发展，科技成果不断涌现，国际合作需求越发旺盛。中国已经与 160 多个国家和地区建立了双边的政府间科技合作机制，合作对象不仅包括技术先进的发达国家，还包括广大的发展中国家，二十国集团（G20）、亚太经济合作组织（APEC）、中东欧、拉美等多边区域组织，以及联合国教科文组织等全球性国际组织。但同时我们应该保持清醒认识，我国科技底子薄，国际科技合作中经验、能力尚不完善的状况尚未发生根本改变。

（一）双边合作主导、缺乏多边合作

首先，中国在多边合作方面的参与相对较少，与一些全球性的海洋科技合作机制和组织的合作还有待加强。这导致中国与其他国家在海洋科技领域的合作范围相对狭窄，无法充分利用多边合作的优势和资源。其次，中国在多边合作中的合作领域相对有限。目前，中国的多边合作主要集中在特定领域或地区，如某些区域海洋科技合作

机制。这限制了中国与其他国家在更广泛的海洋科学领域开展合作的机会，无法全面参与和贡献全球海洋科技发展。另外，中国在多边合作中面临一些挑战，如合作机制的复杂性、合作伙伴之间的利益差异和合作资源的不平衡等。

（二）缺乏协调沟通机制

首先，国际海洋科技合作的发展相对粗放，缺乏有效的协调和沟通机制。合作伙伴之间的交流和合作不够密切，导致资源分散、合作项目重叠及合作成果碎片化。其次，中国的海洋科学合作在协调沟通机制方面尚未充分发展。虽然中国在与其他国家的双边合作方面取得了一定的成果，但在建立多边合作框架和机制方面还存在欠缺。缺乏有效的平台和机制限制了中国与其他国家在海洋科学合作中的广泛对话、协商和合作，阻碍了合作项目的规模化和可持续发展。

（三）国际认同和参与度有限

国际社会对中国提出的海洋科技计划的认同和参与度有限。往往，国际合作更多地聚焦于发达国家提出的计划，而对中国的计划采取保留态度或缺乏充分的支持。这可能与一些因素有关，如中国在海洋科学领域的发展相对较晚、科技实力与发达国家存在差距，以及在国际舞台上的知名度和影响力相对较低等。此外，中国海洋科学合作还面临着合作伙伴之间的技术壁垒和合作条件的不平等。一些发达国家在海洋科技领域拥有先进的技术和设施，而中国在某些方面可能需要依赖于外国的技术支持和合作机会。这可能导致合作伙伴在合作中主导议程和资源配置，限制了中国在合作项目中的自主权和发展空间。中国的海洋科学合作还受到一些国际政治和地缘政治因素的影响。一些国家可能基于政治考虑，对中国的合作提出限制或偏见，使得中国在海洋科学合作中面临一定的困难和挑战。

（四）对国际科技合作定位不准

我国科技创新的国际化水平较低，这导致我国科研机构常常对国际科技合作的定位不准，几种常见的误解包括①将国际科技合作作为获取关键技术的手段。任何国家和团队都会珍视自己的研究成果，关键核心技术是要不来、买不来、讨不来的。将国际科技合作作为获取关键技术的方式往往不会成功，甚至会影响我国的国际声誉和科研诚信。②将国际科技合作作为争取科研任务的噱头。没有合作基础，也缺乏务实合作需求，仅把国际合作当作争取科研任务的噱头，会浪费国家资源，还可能会给开展务实科技合作的项目造成负面影响。③对国际合作的成果吸收和承接不足。未对国际科技合作成果深入消化吸收和进一步开发，或者缺乏成果承接和吸收的能力或措施，合作成果的效益必然不能充分发挥，甚至会导致对外方技术的依附。

（五）政策法规建设相对滞后

科技实力迅速发展，国际科技合作广泛开展的同时，相关政策法规建设却显得滞后。这导致国际科技合作项目在进入实质阶段后，我国缺少政策法律层面的约束和引导，面对已建立成熟法律体系和相关政策、制度的国外合作者，我国处于被动，只能选择适应外方或对外方已建立的体系做一些适应性调整。这会导致我国面临较大规模的国际科技合作活动时缺乏行动依据，参与合作人员的主观能动性更无法发挥。

五、电子海图缺乏规划管理，标准不统一

随着我国海洋经济的快速发展，海洋航行活动日益频繁，电子海图作为航海和海洋资源开发的重要工具和基础设施，具有不可替代的作用。然而，尽管我国在电子海图制图技术方面取得了很大进步，但在实际应用中，仍然存在许多不足，需要进一步加强研究和改进。

（一）电子海图统筹规划管理力度不够

首先，电子海图涉及多个相关部门和利益相关者，如海事管理机构、海洋数据提供机构和科研机构等。各相关部门和利益相关者在数据收集和维护过程中存在重复劳动和数据碎片化的问题。不同机构和部门独立进行数据收集，导致相同的数据被重复采集和处理，造成了资源的浪费和不必要的成本。此外，由于数据分散在不同机构和部门中，数据之间的联系和关联性不够明确，缺乏整体性和综合性的视角。其次，不同机构和部门在数据收集与处理的方法、标准及流程上存在差异，导致数据之间的一致性不足。缺乏统一的数据标准和规范，可能导致电子海图中的信息不一致，给用户带来困惑和使用上的不便。此外，不同机构和部门使用的数据格式、坐标系统和符号

体系等方面的差异也给数据的整合和应用带来了一定的难度。

（二）电子海图系统信息处理能力不足

当前电子海图方面技术已经进行了巨大的升级换代，国际上目前有多种技术成熟的电子海图系统产品，如美国的 NACOS ECDIS 系列、加拿大的 EC PINS 系列，以及我国自主研制的电子海图综合显示和信息系统等。我国在电子海图领域起步较晚，目前正在向标准化、虚拟化、模块化方向发展。与国外相比，国内在软件、硬件方面技术相对不足，整体系统软件水平与国外相比有较大差距，并且我国开发的电子海图显示系统，能够推广应用于船舶的也较少。当前舰船使用的电子海图系统存在一个较大的问题，即信息处理能力不足。随着监测范围的增大、监测内容的增多，电子海图监测系统需要处理的信息量巨大，因此往往导致信息更新不及时，在电子海图上显示存在严重的滞后性，导致监测显示结果与实际情况不符。

（三）电子海图精度较低，难以满足实际应用的需要

我们已经制作的沿海小比例尺电子海图（包括 1 ∶ 10 万、1 ∶ 30 万和 1 ∶ 50 万）仅仅是纸海图的翻版，精度较低。因为我国沿海水域纸海图都是采用十几年前甚至几十年前测绘的资料编辑成图，不仅资料老旧，而且限于当时的测量手段、方法及制作纸海图的目的，以现在的标准、要求看，这些资料精度低，误差大。例如，比例尺 1 ∶ 30 万的海图，其平面位置误差可达 450 m，远远达不到现代航海对电子海图的精度要求。

（四）多源多类型数据融合不足

传统的电子海图以平面图形为基础，根据 IHO S-52 国际标准，采用二维符号构建海图表示库并进行显示。由于抽象符号复杂性和可能多义化，会造成辨识符号意义和准确理解航行环境的困难。随着计算机图形学的发展，三维海图成为电子海图的重要发展方向。然而，在实际应用中常需要真实场景中不存在的虚拟要素，如水深、等深线、报告线、锚泊区、警戒区等，需要利用二维电子海图的矢量数据来弥补三维场景水面信息的不足（周中元，2020）。因此，在三维空间组织框架下实现海量、多源、多类型的数据融合是亟须解决的关键问题。

（五）国际国内电子海图标准不统一

国际标准的制定规范了电子海图导航系统的功能、数据结构、显示规范和数据保护方案，保障了国际通用性，在很大程度上推动了电子海图导航系统的进步和发展。而国际国内的标准和战略不统一正是限制我国电子海图发展的难题之一。其中，一个显著的例子是在坐标系统上的差异。国际上通常采用经纬度和投影坐标系统作为电子海图的标准，而我国则采用自己的大地坐标系或火星坐标系。这导致我国电子海图的坐标与国际标准存在一定的偏差，给海上航行和跨国合作带来了一定的挑战。此外，符号和图例的使用也是一个不一致的方面。国际上有一套通用的电子海图符号规定，但我国可能使用自己的符号和图例，与国际标准存在差异。数据更新也是一个重要的问题。国际海事组织规定了电子海图的制作和更新标准，但我国可能根据自身需求和操作流程进行数据更新。

第三节　我国全球海洋治理公共产品领域工程科技优先发展方向

当前全球海洋治理体系正处于转型变革的关键阶段，美欧等西方国家单边主义和保护主义对自由主义的海洋秩序的冲击，将对未来全球海洋治理格局起着决定性的影响，中国的维护、支持和推动对现行自由主义全球海洋治理体系赢得改良和升级机会至关重要。与此对应的是，捍卫多边主义、自由主义的全球海洋治理体系，也是中国在新一轮国际海洋秩序变革中争取主动权和更多话语权、打破美欧等西方海洋霸权不可错失的良机。当务之急，中国应该明确自身的历史担当和未来的责任使命。对于中国而言，现阶段的任务和目标至少包括以下几个方面。

（1）维护岛礁领土主权和海洋权益：保持战略定力、发挥战略主动，抓住“南海行为准则”磋商等契机，以更加积极的外交作为和更加务实的海上功能性合作，引导本地区国家共同构建稳定的区域海洋秩序。

（2）建立以规则和制度为支撑的区域性海洋治理体系：以《南海各方行为宣言》、磋商中“准则”等多边框架及双边共识为基础，推进地区内国家间就生态环境修复、渔业资源养护、海上溢油处置、航道安全维护、海洋垃圾处理等领域开展务实合作，逐步形成包含规则和制度、行动计划、实施项目等在内的区域海洋治理体系。

（3）维护现有多边主义的全球海洋治理体系，并在体系的转型变革中主动发挥“领跑者”角色，维护联合国在全球海洋治理中的中心地位。

（4）把“海洋命运共同体”的理念转化为世界各国开展全球海洋治理合作的实践目标：通过联合国大会、联合国海洋大会等多边机制，把“海洋命运共同体”理念的内涵与外延、实施路径等向国际社会进行阐释，让这一理念成为全球公认的海洋秩序普遍价值追求。

一、发展海洋基础数据，促进数据共享

（一）加强我国海洋观测战略规划和顶层设计，保证海洋观测持续性、先进性和前瞻性

立足我国当前和未来对海洋观测的宏观需求，紧密跟踪当前国际关注热点和重点方向，制定我国的海洋观测发展战略规划和实施计划，适应不断增长的新需求和技术发展新形势，以自主建设或国际合作的形式，积极在大洋、边缘海或他国专属经济区开展持续的海洋观测；借鉴全球海洋观测体系设计经验，不断更新和完善需求论证，持续优化观测系统顶层设计，完善装备体系，提升观测能力；提高国家和地方政府对海洋观测事业的重视程度，确保稳定的财政资金支持，通过加强观测站点管理和保护、增强人才队伍建设、建立海洋观测事业发展考核机制等，开展长期、持续的业务化海洋观测，为海洋防灾减灾、海洋生态保护修复、海洋开发利用等提供支撑。

（二）加强海洋观测数据的管理、应用和服务，最大化实现海洋观测的价值

我国实施海洋观测的组织机构众多，所属部门和行业不同，可充分借鉴 OceanOPS 运行经验，建立国家统一的数据管理与观测设备运行状态监控平台，加强数据质量控制，统一数据标准，完善数据管理机制，并实现对观测设备和平台运行状态的实时监测。数据的应用和服务是海洋观测价值实现的核心，而我国大量的海洋观测数据被束之高阁或仅做有限使用，缺乏对数据的进一步挖掘和应用，同时众多的海洋科研、管理和开发利用活动对海洋观测数据有强烈的需求。因此，迫切需要加强海洋观测数据的共享、数据产品的开发和数据服务的完善，借助跨平台共享和可视化技术，简化数据申请流

程，提高数据获取传输的安全性，建立可查找、可访问、可互操作、可重用的数据管理、应用和服务体系。

（三）加强海洋观测新技术的装备和应用，推动实现高水平自立自强

国际上先进和成熟的海洋观测系统，如美国综合海洋观测系统（IOOS）和澳大利亚国际海洋观测系统（IMOS）等，均有完善的支持推动新技术研发、入网试验测试和业务应用的技术体系，缩短了新技术的研发和应用周期，提升了观测系统效能，同时满足了不断增长的新需求。我国也需要大力支持无人、智能、长续航、低成本技术装备与平台的投入和研发，完善技术装备的测试和准入环节，推动新技术装备的快速业务应用。尤其是近年来逐渐成为未来研究重点的生物地球化学和生物生态观测技术，同传统海洋观测技术相比，我国在这些技术上与国外差距相对较小，加大对其创新研发、产业化和业务应用的支持，有助于降低我国海洋观测技术装备对国外进口的依赖。

二、融合数据与先进技术发展海洋环境预报模式

全球业务化海洋学预报及其业务化发展应用是我国海洋预报系统全面进步的重要里程碑，海洋环境预报实现了由传统以人工分析为主的经验预报，向以数值预报为核心、人工分析和经验预报等多种方法综合应用的预报的变革。开展精细化海洋环境预报模式研究，极大促进了我国海洋预报科技水平的进步，为我国维护国家海洋权益、促进海洋经济发展、应对海上突发事件、加强防灾减灾提供了有力保障。

（一）发展精细化预报技术，提高海洋预报时效

在海洋动力环境数值模式技术中，高分辨率是海洋数值模式发展的趋势之一。应进一步提高区域海洋预报模式的分辨率，改进数值模式性能，增加观测数据，完善资料同化技术，提高未来海洋预报时效。例如，目前业务化的海洋环流预报的时效主要局限于短期（7 d）或者中期（7 ~ 30 d），未来预报时效需要扩展至季节 – 年际时间尺度。此外，针对重点港口、海湾、重大基础设施、关键经济目标和典型人口密集区域等沿海重点保障目标开展潮汐（流）、风暴潮、海浪、海啸、海冰、海温等要素的预报，形成对近岸工程环境的精细化预报与服务保障能力。

（二）加强核心关键技术攻关

海洋是高度复杂的非线性动力系统，受海洋初值和数值模式本身存在的误差的影响，海洋数值预报具有极大的不确定性。以现有国内外先进数值技术为基础，集合业务部门和教育科研机构的优势力量，研发具有完全或高度自主知识产权的关键技术，包括数值模式动力框架、次网格物理过程参数化方案体系、高精度数值离散技术、精细化网格环境数据同化技术等。同时，加强在不同尺度水平与垂直混合过程研究、高精度平流计算方案、四维变分同化和集合同化技术等细分领域的合作研究，并将大尺度全球海洋资料同化技术推进到能分辨中尺度过程的全球高分辨率预报系统。资料同化作为改善数值预报的重要技术手段，在多时空尺度观测资料的有效融合、数值模式多尺度特征在同化中的表征、同化算法的高效计算，以及不同海洋状态变量之间平衡关系的同化技术方面，都必然面临一系列科学和技术上的新挑战。

（三）推进人工智能和数值模式的协同作用

随着科学与技术的发展，各种观测、模拟手段的突破，数据种类在不断增加、数据质量在不断提高。海洋数据已经具备了大数据的典型特征，即数据量大、获取数据速度快、数据类型多样和数据真实性强。为此，建议在大数据与云计算技术方面，发展云架构下海洋数值预报服务系统、数值模式自动优化分析系统、海洋环境大数据存储云、海洋数值预报计算云、海洋大数据与人工智能预报技术。以突破海洋数值预报服务云和海洋数值预报平台云构建技术，为海洋数值预报研究用户和业务用户提供便捷、高效、低廉的支撑环境。

三、加强国际海洋观测发展，促进国际海洋科学合作

（一）加强国际化海洋观测发展

扩大和强化全球海洋观测合作伙伴关系，通过合作、协调和共享，提升全球海洋观测能力，协助加强小岛屿和最不发达国家或地区的海洋观测与服务。充分发掘、体现和宣传海洋观测服务及其价值，扩大我国在国际上的影响力，获得国际上更广泛的认可和支持。将全球、地区和国家层面的海洋观测能力整合起来，为人类的可持续发展提供全面的服务和支持。

（二）加强国际合作，提升我国对国际海洋观测的贡献和影响

我国在海洋可持续发展领域存在一系列亟须破解的问题，亟须以联合国“海洋十年”中国委员会的成立为契机，统筹国家海洋观测能力，更积极有效地发起和实施与我国利益相关的国际合作计划，积极参与全球海洋观测合作框架和观测计划，通过开展有组织的海洋科学观测和业务化海洋观测，提升我国在全球海洋观测和海洋环境预报领域的影响力，逐步缩小与发达海洋国家之间的差距。我国应高度重视提高两个转化能力：一是将数据与信息转化为创新知识与技术的能力，二是将创新知识与技术转化为治理水平与公益产品的能力。

（三）聚焦全球重大海洋问题，部署综合性国际研究计划

全球性海洋环境问题对促进海洋可持续发展具有长远的战略意义。为了增强国际影响力，我们应重点关注海洋科学领域的焦点和未来若干年的关键科学问题。在全球气候变化中海洋作用和海洋变化等方面，加大部署和投入，积极参与全球治理。另外，中国拥有广阔的大陆架、蓬勃发展的海洋经济，以及一些需要解决的海洋环境问题。因此，在“健康海洋”研究方面开展示范性工作具有重要意义。基于以上国际性海洋环境问题，建议我们积极组织和部署以中国为主导的国际性研究计划，聚焦国内的研究力量，以引领和推动全球海洋研究的发展。

（四）构建新型国际创新合作模式

我国海岸带广阔，其中资源与地理、气候等因素不尽相同，也导致了不同的制约开发的瓶颈。我国应根据不同海域的地理环境、人文环境等特征，结合他国经验，针对不同地区的海洋资源，针对所涉及的不同产业，因地制宜地选择恰当的开发与合作方式。

（五）积极制定国际海洋合作行动方案并参与全球治理

以“海洋命运共同体”理念、“21 世纪海上丝绸之路”倡议、“蓝色伙伴关系建设”和“创新驱动发展战略”为指导，以我国的长远发展需求为牵引，在联合国“海洋十年”实施过程中发挥积极且长效的作用。结合国内海洋科技工作发展规划，在“海洋十年”

框架下积极发起和实施全球性或地区性的海洋合作计划，争取发挥牵头和引领作用，推广中国理念、技术、标准和方法等。结合发展需求积极落实全球海洋合作预期成果，向世界展示中国推动海洋可持续发展的态度，推广中国经验。

四、促进电子海图智能化发展，增强多元应用服务能力

电子海图信息系统已经明确了在性能指标、海图显示规范、数据标准、硬件设备等方面的要求，并且成功应用于船舶航行领域。它有效地解决了传统纸质海图存在的问题，并逐渐取代了纸质海图时代。未来，智能电子海图将成为电子海图发展的必然趋势。

（一）电子海图显示与信息系统技术集成与发展

实现全球范围的电子海图全覆盖工作，通过电子海图数据的筛选与融合，识别和填补数据空白，以确保电子海图的完整性和准确性。同时，在电子海图信息系统的运用过程中，注重各项信息数据的交换和处理能力，以提高数据利用的效率。采用信息的双配置、多传感器和多模式工作，对数据进行处理、过滤等操作，以确保各项数据的准确性。

（二）电子海图数据多维化发展

改变电子海图综合显示方式，集成三维模型、海底地形、遥感影像、水面纹理等要素，使其具备更强的直观性、真实性和可视化效果。在已有二维和三维电子海图的基础上，发展多维电子海图技术，利用二维电子海图海上数据弥补三维水上信息的不足，将二维电子海图上的水上物标与三维的岸线、地形、临水建筑物、港航设施等数据进行叠加和融合，在三维数字地球框架下实现海量、多源、多类型数据的显示。

（三）提高电子海图的自主环境感知和增强现实能力

自主环境感知是指船舶通过各种传感器获取航行环境等各种信息并自动进行目标识别、检测和跟踪的过程。电子海图导航系统接入感知数据后，能够更好地重构航行环境和进行航行监控。除了传统的雷达、船舶自动识别系统（AIS）、计程仪和测深仪

等感知手段外，视觉感知（可见光和红外）、激光雷达等感知设备也已经开始在船舶上应用，基于视觉和三维点云的海上小目标检测将被广泛研究和应用。此外，随着船舶感知手段越来越丰富，多源感知数据间的冗余和冲突处理、数据融合，以及基于其联动的智能识别技术也将是未来技术攻关的重要方向。在多维的电子海图导航系统中使用 AR 技术，可将导航过程需要分析和处理的信息增强显示在屏幕或驾驶员穿戴设备上，例如，对船舶视野盲区下被遮挡的小型船舶的增强显示；船舶转向、靠泊时的回旋路径指示等。利用 AR 技术可以减轻船舶驾驶员的压力，提升船舶航行的安全性，将是未来智能船舶导航系统的重要展现形式。

（四）加快新技术融合，为智能航运提供支撑

在国家加快实施创新驱动发展战略背景下，物联网、云计算、大数据、人工智能等众多高新技术体现出前所未有的快速发展和深度融合。这些技术与海洋测绘技术有机结合，给海事测绘生产组织体系和产品服务带来全面变革和升级调整，推动其产品服务向个性化、智能化、知识化方向发展。海事测绘产业必然从当今数字化时代向信息化、智能化发展，以满足人们日益增长的对海洋空间大数据的迫切需求。随着甚高频数据交换系统（VDES）和电子航海（E-Navigation）概念和技术的不断发展，智能化航运时代已经到来。海上通信技术主要用于实现船 – 岸和船 – 船之间的信息交互。实现高带宽、低延迟和低费用的通信是船舶智能导航系统全面实现一体化和服务化的重要基础。我国应牢牢把握战略机遇，全面增强创新能力，开发新一代支撑岸基服务系统——根据船舶航行区域自动更新和推送海图、水文气象等各类航船航行安全信息，加快实现智能航保高质量发展，为智能航运安全和区域经济发展提供智慧化的保障服务。

第四节　全球海洋治理公共产品发展愿景、路径和建议

作为第三世界国家的代表，日益走近世界舞台中央的中国有意愿、有责任也有能力在全球海洋治理中发挥建设性作用，为达成全球海洋善治、构建海洋命运共同体贡献中国智慧与中国力量。深度参与全球海洋治理成为中国加快建设海洋强国、实现中华民族伟大复兴中国梦的必然选择与必由之路。

一、加强海洋观测网络建设，推进数据标准化和共享

《海洋大数据标准体系》的发布为海洋大数据技术标准、平台和工具标准、管理标准、安全标准和应用标准等提供了修订依据，为我国海洋大数据标准体系建设发展奠定了基石，有效推动海洋大数据领域标准建设，在海洋大数据标准领域具有重要里程碑意义。因此，为更加科学、有效地开展数据处理和分析应用，加强数据管理和服务，迫切需要海洋大数据标准体系，为进一步发挥海洋数据的应用价值提供技术保障。

（一）加强监督管理，统筹协调布局

加强监督管理，统筹协调布局，共同推进数据产品标准规范技术体系建立。面向国内，吸纳美国等发达国家在海洋治理公共产品研制方面的相关经验，建立统筹协调机制，加强政策落实的监督管理和投入力度，协调推进海洋治理公共产品体系化发展，为数据广泛应用提供政策环境。面向国际，以牵头组织国际合作项目为契机，多方联合海洋科技强国，建立项目工作组，规范工作组管理，建立年会、报告机制，推动制定国际标准和技术规范。

（二）加强海洋数据资源整合与基础设施建设，推动数据应用服务发展

全面汇集数据资源，加强海洋资源基础设施建设，形成数据应用服务合力。为改善我国数据开放平台多、数据散乱、共享形式单一等现状，亟须建立国家级海洋资源共享应用平台，面向国家战略、科学研究、社会公众等不同应用需求，全面汇集各涉海部门、企业、个人的海洋数据资源，充分利用云计算、大数据、人工智能、区块链等新一代信息技术，提供一站式搜索、数据溯源、数据下载 / 上传、处理分析、数据认证等功能，借助跨平台共享和可视化技术，保障数据安全，提供多元化应用服务。

（三）创新合作模式，推动海洋科学数据产品业务化更新

创新合作模式，建立自主化数据研制关键核心技术体系，持续推动海洋科学数据产品业务化更新。采用“研究机构 / 科学家团队 + 数据中心 / 涉海单位”的“技术攻关 +

业务化应用”模式，研究机构 / 科学家团队负责数据采集、质量控制和产品研制的关键技术攻关，数据中心 / 涉海单位负责业务化处理、保存和分发数据产品，合力构建自主化产品研制关键核心技术体系，加大针对数据业务化更新迭代的运行维护资金投入，加强宣传推广和验证对比应用，打造国际品牌产品体系。

二、引入人工智能和大数据等技术，构建多元化环境预报模式

（一）提高海洋环境数值预报计算效率

首先，进行算法优化和并行计算，通过对数值预报模型的算法进行优化，提高计算效率，并采用并行计算技术，充分利用多核处理器和分布式计算资源。其次，建设或租用高性能计算平台，以提供强大的计算能力和存储资源，支持海洋环境数值预报的大规模计算任务。同时，采用数据压缩和精简技术，减少海洋数据的存储和传输量，从而降低计算时间。此外，通过精确的模型参数调整，优化数值模型的设置和参数配置，以提高模型的计算效率。最后，采用分布式计算和任务调度策略，将数值预报计算任务分解为多个子任务，并合理划分计算量和负载，优化任务调度，提高计算效率和系统资源利用率。

（二）发掘海洋卫星观测数据潜力，提升数值预报能力

在业务预报中应用与深入挖掘我国自主海洋卫星的潜力和效能，甚至通过海洋数值模式来辅助确定对于新一代海洋卫星的需求，这是未来重要的工作内容与发展方向。对利用卫星数据进行的海洋环境预报进行验证和评估，比较预报结果与实际观测数据的差异，并进行统计分析和误差估计。同时，基于卫星数据和数值模型，开发相应的海洋环境预报产品，包括海洋温度场、海洋风场、海洋水色等产品。确保预报产品的可视化和易读性，并通过适当的渠道和媒介进行传播，使其能够为用户和决策者所使用。

（三）推进人工智能和数值模式的协同作用

以数值预报技术为主的大气 / 海洋预报由于地球流体运动规律认识和表达、观测资

料同化应用、模式物理参数化等方面的不足而导致误差。人工智能技术已经在大气/海洋预报领域广泛应用，因此，人工智能与海洋环境预报的结合也是未来重要的发展趋势。建立智能化的数据处理和分析框架。通过人工智能技术的应用，如机器学习和深度学习，对海洋环境观测数据、遥感数据和实验数据进行智能处理和分析，以发现其中的潜在规律和模式，并为数值模式的参数化方案提供参考。

（四）研制耦合预报系统

尽管海洋数值模式取得较大进步，但长期以来，海洋模式都存在大的共性模拟偏差，因此需要实现大气－海洋－海浪的完全耦合。实现高效的海气通量及相关参数在子模式之间的交互传递，并保证整个耦合系统质量和能量的守恒，克服由于各种通量的误差在耦合过程中不稳定增长而导致的气候漂移问题。另一具挑战性的领域是发展耦合数据同化技术，正确处理海洋和大气环境中的不同时间和空间尺度，探索解决耦合模型偏差的方法，优化耦合协方差的权重，建立耦合同化方法和系统，解决由海洋和大气分别同化所带来的不协调问题。通过全球海气耦合预报系统的建立，同步实现海洋－大气耦合“天气”预报。

三、推进国际海洋科学深度合作，提高中国参与度、话语权

（一）创新中国特色国际海洋合作行动方案，展示中国智慧

为了制定中国特色的海洋合作行动方案，我们需要深入研究国际海洋合作的最新趋势和发展动态，了解全球海洋事务的现状和未来发展方向。同时，借鉴国际海洋合作的先进经验，结合中国自身的实际情况和长远发展需求，积极参与并发挥长效的作用，加强与国内海洋科技工作发展规划的对接。我们应该积极发起和实施全球性或地区性的海洋合作计划，在其中争取发挥牵头和引领的作用，推广中国的理念、技术、标准和方法等。此外，加强与国际海洋科学组织的合作，参与全球海洋科学研究项目，并向国际海洋科学领域提供中国的技术和经验。同时，我们也应该推动海洋产业创新发展，加强与国际海洋企业的合作，在海洋资源开发、海洋环境保护、海洋科技创新等方面开展合作，实现共赢发展。

（二）深度参与全球海洋治理与蓝色伙伴关系建设

以联合国“海洋十年”中国委员会成立为契机，深度参与全球海洋治理，积极发展蓝色伙伴关系，积极参与全球海洋治理机制和相关规则制定与实施。应加强与发达国家的交流与合作，带动周边发展中国家的发展，发起大型国际会议，推动建设公平公正合理的国际海洋秩序，推动构建海洋命运共同体。深化与沿海国家在海洋环境预报、科学研究等领域务实合作，共同维护全球海洋安全和实现全球数据共享，推动海洋技术交流合作，建立服务全球的海洋高端智库。

（三）深化与国际科研机构和学者的合作

建立与国际科研机构的合作伙伴关系，开展联合研究项目。通过共享数据、共同开展实验和观测，加强科研人员之间的交流与合作，提高研究成果的质量和影响力。此外，还可以通过举办国际学术会议、研讨会和讲座等形式，搭建学术交流平台，促进学术界的交流与合作。积极邀请国际知名科学家和学者来中国进行学术交流和合作研究。通过开展合作项目、讲座和短期访问等方式，借鉴其丰富的经验和前沿的科研思路，推动国内海洋科学研究的创新和发展。派遣本国科学家和学者到国际知名科研机构进行访问和交流，拓宽视野、提升学术水平。

（四）加强同周边国家的合作与交流

加强同日本、韩国、朝鲜、越南和菲律宾等周边国家的海洋合作与交流。这些国家与我国相邻，有着更多共同关心的海洋环境与科学研究方面的问题而且各有其独特的优势。通过与这些国家的合作可以取长补短、共同提高，解决一些共同关心的问题。

四、实现电子海图多维化、智能化发展

（一）强化国家层面电子海图统筹规划与管理

加强国家层面的电子海图统筹规划和管理的力度，制定出统一的国家电子海图发展技术政策和规划。加强政策研究和制定，制订出符合国情和行业特点的电子海图发展战略和规划，以引导和规范电子海图数据的生产和应用。同时，加强电子海图数据

的标准化和规范化建设，完善数据共享和开放机制，以提高数据的可信度和可用性。此外，加强电子海图数据的安全保障和信息化建设，提高海图数据的保密性和防护能力。

（二）加速技术融合，助力智能航运发展

加快新技术融合，为智能航运提供支撑。随着国家加快实施创新驱动发展战略，我们应将云计算技术、人工智能技术、虚拟现实技术等与海洋测绘技术有机地结合起来，以推动海事测绘产业的全面变革和升级调整。具体来说，运用这些技术，我们可以实现海事测绘生产组织体系和产品服务的个性化、智能化和知识化，以满足人们对海洋空间大数据的紧迫需求。此外，推动海事测绘产业向适应数字化时代，向信息化、智能化方向不断发展，以实现产业的可持续发展。

（三）多维发展电子海图与信息系统，提升质量与精准度

推动电子海图显示与信息系统多维化发展，提高电子海图质量。改变电子海图综合显示方式，集成三维模型、海底地形、遥感影像、水面纹理等要素，具备更强的直观性、真实性和可视化效果。将二维电子海图中的水上物标与三维的岸线、地形、港航设施等数据进行叠加和融合，在三维数字地球框架下实现海量、多源、多类型数据的显示。实现二维电子海图显示本船态势信息的同时实时显示海图三维地形信息及选定区域内海洋环境温度场信息，实现民用船舶在我国狭窄水域的航行避障。

（四）完成电子海图信息显示平台的开发，提升海洋信息展示能力

完成电子海图信息显示平台的开发，使用国际标准的 WGS-84 坐标系统，以配合卫星全球定位系统的使用，实现海图缩放、显示模式、语言选择等基本的海图显示功能。可结合卫星全球定位系统，开发基于电子海图的海上导航系统，实现海上船舶实时定位、航线设计、导航管理等功能。该电子海图信息显示平台的开发可提供给全球用户使用，在有效提高船舶的导航效率、保障船舶航行安全的同时，加强与国际的交流与合作。

海洋治理作为全球海洋秩序的主要内容，也将随着全球海洋治理的变革而不断发展，中国有必要做好在新一轮海洋秩序调整中扮演主导者角色的准备，要在全球海洋治理中发挥引领性作用，保持全球海洋公共产品的充足和稳定供给。总之，中国应以

服务海洋强国建设为目标，以自主化关键技术推动海洋治理体系和治理能力现代化为主线，聚焦海洋治理过程中面临的全球治理共性问题，构建海洋治理公共服务产品谱系，推动数据产品应用，为政府事业单位、高校科研院所、社会公益服务提供产品服务支撑。

参考文献

陈连增，雷波，2019. 中国海洋科学技术发展 70 年 [J]. 海洋学报，(10): 3–22.

崔爽，2021. “妈祖”填补我国海洋环流数值预报领域空白 [N]. 科技日报，2021–12–30(002).

崔野，王琪，2019. 全球公共产品视角下的全球海洋治理困境：表现、成因与应对 [J]. 太平洋学报，(01): 60–71.

郭华东，刘洁，陈方，等，2018. “数字丝路”国际科学计划（一期）进展 [J]. 中国科学院院刊，33(Z2): 55–60.

韩林生，王祎，2022. 全球海洋观测系统展望及对我国的启示 [J]. 地球科学进展，37(11): 1157–1164.

李国庆，徐喆，过志峰，等，2017. 地球观测大数据助力“一带一路”空间认知 [J]. 中国科学院院刊，32(Z1): 10–17.

王辉，万莉颖，秦英豪，等，2016. 中国全球业务化海洋学预报系统的发展和应用 [J]. 地球科学进展，31(10): 1090–1104.

颜宏，1987. 复杂地形条件下嵌套细网格模式的设计（二）：次网格物理过程参数化 [J]. 高原气象，6（增刊）：64–139.

杨永增，乔方利，赵伟，等，2005. 球坐标系下 MASNUM 海浪数值模式的建立及其应用 [J]. 海洋学报（中文版），(2): 1–7.

周中元，2020. 基于电子海图三维态势显示设计与实现 [D]. 哈尔滨：哈尔滨工程大学 .

ADCROFT A, CAMPIN J M, DUTKIEWICZ S, et al., 2008. MTgcm user manual[EB/OL]. Massachusetts Institute of Technology. https://mitgcm.readthedocs.io/en/latest/index.html.

BAO-SHU Y, TAO W, 1996. A third generation shallow water wave numerical model-ye-wam[J]. Chinese Journal of Oceanology and Limnology, 14(2): 106–112.

BOOIJ N, HOLTHUIJSEN L H, RIS R C, 1996. The “SWAN” wave model for shallow water[C]. Billy L. Edge. Coastal Engineering 1996. Orlando, Florida: American Society of Civil Engineers. 668–676.

CHASSIGNET E, 2004. Global Ocean Prediction with the HYbrid Coordinate Ocean Model, HYCOM[C]. Jean-Paul Paillé. 35th COSPAR Scientific Assembly. Paris: Directorate of External Relations, ESA: 585.

CHEN C, 2006. An unstructured grid, finite-volume coastal ocean model (FVCOM) system[J]. Oceanography, 19: 78–89.

DAVIN E L, STÖCKLI R, JAEGER E B, et al., 2011. COSMO-CLM 2: A new version of the COSMO-CLM model coupled to the Community Land Model [J]. Climate dynamics, 37: 1889–1907.

LI L, LIN P, YU Y, et al., 2013. The flexible global ocean-atmosphere-land system model, Grid-point Version 2: FGOALS-g2[J]. Advances in Atmospheric Sciences, 30: 543–560.

LIU H, LIN P, YU Y, et al., 2012. The baseline evaluation of LASG/IAP climate system ocean model (LICOM) version 2[J]. Acta Meteorologica Sinica, 26(3): 318–329.

MAYER L, JAKOBSSON M, ALLEN G, et al., 2018. The Nippon Foundation — GEBCO seabed 2030 project: The quest to see the world's oceans completely mapped by 2030[J]. Geosciences, 8(2): 63.

OWENS W B, ZILBERMAN N, JOHNSON K, et al., 2022. OneArgo: A New Paradigm for Observing the Global Ocean[J]. Marine Technology Society Journal, 56(3): 84–90.

PACANOWSKI R C, DIXON K, ROSATI A, 1991. The GFDL modular ocean model users guide[J]. GFDL Ocean Group Tech. Rep, 2: 142.

PHILLIPS O M, 1957. On the Generation of Waves by Turbulent Winds[J]. Journal of Fluid Mechanics, 2(5):417–445.

ROBERTSON R, PADMAN L, LEVINE M D, 2001. A Correction to the Baroclinic Pressure Gradient Term in the Princeton Ocean Model[J]. Journal of Atmospheric and Oceanic Technology, 18(6): 1068–1075.

ROEMMICH, D, JOHNSON, GC, RISER, S, et al., 2009. The Argo Program: Observing the global ocean with profiling floats[J]. Oceanography, 22(2): 34–43.

SHCHEPETKIN A F, MCWILLIAMS J C, 2005. The regional oceanic modeling system (ROMS): a split-explicit, free-surface, topography-following-coordinate oceanic model[J]. Ocean Modelling, 9(4): 347–404.

SMITH S D, 1988. Coefficient for sea surface wind stress, heat flux, and wind profiles as a function of wind speed and temperature [J]. Journal of Geophysical Research, 93: 15467–15472.

TANHUA T, MCCURDY A, FISCHER A, et al., 2019. What we have learned from the framework for ocean observing: Evolution of the global ocean observing system[J]. Frontiers in Marine Science, 6: 471.

UNESCO. 2019. The Global Ocean Observing System 2030 strategy[EB/OL]. [2023–06–12]. http：// goosocean.org/.

VICHI M, LOVATO T, GUTIERREZ MLOT E, et al., 2015. Coupling BFM with Ocean models: the

NEMO model (Nucleus for the European Modelling of the Ocean) [J]. BFM report series, 2(1): 31.

WANG Z, ZHANG H, LU P, 2014. Improvement of cloud microphysics in the aerosol - climate model BCC_AGCM2. 0.1 _CUACE/Aero, evaluation against observations, and updated aerosol indirect effect[J]. Journal of Geophysical Research: Atmospheres, 119(13): 8400–8417.

WARNER J C, ARMSTRONG B, HE R, et al., 2010. Development of a coupled ocean–atmosphere–wave–sediment transport (COAWST) modeling system[J]. Ocean modelling, 35(3): 230–244.

WU T W, WU G X, 2004. An empirical formula to compute snow cover fraction in GCMs [J]. Advances In Atmospheric Sciences, 21: 529–535.

YELI Y, FENG H, ZENGDI P, et al., 1991. LAGFD-WAM numerical wave model - —I . Basic physical model[J]. Acta oceanologica sinica, (4): 483–488.

ZAMBRESKY L, 1989. A verification study of the global WAM model: December 1987-November 1988[M]. England: European Center for Medium Range Weather Forecasts.

ZHANG G J, MCFARLANE N A, 1995. Sensitivity of climate simulations to the parameterization of cumulus convection in the Canadian Climate Centre general circulation model [J]. Atmosphere ocean, 33: 407–446.

ZHANG G J, MU M Q, 2005. Effects of modifications to the Zhang McFarlaneconvection parameterization on the simulation of the tropical precipitation in the National Center for Atmospheric Research Community Climate Model, version 3 [J]. Journal of Geophysical Research, 110: D09109.

ZHANG X H, LIANG X Z, 1989. A numerical world ocean general circulation model[J]. Advances in atmospheric sciences, 6(1): 44–61.

第六章

第七章
提升我国参与全球海洋治理能力的策略与建议

全球海洋治理涉及海洋资源开发、环境保护、防灾减灾、应对气候变化，以及非传统海洋安全等多个领域，均高度依赖于海洋科学认知和海洋技术水平。近年来，我国海洋科学技术取得快速发展，但在支撑全球海洋治理重要议题的科技能力上仍存在明显差距。为提高我国在全球海洋治理上的影响力和话语权，必须加快构建中国特色的海洋治理科技体系和管理体制。

第一节 提升我国参与全球海洋治理科技能力的重点发展方向

一、建立自立自强的海洋观测技术体系，推进数据共享

突破海洋探测和观测装备的“卡脖子”技术，研发“空天地海”系列海洋环境探测仪器装备，提高深海传感器技术精密化、抗干扰化、系列化、模块化、标准化、通用化程度，加快建设国家野外海洋生物多样性的综合观测台站，加大对卫星遥感、无人机、Argo、水下滑翔机等现代智能观测技术的研发投入，加快发展新一代传感器、物联网陆海气立体智能观测体系，加强海洋观测装备的自主研发与创新，加速推进海洋观测监测设备国产化，构建自主可控的海洋观测体系。

推进海洋探测观测数据标准化和共享，强化监督管理，统筹协调布局，共同推进数据产品标准规范技术体系建立，全面汇集数据资源，加强海洋资源基础设施建设，形成数据应用服务合力，创新合作模式，建立自主化数据研制关键核心技术体系，持续推动海洋科学数据产品业务化更新。

二、增强海洋资源开发利用能力，参与国际海域惠益分享

在深海采矿领域，大力发展深海矿产资源开发能力，重点发展高效广域和精准三维的深海矿产资源勘探技术，绿色环保、安全可靠、智能高效的深海矿产资源开发技术。加强深海矿区环境影响监测能力，建立长期立体的矿区环境观测与修复技术体系，提高模拟试验技术水平，加强环境修复技术。提高深海矿产资源开发决策管理水平，发展绿色技术标准规范体系，研究惠益分享模式，探索深海法配套规章制度建设。

在生物基因领域，大力发展深海生物资源获取技术，优先发展原位保真采样、连续远距离采样、无污染采样、高丰度富集等深海生物和基因资源的获取技术，发展生物反应器等实验室模拟系统，加强潜水设备的综合作业能力。加强深海生物和基因资源评估能力，建设岸基生物和基因资源保藏中心及其管理系统，以及船基生物和基因资源评估系统，加强基于多组学的深海生物和基因资源评估技术能力。提高深海生物和基因资源开发利用，发展基于大数据的生物信息学和云计算技术，深海微生物发酵等资源开发技术。推动深海生物和基因资源惠益分享，构建分层的惠益分享规范，强化“海洋命运共同体”理念。

在公海渔业领域，加强深海渔业和脆弱生态系统保护与管理，完善区域渔业管理制度，打击 IUU 捕鱼，在全球公海、特别是大洋中层和深层的渔业资源调查与监测，重视对公海渔业资源及其所处生态系统的针对性评估，全面掌握公海渔业资源状况和变动规律。

在公海空间领域，加强基于生态系统的公海空间规划理论和技术体系研究，引领构建以“保护为核心－协调开发”的原则型控制体系理论，尝试在深海采矿中引入空间规划，促进绿色可持续的开发。积极参与国际海域空间资源管理的规则制定，推动“21 世纪海上丝绸之路”建设，积极主动参与北极航道的开通建设。

三、发展海洋灾害预测预报和评估技术，提升全球气候变化应对能力

发展重点区域街区尺度的风暴潮漫滩模型，拓展非典型海啸预警技术，研发自主知识产权的数浪模式，加强赤潮和绿潮实时监测能力建设，加强沿海低洼地带基础设施规划和防洪标准制定，研究海洋热浪可预报性和预报技术研究，建设海洋酸化立体观测网，实现预报预测能力和风险评估能力。

针对高敏感区域，继续开展法律法规建设，完善城市、工程等涉海法规规划顶层设计，持续提升海洋监测、预测能力，完善沿海城市、涉海工程设计、建设、管理和评价，加强应对气候变化的相关基础科学研究，提高远洋气象导航平台全球市场竞争力，充分利用国际平台发挥我国在北极航行事务中的作用。

在海洋可再生资源利用领域，提升风机主体结构自主研发比例，降低风机成本，提高单机容量；研发波浪和潮汐动力理论和能量转换，发展远海深海制氢输氢技术，开展原位储能远程输能；发展高分辨率海气耦合模式，提高天气气候高精度评估预报支撑能力；合理布局集约用海，加快能源岛的设计建设。

四、加强海洋环境监测保护技术，维护海洋生态健康

加强海洋生态环境观测技术和方法标准研究，完善海洋新污染物的监测与评价标准体系，加强集成技术的研发和应用，提高海洋生态环境高时空分辨观测（感知）能力。推动海洋大数据与数字孪生海洋技术的研发与应用，构建海洋大数据平台，强化多源数据融合，加快发展精细化数值预报模型和环境健康预警体系，实现海洋数值模式动态集成和精细化预报。建立我国海洋污染物全要素的增长型数据库，建立科学数据开放共享机制，发展多源数据融合技术，发展海洋数值模式和人工智能应用技术，研发海洋灾害预警预报数字技术体系，实现“数字孪生海洋”，加快实现海洋生态环境治理体系与治理能力现代化，打造具有中国区域特色的实践案例，同时把区域治理与全球海洋治理相结合。

五、发展公海保护区选划评估技术，保护海洋生物多样性

积极参加全球海洋治理秩序重塑，深度参与《BBNJ 协定》等法律法规的谈判。参与制定公海保护区战略和公正的生物遗传资源惠益共享方案，提出公海保护区选划方案。发起国际大科学计划，提升生物多样性与生态系统功能的基础科学理论认知。全球气候变化背景下，研究人类活动与气候变化对生态系统的复合效应，生物多样性的适应机制，典型生态系统的临界点、稳定性和恢复力理论。

加强公海保护区特殊生境和极端环境的海洋遗传资源采探与评估，加大科研投入，国际合作协同开展气候敏感生态系统的生物多样性监测，对南美、印太、太平洋热带

海域、两极、深海等海洋生物资源丰富和生态系统加大考察力度。加大遗传资源多样性调查与利用的研发力度，深入完善我国自主海洋生物多样性与基因数据库。

六、聚焦全球治理共性需求，构建海洋治理公共服务产品谱系

继续加强海洋基础数据的收集、整合、处理和应用，提高海洋基础数据的精度和可靠性，建立更加完善的数据标准和管理机制。促进继续推动环境预报模式创新，加强基础研究和跨领域交叉融合，提高模型的精度、可靠性和全面性。加大新兴技术如人工智能、大数据和环境预报模式融合。以联合国“海洋十年”为发展契机，积极参与全球海洋治理机制和相关合作行动方案的制定与实施，构建新型国际创新合作模式。推动多维化、智能化、完整化电子海图发展，提高电子海图自主环境感知和增强能力，改变电子海图综合显示方式，实现全球用户供给。

七、发展大陆架划界核心技术，维护海洋权益

推动信息化–智能化–集成化深海海底装备技术研发，开发深海区域的船载式大范围探测和近地式精细观测技术、智能化无人化新型装备（如 ROV、水下滑翔机和浮沉式海底地震仪）与载人深潜器技术、长周期准实时性观测与短周期实时性观测技术。攻克国际大陆架划界复杂地质模型与多源数据全能型整合的划界综合智能化关键技术，开展全球大陆边缘构造演化与动力学机制研究和大陆架划界技术的全链条系统研发，实现高精度大陆架划界决策支持系统和智能化海洋权益博弈分析系统的构建。构建具有中国特色的全球大陆架划界技术，维护我国海洋权益，推动建设公正合理的国际海洋秩序。

八、提高海洋技术标准制定能力，发挥技术引领作用

目前，全球海洋治理涉及的标准框架大多来自美西方一手数据，因此，美西方国家在当前的深海采矿、国际渔业管理框架等体系中具有主导话语权。我国在海洋生态环境等标准制定方面，缺少统一性、准确性和可比性的规范与标准指引，主导权不足，

尚未实现国内海洋标准“走出去”。而法律谈判方面的成败与制定科学标准的能力密切相关，这就要求进一步加强相关技术研发，突破技术瓶颈，实现深海采样、资源评估、海洋保护区生态环境监测、海洋碳汇观测、生态系统价值核算、沿海风险评估技术、海洋大数据等技术的标准化，建立适合我国的科学标准与管理体系。此外，国际海域的海洋空间规划标准体系尚未建立，在生态环境评价、承载力计算、规划评估、环境监测等方面均需建立指标体系及方法。

第二节　我国参与全球海洋治理科技支撑体系发展与政策建议

一、完善海洋科技决策咨询机制

成立由党中央直接领导、各涉海部门组成的国家海洋工作委员会，全面统筹协调各项重大海洋事务。在国家海洋工作委员会的统一部署下，建立健全海洋科研、调查和国际合作协调机制，制定海洋科研、调查和国际合作等行动专项规划和实施方案；建立跨部门、跨领域、跨区域、跨主体的海洋科技创新资源配置协同机制，统筹开展海洋科技力量建设与行动，推进海洋科技基础设施统建共享，避免重复投入和低水平建设。

推动重大海洋科技决策咨询机制及制度建设，探索构建中央、地方政府及大学与科研院所多层次、互联互通的海洋科技咨询顾问体系。以加强国际传播能力建设为目标，打造具有国际影响力的海洋智库，提升对决策咨询的支撑能力和对外舆论宣传的引导能力。支持海洋研究所和业务中心建设国际型专家团队，对我国参与全球海洋治理提供科技支撑。

二、优化与全球海洋治理相关科研、调查和国际合作协调机制

以国家重大战略需求为导向，面向世界海洋科技前沿，构建更有效率的海洋科技规划计划体系，保证部门、领域、环节和区域之间的有效衔接和深度融合，从基础研究、公益性研究、重大技术研究到应用研究进行全链条一体化设计。简化海洋科研活动过程管理，在项目管理、人才培养、基地建设、国际合作等科技活动中，精简申报要求，

减少一般性评估、检查、抽查、审计等活动。创新海洋科技项目组织实施模式，在海洋业务化调查监测、重大海洋科技专项中，加大基础研究和应用基础研究的投入，形成符合全球海洋治理特点的调查研究结合模式。

对重大基础科学问题和重大科技需求，以及优秀创新团队进行持续稳定支持，加大全球海洋治理的科技经费投入，改变重调查轻研究和应用的现象。促进社会资本与技术资本和创新资本对接，推进设立支持海洋科技发展的各类专项基金，形成多样化的海洋科技投融资体系。

利用双边、多边、区域和国际组织等合作机制，适时发表意见，利用合法的渠道影响其他国家的看法，提出科学合理的管理措施，承担大国责任，深度参与和引领全球海洋治理相关法律法规谈判实践，发出中国声音，力求逐渐形成以我国科学家牵头的国际大科学研究计划。

三、推动海洋科技成果转化与国际推广应用

针对科研机构与企业脱节，科研与市场的联系不够紧密，企业和需求方与高等院校、科研院所的科技成果信息、政策信息沟通不畅等问题，充分发挥新型举国体制的优势、产业链齐全的规模制造优势和市场优势，进一步明确科研体系和市场应用需求，大力发展远洋气象导航、大陆架划界技术等具有市场和政治需求的全球海洋治理产品，协调推进海洋治理公共产品体系化发展，加快海洋高新技术创新与工程应用，促进海洋科技成果的转化与国际应用。

四、强化参与全球海洋治理配套的法律、政策和制度，深度参与全球海洋国际组织工作

全球海洋治理不是纯粹的科学问题，更包含了治理进程中的法律议题。我国必须坚持和维护以国际法为基础的全球治理体系，强化和优化对现有涉及深海矿产勘探开发、深海生物和基因资源的惠益分享、海洋环境保护、海洋生态治理与生物多样性保护的国际公约的国家实施，在国内法的制定和修改过程中充分考虑国际公约对成员国的履约要求，尽可能使国内、国际两个法律系统有效衔接，同时出台配套的规章制度

和产业发展扶持政策。进一步理清涉海法律关系，完善沿海地区尤其是沿海城市涉海法律法规的顶层设计，为沿海城市的防灾减灾和发展规划提供法律依据。

主动设置全球性海洋科技创新议题，组织发起"以我为主"的全球海洋大科学计划。拓展国际海洋科技交流合作渠道，将海洋科技合作纳入政府间科技合作框架。探索建立符合中国国情和科技创新规律的大型研究基础设施和装置国际共建共享机制，推动和完善全球海洋治理领域与大型研究基础设施和装置、科学数据等科技资源的国际合作共享。依托国家实验室、国家重点实验室等科研平台，与国外先进海洋科研机构成立研究联合体，联合设置全球性海洋科技创新议题。破除在国内建立国际科技组织的制度障碍，积极推动涉海国际学会、协会、标准组织和开源平台等落户我国。扶持国内涉海社团组织向国际非政府组织方向发展，逐步实现走出去的目标。

五、创新海洋科技人才队伍建设体制机制，加强涉海国际组织人才培养

制定海洋科技创新人才计划，完善人才引进、培养体系，努力打造海洋优秀创新群体和创新团队。完善科研人员收入分配政策，调动海洋人才参与全球海洋治理积极性。积极培养具有自然科学、社会科学复合型学历背景的人才，鼓励自然科学专业的人才学习国际法、国际关系等社会科学领域的知识，培育和引进具有全球视野和战略眼光的高端人才，打造国际化复合型海洋人才团队，向各类国际组织和机构输送更多复合型人才。着眼长远，拓宽人才推送渠道，不断细化和完善国际组织人才培养和推送政策，扶持和培育一批熟悉党和国家方针政策、具备全球视野、掌握专业知识、精通外语、通晓国际规则的人才梯队，积极推荐更多专家学者型人才在《公约》下三大机构及其他相关国际条约、公约下的涉海国际组织中担任高级职位并发挥重要作用。此外，相关机构设立专门岗位或针对特殊事项设立短期岗位，吸引具有国际组织和机构任职经历的复合型人才直接参与或以贡献智慧的方式参与我国的国际涉海谈判和履约事务。

结合科技成果的产出规律，完善科研人员绩效评估、职称评定等管理政策，改革科研评价、科技成果管理等环节，扭转只追求数量的不良导向，为实现高质量的科技成果产出提供制度保障。建立以提升海洋科技贡献率为核心的科学、合理的科研成果考核评估体系，除基础研究论文的质量与数量外，更关注研究成果的首创性、是否处

在国际科学前沿、是否满足国家及全球海洋治理的需求、是否能在国际上产生广泛而深远的影响等，鼓励科技成果产出和转化应用。

六、推动多学科交叉融合，建立适应新形势发展的海洋科技创新体系

海洋科学具有综合和学科交叉融合的特性，特别是当前海洋信息化深度发展，海洋环境、海洋装备、人类活动和政策管理等领域共同发展，涉及生态、生物、物理、化学、数学、环境、船舶、通信、控制、机械、材料、计算机、经济、人文等众多学科专业。迫切需要贯通人类活动－全球变化－系统演变－治理决策的跨学科交叉融合研究，潮流能发电的应用基础研究，海洋气候资源开发利用亟须多学科交叉研究。而海洋综合管理与可持续健康海洋、公海保护区的设定也涉及科学、技术、法律政策等交叉问题，特别是社会经济－生态环境耦合理论与方法创新。需要甄别多学科交叉的作用机理，探索海洋与各学科交叉融合过程中的技术难题。

以自然资源部系统海洋单位为基础，整合国内高校和相关部门的优势科技资源，形成由国家级、部级重点实验室等组成的互为补充、共同支撑的海洋科技创新体系，建设一批涉海国家重点实验室和工程技术研究中心。构建高效的知识生产和应用体系，鼓励企业以应用研究带动基础研究，促进各类创新主体协同协作，建立更紧密的产学研合作关系和创新伙伴关系。鼓励国内海洋实验室与国外先进海洋科研机构成立研究联合体，联合发布国际涉海科学议题。